Herausgeber: Walther Heger

Arbeitstafeln Metall
für die Berufsbildung

17., unveränderte Auflage

VEB VERLAG TECHNIK BERLIN

Autoren	Abschnitte
Dipl.-Gwl. Walther Heger, Triebes	3.; 4.; 5.4.2.
Dipl.-Gwl. Lothar Becker, Dresden	5.3.1.–5.3.3.; 5.3.5.–5.3.15.
Dipl.-Gwl. Karl-Walter Finze, Dresden	5.1.1.; 5.2.1.–5.2.4.; 5.4.1.; 5.4.4.–5.4.5.
Dr. Karl-Heinz Krause, Berlin	8.
Ing. Hans-Joachim Kurzbach, Berlin und Obering. Gerhard Milke, Berlin	1.; 2.; 5.3.4.; 5.4.3.; 5.4.6.
OL Dipl.-Gwl. Willy Viedt, Berlin	5.1.2.–5.1.3.; 5.2.3.; 6.; 7.

Arbeitstafeln Metall für die Berufsbildung / [Autoren Walther Heger . . .]. Hrsg.: Walther Heger. – 17., unveränd. Aufl. – Berlin : Verl. Technik, 1989. – 224 S. : 384 Bilder, überwiegend Taf.
ISBN 3-341-00344-4
NE: Heger, Walther [Hrsg.]

ISBN 3-341-00344-4

17., unveränderte Auflage
© VEB Verlag Technik, Berlin, 1989
Lizenz 201 · 370/165/89
Printed in the German Democratic Republic
Satz: Druckerei Neues Deutschland, Berlin
Druck: (52) Nationales Druckhaus Berlin · Betrieb der VOB National
Buchbinderische Weiterverarbeitung: INTERDRUCK Leipzig
Lektorin: Dipl.-Ing.-Päd. Renate Herhold
Einband: Kurt Beckert
LSV 3402 · VT 5/4777-17
Bestellnummer: 553 801 5

Vorwort

Die „Arbeitstafeln Metall" sind für die berufstheoretische und berufspraktische Ausbildung bestimmt. Der Lernende soll mit Hilfe einer Auswahl für die Berufsbildung wichtiger Standards Fertigkeiten im Umgang mit gedruckten Datenspeichern entwickeln. Für diesen Zweck wurden aus den Standards häufig nur Auszüge zitiert bzw. die Standards methodisch bearbeitet.
Die Standardnummern zu jeder Tafel und das ausführliche Standardverzeichnis am Ende des Buches weisen den Nutzer auf die zitierte Quelle hin, damit er sich den Originalstandard beschaffen kann.
Die typografische Gestaltung des Buches ist auf ein schnelles Auffinden der gesuchten Tafel orientiert. Ziffern von 1 bis 8 kennzeichnen die aus dem Inhaltsverzeichnis oder aus dem Umschlag ersichtlichen Hauptabschnitte. Die Hauptabschnittsnummer wird jeweils auf den rechten Seiten wiederholt. Weitere Zugriffshilfen sind die lebenden Kolumnentitel, in denen Nummer und Abschnittsbezeichnung für die letzte Tafel auf der Seite aufgeführt werden. Außerdem kann der Leser

- Inhaltsverzeichnis,
- Standardverzeichnis und
- Sachwörterverzeichnis nutzen.

Einige der zitierten Standards enthalten nicht die dem Internationalen Einheitensystem (SI) entsprechenden Einheiten. Diese Zitate erhielten Fußnoten mit dem Hinweis auf die erforderliche Umrechnung und dem Verweis auf die Umrechnungsanleitung im Anhang der Arbeitstafeln.
Autoren und Verlag bitten alle Nutzer der „Arbeitstafeln Metall" um fördernde, kritische Hinweise.

VEB Verlag Technik

Inhaltsverzeichnis

1.	**Werkstoffe**	7
1.1.	Stahl	7
1.1.1.	Bezeichnungen der Stähle	7
1.1.2.	Baustähle, allgemein	8
1.1.3.	Stähle, unlegiert	9
1.1.4.	Höherfeste schweißbare Baustähle	10
1.1.5.	Einsatzstähle	11
1.1.6.	Warmfeste Stähle für allgemeine Verwendung	12
1.1.7.	Stähle für Stahlblech (Kesselbau)	12
1.1.8.	Stähle mit gewährleisteten Warmfestigkeitseigenschaften für nahtlose Rohre	12
1.1.9.	Vergütungsstähle	13
1.1.10.	Rost- und säurebeständige Stähle	14
1.1.11.	Hitze- und zunderbeständige Stähle	16
1.1.12.	Druckwasserstoffbeständige Stähle	16
1.1.13.	Federbandstahl, kaltgewalzt	17
1.1.14.	Werkzeugstähle, unlegiert	18
1.1.15.	Schnellarbeitsstähle	18
1.1.16.	Verschleißfeste Stähle	18
1.1.17.	Warmarbeitsstähle	19
1.1.18.	Nitrierstähle	20
1.1.19.	Kaltzähe Stähle	20
1.2.	Fe-Guß	21
1.2.1.	Gußeisen, unlegiert	21
1.2.2.	Temperguß	21
1.2.3.	Gußwerkstoffe auf Eisen-Kohlenstoff-Basis	22
1.3.	Hartmetalle	23
1.4.	Aluminium	25
1.4.1.	Reinst- und Reinaluminium	25
1.4.2.	Aluminium und Aluminiumlegierungen	26
1.5.	Blei	27
1.5.1.	Feinblei, Hüttenblei	27
1.5.2.	Blei-Antimon-Legierungen	28
1.5.3.	Lagermetalle auf Blei- und Zinngrundlage	28
1.5.4.	Bleilegierungen für Druck- und Spritzguß	28
1.6.	Kupfer	29
1.6.1.	Kupfer und Kupfer-Knetlegierungen	29
1.6.2.	Elektrolytkupfer, Raffinadekupfer	30
1.6.3.	Kupfer-Beryllium-Knetlegierungen (Berylliumbronze)	30
1.6.4.	Kupfer-Nickel-Zink-Knetlegierungen (Neusilber)	30
1.6.5.	Kupfer-Nickel-Knetlegierungen	31
1.6.6.	Kupfer-Zink-Knetlegierungen (Messing)	31
1.6.7.	Kupfer-Zinn-Knetlegierungen (Zinnbronze)	32
1.7.	Nickel	32
1.8.	Zink	33
1.8.1.	Fein-, Hütten- und Umschmelzzink	33
1.8.2.	Feinzink-Gußlegierungen	33
1.9.	Zinn	33
1.10.	Metalle der Platingruppe	33
1.11.	Plast	34
1.11.1.	Kurzzeichen für Plaste	34
1.11.2.	Thermoplaste	34
1.11.3.	Duroplaste	34
2.	**Halbzeuge**	37
2.1.	Halbzeuge aus Stahl	37
2.1.1.	Stangen, Bänder, Bleche	37
2.1.2.	Normalprofile	39
2.1.3.	Einheitsprofile (E-Profile)	42
2.1.4.	Stahlleichtprofile	46
2.1.5.	Rohre	54
2.2.	Halbzeuge aus Aluminium und Aluminiumlegierungen	56
2.2.1.	Stangen, Bänder, Bleche	56
2.2.2.	Profile	58
2.2.3.	Rohre	61
2.3.	Halbzeuge aus Kupfer und Kupferlegierungen	61
2.3.1.	Stangen, Bänder, Bleche	61
2.3.2.	Rohre	64
2.4.	Halbzeuge aus Plast	66
2.4.1.	Tafeln und Folien aus Polyvinylchlorid – hart	66
2.4.2.	Rohre aus Polyvinylchlorid – hart	68
2.4.3.	Schläuche aus Polyvinylchlorid – weich	69
2.5.	Halbzeuge aus Schichtpreßstoff	70
2.5.1.	Tafeln	70
2.5.2.	Stäbe	71
2.5.3.	Rohre	71
3.	**Bauelemente**	72
3.1.	Verbindungselemente	72
3.1.1.	Bolzen	72
3.1.2.	Schrauben	74
3.1.3.	Muttern	81
3.1.4.	Scheiben	82
3.1.5.	Schraubensicherungen	83
3.1.6.	Kenndaten für Schraubenverbindungen	84
3.1.7.	Stifte	85
3.1.8.	Niete	89
3.1.9.	Federn	89
3.1.10.	Keile	91
3.2.	Elastische Federn	92
3.2.1.	Druckfedern	92
3.2.2.	Zugfedern	92

Inhaltsverzeichnis

3.3. Stützelemente 93
3.3.1. Gleitlager 93
3.3.2. Wälzlager 97
3.4. Übertragungselemente 100
3.4.1. Wellen 100
3.4.2. Riemenscheiben, Keilriemen 103

4. **Baugruppen** 106
4.1. Zahnräder und Zahnradgetriebe . . . 106
4.1.1. Modulreihe für Zahnräder 106
4.1.2. Grundgleichungen für Zahnradabmessungen 106
4.1.3. Übersetzungen 106
4.1.4. Stirnradgetriebe, Reihe 10A für allgemeine Verwendung 106
4.1.5. Stirnrad-Ketten-Stirnradgetriebe, stufenlos verstellbar 108
4.2. Kupplungen 109
4.2.1. Schalenkupplungen 109
4.2.2. Starre Scheibenkupplungen 109
4.2.3. Elastische Bolzenkupplungen 110
4.2.4. Elastische Klauenkupplungen 111

5. **Fertigungstechnik** 112
5.1. Urformen durch Gießen 112
5.1.1. Modelle für Sandformverfahren . . . 112
5.1.2. Bearbeitungszugaben und Toleranzen für metallische Gußteile 113
5.1.3. Fertigungsbedingte Maßungenauigkeiten für Teile aus Plast 117
5.2. Umformen 118
5.2.1. Abkanten 118
5.2.2. Biegen 118
5.2.3. Schmieden 120
5.2.4. Tiefziehen 122
5.3. Trennen 122
5.3.1. Allgemeine Tafeln 122
5.3.2. Scheren 126
5.3.3. Sägen 127
5.3.4. Brennschneiden 127
5.3.5. Bohren 129
5.3.6. Senken 135
5.3.7. Reiben 136
5.3.8. Gewindeschneiden mit Gewindebohrer 137
5.3.9. Drehen 138
5.3.10. Fräsen 141
5.3.11. Hobeln, Stoßen 144
5.3.12. Räumen 145
5.3.13. Schaben 145
5.3.14. Schleifen 146
5.3.15. Läppen, Ziehschleifen 148

5.4. Fügen 149
5.4.1. Kegelverbindungen 149
5.4.2. Gewindeverbindungen 151
5.4.3. Schweißverbindungen 159
5.4.4. Nietverbindungen 164
5.4.5. Lötverbindungen 166
5.4.6. Klebverbindungen 170

6. **Prüfen** 172
6.1. Einteilung und Kenndaten für Längenprüfmittel 172
6.2. Arbeits- und Prüflehren 174
6.3. Werte für zulässige Form- und Lageabweichungen 176
6.4. Stufung der Maße für die Rauheit von Oberflächen 177
6.5. Statistische Qualitätskontrolle (Attributprüfung) 177
6.5.1. Grundlagen 177
6.5.2. Einfach-Stichprobenpläne 178
6.5.3. Kontrollgrenzen für Prozeßdurchschnitt 179
6.5.4. Vertrauensgrenzen, Vertrauensbereich 179

7. **Toleranzen und Passungen** 180
7.1. Zulässige Abweichungen und Toleranzen für allgemeine Fertigungsmaße . . 180
7.1.1. Zulässige Abweichungen für Maße ohne Toleranzangabe 180
7.1.2. Winkeltoleranzen für Kegel und prismatische Teile 180
7.2. Toleranzen und Passungen 182
7.2.1. Beziehungen zwischen Grundtoleranz, Qualität und Toleranzgröße . . 182
7.2.2. Begrenzende Auswahl für Toleranzfelder 182
7.2.3. Empfohlene Passungen 189
7.2.4. Spiele und Übermaße für Vorzugspassungen 190

8. **Anhang** 192
8.1. Allgemeine Tafeln 192
8.1.1. Ebene Flächen 192
8.1.2. Körper 194
8.1.3. Bogenlänge, Bogenhöhe, Sehnenlänge und Flächeninhalt des Kreisabschnittes am Einheitskreis 196
8.1.4. Vorzugszahlen 197
8.1.5. Kraftumformung 198
8.1.6. Verschiebung und Drehung 201
8.1.7. Reibungszahlen 202

Inhaltsverzeichnis

8.1.8. Massenträgheitsmomente ausgewählter technischer Körper 203
8.1.9. Biegebeanspruchungen 203
8.1.10. Spannungen, Formänderung 204
8.1.11. Flächenträgheitsmomente, Widerstandsmomente 206
8.1.12. Elastizitätsmoduln ausgewählter Stoffe 207
8.1.13. Zulässige Spannungen 207
8.2. Einheiten des Internationalen Einheitensystems (SI-Einheiten) 209
8.2.1. Basiseinheiten (Grundeinheiten) und ergänzende Einheiten 209
8.2.2. Abgeleitete SI-Einheiten 209
8.2.3. Vorsätze (Auswahl) 210
8.2.4. SI-fremde Einheiten (Auswahl) . . . 210
8.2.5. Umrechnung 211
8.3. Zahlentafeln 212
8.3.1. Umrechnungstafel mit dem Faktor 9,80665 212
8.3.2. Quadratzahlen, Kubikzahlen, Quadratwurzeln, Kreisinhalte, Kreisumfänge, Reziprokwerte (Zahlenbereich 1...100) 214
8.3.3. Kubikwurzeln (Zahlenbereich 1...999) . 216

Standardverzeichnis 218

Sachwörterverzeichnis 221

Werkstoffe 1

1.1. Stahl

1.1.1. Bezeichnungen der Stähle

Stähle mit Mindestzugfestigkeitsbezeichnung
z. B. St 38hb-2

Kurzzeichen	Erklärung
St	*Kurzzeichen für Stahl* **St** allgemeiner Baustahl, **H** höherfester Stahl, **KT** korrosionsträger Stahl
38	*Angabe der Zugfestigkeit* Ziffer entstand aus der Angabe der Mindestzugfestigkeit in kp/mm^2 Für die Angabe in MPa ist mit 9,81 zu multiplizieren (zur Umrechnung s. Abschn. 8)
hb	*Desoxydationsgrad* **u** unberuhigt; **hb** halb beruhigt; **b** beruhigt
-2	*Gütegruppe* 3 Gütegruppen; mit steigender Gütegruppe nimmt Phosphor- und Schwefelgehalt ab. (Einfluß auf Sprödbruchempfindlichkeit und Schweißeignung) -1 wird in der Kurzbezeichnung nicht geschrieben

Niedriglegierte Stähle
z. B. 13CrMo4.4

Kurzzeichen	Erklärung
13	*Kennziffer für Kohlenstoffgehalt* Die Kennziffer mit 1/100% multipliziert ergibt den Anteil (gerundeter Wert) des Kohlenstoffgehalts in dem Stahl in %. (z. B. 13 bedeutet 0,13% Kohlenstoffgehalt)
CrMo	*Legierungsbestandteile* Reihenfolge der Symbole entspricht dem sinkenden Anteil im Stahl

4.4	*Kennzahlen für Anteile der Legierungsbestandteile*
	 Die Reihenfolge der Kennzahlen entspricht der Reihenfolge der zuvor genannten Legierungsbestandteile. Zur Bestimmung der Legierungsanteile (gerundete Werte) gelten folgende
	 Umrechnungsfaktoren: 1/4% Co, Cr, Mn, Ni, Si, W
	                                   1/10% Al, B, Be, Cu, Mo, Nb, Pb, Ta, Ti, V, Zr
	                                   1/100% C, N, P, S
	 (z. B. 4.4 bedeutet hier 1% Cr und 0,4% Mo)
	 Wird nicht für jeden Legierungsbestandteil eine Ziffer genannt, so ist der unbenannte Legierungsbestandteil gleich oder kleiner als der Anteil des zuvorstehenden Legierungsbestandteils (z. B. 15CrNi6 bedeutet, Stahl mit 0,15% Kohlenstoffgehalt, 1,5% Chromgehalt, Nickelgehalt ist gleich oder kleiner als der Chromanteil im Stahl).

Hochlegierte Stähle
z. B. X10CrAl7

Kurzzeichen	Erklärung
X	*Allgemeines Kurzzeichen für hochlegierten Stahl* Dieses Kurzzeichen besagt: – Umrechnungsfaktor für den Kohlenstoffgehalt ist 1/100% – Umrechnungsfaktor für alle anderen Legierungsbestandteile ist 1%, d. h. Angabe im Kurzzeichen entspricht dem prozentualen Anteil.
10	*Kennziffer für den Kohlenstoffgehalt* Die Kennziffer mit 1/100% multipliziert ergibt den Anteil des Kohlenstoffs im Stahl in % (z. B. 10 bedeutet 0,1% Kohlenstoffgehalt).
CrAl	*Legierungsbestandteile* Reihenfolge der Symbole entspricht dem sinkenden Anteil im Stahl
7	*Kennzahl für Anteile der Legierungsbestandteile* Die Kennzahl entspricht dem tatsächlichen Anteil im Stahl (z. B. 7 bedeutet 7% Chromgehalt; weil keine weitere Kennzahl angegeben ist, gilt für das zweite angegebene Legierungselement: Aluminiumgehalt ist gleich oder kleiner als der Chromgehalt, also ≤ 7 %)

1.1. Stahl

Unlegierte Stähle

z. B. C10, Ck55, C100W1

Kurzzeichen	Erklärung
C	Unlegierter Stahl, Warmbehandlung beim Anwender möglich
k	niedriger Phosphor- und Schwefelgehalt
55	hundertfacher Wert des Prozentgehaltes an Kohlenstoff (55 bedeutet also 0,55% Kohlenstoffgehalt)
W	Werkzeugstahl
1	Gütestufe 1 bis 3, S für besondere Zwecke

z. B. M15, Mb13, T7

Kurzzeichen	Erklärung
M	*Erschmelzungsart* **M** Siemens-Martin-Stahl **T** Thomasstahl
b	beruhigt
13	hundertfacher Wert des Prozentgehaltes an Kohlenstoff (13 bedeutet also 0,13% Kohlenstoffgehalt)

Kurzzeichen zu Werkstoffbezeichnungen von Stahl für Feinbleche

Kurzzeichen	Erklärung
G Gu Gb	Grundgüte
Zu Zb	Ziehgüte
TZu TZb	Tiefziehgüte
SZu SZb	Sondertiefziehgüte

Kurzzeichen für gegossene Eisenwerkstoffe

Kurzzeichen	Erklärung
GS	Stahlformguß
GGL	Gußeisen mit Lamellengraphit
GGG	Gußeisen mit Kugelgraphit
GH	Hartguß
GHK	Kokillenhartguß
GTW	weißer Temperguß
GTS	schwarzer Temperguß
GTP	perlitischer Temperguß

Kurzzeichen für den Behandlungszustand bei unlegierten, niedriglegierten und hochlegierten Stahlmarken

AS	abgeschreckt	N	normalgeglüht bzw. mit geregelter Temperaturführung gewalzt	S	spannungsarmgeglüht
G	weichgeglüht			U	unbehandelt
H+A	gehärtet und angelassen			V	vergütet
		Q	Kaltstauchbarkeit	Z	zähgeglüht

Behandlungszustand bei kaltgezogenen Stählen

K	kaltgezogen
F	geschliffen
P	prägepoliert
SH	geschält

1.1.2. Baustähle, allgemein, TGL 7960

Stahlmarke aller Gütegruppen	Zugfestigkeit	Bruchdehnung mind.		Streckgrenze, mind. für Nennmaße in mm			Warmumformung	Normalglühen	Spannungsarmglühen
		$l_0 = 5d_0$	$l_0 = 10d_0$	bis 20	über 20 bis 40	über 40 bis 100			
	MPa	%	%	MPa	MPa	MPa	°C	°C	°C
St33	mind. 320	22	18	keine Forderung			1250 ... 900	890 ... 920	600 ... 650
St34	330 ... 440	30	26	215	205	195			
St38	370 ... 490	25	21	235	225	215			
St42	410 ... 540	23	19	255	245	235	1250 ... 850	880 ... 910	
St50	490 ... 640	19	15	295	285	275		860 ... 890	
St60	590 ... 740	14	11	335	325	315	1150 ... 850	840 ... 870	
St70	690 ... 860	10	8	365	355	345		820 ... 850	

1.1.3. Stähle, unlegiert

Güte-gruppe	Stahlmarke	C %	Si %	Mn %	P max. %	S max. %	Kennfarbe	Kennzahl
1	St 33	keine Forderungen			–	–	–	–
	St 34	≤ 0,15	keine Forderungen		0,080	0,060	gelb-weiß	0100
	St 38	≤ 0,20					gelb-rot	0130
	St 42	≤ 0,24					gelb-schwarz	0150
	St 50	≈ 0,32					gelb-lila	0170
	St 60	≈ 0,44					gelb-grau	0180
	St 70	≈ 0,55					gelb-braun	0190
2	St 34u-2	0,09 ... 0,15	≤ 0,07 1)	0,25 ... 0,50	0,045	0,050	gelb	0010
	St 34hb-2						rot-weiß	0300
	St 34b-2		0,17 ... 0,37				grün	0020
	St 38u-2	0,12 ... 0,20		0,30 ... 0,60			rot	0030
	St 38hb-2			0,40 ... 0,65			rot-gelb	0310
	St 38b-2						blau	0040
	St 42u-2	0,17 ... 0,24	≤ 0,07	0,40 ... 0,70			schwarz	0050
	St 42b-2		0,17 ... 0,37				orange	0060
	St 50-2	0,28 ... 0,37	0,17 ... 0,37	0,50 ... 0,80			lila	0070
	St 60-2	0,38 ... 0,49					grau	0080
	St 70-2	0,50 ... 0,62					braun	0090
3	St 34-3	0,09 ... 0,15	0,12 ... 0,30	0,30 ... 0,50	0,040	0,040	rot-schwarz	0350
	St 38-3	0,12 ... 0,18		0,40 ... 0,65			rot-orange	0360
	St 42-3	0,15 ... 0,22		0,45 ... 0,70			rot-lila	0370

1) Wird hb-Stahl auf Si-Basis hergestellt Si 0,05 ... 0,17 %
   Wird hb-Stahl auf Al-Basis hergestellt Al 0,15 ... 0,8 kg/t

Stahlmarke	Schweißverfahren	Vorwärmen beim Schweißen		Nachbehandlung beim Schweißen	
	–	Wanddicke mm	Temperatur °C	Wanddicke mm	Verfahren –
St 34hb-2 St 34b-2 St 34-3 St 38hb-2 St 38b-2 St 38-3	G, E, UP, WIG, MIG, MAG, WA	nicht erforderlich			
St 42b-2 St 42-3		≥ 25	200	≥ 25	Spannungsarmglühen
St 50-2 St 60-2		alle	250	alle	Spannungsarmglühen, besser Normalglühen
St 70-2			300		

1.1.3. Stähle, unlegiert

Stähle, unlegiert, für Feinbleche, TGL 9559

Stahlmarke	Zugfestigkeit kp/mm² ✦	Bruchdehnung, mind. $l_0 = 10d_0$ bei Blechdicke s in mm			Kennfarbe	Kennzahl
		1,0 ... 1,5	1,5 ... 2,0	> 2,0	–	–
		%				
St G St Gu	28 ... 50	–	–	–	braun-rot orange-blau	0930 0640
St Zu St Zb	28 ... 42	25	26	27	orange-grün orange-rot	0620 0630
St TZu St TZb		27	28	29	gelb-gelb-schwarz gelb-gelb-lila	1150 1170
St SZu St SZb	28 ... 40	28	29	30	grün-weiß-rot grün-weiß-blau	2030 2040

✦ Umrechnung in SI-Einheiten erforderlich (s. Abschnitte 8.2.4. und 8.2.5.)

1.1. Stahl

Stähle, unlegiert, für nahtlose Rohre, TGL 9413/01

Stahlmarken der Gütegruppen 1	2	3	Zugfestigkeit mind. MPa	Bruch-dehnung A_5 %	Streckgrenze MPa	Schlagarbeit mind. bei 20°C KU 3	KU 3/5 J	Kennfarbe	Kennzahl
St 35			≥ 340	18	180	34	17	gelb-grün	0120
	St 35hb			24	220	69	34	grau-grün	0820
	St 35b			24	220			grau-rot	0830
		St 35	340 ... 490	25	240			blau-grün	0420
St 45			≥ 440	16	210	27	14	gelb-blau	0140
	St 45			21	245	62	31	grau-schwarz	0850
		St 45	440 ... 590	21	255			blau-rot	0430
St 55			≥ 540	14	245	–	–	grau-weiß	0800
	St 55			17	290			grau-orange	0860
	H 52					nach TGL 22426			
	H 60								
	KT 45	KT 45				nach TGL 28192			
		KT 52							

Stähle, unlegiert, für nahtlose Präzisionsstahlrohre, TGL 9414

Stahlmarke	Zugblank–hart Zugfestigkeit MPa	Bruchdehnung %	Zugblank–weich Zugfestigkeit MPa	Bruchdehnung %	Kennfarbe, Kennzahl, Zusammensetzung
St 35hb-2	440	6	370	10	TGL 9413/01
St 35b-2	440	6	370	10	
St 35-3	–	–	–	–	
St 55-2	640	4	–	–	
H 52-3	590	4	–	–	TGL 22426
H 60-3	–	–	–	–	
KT 45-2	–	–	–	–	TGL 28192

Stahlmarke	Schweißverfahren	Vorwärmen Wanddicke mm	Temperatur °C	Nachbehandlung Wanddicke mm.	Verfahren
St 35hb-2 St 35b-2 St 35-3	G; E; UP; MIG	nicht erforderlich		≥ 20	Spannungsarmglühen
St 45-2		> 20	200	≥ 20	
St 45-3				alle	Normalglühen
H 52-3		> 25		≥ 20	Spannungsarmglühen
St 55-2		alle	200 ... 300	alle	

1.1.4. Höherfeste schweißbare Baustähle, TGL 22426

Stahlmarke	Zugfestigkeit kp/mm² ✦	Bruchdehnung $l_0 = 5 d_0$ %	Streckgrenze für Dicken in mm bis 16	über 16 bis 30	über 30 bis 50 kp/mm² ✦	Kennfarbe	Kennzahl
H 45-2	45 ... 60	22	30	29	29	rot-grün-gelb	3210
H 45-3	45 ... 60	22	30	29	28	rot-grün-rot	3230
H 52-3	52 ... 62	22	36	35	34	Alu-Bronze	0380
HS 52-3	52 ... 62	22	36	35	34	rot-grün-orange	3260
H 55-3	55 ... 70	20	40	39	38	rot-grün-schwarz	3250
HB 60-3	57 ... 70	20	45	44	43	grau-weiß-orange	8060
H 60-3	60 ... 75	20	45	44	43	grau-weiß-schwarz	8050
HS 60-3	60 ... 75	20	45	44	43	schwarz-grau-rot	5830

✦ Umrechnung in SI-Einheiten erforderlich (s. Abschnitte 8.2.4. und 8.2.5.)

1.1.5. Einsatzstähle

Stahlmarke	Warmformgebung Temperatur °C	Normalglühen Temperatur °C	Spannungsarmglühen Temperatur °C	Schweißverfahren —	Vorwärmen Wanddicke mm	Vorwärmen Temperatur °C	Nachbehandlung Wanddicke mm	Nachbehandlung Verfahren —
H 45-2	1200 ... 850	900 ... 930	600 ... 650	UP, E, MAG	≥ 35	150 ... 100	≥ 35	Spannungsarmglühen
H 45-3				G, E, MAG,	≥ 30	200 ... 250	≥ 30	Spannungsarmglühen oder
H 52-3		880 ... 910		WIG, MIG, UP, WA	≥ 35	150 ... 200	≥ 20	Normalglühen
H 55-3		920 ... 950		E, WIG, MIG, MAG	≥ 30	200 ... 300	≥ 20	Spannungsarmglühen oder Normalglühen
HB 60-3 / H 60-3			550 ... 620	E, MAG	≥ 15	100 ... 200	alle	Spannungsarmglühen oder Normalglühen
HS 60-3				E, MAG	≥ 30	150 ... 200	alle	Spannungsarmglühen oder Normalglühen

1.1.5. Einsatzstähle, TGL 6546

Stahlmarke	Zugfestigkeit kp/mm² ✦	Bruchdehnung mind. $l_0 = 5\,d_0$ %	Brucheinschnürung mind. %	Streckgrenze mind. kp/mm² ✦	Härte normalgeglüht max. HB 30	Härte weichgeglüht max. HB 30	Härte normalgeglüht und angelassen HB 30	Kennfarbe	Kennzahl
C 10	42 ... 55	19	50	25	140	—	—	gelb-gelb-blau	1140
C 15	50 ... 65	16	45	30	152	—	—	gelb-rot-grün	1320
15Cr3	60 ... 90	14	45	40	202	187	143 ... 187	blau-rot-weiß	4300
16MnCr5	80 ... 110	10	40	60	229	207	156 ... 207	orange-gelb-orange	6160
20MnCr5	100 ... 130	8	35	70	245	217	170 ... 217	orange-gelb-grau	6180
15CrNi6	90 ... 120	9	40	65	—	217	170 ... 217	orange-orange-rot	6630
18CrNi8	120 ... 145	7	35	80	—	235	187 ... 235	orange-orange-lila	6670
20MoCr5	80 ... 110	12	45	60	229	207	156 ... 207	lila-grün-rot	7230
18CrMnTi5	95 ... 120	11	45	75	245	217	170 ... 217	grau-blau-gelb	8410

Stahlmarke	Walzen oder Schmieden °C	Normalglühen °C	Weichglühen °C	Blindhärten Erwärmen °C	Blindhärten Abkühlen in	Einsetzen Erwärmen °C	Einsetzen Abkühlen in	Härten Erwärmen °C	Härten Abkühlen in	Anlassen °C
C 10	1100 ... 850	890 ... 920	680 ... 720	890 bis 910	Wasser	850 bis 930	Wasser oder Öl, Warmbad 180 bis 250 °C,	890 bis 920	Wasser oder Öl	150 bis 180
C 15										
15Cr3		870 ... 900		870 bis 890			Einsatzkasten oder Luft	870 bis 900		180 bis 250 °C
16MnCr5		850 ... 880		860 bis 880	Öl		Öl oder Wasser, Warmbad 180 bis 250 °C	850 bis 880	Öl oder Wasser, Warmbad	170 bis 210
20MnCr5								840		
15CrNi6			650 ... 680	850 bis 870			Salzbad 580 bis	870		
18CrNi8										
20MoCr5			680 ... 720	880 bis 900	a) Öl b) Wasser		680 °C, Einsatzkasten oder Luft	870 bis 900		180 bis 280
18CrMnTi5					Öl					170 bis 210

✦ Umrechnung in SI-Einheiten erforderlich (s. Abschnitte 8.2.4. und 8.2.5.)

1.1. Stahl

1.1.6. Warmfeste Stähle für allgemeine Verwendung, TGL 7961

Stahlmarke	Zug-festigkeit	Bruch-dehnung $l_0 = 5 d_0$	Streckgrenze, mind. bei °C									Kerbschlag-zähigkeit	Brinell-härte mind.	Kennfarbe	Kennzahl
			20	200	250	300	350	400	450	500	550				
	kp/mm² ✦	%	kp/mm² ✦									kp·m/cm² ✦	HB	–	–
C35	50 ... 65	22	28	22	21	19	17	15	–	–	–	6	140	gelb-orange-rot	1630
C45	60 ... 75	18	36	29	27	25	22	19	–	–	–	5	175	gelb-lila-rot	1730
15Mo3	45 ... 60	21	27	25	23	21	19	17	16	14	–	8	128	blau-lila-grün	4720
13CrMo4.4	45 ... 60	21	30	28	26	25	23	21	19	16	–	8	128	lila-grün-orange	7260
24CrMo5	60 ... 75	18	45	42	40	37	34	31	28	24	–	8	175	lila-grün-weiß	7200
10CrMo9.10	45 ... 60	20	27	24	23	22	21	20	19	17	–	8	128	lila-rot-weiß	7300
24CrMoV5.5	70 ... 85	17	55	50	48	46	44	41	38	35	–	8	205	braun-weiß-rot	9030
21CrMoV5.11			52	51	49	47	44	41	38	–	–	8	205	braun-weiß-lila	9070
X20CrMo12.1		15	50	44	42	40	38	36	32	27	21	6	205	lila-weiß-schwarz	7050
X22CrMoV12.1	80 ... 95	14	65	55	52	50	47	45	40	35	29	5	240	braun-grün-rot	9230

Stahlmarke	Warmform-gebung °C	Weichglühen °C	Normalglühen °C	Vergüten, Härten		Anlassen	
				Erwärmen °C	Abkühlen in	Erwärmen °C	Abkühlen in
C35	1100 ... 850	650 ... 740	860 ... 890	850 ... 880	Öl oder Wasser	680 ... 720	Öl
C45			840 ... 870	830 ... 880		640 ... 680	
15Mo3			910 ... 940	910 ... 940	Luft/Öl	680 ... 720	beschleu-nigte Abkühlung
13CrMo4.4				–		690 ... 740	
24CrMo5					Öl	650 ... 700	
10CrMo9.10			920 ... 960	920 ... 950	Luft	720 ... 760	
24CrMoV5.5					Öl	700 ... 740	
21CrMoV5.11						700 ... 740	
X20CrMo12.1		760 ... 800	–	1000 ... 1050		680 ... 760	
X22CrMoV12.1				1030 ... 1070		700 ... 740	

1.1.7. Stähle für Stahlblech (Kesselbau), TGL 14507

Stahlmarke	Zugfestigkeit MPa	Bruchdehnung mind. $l_0 = 5 \cdot d_0$ %	Streckgrenze, mind. bei °C MPa							Kennfarbe	Kennzahl
			20	200	250	300	350	400	450	500		
Mb13	350 ... 440	24	210	180	170	140	120	100	80	–	gelb-grün-lila	1270
Mb16	400 ... 490	22	240	210	190	160	140	120	100	–	gelb-rot-schwarz	1350
Mb19	430 ... 520	20	255	230	210	180	160	140	120	–	gelb-blau-orange	1460
17Mn4	460 ... 550	19	170	245	230	210	180	160	140	–	rot-rot-lila	3370
19Mn5	510 ... 610	19	310	260	245	230	210	180	160	–	rot-orange-rot	3630
15Mo3	430 ... 520	20	255	245	230	200	180	170	160	140	blau-lila-grün	4720
13CrMo4.4	430 ... 550	20	270	260	255	245	230	210	190	160	lila-grün-orange	7260
10CrMo9.10	450 ... 590	19	245	230	230	220	210	200	190	172	lila-rot-weiß	7300

1.1.8. Stähle mit gewährleisteten Warmfestigkeitseigenschaften für nahtlose Rohre, TGL 14183

Stahlmarke	Zugfestigkeit kp/mm² ✦	Bruchdehnung mind. $l_0 = 5 \cdot d_0$ %	Streckgrenze, mind. bei °C kp/mm² ✦							Kennfarbe	Kennzahl
			20	200	250	300	350	400	450	500		
St 35-5	35 ... 50	25	24	19	17	14	12	11	9	–	gelb-grün-gelb	1210
St 45-5	45 ... 57	21	26	21	19	16	14	13	11	–	gelb-lila-gelb	1410
15Mo3	45 ... 57	22	29	26	24	21	19	18	17	15	blau-lila-grün	4720
13CrMo4.4	45 ... 60	22	30	28	26	24	22	21	20	18	lila-grün-orange	7260
10CrMo9.10	45 ... 62	20	27	25	24	23	22	21	20	19	lila-rot-weiß	7300

✦ Umrechnung in SI-Einheiten erforderlich (s. Abschnitte 8.2.4. und 8.2.5.)

1.1.9. Vergütungsstähle

Stahlmarke	Walzen oder Schmieden °C	Normalglühen °C	Luftvergüten Austenitisieren °C	Luftvergüten Anlassen °C	Schweißverfahren –	Vorwärmen Wanddicke mm	Vorwärmen Temperatur °C	Wärmenachbehandlung Wanddicke mm	Wärmenachbehandlung Verfahren –
St 35-5 St 45-5 15Mo3	1100 ... 850	900 ... 930 880 ... 910 910 ... 940	–	650 ... 700	G, E, WIG, MAG, UP, WA	– ≥ 30 ≥ 20	– 200 ... 250	≥ 20 ≥ 20 ≥ 15	Spannungsarmglühen
13CrMo4.4 10CrMo9.10		–	910 ... 940 920 ... 960	680 ... 720 730 ... 780		alle	250 ... 300 300 ... 350	alle	

1.1.9. Vergütungsstähle, TGL 6547

Stahlmarke	Zugfestigkeit gleichwertiger Durchmesser in mm über 16		bis 40		bis 100	Streckgrenze gleichwertiger Durchmesser in mm 16		40		100	Bruchdehnung mind. gleichwertiger Durchmesser in mm 16	40	100	Brucheinschnürung mind. gleichwertiger Durchmesser in mm 16	40	100	Weichgeglüht Härte max.
	MPa					MPa					%			%			HB
C 25	540 690	490 640	– –			360		300		–	19	21	–	45	50	–	160
C 35	640 780	590 740	540 690			410		360		320	16	18	20	40	45	50	172
C 45, Cf 45	740 880	640 780	590 740			470		390		350	14	16	18	35	40	45	197
C 55, Cf 55	780 930	690 830	640 780			520		440		390	13	15	16	30	35	40	217
C 60	830 980	740 880	690 830			560		490		440	12	14	15	30	35	40	229
40Mn4	880 1080	780 930	690 830			640		520		440	12	14	15	40	45	50	217
30Mn5	830 980	780 930	690 830			590		540		440	13	14	15	40	45	50	217
50MnSi4 37MnSi5 37MnV7	980 1180	880 1080	790 930			780		640		540	11	12	14	35	40	45	235 229 229
42MnV7	1080 1275	980 1180	880 1080			880		780		690	10	11	12	30	35	40	229
34Cr4	980 1180	880 1080	780 930			780		640		540	11	12	14	40	45	50	197
40Cr4	1030 1230	930 1130	830 980			830		690		590	10	12	14	40	45	50	217
38CrSi	1080 1275	980 1180	880 1080			880		780		690	9	11	12	40	45	50	255
50CrV4	1180 1370	1080 1275	980 1180			980		880		780	9	10	12	40	50	50	235
58CrV4	1230 1420	1180 1370	1180 1275			1130		980		880	6	7	8	–	–	–	235
25CrMo4	880 1080	780 930	690 830			690		590		440	12	14	15	50	50	55	217
34CrMo4	980 1180	880 1080	780 930			780		640		540	11	12	14	45	50	50	217
42CrMo4	1080 1275	980 1180	880 1080			880		780		690	10	11	12	40	45	45	217
50CrMo4	1180 1370	1080 1275	980 1180			980		880		780	9	10	11	35	40	40	235
30CrMoV9	1275 1470	1230 1420	1080 1275			1080		1030		880	8	9	10	30	35	40	248

1.1. Stahl

Stahlmarke	Kennfarbe	Kennzahl	Stahlmarke	Kennfarbe	Kennzahl
C 25	gelb-schwarz-lila	1570	42MnV7[1]	schwarz-grau-lila	5870
C 35[1]	gelb-orange-rot	1630	34Cr4[1]	blau-rot-schwarz	4350
C 45[1]	gelb-lila-rot	1730	40Cr4[1]	blau-rot-lila	4370
Cf 45[2]	gelb-lila-schwarz	1750	38CrSi6	schwarz-schwarz-orange	5560
C 55[1]	gelb-grau-rot	1830	50CrV4[1]	lila-schwarz-gelb	7510
Cf 55[2]	gelb-grau-blau	1840	58CrV4[1]	lila-schwarz-grün	7520
C 60	gelb-grau-schwarz	1850	25CrMo4	lila-gelb-schwarz	7150
40Mn4[1]	rot-blau-schwarz	3450	34CrMo4[1]	lila-grün-gelb	7210
30Mn5	rot-orange-schwarz	3650	42CrMo4[1]	gelb-grün-blau	7240
50MnSi4	schwarz-weiß-grün	5020	50CrMo4	lila-grün-schwarz	7250
37MnSi5[1]	schwarz-gelb-grün	5120	30CrMoV9	braun-gelb-blau	9140
37MnV7[1]	schwarz-grau-orange	5860	36CrNiMo4	grau-schwarz-braun	8590

[1]) Stahl zum Oberflächenhärten geeignet
[2]) Stahl zum Oberflächenhärten von rißgefährdeten Bauteilen

1.1.10. Rost- und säurebeständige Stähle, TGL 7143

Stahlmarke	Warmformgebung		Wärmebehandlung						Wärmebehandlungszustand	Gefüge nach der Wärmebehandlung
	Erwärmen	Abkühlen	Glühen		Härten		Anlassen			
			Erwärmen	Abkühlen	Erwärmen	Abkühlen				
	°C	in	°C	in	°C	in	°C		—	—
X7Cr13	1150 ... 750	Luft	750 ... 800	Ofen, Luft	950 ... 1000	Öl, Luft	700 ... 750		G V	Ferrit und Umwandlungsgefüge
X7CrAl13									G V	
X7Cr14									G V	
X10Cr13									G V	
X20Cr13				Sand		980 ... 1030			G	Perlit
							720 ... 760		H + A	Martensit
							650 ... 750		V	Umwandlungsgefüge
X40Cr13	1100 ... 800	Ofen Sand			980 ... 1050				G	Perlit
							100 ... 200		H + A	Martensit
X12CrMoS17	1100 ... 750	Luft	800 ... 950	Luft Wasser	1020 ... 1050	Öl	—		G	Ferrit und Perlit
							500 ... 600		V	Ferrit und Umwandlungsgefüge
X22CrNi17	1100 ... 800	Ofen	650 ... 700	Ofen	1050 ... 1000	Öl, Luft	630 ... 720		V	Umwandlungsgefüge
X35CrMo17			750 ... 850		1000 ... 1080				G	Ferrit und Perlit
									V	Umwandlungsgefüge und Ferrit
X90CrMoV18			Ofen Sand				—		G	Perlit
							100 ... 200		H + A	Martensit
X8Cr17	1050 ... 750	Luft			—				G	Ferrit und Umwandlungsgefüge
X8CrTi17										Ferrit
X8CrMoTi17										
X5CrNiTi26.6	1200 ... 800		—	—	930 ... 980	Wasser, Luft			AS	Ferrit und Austenit
X12CrNiS18.8	1150 ... 750		—	—	1050 ... 1000	Wasser, Luft				Austenit
X10CrNi18.9			—	—	1050 ... 1100					
X8CrNiTi18.10			—	—	1020 ... 1070					
X5CrNi18.10			—	—	1000 ... 1070					
X5CrNi19.7			—	—	1000 ... 1070					
X2CrNiN18.10			—	—	1050 ... 1100					
X5CrNiMo17.13	1150 ... 850		—	—	1080 ... 1120					
X5CrNiMoCuTi18.18	—		—	—						

1.1.10. Rost- und säurebeständige Stähle

Stahlmarke	Liefer-zustand –	Zugfestig-keit MPa	Bruch-dehnung mind. %	Dehngrenze $R_{p0,2}$ mind. bei °C MPa											Härte HB	Schlag-arbeit KU3 mind. J
				50	100	150	200	250	300	350	400	450	500	550		
X7Cr13	G	450 ... 650	20	240	240	230	230	230	220	210	200	180	160	140	130 ... 180	82
	V	540 ... 690		340	–	–	–	–	–	–	–	–	–	–	160 ... 210	
X7CrAl13	G	450 ... 650	20	240	240	230	230	230	220	210	200	180	160	140	450 ... 650	2)
	V	540 ... 670		340	–	–	–	–	–	–	–	–	–	–	540 ... 690	
X7Cr14	G	450 ... 650	20	240	240	230	230	230	220	210	200	180	160	140	450 ... 650	82
	V	540 ... 690		340	–	–	–	–	–	–	–	–	–	–	540 ... 690	
X10Cr13	G	480 ... 650	18	300	–	–	–	–	–	–	–	–	–	–	480 ... 650	69
	V	600 ... 750		430	420	410	400	380	360	340	320	310	300	290	600 ... 750	
X20Cr13	G	520 ... 750	2)	300	–	–	–	–	–	–	–	–	–	–	520 ... 750	2)
	V650	650 ... 880	16	430	420	410	400	390	370	360	340	320	280	240	650 ... 800	41
	V760	760 ... 930	15	530	510	480	460	450	440	430	410	390	340	290	760 ... 930	
X40Cr13	G	550 ... 800	2)	–	–	–	–	–	–	–	–	–	–	–	160 ... 230	2)
	H + A	1)	1)												~ 55 HRC	
X40CrMo15	G	620 ... 840	2)	–	–	–	–	–	–	–	–	–	–	–	180 ... 240	2)
	H + A	1)	1)												~ 55 HRC	
X60CrMoV15	G	650 ... 870	2)	–	–	–	–	–	–	–	–	–	–	–	190 ... 250	2)
	H + A	1)	1)												~ 56 HRC	
X12CrMoS17	G	480 ... 790	12	290	–	–	–	–	–	–	–	–	–	–	140 ... 210	2)
	V	700 ... 850		430	420	410	400	380	360	330	300	290	280	270	190 ... 235	
X5CrNi13	V750	750 ... 900	14	590	580	570	560	540	520	490	3)	3)	3)	3)	225 ... 275	48
	V850	850 ... 1000	12	690	670	650	630	610	580	550	3)	3)	3)	3)	275 ... 320	41
	V1000	1000 ... 1250	11	890	870	850	830	810	780	750	3)	3)	3)	3)	320 ... 380	34
X22CrNi17	V	780 ... 950	10	560	540	520	500	490	470	420	370	350	330	310	225 ... 275	2)
X35CrMo17	V	780 ... 930	8	570	550	530	520	510	510	490	470	430	390	350	225 ... 275	27
X90CrMoV18	G	650 ... 870	1)	–	–	–	–	–	–	–	–	–	–	–	190 ... 250	2)
	H + A	1)	1)	–	–	–	–	–	–	–	–	–	–	–	~ 58 HRC	2)
X8Cr17	G	480 ... 650	20	260	–	–	–	–	–	–	–	–	–	–	140 ... 190	2)
X8CrTi17	G	450 ... 650	20	260	–	–	–	–	–	–	–	–	–	–	130 ... 190	2)
X5CrNiTi26.6	AS	580 ... 780	22	370	350	330	310	290	270	255	3)	3)	3)	3)	160 ... 235	69
X12CrNiS18.8	AS	500 ... 700	35	215	–	–	–	–	–	–	–	–	–	–	130 ... 180	85
X10CrNi18.9	AS	500 ... 700	40	205	–	–	–	–	–	–	–	–	–	–	130 ... 180	85
X8CrNiTi18.10	AS	500 ... 750	40	190	180	170	160	150	140	130	130	125	120	120	130 ... 190	85
X5CrNi18.10	AS	500 ... 700	40	180	160	140	130	120	110	105	100	95	90	90	130 ... 180	85
X5CrNiN19.7	AS	590 ... 830	40	280	255	225	200	180	170	160	155	150	145	135	160 ... 235	85
X2CrNiN18.10	AS	550 ... 750	40	245	210	180	160	140	130	130	125	120	120	120	150 ... 190	85
X8CrNiMoTi18.11	AS	500 ... 700	40	210	190	180	170	160	150	140	140	130	130	130	130 ... 180	85
X5CrNiMo18.11	AS	500 ... 700	40	200	180	160	150	140	130	3)	3)	3)	3)	3)	160 ... 200	85
X2CrNiMoN18.12	AS	600 ... 800	40	255	210	190	170	160	150	140	140	130	130	130	160 ... 200	85
X2CrNiSi18.14	AS	500 ... 750	40	200	190	180	170	160	150	3)	3)	3)	3)	3)	130 ... 190	85
X5CrNiMo17.13	AS	500 ... 750	40	200	180	160	150	140	130	3)	3)	3)	3)	3)	130 ... 190	85
X5CrNiMoCuTi18.18	AS	490 ... 740	40	210	190	180	170	160	150	140	140	3)	3)	3)	130 ... 190	85

1) keine Umrechnung möglich   2) Werte stark streuend   3) Einsatz nicht sinnvoll

Stahlmarke	Kennfarbe	Kennzahl	Stahlmarke	Kennfarbe	Kennzahl
X7Cr13	blau-orange-braun	4690	X5CrNiTi26.6	grau-braun-grün	8920
X7CrAl13	orange-blau-rot	6430	X12CrNi18.8	orange-grau-braun	6890
X7Cr14	blau-orange-grau	4680	X10CrNi18.9	orange-braun-blau	6940
X10Cr13	blau-orange-blau	4640	X8CrNiTi18.10	grau-braun-blau	8940
X20Cr13	blau-orange-schwarz	4650	X5CrNi18.10	orange-braun-schwarz	6950
X40Cr13	blau-orange-lila	4670	X5CrNiN19.7	grau-grau-braun	8890
X12CrMoS17	lila-weiß-braun	7090	X2CrNiN18.10	grau-grau-weiß	8900
X22CrNi17	orange-braun-rot	6930	X8CrNiMoTi18.11	braun-grau-weiß	9800
X35CrMo17	lila-weiß-grau	7080	X5CrNiMo18.11	grau-grau-lila	8870
X90CrMoV18	braun-grün-orange	9260	X2CrNiMoN18.12	grau-orange-braun	8690
X8Cr17	braun-orange-grün	4620	X5CrNiMo17.13	grau-grau-schwarz	8850
X8CrTi17	lila-lila-braun	7790	X5CrNiMoCuTi18.18	braun-grau-schwarz	8950
X8CrMoTi17	grau-grau-orange-	8860			

1.1. Stahl

1.1.11. Hitze- und zunderbeständige Stähle, TGL 7061

Stahlmarke	Zug-festigkeit kp/mm²✦	Streck-grenze kp/mm²✦	Härte HB	Warmformgebung Erwärmen °C	Warmformgebung Abkühlen in	Wärmebehandlung Glühen °C	Wärmebehandlung Härten Erwärmen °C	Wärmebehandlung Härten Abkühlen in	Kenn-farbe	Kenn-zahl
X10CrAl7 (Ferrit/Perlit)	50 ... 70	25	150 ... 200	1100 ... 800	Luft	750 ... 800	–	Luft	orange-blau-schwarz	6450
X10CrAl13 (Ferrit)	45 ... 70	30	160 ... 210			800 ... 850			orange-blau-orange	6460
X10CrAl18 (Ferrit)			170 ... 220						orange-blau-lila	6470
X10CrAl24 (Ferrit)	50 ... 75		180 ... 230						orange-blau-grau	6480
X20CrNiSi25.4 (Ferrit/Austenit)	60 ... 80	40	200 ... 225			–	1000 ... 1050	Wasser	grau-gelb-blau	8140
X8CrNiTi18.10 (Austenit)	TGL 7143			1150 ... 800					TGL 7143	
X15CrNiSi20.13 (Austenit)	60 ... 85	25	160 ... 210				1050 ... 1100		grau-gelb-grün	8120
X5CrNiSiN25.13 (Austenit)		35	170 ... 240	1080 ... 850			1080 ... 1120		grau-gelb-lila	8170
X15CrNiSi25.20 (Austenit)		25	160 ... 210				1050 ... 1100		grau-gelb-rot	8130
X8NiCrTiAl32.21 (Austenit)	50 ... 75	18	130 ... 190	1100 ... 900			1100 ... 1150		braun-grau-rot	9830

1.1.12. Druckwasserstoffbeständige Stähle, TGL 6918

Stahlmarke	Zug-festigkeit kp/mm²✦	Bruch-dehnung $l_0 = 5\,d_0$ %	Streckgrenze bei °C 20	300	350	400	425	450	475	500 kp/mm²✦	Kerb-schlag-zähig-keit $\frac{kp \cdot m}{cm^2}$✦	Härte mind. HB	Kennfarbe	Kenn-zahl
10Cr11	45 ... 55	22	25	20	19	18	17	15	–	–	7	128	blau-orange-gelb	4610
24MnCr5	≈ 55	22	35	28	–	–	–	–	–	–	6	160	orange-gelb-blau	6140
10CrMo9.10	45 ... 60	20	27	22	21	20	19,5	19	18,3	17,5	6	128	lila-rot-weiß	7300
12CrMo20.5	≈ 42	21	18	13	13	12,5	12	10,5	9	–	5	182	lila-rot-orange	7360
	60 ... 77	17	40	28	25	22	20,5	19	17,5	15,5	6	175		
	45 ... 60	20	25	24	23	22	20,5	19	–	–		128		
13CrMo5.4	45 ... 60	21	30	25	23	21	20	19	17,5	16,5	6	128	lila-gelb-orange	7160
16CrMo9.3	55 ... 65	18	35	30	26	22	20,5	17,2	15,4	–	6	160	lila-rot-grün	7320
24CrMo9	65 ... 80	15	45	35	32	30	28	27	–	–	5	190	lila-rot-schwarz	7350
17CrMoV10	65 ... 80	17	50	37	34	32	30	–	–	–	6	190	braun-gelb-orange	9160
20CrMoV13.5	80 ... 95	14	63	56	52	-48	45,5	43	–	–	5	240	braun-gelb-grau	9180
21CrVMoW11	80 ... 95	14	65	52	50	46	44	42	–	–	5	240	braun-lila-grün	9720
H60-3	60 ... 75	20	31	28	26	–	–	–	–	–	5	170	nach TGL 22426	
Ck22Ti	45 ... 60	26	25	–	–	–	–	–	–	–	5	125	blau-braun-lila	4970

✦ Umrechnung in SI-Einheiten erforderlich (s. Abschnitte 8.2.4. und 8.2.5.)

1.1.13. Federbandstahl, kaltgewalzt

Stahlmarke	Warm-formgebung °C	Normal-glühen °C	Weich-glühen °C	Vergüten - Härten Erwärmen °C	Vergüten - Härten Abkühlen in	Vergüten - Anlassen Erwärmen °C	Vergüten - Anlassen Abkühlen in	Schweiß-eignung	Vor-wärmen °C	Abkühlung nach dem Schweißen
10Cr11	1100 bis 850	950 ... 1000	680 bis 730	950 ... 1000	Luft	650 ... 730	Ofen	bedingt	250 ... 300	aus Schweißwärme bei 680°C entspannen
24MnCr5		890 ... 910		880 ... 900	Wasser	650 ... 700	Luft			langsam und gleichmäßig
10CrMo9,10		920 ... 960		920 ... 960	Luft oder Öl	720 ... 760	Ofen			glühen bei 730°C, langsam abkühlen
12CrMo20.5		950 ... 1000		950 ... 980		650 ... 730			350 ... 450	glühen bei 680°C, neu vergüten
13CrMo5.4		910 ... 940		910 ... 940		690 ... 740			250	entspannen
16CrMo9.3		920 ... 970		920 ... 970		650 ... 730			300 ... 400	bei 680°C entspannen aus Schweißhitze
24CrMo9		900 ... 950		900 ... 950		650 ... 700				
17CrMoV10		950 ... 980		950 ... 980		650 ... 730			350 ... 450	
20CrMoV13.5		1000 ... 1030		1000		650 ... 730				glühen bei 680°C, neu vergüten
21CrVMoW11		1020 ... 1050		1020					400 ... 500	bei 700°C glühen aus Schweißhitze
H 60-3		920 ... 950	keine Forderungen							nach TGL 22426
Ck22Ti		890 ... 910							250 ... 300	langsam und gleichmäßig

1.1.13. Federbandstahl, kaltgewalzt, TGL 14192

Stahlmarke	Lieferzustand	Zugfestigkeit kp/mm² ✦	Streckgrenze kp/mm² ✦	Bruch-dehnung $l_0 = 5 d_0$ %	Weichglühen °C	Vergüten - Härten Erwärmen °C	Vergüten - Härten Abkühlen in	Vergüten - Anlassen °C
CK55	weichgeglüht kaltgezogen vergütet	≥ 60 55 ... 105 120 ... 180	≥ 42 — 110 ... 180	30 16 ... 0 8 ... 0	600 ... 650	820 ... 850	Öl	390 ... 450
Ck67 MK75	weichgeglüht kaltgezogen vergütet	≥ 65 60 ... 110 130 ... 220	48 — 120 ... 210	25 14 ... 0 7 ... 0	600 ... 650	800 ... 830 780 ... 810		350 ... 410 360 ... 420
MK101	weichgeglüht kaltgezogen vergütet	≥ 70 65 ... 115 130 ... 220	≥ 55 — 120 ... 210	23 9 ... 0 5 ... 0	620 ... 660	770 ... 800		280 ... 340
55SiMn7 60SiMn7	weichgeglüht kaltgezogen vergütet	≥ 75 70 ... 120 130 ... 200	58 — 120 ... 190	19 8 ... 0 6 ... 0	640 ... 680	830 ... 680		300 ... 360
70SiMn7 67SiCr5	weichgeglüht kaltgezogen vergütet	≥ 80 75 ... 130 130 ... 220	≥ 65 — 120 ... 210	17 7 ... 0 5 ... 0	630 ... 670 640 ... 680	820 ... 850 830 ... 860		280 ... 340
50CrV4	weichgeglüht kaltgezogen vergütet	≥ 75 70 ... 120 120 ... 190	≥ 65 — 110 ... 180	20 10 ... 0 8 ... 0	640 ... 680	830 ... 860		280 ... 340
58CrV4	weichgeglüht kaltgezogen vergütet	≥ 80 75 ... 120 130 ... 200	≥ 70 — 120 ... 190	19 8 ... 0 6 ... 0	680 ... 720	830 ... 860		280 ... 340

Farbkennzeichnung nur auf Forderung
Kennzeichnung nach TGL 10029

✦ Umrechnung in SI-Einheiten erforderlich (s. Abschnitte 8.2.4. und 8.2.5.)

1.1. Stahl

1.1.14. Werkzeugstähle, unlegiert, TGL 4392

Gütegruppe	Stahlmarke	Kennfarbe	Kennzahl	Gütegruppe	Stahlmarke	Kennfarbe	Kennzahl
1	C100W1 C110W1	grün-grau-schwarz grün-braun-blau	2850 2940	2	C110W2 C130W2	grün-braun-schwarz grün-braun-lila	2950 2970
2	C70W2 C80W2	grün-schwarz-orange grün-orange-braun	2560 2690	3	C60W3 C75W3	grün-blau-braun grün-orange-grün	2490 2620
	C90W2 C100W2	grün-lila-orange grün-grau-orange	2760 2860	Stähle für Sonderzwecke	C55WS C85WS	grün-blau-schwarz grün-lila-grün	2450 2720

Stahlmarke	Walzen, Schmieden °C	Weichglühen °C	Normal- glühen etwa °C	Härten in Wasser °C	Härten in Öl °C	Oberflächenhärte Wasser HRC	Oberflächenhärte Öl HRC	Weichgeglüht Härte max. HB	Normalgeglüht Härte max. HB
C100W1	1050 ... 800	710 ... 740	800	760 ... 790	790 ... 820	65	63	200	–
C110W1	1000 ... 800							210	–
C70W2	1050 ... 800	680 ... 710	820	780 ... 810	800 ... 830	64	62	180	–
C80W2			810			65	63	190	–
C90W2		710 ... 740	800		790 ... 820			200	–
C100W2				760 ... 790				210	–
C110W2	1000 ... 800								–
C120W2									
C130W2									
C60W3		680 ... 710	820	780 ... 810	800 ... 830	63	58	200	250
C75W3	1050 ... 800		810	–	780 ... 810	–	62	210	–
C55WS	1100 ... 800		820	800 ... 830	–	63	–	170	250
C85WS	1050 ... 800		800	780 ... 810	790 ... 820	65	63	210	–

1.1.15. Schnellarbeitsstähle, TGL 7571

Stahlmarke	Warmform- gebung °C	Weichglühen °C	Härten °C	Anlassen °C	Sekundär- härte, mind. HRC	Kennfarbe	Kennzahl
X97WMo3.3	1100	–	–	–	–	braun-braun-weiß	9900
X82WV9.2	his	830 ... 860	1190 ... 1210	540	63	braun-braun-gelb	9910
X82WMo6.5	900	800 ... 830	1210 ... 1265	545	64	braun-braun-rot	9930
X100WMo6.5		830 ... 860	1210 ... 1260	550	65	braun-braun-rot-rot	9933
X85WMoCo6.5.5			1220 ... 1270	555	64	braun-braun-lila-gelb	9971
X105WMoCo6.5.5			1220 ... 1260	550	65	braun-braun-lila-rot	9973
X79WCo18.5			1250 ... 1280			braun-braun-lila	9970
X110MoCo9.8			1190 ... 1230	545	67	braun-braun-schwarz	9950
X125WV12.4			1210 ... 1230	560	65	braun-braun-blau	9940

1.1.16. Verschleißfeste Stähle, TGL 14102

Stahlmarke	Oberflächenhärte im Lieferzustand mind. HB 30	Kennfarbe	Kennzahl
		–	–
M66	270	gelb-braun-grün	1920
55SiMn7	290	schwarz-rot-blau	5340
40MnCr4	270	orange-weiß-grün	6020
12Mn50	250	rot-braun-grün	3920
St09	240	braun-braun	0990

1.1.17. Warmarbeitsstähle, TGL 7746

Stahlmarke	Warm-form-gebung °C	Weich-glühen °C	Härten Er-wärmen °C	Härten Ab-kühlen in	Oberflächenhärte nach dem Härten HRC	nach dem Anlassen bei °C 400	450	500	550	600	650	700	Kennfarbe	Kenn-zahl
30WCrV15	1100 bis 850	800	980 bis 1050	Wasser oder Öl	50	47	46	47	48	46	42	32	braun-schwarz-weiß	9500
30WCrV17.9	1100 bis 900	820	1050 bis 1090	Öl oder Warmbad	52	47	48	49	51	49	44	37	braun-schwarz-gelb	9510
30WCrV34.11			1070 bis 1150		52	50	51	52	53	52	46	38	braun-schwarz-grün	9520
32CrMoV11.28	1050 bis 850	760	1030 bis 1060	Öl, Luft oder Warmbad	52	48	49	50	51	49	42	35	braun-gelb-braun	9190
38CrMoV21.14	1100 bis 900	820	1000 bis 1040	Öl, Luft oder Warmbad	55	53	53	54	52	46	40	32	braun-grün-weiß	9200
40CrMnMo7	1100 bis 850	760	850 bis 880	Öl	54	49	47	40	40	36	29	–	grau-rot-weiß	8300
45CrMoV6.7			930 bis 970		55	50	49	48	47	46	42	30	braun-weiß-orange	9060
X50NiW12.12	1100 bis 900	1050 bis 1100	750 bis 800	Luft	42	–	–	–	–	–	–	–	braun-grau-lila	9870
50CrMoWV20.15	1100 bis 900	820	1000 bis 1040	Öl, Luft oder Warmbad	63	58	58	57	56	52	42	30	braun-orange-lila	9670
55NiCrMoV6	1100 bis 850	740	840 bis 880	Öl oder Luft	56	49	47	44	42	38	30	–	grau-lila-schwarz	8750
56NiCrMoV7.4			850 bis 880		56	50	48	46	44	42	34	–	grau-lila-orange	8760
UR30WCrV17.9	1100 bis 900	820	1050 bis 1090	Öl oder Warmbad	52	51	50	50	50	51	48	37	braun-schwarz-gelb-grün	9512
UR30WCrV34.11			1070 bis 1150		52	52	52	52	52	52	50	43	braun-schwarz-grün-grün	9522
UR32CrMoV11.28	1050 bis 850	760	1030 bis 1060	Öl, Luft oder Warmbad	52	50	51	51	52	51	48	36	braun-gelb-braun-grün	9192
UR38CrMoV21.14	1100	820	1000	Öl, Luft	58	56	56	56	55	53	44	32	braun-grün-weiß-grün	9202
UR50CrMoWV20.15	bis 900	820	bis 1040	oder Warmbad	63	58	58	58	58	54	44	32	braun-orange-lila-grün	9672
UR56NiCrMoV7.4	1050 bis 850	740	850 bis 880	Öl oder Luft	60	50	48	48	47	45	38	30	grau-lila-orange-grün	8762

1.1. Stahl

1.1.18. Nitrierstähle, TGL 4391

Stahlmarke	Vergütet			Weichgeglüht	Oberflächenhärte	Kennfarbe	Kennzahl
	Zugfestigkeit	Bruchdehnung mind. $l_0 = 5\,d_0$	Streckgrenze mind.	Härte, max.	nach dem Nitrieren etwa		
	MPa	%	MPa	HB	HV 5	–	–
35CrAl6	780 ... 930	12	590	235	900	orange-blau-gelb	6410
32CrAlMo4						grau-schwarz-gelb	8510
30CrMoV9	980 ... 1130	11	780	248	750	braun-gelb-blau	9140

Stahlmarke	Walzen oder Schmieden	Weich- glühen	Normal- glühen	Härten in		Anlassen		Nitriertemperatur	
				Wasser	Öl	Erwärmen	Abkühlen	Gas	Bad
	°C	°C	°C	°C	°C	°C	in	°C	°C
35CrAl6	1050 bis 850	680 bis 720	910 bis 940	900 bis 950	900 bis 950	580 bis 650	Wasser oder Öl Luft	500 bis 520	560 bis 580
32CrAlMo4									
30CrMoV9			870 bis 900	850 bis 880	860 bis 890				

1.1.19. Kaltzähe Stähle, TGL 13871

Stahlmarke	Zug- festigkeit	Bruch- dehnung mind. $l_0 = 5\,d_0$	Bruch- ein- schnü- rung mind.	Streck- grenze mind.	Kerb- schlag- zähig- keit mind.	Kerbschlagzähigkeit für Längsproben bei °C					Einsatz geeignet bis	Kennfarbe	Kenn- zahl
						0	–20	–40	–60	–100			
	kp/mm² ✢	%	%	kp/mm² ✢	kp·m/cm² ✢	kp·m/cm² ✢					°C		–
Ck15Al	41 ... 50	22	40	24	11	9	7	5	3	2,5	–60	grün-gelb-orange	2160
18Mn5Al	50 ... 65	–	35	8	7,5	6,5	5	3,5	–	–60	rot-orange-gelb	3610
25CrMo4	70 ... 85	15	60	45	12	11	10	8,5	7	3	–80	lila-gelb-schwarz	7150
12Ni19	60 ... 75	20	55	40	16	15	14	13	11,5	8	–180	blau-grau-orange	4860
16Ni36	75 ... 95	16	50	55	13	13	13	13	12,5	11	–180	blau-grau-lila	4870
X40MnCr22.4	70 ... 90	35	30	28	16	16	15	14	13	11	–200	orange-rot-grün	6320
X8CrNiTi18.10	50 ... 75	40	50	25	15	15	15	15	14,5	–200	grau-braun-blau	8940

Stahlmarke	Walzen oder Schmieden	Normalglühen	Härten		Anlassen	
			Erwärmen	Abkühlen	Erwärmen	Abkühlen
	°C	°C	°C	in	°C	in
Ck15Al	1200 ... 900	890 ... 920	870 ... 910	Luft oder Wasser	600 ... 680	Luft
18Mn5Al	1150 ... 850	880 ... 910	–	Luft	–	–
25CrMo4	–	–	830 ... 860	Wasser oder Öl	530 ... 670	Luft
12Ni19	1100 ... 850	–	790 ... 810	Öl	525 ... 575	Öl
16Ni36	1080 ... 800	–	–	Luft	550 ... 575	Luft oder Wasser
X40MnCr22.4	1080 ... 850	–	–	Luft oder Wasser	–	–
X8CrNiTi8.10	1150 ... 750	–	–			

✢ Umrechnung in SI-Einheiten erforderlich (s. Abschnitte 8.2.4. und 8.2.5.)

1.2. Fe-Guß

1.2.1. Gußeisen, unlegiert

Gußeisen, unlegiert, mit Kugelgraphit, TGL 8189

Gußeisenmarke	Zug-festigkeit	0,2-Dehn-grenze	Bruch-dehnung	Schlagarbeit ungekerbte Probe		Brinellhärte Richtwerte
				Mittelwert	Einzelwert	
	MPa	MPa	%	J		HB
GGG-4015	390	270	15	59	44	140 ... 200
GGG-5010	490	340	10	49	34	150 ... 230
GGG-6003	590	370	3	29	20	190 ... 270
GGG-7002	690	430	2	20	15	220 ... 300
GGG-8002	780	490	2	20	15	260 ... 340
GGG-9001	880	550	1	15	10	280 ... 360

Gußeisen, unlegiert, mit Lamellengraphit, TGL 14400

Gußeisenmarke	Zugfestigkeit mind.	Brinellhärte max.	Druckfestigkeit max.	Biegefestigkeit max.	Scherfestigkeit max.
	kp/mm^2 +	HB	kp/mm^2 +	kp/mm^2 +	kp/mm^2 +
GGL-00	–	–	–	–	–
GGL-15	15	210	70	37	38
GGL-20	20	225	83	43	45
GGL-25	25	245	100	49	53
GGL-30	30	260	120	55	60
GGL-35	35	275	140	61	68

1.2.2. Temperguß, TGL 10327

Tempergußmarke	Zugfestigkeit MPa	0,5-Dehngrenze MPa	Bruchdehnung %	Brinellhärte HB 5/750
GT-3504 E	340	220	4	... 220
GT-3512 ES	340	200	12	... 200
GT-3512	340	220	12	... 170
GT-3514	340	245	14	130 ... 160
GT-3516	340	260	16	130 ... 150
GT-4505 E	440	290	5	... 230
GT-4507	440	290	7	150 ... 200
GT-5503 E	540	350	3	... 240
GT-5505	540	350	5	180 ... 230
GT-6503	640	450	3	210 ... 260
GT-7502	740	590	2	250 ... 300
GT-8501	830	690	1	290 ... 340
GT-9501	930	780	1	330 ... 380

+ Umrechnung in SI-Einheiten erforderlich (s. Abschnitte 8.2.4. und 8.2.5.)

1.2. Fe-Guß

1.2.3. Gußwerkstoffe auf Eisen-Kohlenstoff-Basis, TGL 23839

Marke	C %	Si %	Mn %	Cr %	Mo %	Ni %	Co %	W %	Sonstige %	P max. %	S max. %	Härte mind. HB 5/750	Härte mind. HV 30
GH-200	–	–	–	–	–	–	–	–	–	0,40	0,15	200	200
GH-300	–	–	–	–	–	–	–	–	–			300	300
GHK-400	–	–	–	–	–	–	–	–	–			400	400
GHK-500	–	–	–	–	–	–	–	–	–			480	500
G-60MnSiTi7	0,55 bis 0,65	1,5 bis 2,0	1,5 bis 2,0	–	–	–	–	–	Ti 0,15 bis 0,25	0,045	0,045	550	630
G-70CrMn7	0,65 bis 0,85	0,3 bis 0,6	0,7 bis 1,2	1,5 bis 2,1	–	–	–	–	–	0,04	0,04	250	250
G-90CrMn6 4	0,80 bis 0,95	0,20 bis 0,40	0,8 bis 1,2	1,3 bis 1,5	–	–	–	–	–			600	690
G-X120Mn12	1,0 bis 1,4	0,20 bis 0,80	10,0 14,0	≤ 0,8	–	–	–	–	–	0,12		230	230
G-X120MnCr12 2				0,8 bis 2,5	–	–	–	–	–			200	200
G-X120MnCr6 3	1,0 bis 1,3	≤ 0,6	5,5 bis 7,2	2,0 bis 3,5	–	–	–	–	–	0,08		220	220
G-X130NiCr4 2	1,0 bis 1,6	0,4 bis 0,7	0,4 bis 0,7	1,4 bis 1,8	–	4,0 bis 4,8	–	–	–	0,05	0,05	350	350
G-X210CrWCoNi20 4 4	1,9 bis 2,1	0,24 bis 0,40	0,25 bis 0,35	19,0 bis 22,0	–	1,5 bis 1,8	3,4 bis 3,8	3,4 bis 3,8	–	0,02	0,02	440	440
G-X220CrNiCoW21	2,0 bis 2,4	≤ 0,05	≤ 0,5	20,0 bis 22,0	–	1,0 bis 2,0	0,8 bis 1,4	0,8 bis 1,4	–	0,04	0,04	500	530
G-X250CrMnWV15 2	2,0 bis 3,0	0,3 bis 1,0	1,8 bis 2,6	13,0 bis 16,0	–	–	0,1 bis 0,5	V 0,1 bis 0,5				580	650
G-X300NiCr4 2	2,4 bis 3,2	0,3 bis 0,7	0,3 bis 0,7	1,4 bis 2,4	–	3,3 bis 5,0	–	–	–	0,30	0,15	500	530
G-X300CrNiB9 6		1,4 bis 2,4	≤ 0,8	7,5 bis 9,5	≤ 0,4	4,8 bis 6,2	–	–	B 0,3 bis 0,5	0,10	0,10	650	760
G-X300MnCrNiMo3 2 2		0,4 bis 0,8	3,0 bis 3,5	1,7 bis 2,3	0,2 bis 0,4	1,5 bis 2,0	–	–	–			620	720
G-X300CrMn9 6		1,4 bis 2,0	5,5 bis 6,5	8,0 bis 9,0	–	–	–	–	–			680	850
G-X300CrMo15 3	2,8 bis 3,2	0,3 bis 0,8	0,4 bis 0,9	14,0 bis 18,0	2,5 bis 3,5	–	–	–	–			530	580

1.3. Hartmetalle

Hartmetallsorten, TGL 7965/02

Hartmetallmarke	Biegebruchfestigkeit mind.		Härte mind.		Dichte von — bis kg/dm^3	
	MPa	kp/mm^2 (alt)	HRA	HV		
HS 021	880	90	91,5	1600	9,8	10,2
HS 123	1130	115	91,0	1550	10,8	11,1
HS 25	1320	135	90,0	1450	13,0	13,4
HS 345	1420	145	89,5	1400	12,5	13,0
HS 50	1770	180	88,5	1200	12,7	13,1
HG 01	980	100	91,5	1600	15,0	15,3
HG 110	1320	135	91,0	1550	14,6	14,9
HG 15	980	100	90,0	1450	15,0	15,3
HG 20	1420	145	89,5	1400	14,6	14,9
HG 012	1180	120	92,0	1650	12,8	13,2
HG 30	1470	150	87,5	1150	14,4	14,7
HG 40	1570	160	87,0	1100	14,1	14,5
HU 10	1230	125	91,0	1550	12,2	12,6
HU 30	1370	140	90,0	1450	12,8	13,2
HU 40	1770	180	88,0	1200	13,8	14,4

Hartmetalle für Werkzeuge der spanlosen Formung und für Verschleißteile

Hartmetallmarke	Anwendungsbeispiele
HG 110	Laufbuchsen, Bestückung von Präzisionsmeß- und Prüfmittel Einsatz bei höchster Verschleißbeanspruchung
HG 15	Bestückung von Sandstrahldüsen Einsatz bei starker Verschleißbeanspruchung
HG 20	Einsatz für Zentrierspitzen, Lauf- und Führungsbuchsen, Bestückung von Spannzangen, Führungsschienen
HG 30	Gleit- und Dichtringe, Bestückung von Schrift- und Fliesenlegermeißeln
HG 40	Bestückung von Lehren, Anschlagschienen, Ziehdornen, Ziehbacken und Kalbriermatrizen
HG 50	Bestückung von Kaltpreß- und Kaltfließpreßwerkzeugen sowie Schnitt-, Stanz- und Tiefziehwerkzeugen
HG 60	Bestückung von Schnitt- und Stanzwerkzeugen mit besonderer Anforderung an die Zähigkeit.
HG 70	Bestückung von Kaltpreß-, Kaltschlag- und Reduziermatrizen und Hämmern mit gesteigerten Anforderungen an die Zähigkeit
HG 80	wie HG 70, jedoch mit höchster Anforderung an die Zähigkeit
HZ 10	Bestückung von Ziehwerkzeugen für Drahtzug, vorzugsweise für Buntmetalle im Naßzug, insbesondere bei sauer reagierenden Schmiermitteln
HZ 20	Bestückung von Ziehwerkzeugen für Draht- und Stangenzug bis 25 mm Ziehdurchmesser
HZ 30	Bestückung von Ziehwerkzeugen für Stangen- und Rohrzug bis 80 mm Ziehdurchmesser und Profilzug
HZ 40	Bestückung von Ziehwerkzeugen für Rohrzug über 80 mm Ziehdurchmesser und Profilzug
HZ 50	Bestückung von Ziehwerkzeugen für Profilzug mit sehr hohen Anforderungen an die Zähigkeit

1.3. Hartmetalle

Hartmetalle für Werkzeuge der spanenden Formung

Kennfarbe	Anwendungsgruppen		Hartmetallmarke	Anwendung		Richtung der Zunahme der Charakteristik
	Hauptgruppe	Untergruppe		zu bearbeitender Werkstoff	Arbeitsverfahren Einsatzbedingungen	
blau	P	P01	HS 021 HS 410	Stahl, Stahlguß	Feindrehen, Feinbohren hohe Schnittgeschwindigkeit, kleine Spanquerschnitte, hohe Maßgenauigkeit und Oberflächengüte, schwingungsarme Bedingungen	Härte (Verschleißfestigkeit) ↓ / Biegefestigkeit (Zähigkeit) ↑
		P10	HS 123 HS 021 HS 410	Stahl, Stahlguß	Außen- und Innendrehen, Kopierdrehen, Gewindeschneiden, Fräsen, Reiben hohe Schnittgeschwindigkeiten, kleine bis mittlere Spanquerschnitte	
		P20	HS 123 HS 410	Stahlguß, Stahl, langspanender Temperguß	Drehen, Kopierdrehen, Fräsen, Gewindeschneiden, Reiben mittlere Schnittgeschwindigkeit, mittlere Spanquerschnitte	
		P25	HS 345	Stahl, Stahlguß, langspanender Temperguß	Fräsen mittlere Schnittgeschwindigkeit, mittlere Spanquerschnitte, Einsatz bei großen Temperaturschwankungen	
		P40	HS 345	Stahl, Stahlguß mit Sandeinschlüssen und Lunkern	Drehen, Bohren, Hobeln, Stoßen niedrige Schnittgeschwindigkeit, große Spanquerschnitte, große Spanwinkel möglich, Einsatz unter erschwerten Bedingungen und bei Automatenarbeiten	
		P50	HS 345	Stahl, Stahlguß mit niedriger oder mittlerer Festigkeit, mit Sandeinschlüssen und Lunkern	Drehen, Hobeln, Stoßen, Automatenarbeiten niedrige Schnittgeschwindigkeit, große Spanquerschnitte, große Spanwinkel möglich, Einsatz unter erschwerten Bedingungen und besonders hoher Anforderung an die Zähigkeit des Hartmetalls	
gelb	M	M10	HU 10	Stahl, Manganhartstahl, austenitische Stähle, Stahlguß, Hartguß, legiertes Gußeisen, Temperguß	Drehen, Fräsen hohe bis mittlere Schnittgeschwindigkeit, kleine bis mittlere Spanquerschnitte	
		M30	HU 30	Stahl, Stahlguß, austenitische Stähle, hitze- und zunderbeständige Stähle, Gußeisen, Temperguß	Drehen, Hobeln, Fräsen mittlere bis niedrige Schnittgeschwindigkeit, mittlere bis große Spanquerschnitte Einsatz unter erschwerten Bedingungen	
		M40	HU 40	Stähle mit niedriger Festigkeit, Automatenstähle, NE-Metalle	Drehen, Formdrehen große Spanwinkel möglich, Einsatz vorwiegend auf Drehautomaten	
rot	K	K01	HG 01 HG 410 HG 012	Gußeisen hoher Härte, Kokillenhartguß, vergüteter Stahl, Aluminiumlegierungen mit hohem Si-Gehalt, stark verschleißend wirkende Kunststoffe, keramische Werkstoffe	Feindrehen, Feinbohren, Schaben hohe Schnittgeschwindigkeit, kleine Spanquerschnitte	

Fortsetzung auf Seite 25

1.4.1. Reinst- und Reinaluminium

Hartmetalle für Werkzeuge der spanenden Formung (Fortsetzung)

Kennfarbe	Anwendungsgruppen		Hartmetallmarke	Anwendung		Richtung der Zunahme der Charakteristik
	Hauptgruppe	Untergruppe		zu bearbeitender Werkstoff	Arbeitsverfahren Einsatzbedingungen	
rot	K	K10	HG 110 HG 420 HG 012	Hartguß, Gußeisen mit HB ≤ 220, kurzspanender Temperguß, wie HG 01, HG 410, HG 012	Drehen, Bohren, Senken, Reiben, Fräsen, Räumen, Schaben hohe bis mittlere Schnittgeschwindigkeit, kleine bis mittlere Spanquerschnitte	↑ Härte (Verschleißfestigkeit) / Biegefestigkeit (Zähigkeit) ↓
		K20	HG 20 HG 012	Gußeisen mit HB ≤ 220, NE-Metalle, stark verschleißend wirkende Holzwerkstoffe, Kunststoffe, Beton und Stein	Drehen, Bohren, Senken, Reiben, Fräsen, Räumen, Hobeln mittlere Schnittgeschwindigkeit, mittlere bis große Spanquerschnitte, Einsatz unter weniger günstigen Bedingungen	
		K30	HG 30	Gußeisen mit HB < 180, NE-Metalle, Holzwerkstoffe, Kunststoffe, Beton und Stein	Drehen, Bohren, Fräsen, Hobeln, Stoßen große Spanwinkel möglich, Einsatz unter ungünstigen Bedingungen	
		K40	HG 40	NE-Metalle, Weich- und Harthölzer im Naturzustand, Kunststoffe, Beton und Stein	Drehen, Hobeln, Stoßen, Fräsen große Spanwinkel möglich, Einsatz unter ungünstigen Bedingungen	

1.4. Aluminium

1.4.1. Reinst- und Reinaluminium, TGL 14712

Aluminiummarke	Chemische Zusammensetzung							Farbkennzeichen
	Al mind. %	Beimengungen, max., in %						
		Fe	Si	Cu	Zn	Ti	sonstige Einzelelemente	Gesamt	
	Reinstaluminium							
Al99,98	99,98	0,005	0,005	0,003	0,003	0,002	0,001	0,020	vier schwarze vertikal
Al99,95	99,95	0,030	0,030	0,015	0,005	0,002	0,005	0,05	drei grüne vertikal
Al99,9	99,9	0,05	0,04	0,03	0,005	0,001	0,01	0,10	drei schwarze vertikal
	Reinaluminium							
Al99,8	99,8	0,15	0,15	0,02	0,05	0,03	0,02	0,20	zwei weiße vertikal
Al99,7	99,7	0,25	0,20	0,02	0,07	0,05	0,02	0,30	zwei gelbe vertikal
Al99,5	99,5	0,40	0,30	0,05	0,07	0,05	0,03	0,50	zwei grüne vertikal
Al99,5E	99,5	0,35	0,10	0,02	0,06	0,02	0,02	0,50	zwei grüne vertikal und ein horizontaler, die vertikalen kreuzend
Al99,0	99,0	0,6	0,5	0,10	0,10	0,05	0,05	1,0	zwei schwarze vertikal

1.4. Aluminium

1.4.2. Aluminium und Aluminium-Knetlegierung, TGL 14745/01

Aluminiumsorte	Aluminium-marke	Festigkeitszustand Kurzzeichen	Bedeutung	Zugfestigkeit R_m MPa	0,2%-Dehngrenze, mind. $R_{p0,2}$ MPa	Bruchdehnung mind. A_5 %	A_{10} %	Brinellhärte Richtwert HB K=5
Reinst- und Reinaluminium	Al99,98 Al99,95 Al99,9	wh F4 F7 F10	walzhart weich halbhart hart	nicht vorgeschrieben 40 bis 70 ≥ 70 bis 120 mind. 100	10 40 80	33 9 5	28 8 4	15 20 25
	Al99,7 Al99,8	wh F6 F9 F13	walzhart weich halbhart hart	nicht vorgeschrieben 60 bis 90 ≥ 90 bis 140 mind. 130	20 50 100	40 9 5	35 8 4	18 25 30
	Al99,5	wh F7 F10 H10 F14	walzhart weich halbhart halbhart gewalzt hart	nicht vorgeschrieben 70 bis 190 ≥ 100 bis 150 ≥ 100 bis 150 mind. 140	20 70 70 110	40 6 5 5	35 5 4 4	20 30 30 35
	Al99,0	wh F8 F11 H11 F15	walzhart weich halbhart halbhart gewalzt hart	nicht vorgeschrieben 80 bis 110 ≥ 110 bis 160 ≥ 110 bis 160 mind. 150	30 80 80 120	35 6 4 4	30 4 3 3	22 32 32 38
Aluminium-Knetlegierung	AlFeSi	wh F8	walzhart weich	nicht vorgeschrieben 80 bis 130	30	35	30	30
	AlMg1	wh F10 F14 F19	walzhart weich halbhart hart	nicht vorgeschrieben 100 bis 140 ≥ 140 bis 200 mind. 190	40 90 140	24 7 3	21 6 2	30 40 50
	AlMg2	wh F15 F19 F23	walzhart weich halbhart hart	nicht vorgeschrieben 150 bis 190 ≥ 190 bis 245 mind. 230	60 120 180	23 8 3	20 7 2	40 50 60
	AlMg3 AlMg2,5Mn	wh F19 F24 F28	walzhart weich halbhart hart	nicht vorgeschrieben 190 bis 240 ≥ 240 bis 280 mind. 270	80 140 200	20 8 3	17 7 2	45 65 75
	AlMg4	wh F21 F25 F28	walzhart weich halbhart hart	nicht vorgeschrieben 210 bis 250 ≥ 250 bis 300 mind. 280	100 150 180	17 8 3	15 7 2	50 70 80
	AlMg4,5Mn	wh F28	walzhart weich	nicht vorgeschrieben mind. 270	125	17	15	60
	AlMg5	wh F25 F28 F32	walzhart weich halbhart hart	nicht vorgeschrieben 245 bis 290 ≥ 290 bis 320 mind. 310	120 180 240	17 9 4	15 8 3	55 80 90
	AlMn1	wh F9 F14 F18	walzhart weich halbhart hart	nicht vorgeschrieben 90 bis 140 ≥ 140 bis 190 mind. 180	40 100 140	24 6 4	21 5 3	25 35 40
	AlMg1Mn1	wh F15 F20 F26	walzhart weich halbhart hart	nicht vorgeschrieben 150 bis 200 ≥ 200 bis 260 mind. 255	60 160 200	18 6 3	15 5 2	45 55 70
	AlMg1Si1Mn	wh w F20 F27	walzhart weich kaltausgehärtet warmausgehärtet	nicht vorgeschrieben ≥ 150 mind. 200 mind. 260	— 110 200	18 14 12	15 12 10	— 60 80
	AlCu4Mg1	wh w F40	walzhart weich kaltausgehärtet	nicht vorgeschrieben ≥ 240 mind. 390	— 270	14 15	12 12	— 100

1.5.1. Feinblei, Hüttenblei

Aluminium-Knetlegierungen, TGL 14725

Aluminiummarke	Legierungselemente							Dichte	Kennfarbe
	Mg %	Si %	Cu %	Mn %	Zn %	Ti %	Cr %	kg/dm³	–
AlMn1	0,01 bis 0,3	–	–	1,0 bis 1,4	–	–	–	2,73	braun-gelb
AlMg1	0,7 bis 1,2	–	–	–	–	–	–	2,69	grün-blau
AlMg1,5	1,2 bis 1,7	–	–	–	–	–	–	2,69	blau-grün-blau
AlMg2	1,7 bis 2,4	–	–	–	–	–	–	2,68	grün-blau-grün
AlMg3	2,7 bis 3,3	–	–	–	–	–	–	2,66	grün-gelb
AlMg4,5Mn	4,0 bis 4,9	–	–	0,6 bis 1,0	–	–	0,05 bis 0,25	2,66	grün-braun
AlMg5	4,3 bis 5,5	–	–	0,2 bis 0,6	–	–	–	2,64	grün-schwarz
AlMg5(S)	5,0 bis 5,8	–	–	–	–	0,02 bis 0,4	–	2,63	grün-schwarz-schwarz
AlMgSi0,5	0,4 bis 0,9	0,3 bis 0,9	–	–	–	–	–	2,69	weiß-gelb
AlMg1Si1	0,7 bis 1,5	0,7 bis 1,5	–	–	–	–	–	2,70	weiß-schwarz
AlMg1Si1Mn	0,7 bis 1,5	0,7 bis 1,5	–	0,2 bis 1,0	–	–	–	2,70	weiß-rot
AlCu4Mg1	0,4 bis 1,1	0,2 bis 0,7	3,5 bis 4,8	0,4 bis 1,0	–	–	–	2,80	rot-blau
AlCu4Mg2	1,2 bis 1,8	–	3,8 bis 4,8	0,4 bis 0,9	–	–	–	2,77	rot-grün
AlZn5Mg1	1,1 bis 1,4	–	–	0,2 bis 0,4	4,3 bis 5,5	–	0,1 bis 0,2	2,77	blau-gelb

1.5. Blei

1.5.1. Feinblei, Hüttenblei, TGL 14719

Bleisorte	Bleimarke	Begleitelemente								
		Ag max. %	Cu max. %	Zn max. %	Bi max. %	As max. %	Sn max. %	Sb max. %	Fe max. %	gesamt max. %
Feinblei	Pb99,992	0,0003	0,0005	0,001	0,004	0,0005	0,0005	0,0005	0,001	0,008
	Pb99,99	0,001	0,001		0,005	0,001	0,001	0,001		0,01
	Pb99,985				0,01					0,015
Hüttenblei	Pb99,97	0,002	0,0015	0,002	0,015	0,002	0,001	0,005	0,001	0,03
	Pb99,95				0,03		0,002		0,002	0,05
	Pb99,9	0,005	0,002	0,005	0,06	0,005	0,003		0,005	0,1

1.5. Blei

1.5.2. Blei-Antimon-Legierungen, TGL 14728

Bleisorte	Bleimarke	Legierungsbestandteile		Begleitelemente gesamt max.
		Pb %	Sb %	%
Hartblei	PbSb1	Rest	0,8 ... 1,2	0,15
	PbSb2		1,8 ... 2,2	
	PbSb4		3,8 ... 4,4	0,1
	PbSb6		5,8 ... 6,4	
	PbSb7		6,8 ... 7,4	
	PbSb8		7,8 ... 8,5	
	PbSb10		9,8 ... 10,5	
Sonder-hartblei	PbSb3As		2,8 ... 3,4	
	PbSb5As		4,8 ... 5,3	
	PbSb5,5Sn		5,2 ... 5,8	

1.5.3. Lagermetalle auf Blei- und Zinngrundlage, TGL 14703

Lagermetall-marke	Legierungselemente							Begleitelemente gesamt max.	Brinellhärte
	Sn	Cu	Sb	Pb	Cd	As	Ni		
	%	%	%	%	%	%	%	%	HB
LgPbSn5	4,5 bis 5,5	0,5 bis 1,5	14,5 bis 16,5	Rest	–	–	–	0,85	22
LgPbSn10Cu	9,5 bis 10,5				–	–	–		23
LgPbSn10					–	–	–		
LgPbSn9Cd	8,0 bis 10,0	0,8 bis 1,2	13,0 bis 15,0		0,3 bis 0,7	0,3 bis 1,0	–	0,35	27
LgSn80	79,0 bis 81,0	5,0 bis 7,0	11,0 bis 13,0	1,0 bis 3,0	–	–	–	0,3	28
LgSn80Sb18	–		16,0 bis 20,0	–	–	–	–	0,4	26
LgSn80Cd	79,5 bis 81,5	5,0 bis 6,0	11,0 bis 13,0	–	1,0 bis 1,4	0,3 bis 0,7	0,2 bis 0,4	0,1	35

1.5.4. Bleilegierungen für Druck- und Spritzguß, TGL 0-1741

Bleisorte	Bleimarke	Legierungselemente					Zugfestigkeit	Bruchdehnung $l_0 = 10\, d_0$	Brinellhärte HB
		Pb %	Sn %	Sb %	Cu %	Fe + Cd + As %	kp/mm²+	%	5/62,5-60
Druckguß-legierungen	GD Pb 97	96 ... 98	–	2 ... 4	–	≤ 1,5	5	20	9
	GD Pb 87	86 ... 88	–	12 ... 14	–		6	10	14
	GD Pb 85	84 ... 86	4 ... 6	9 ... 11	–		7,5	8	18
	GD Pb 59	58 ... 60	24 ... 26	12 ... 14	2,5 ... 3,5		8	3	
Spritzguß-legierung	GD Pb 46	45 ... 47	39 ... 41	11 ... 13	1,5 ... 2,5			4	17

+ Umrechnung in SI-Einheiten erforderlich (s. Abschnitte 8.2.4. und 8.2.5.)

1.6.1. Kupfer- und Kupferlegierungen

1.6. Kupfer

1.6.1. Kupfer und Kupfer-Knetlegierungen (Rohre), TGL 39847/01

Kupfersorte	Kupfermarke	Festigkeits-zustand	Zugfestigkeit mind. R_m MPa	Bruchdehnung mind. A_5 %	0,2%-Dehn-grenze $R_{p0,2}$ MPa	Brinellhärte Richtwert HB K=5
Kupfer	SE-CU99,97 DE-Cu99,9 DR-Cu99,7 E-Cu99,9 R-Cu99,7	zh F20 F25 F30	nicht vorgeschrieben			
		F20	200	40	≥ 40	50
		F25	245	15	≥ 200	75
		F30	290	6	≥ 245	95
Kupfer-Zink-Knetlegierung (Messing bleifrei)	CuZn15	zh	nicht vorgeschrieben			
		F26	250	45	≤ 150	65
		F32	310	23	≥ 180	95
		F38	370	9	≥ 290	110
	CuZn20	F27	260	47	nicht festgelegt	
		F33	320	22		
		F40	390	11		
	CuZn30	F28	270	42	≤ 180	70
		F36	350	24	≥ 200	105
		F43	420	8	≥ 320	125
	CuZn37	P	390	23	—	—
		zh	nicht vorgeschrieben			
		F30	290	45	≤ 180	70
		F38	370	20	≥ 200	105
		F45	440	6	≥ 340	135
	CuZn40	P	340	23	—	—
		zh	nicht vorgeschrieben			
		F34	330	35	≤ 220	80
		F41	400	20	≥ 220	115
		F48	470	11	≥ 350	140
Kupfer-Zink-Knetlegierung (Messing bleihaltig)	CuZn38Pb2	P	390	23	—	—
		zh	nicht vorgeschrieben			
		F34	330	35	≤ 220	80
		F41	400	20	≥ 220	115
		F48	470	11	≥ 350	140
Kupfer-Zink-Knetlegierung (Sondermessing)	CuZn35Al1Ni	zh	nicht vorgeschrieben			
		F50	490	18	≥ 250	130
	CuZn38Al2Mn2Fe1	P	nicht vorgeschrieben			
		zh				
		F60	590	10	≥ 245	160
Kupfer-Zinn-Knetlegierungen (Zinnbronze)	CuSn6	F35	340	55	≤ 250	85
		F41	400	27	≥ 190	120
		F50	490	12	≥ 390	155
	CuSn8	P	nicht vorgeschrieben			
Kupfer-Aluminium-Knetlegierungen (Aluminiumbronze)	CuAl5	F35	340	50	≥ 100	80
	CuAl10Fe3Mn1	P	nicht vorgeschrieben			
		zh				
Kupfer-Nickel-Zink-Knetlegierungen (Neusilber)	CuNi12Zn24	F35	340	40	≤ 290	85
		F43	420	24	≥ 240	120
		F50	490	8	≥ 370	150

1.6. Kupfer

1.6.2. Elektrolytkupfer, Raffinadekupfer, TGL 14708

Kupfermarke	Cu mind. %	O_2 max. %	Bi max. %	Sb max. %	As max. %	Sn max. %	Ni max. %	Fe max. %	Pb max. %	Zn max. %	S max. %	Ag max. %	P max. %
KE-Cu99,95	99,95	–	0,001	0,002	0,002	0,002	0,002	0,005	0,005	0,005	0,005	0,005	–
SE-Cu99,97	99,97	–[1]							0,003	0,002		–	0,002
SE-Cu99,95	99,95	–[1]							0,05	0,003		–	
DR-Cu99,9	99,90	–[1]								0,005			0,04
DR-Cu99,7	99,90	–[1]	0,002	0,01	0,01	0,05	0,2	0,05	–	0,01	–		
DR-Cu99,5	99,50	–[1]	0,003	0,05	0,05		0,4		0,03		–	–	–
E-Cu99,9	99,90	0,08	0,001	0,002	0,002	0,002	0,002	0,005	0,005	0,005	0,005	0,005	–
R-Cu99,7	99,70		0,002	0,01	0,01	0,05	0,2	0,05	0,05	–	0,01	–	–
R-Cu99,5	99,50	0,10	0,003	0,05	0,05		0,4		–	–	–	–	–
R-Cu99	99,00	0,08	0,02		0,5	–		–	0,1	–	0,02	–	–

[1] Bei 200facher Vergrößerung kein Cu_2O

1.6.3. Kupfer-Beryllium-Knetlegierungen (Berylliumbronze), TGL 14763

Marke	Legierungselemente					Begleitelemente gesamt
	Be %	Co %	Ni %	Ti %	Cu %	%
CuBe2Co	2,0 ... 2,3	0,2 ... 0,4	–	–	Rest	0,7
CuBe2Ni(Co)	1,8 ... 2,1	0,2 ... 0,5				0,5
CuBe1,7NiTi	1,6 ... 2,85	0,2 ... 0,4		0,1 ... 0,25		
CuBe2NiTi	1,85 ... 2,1					

1.6.4. Kupfer-Nickel-Zink-Knetlegierungen (Neusilber), TGL 35704

Marke	Legierungselemente				Begleitelemente gesamt	Dichte
	Cu %	Ni %	Pb %	Zn %	%	kg/dm³
CuNi12Zn24	62 bis 66,0	11,0 bis 13,0	–	Rest	0,6	8,7
CuNi18Zn20	60 bis 64,0	17,0 bis 19,0				
CuNi10Zn42Pb	45,0 bis 48,0	9,5 bis 11,5	0,5 bis 2,0		1,0	8,6
CuNi12Zn30Pb	55,0 bis 59,0	11,0 bis 13,0	1,0 bis 1,5			
CuNi12Zn24Pb	60,0 bis 63,0		1,0 bis 2,5			
CuNi13Zn21Pb	63,5 bis 66,0		0,5 bis 1,0			
CuNi18Zn19Pb	60,0 bis 63,0	17,0 bis 19,0	1,5 bis 2,0			8,7
CuNi25Zn17Pb	54,0 bis 56,0	24,0 bis 26,0	1,0 bis 1,5			

1.6.6. Kupfer-Zink-Knetlegierungen

1.6.5. Kupfer-Nickel-Knetlegierungen, TGL 35487

Marke	Legierungselemente				Begleitelemente
	Ni %	Fe %	Mn %	Cu %	gesamt %
CuNi5	4,0 ... 6,0	–	–	Rest	0,5
CuNi7	7,0 ... 7,5	–	0,10 ... 0,35		0,01
CuNi45	42,0 ... 46,0	–	–		TGL 101-103
CuNi10Fe1Mn	9,0 ... 11,0	1,0 ... 2,0	0,3 ... 1,0		0,5
CuNi20Mn1Fe	20,0 ... 22,0	0,4 ... 1,0	0,5 ... 1,5		0,5
CuNi30Mn1Fe	29,0 ... 33,0	0,5 ... 1,0	0,5 ... 1,5		0,6

1.6.6. Kupfer-Zink-Knetlegierungen

Kupfer-Zink-Knetlegierungen (Messing), TGL 35484

Marke	Legierungselemente			Begleit-elemente gesamt	Dichte
	Cu %	Pb %	Zn %	%	kg/dm^3
CuZn5	94,0 bis 96,0	–	Rest	0,2	8,8
CuZn10	88,0 bis 91,0				
CuZn15	84,0 bis 86,0			0,3	8,7
CuZn20	79,0 bis 81,0				8,6
CuZn30	69,0 bis 72,0			0,2	8,5
CuZn37	62,0 bis 65,0			0,5	8,4
CuZn40	59,0 bis 62,0			1,0	
CuZn40Pb2	57,0 bis 59,5	1,0 bis 2,5			8,3
CuZn39Pb3		2,0 bis 3,5		1,2	8,4
CuZn39Pb0,5	59,0 bis 62,0	0,4 bis 0,8		0,6	8,3
CuZn38Pb2		1,0 bis 2,5		0,7	8,4
CuZn36Pb0,5	62,0 bis 65,0	0,2 bis 1,0		0,5	8,35
CuZn36Pb1		1,0 bis 2,0			8,4

1.7. Nickel

Kupfer-Zink-Knetlegierungen (Sondermessing), TGL 35485

Marke	Legierungselemente								Begleitelemente gesamt	Dichte
	Cu %	Al %	Mn %	Fe %	Pb %	Ni %	Si %	Zn %	%	kg/dm³
CuZn20Al2	76,0 bis 79,0	1,8 bis 2,5	–	–	–	–	–	Rest	0,3	8,4
CuZn29Al	67,0 bis 71,0	0,5 bis 2,0					0,3 bis 0,7		1,0	
CuZn35Al1Ni	57,0 bis 62,0	0,3 bis 1,5	1,5 bis 2,5			2,0 bis 3,0	–			8,3
CuZn38Al2Mn2Fe1	56,0 bis 61,0	0,75 bis 2,5	0,1 bis 3,5	0,5 bis 1,5					1,3	
CuZn40MnPb		–	0,4 bis 2,0	–	1,0 bis 2,0				1,5	8,2
CuZn40Al1Mn2	56,0 bis 59,0	0,5 bis 1,5	1,5 bis 3,5	–						

1.6.7. Kupfer-Zinn-Knetlegierungen (Zinnbronze), TGL 35486

Marke	Legierungselemente			Begleitelemente gesamt	Dichte
	Sn %	P %	Cu %	%	kg/dm³
CuSn2	1,0 bis 2,5	0,02 bis 0,3	Rest	0,30	8,9
CuSn3	2,0 bis 3,5				
CuSn4	3,0 bis 5,0				8,8
CuSn6	5,5 bis 7,0	0,02 bis 0,4			
CuSn8	7,0 bis 9,0				

1.7. Nickel, TGL 10409

Nickelmarke	Ni+Co mind %	Zulässige Begleitelemente										
		Co %	C %	Mg %	Al %	Si %	P %	S %	Mn %	Fe %	Cu %	Zn %
Ni99,99	99,99	0,005	0,005	0,001	0,001	0,001	0,001	0,001	0,001	0,002	0,001	0,0005
Ni99,93	99,93	0,10	0,01	0,001	0,001	0,002	0,001	0,001	+)	0,01	0,02	0,001
Ni99,8Co	99,8	0,1	+)	+)	+)	+)	+)	0,005	+)	0,05	0,02	0,04

+) nicht festgelegt

1.8. Zink

1.8.1. Fein-, Hütten- und Umschmelzzink, TGL 14706

Zinkmarke	Zn mind. %	Begleitelemente gesamt, max. %	Farbkennzeichen
Zn99,995	99,995	0,005	blau
Zn99,99	99,99	0,010	gelb
Zn99,98	99,98	0,020	gelb-gelb
Zn99,975	99,975	0,025	weiß
Zn99,96	99,96	0,040	weiß-weiß
Zn99,95	99,95	0,050	grün
Zn98,7	98,7	1,3	rot
Zn98,6	98,6	1,4	rot-rot
Zn98,5	98,5	1,4	schwarz
Zn97,5	97,5	1,5	braun
Zn96,0	96,0	4,0	schwarz-schwarz

1.8.2. Feinzink-Gußlegierungen, TGL 0-1743

Zinkmarke	Verwendung für	Legierungselemente				Zugfestigkeit mind. kp/mm² ✦	Bruchdehnung mind. %	Brinellhärte mind. HB
		Al %	Cu %	Mg %	Zn %			
GDZnAl4	Druckguß	3,5 bis 4,3	≦ 0,6 0,02 bis 0,6	0,02 bis 0,05	Rest	25	1,5	70
GDZnAl4Cu1						27	2	80
GZnAl4Cu1	Sandguß					18	0,5	70
GKZnAl4Cu1	Kokillenguß					20	1	
GZnAl6Cu1	Sandguß	5,6 bis 6,0	1,0 bis 1,6	≦ 0,005		18		80
GKZnAl6Cu1	Kokillenguß					22	1,5	

1.9. Zinn, TGL 14704

Zinnmarke	Grundelement Sn %	Begleitelemente gesamt max. %
Sn99,9	99,9	0,100
Sn99,75	99,75	0,250
Sn99,5	99,5	0,500
Sn99	99,0	1,000
Sn98	98,0	2,000

1.10. Metalle der Platingruppe

Platingruppe	Marke	Grundelement mind. %	Begleitelemente gesamt %
Platin	Pt99,9	99,9	0,10
Geräteplatin	G-Pt99,6	99,6	0,40
Palladium	Pd99,9	99,9	0,10
Iridium	Ir99,8	99,8	0,20
Rhodium	Rh99,8		

✦ Umrechnung in SI-Einheiten erforderlich (s. Abschnitte 8.2.4. und 8.2.5.)

1.11. Plast

1.11.1. Kurzzeichen für Plaste, TGL 21733

Kurzzeichen	Benennung	Kurzzeichen	Benennung
ABS	Akrylnitril-Butadien-Styrol-Copolymere	PMMA	Polymethylmethakrylat
EC	Äthylzellulose	Po	Polyolefine
CMC	Carboximethylzellulose	POM	Polyoximethylen (Polyformaldehyd)
CA	Zelluloseazetat	PPO	Polyphenylenoxid
CAB	Zelluloseazetobutyrat	PP	Polypropylen
CAP	Zelluloseazetoproprionat	PS	Polystyrol
CN	Zellulosenitrat	PTFE	Polytetrafluoräthylen
DD	Dizyandiamidformaldehydkondensat	PFEP	Polytetrafluoräthylenperfluorpropylen
EP	Epoxidharz	PUR	Polyurethan
GFP	Glasfaserverstärkte Plaste	PVAC	Polyvinylazetat
GUP	Glasfaserverstärkte ungesättigte Plaste	PVAL	Polyvinylalkohol
UF	Harnstoffformaldehydkondensat	PVB	Polyvinylbutyral
MF	Melaminformaldehydkondensat	PVC	Polyvinylchlorid
PF	Phenolformaldehydkondensat	PVC-H	Polyvinylchlorid, weichmacherfrei
PAN	Polyakrylnitril	PVC-W	Polyvinylchlorid, weich
PA	Polyamid	PVCA	Polyvinylchloridazetat
PE	Polyäthylen	PVDC	Polyvinylidenchlorid
PETP	Polyäthylenterephthalat	SAN	Styrol-Akrylnitril-Copolymere
PC	Polykarbonat	SB	Styrol-Butadien-Copolymere
PCTFE	Polychlortrifluoräthylen	UP	Ungesättigtes Polyesterharz
PIB	Polyisobutylen	Vf	Vulkanfiber

1.11.2. Thermoplaste, TGL 11690

Kenngrößen		Thermoplastmarken		
		M145 M145-A	S265P S265P-A	S267P S267P-A
Schlagbiegefestigkeit	mind. kJ/m^2	15	20	
Vicat – Erweichungstemperatur	mind. °C	90	100	
Biegefestigkeit	mind. MPa	90	100	95
Kugeldruckhärte	mind. MPa		130	
Dielektrizitätskonstante	bei 1 MHz		2,4 … 2,6	
Dielektrischer Verlustfaktor tan	bei 1 MHz		$3 \cdot 10^{-4}$	
Durchschlagfestigkeit	mind. kV/mm		60	

1.11.3. Duroplaste

Phenoplast-, Aminoplast-, Polyesterharz-Formmassen; TGL 28870

Bezeichnungsbeispiel: **A3-31-1p**

A	Kennziffer für Klasse	3	Gruppe	-31	Formstofftyp	-1p	Technologische Merkmale
A	Biegefestigkeit	A:	1 bis 4		(Harz und Füllstoff)	z. B.	
B	Kerbschlagbiegefestigkeit	B:	1 bis 8		z. B.	-1	normalhärtend,
		C:	1 bis 6	-31	Phenolharz und Holzmehl		Pressen und Spritzpressen
C	Formbeständigkeit	D:	1 bis 8			-3	normalhärtend,
D	Elektrische Parameter	E:	1 bis 4	-152	Melaminharz und		Spritzgießen
E	Besondere chemische und				kurzfaseriger Zellstoff	p	pulvrig
	physikalische Anforderungen			-220	Polyesterharz, Glas-	g	granuliert, körnig
					seidenfaser und andere	-4k	schnellhärtend, Spritz-
					anorganische Füllstoffe		gießen; kittförmig

1.11.3. Duroplaste

Kennzeichnung für Schichtpreßstoffe, TGL 15372/01

Bezeichnungsbeispiel: Hgw 2082.5 TGL 15372
Hgw Art (Hartgewebe); **2** Struktur (Schichtpreßstoff); **0** Harz (Phenolkresolharz); **8** Harzträger, Gewebeart (50 %, Naturfaser); **2** Harzgehalt, Gewebeart, Lieferform (feinfädig, Tafeln); **5** Eigenschaft (elektrisch hochwertig); TGL 15372 Standard.

Art	Kennziffer					Erklärung der Kennziffer	
a	b	c	d	e	f		
Struktur	2					Schichtpreßstoff	
Harz		0				Phenolkresolharz	
		1				Harnstoffharz	
		2				Melaminharz	
		3				Epoxidharz	
		4				Polyesterharz	
		5				Silikonharz	
		9				Naturharz	
Harzträger			3			Asbestgewebe	
			5			Asbestpapier	
			6			Papier aus Zellulosefaser	
			7			Glasfaser	
			8			Gewebe aus Naturfaser	
			9			Gewebe aus Kunstfaser	
Harzgehalt				1		30 %	bei Tafeln
				2		50 %	
				7		30 %	bei gewickelten Rundrohren, nicht formgepreßt
				8		30 %	bei formgepreßten Körpern
				9		50 %	
Gewebeart und Lieferform				1		grobfädig	bei Tafeln
				2		feinfädig	
				3		feinstfädig	
				4		grobfädig	bei gewickelten Rundrohren, nicht formgepreßt
				5		feinfädig	
				6		feinstfädig	
				8		feinfädig	bei formgepreßten Körpern
				9		feinstfädig	
Eigenschaften					.0	keine besonderen Eigenschaften ("0" kann fortgelassen werden)	
					.1	flammwidrig	
					.3	mechanisch hochwertig	
					.4	thermisch hochwertig	
					.5	elektrisch hochwertig	
					.6	hygroskopisch hochwertig	
					.8	besonders für Tropen geeignet	
					.9	mechanisch und elektrisch hochwertig	

Hartpapier (Hp), TGL 15372

Hartpapier-marke	Harzart	Harzträger	Dichte g/cm^3	Biegefestigkeit σ_{bBr} kp/cm^2 ✦	Schlagbiegefestigkeit $kp \cdot cm/cm^2$ ✦	Kerbschlagbiegefestigkeit $kp \cdot cm/cm^2$ ✦		Zugfestigkeit σ_B kp/cm^2 ✦	Druckfestigkeit σ_{dB} kp/cm^2 ✦	Spaltkraft kp ✦
						a_{k15}	a_{k10}			
Hp 2051	Phenolkresolharz	Asbestpapier	1,60	800	10	–	5	500	800	140
Hp 2061		Zellulosepapier	1,30	1500	20	15	5	1200	1500	200
Hp 2061.5				1300	20	15	4	1000	1500	200
Hp 2061.6				1300	15	10	4	1000	1000	200
Hp 2061.9				1500	20	15	4	1200	1500	200
Hp 2062.8			1,28	800	8	5	2,5	700	1200	200
Hp 2351	Epoxidharz	Asbestpapier	1,60	1000	10	10	4	600	600	140
Hp 2551	Silikonharz			850	15		5	450	700	100

✦ Umrechnung in SI-Einheiten erforderlich (s. Abschnitte 8.2.4. und 8.2.5.)

1.11. Plast

Hartpapier-marke	Spezifischer Oberflächenwiderstand ρ_O	Widerstand zwischen Stöpseln R_{St}	1-min-Stehspannung bei 90°C			Keine Veränderung während 4stündiger Warmlagerung bei
			in Richtung der Schichten	senkrecht zu den Schichten		
			Elektrodenabstand			
			25 mm	10 mm	3 mm	
	Ω	Ω	kV	kV	kV	°C
Hp 2051	10^8	–	–	–	–	130
Hp 2061	10^6	–	–	–	5	120
Hp 2061.5	$5 \cdot 10^7$	$5 \cdot 10^8$	–	25	60	120
Hp 2061.6	10^7	10^8	25	–	25	120
Hp 2061.9	10^7	10^8	–	15	20	120
Hp 2062.8	10^8	10^{10}	15	–	20	120
Hp 2351	10^6	10^8	–	–	6	130
Hp 2551	10^7	$5 \cdot 10^8$	–	–	12	180

Hartgewebe (Hgw), TGL 15372

Hartgewebe-marke	Harzart	Harzträger	Dichte g/cm³	Biegefestigkeit σ_{bBr} kp/cm²✦	Schlagbiegefestigkeit kp·cm/cm² a_{k15}	Kerbschlagbiegefestigkeit kp·cm/cm²✦ a_{k10}	Zugfestigkeit σ_B kp/cm²✦	Druckfestigkeit σ_{dB} kp/cm²✦	Spaltkraft kp✦
Hgw 2081	Phenol-Kresolharz	Baumwoll-grobgewebe	1,30	1000	18	15	10	500	1700	300
Hgw 2082		Baumwoll-feingewebe		1300	30	15	10	800	1700	250
Hgw 2082.5				1150	20	15	10	600	1500	250
Hgw 2083		Baumwoll-feinstgewebe		1500	35	15	12	1000	1700	250
Hgw 2083.5				1300	30	15	11	800	1500	250
Hgw 2372	Epoxidharz	Glasseidengewebe	1,70	3000	80	70	25	2000	2000	300
Hgw 2572	Silikonharz	Glasseidengewebe	1,70	900	–	–	–	900	–	–

Hartgewebe-marke	Spezifischer Oberflächenwiderstand ρ_O	Widerstand zwischen Stöpseln R_{St}	1-min-Stehspannung bei 90°C			Keine Veränderung während 4stündiger Warmlagerung bei
			in Richtung der Schichten	senkrecht zu den Schichten		
			Elektrodenabstand			
			25 mm	10 mm	3 mm	
	Ω	Ω	kV	kV	kV	°C
Hgw 2081	–	–	–	–	–	120
Hgw 2082	–	–	–	–	–	120
Hgw 2082.5	$5 \cdot 10^6$	$5 \cdot 10^8$	15	–	6	120
Hgw 2083	–	–	–	–	–	120
Hgw 2083.5	$5 \cdot 10^6$	$5 \cdot 10^8$	20	–	15	120
Hgw 2372	10^{10}	$5 \cdot 10^{10}$	40	–	40	130
Hgw 2572	$5 \cdot 10^9$	10^{11}	–	–	12	180

✦ Umrechnung in SI-Einheiten erforderlich (s. Abschnitte 8.2.4. und 8.2.5.)

Halbzeuge

2.1. Halbzeuge aus Stahl

2.1.1. Stangen, Bänder, Bleche

Vierkantstahl, TGL 7971

Bezeichnungsbeispiel: **4 KT 30 TGL 7971** ...
4 KT Vierkantstahl; **30** Seitenlänge a; **TGL 7971** Standard; ... Werkstoffangaben

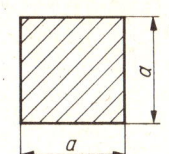

a   Seitenlänge
A   Querschnittsfläche
m_l längenbezogene Masse

a mm	A cm²	m_l kg/m	a mm	A cm²	m_l kg/m	a mm	A cm²	m_l kg/m
5	0,25	0,196	22	4,84	3,80	70	49,00	38,5
6	0,36	0,283	24	5,76	4,52	75	56,25	44,2
7	0,49	0,385	25	6,25	4,91	80	64,00	50,3
8	0,64	0,502	26	6,76	5,30	85	72,25	56,7
9	0,81	0,636	28	7,84	6,15	90	81,00	63,6
10	1,00	0,785	30	9,00	7,06	95	90,25	70,9
11	1,21	0,95	32	10,24	8,04	100	100,0	78,5
12	1,44	1,13	36	12,96	10,2	110	121,0	95,0
13	1,69	1,33	38	14,44	11,2	120	144,0	113
14	1,96	1,54	40	16,00	12,6	130	169,0	133
15	2,25	1,77	45	20,25	15,9	140	196,0	154
16	2,56	2,01	50	25,00	19,6	150	225,0	177
17	2,89	2,27	56	31,36	24,6	160	256,0	201
18	3,24	2,54	60	36,00	28,3			
20	4,00	3,14	65	42,25	33,2			

Sechskantstahl, TGL 7972

Bezeichnungsbeispiel: **6 KT 32 TGL 7972** ...
6 KT Sechskantstahl; **32** Schlüsselweite s; **TGL 7972** Standard; ... Werkstoffangaben

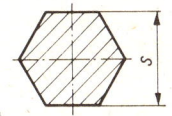

s   Schlüsselweite
A   Querschnittsfläche
m_l längenbezogene Masse

s mm	A cm²	m_l kg/m	s mm	A cm²	m_l kg/m	s mm	A cm²	m_l kg/m
8	0,554	0,435	17	2,49	1,96	30	7,79	6,12
9	0,702	0,551	18	2,81	2,20	32	8,87	6,96
10	0,866	0,680	19	3,13	2,45	36	11,22	8,81
11	1,05	0,823	21	3,82	3,00	41	14,66	11,5
12	1,25	0,979	22	4,19	3,29	46	18,33	14,4
13	1,46	1,15	24	4,99	3,92	50	21,64	17,0
14	1,70	1,33	26	5,85	4,59	55	29,05	22,8
15	1,95	1,53	27	6,31	4,96	60	31,18	24,5
16	2,22	1,74	28	6,79	5,33			

2.1. Halbzeuge aus Stahl

Rundstahl, TGL 7970

Bezeichnungsbeispiel: **RD 30 TGL 7970** ...
RD Rundstahl; **30** Durchmesser d; **TGL 7970** Standard; ... Werkstoffangaben

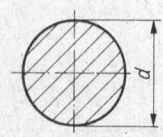

d Durchmesser
A Querschnittsfläche
m_l längenbezogene Masse

d mm	A cm²	m_l kg/m	d mm	A cm²	m_l kg/m	d mm	A cm²	m_l kg/m
5	0,1963	0,154	24	4,524	3,55	70	38,48	30,2
6	0,2827	0,222	25	4,909	3,85	75	44,18	34,7
6,5	0,3318	0,260	26	5,309	4,17	80	50,27	39,5
7	0,3848	0,302	28	6,158	4,83	85	56,75	44,6
8	0,5027	0,395	30	7,069	5,55	90	63,62	49,9
9	0,6359	0,499	32	8,042	6,31	95	70,88	55,6
10	0,7854	0,617	34	9,079	7,13	100	78,54	61,7
11	0,9503	0,746	36	10,18	7,99	105	86,59	68,0
12	1,131	0,888	38	11,34	8,90	110	95,03	74,6
13	1,327	1,04	40	12,57	9,87	120	113,1	88,8
14	1,539	1,21	42	13,85	10,9	125	122,7	95,3
15	1,767	1,39	45	15,90	12,5	130	132,7	104
16	2,011	1,58	48	18,10	14,2	140	153,9	121
17	2,270	1,78	50	19,64	15,4	150	176,7	139
18	2,545	2,00	53	22,06	17,3	160	201,1	158
19	2,835	2,23	56	24,63	19,3	170	227,0	178
20	3,142	2,47	60	28,27	22,2	180	254,5	200
21	3,464	2,72	63	31,17	24,5	190	283,5	223
22	3,801	2,98	65	33,18	26,1	200	314,2	247

Flachstahl, TGL 7973
Breitflachstahl, TGL 7974
Bandstahl, TGL 7976
Feinblech, TGL 8445
Grobblech, TGL 8446

Bezeichnungsbeispiele:
FL 40 x 12 TGL 7973 ...
FL Flachstahl (FL auch für Breitflachstahl); **40** Breite b; **12** Dicke s; **TGL 7973** Standard; ... Werkstoffangaben
Bd 3,5 x 250 N – NK – TGL 7976 ...
Bd Bandstahl; **3,5** Dicke s mit Genauigkeitsklasse **N**; **250** Breite b mit Naturkante **NK**; **TGL 7976** Standard; ... Werkstoffangaben
Bl 2,5 x 900 x 1800 T – TGL 8445 ...
Bl Feinblech (Bl auch für Grobblech); **2,5** Dicke s; **900** Breite b; **1800** Länge; **T** Genauigkeitsklasse für Dicke s (Angabe entfällt für Grobblech); **TGL 8445** Standard; ... Werkstoffangaben

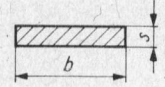

b Breite
s Dicke
m_l längenbezogene Masse

2.1.2. Normalprofile

b	s in mm											
	0,75	1	2	3	4	5	6	8	10	12	15	20
mm	m_l in kg/m											
4	0,024	0,031	0,063	0,094	0,126	0,157	0,188	0,251	0,314	0,377	0,471	0,628
5	0,030	0,039	0,079	0,118	0,157	0,196	0,235	0,314	0,393	0,471	0,588	0,785
6	0,036	0,047	0,094	0,141	0,188	0,236	0,283	0,377	0,471	0,565	0,707	0,942
7	0,039	0,055	0,110	0,165	0,220	0,275	0,330	0,440	0,550	0,660	0,825	1,100
8	0,046	0,063	0,126	0,188	0,251	0,314	0,377	0,502	0,628	0,754	0,942	1,256
10	0,059	0,079	0,157	0,236	0,314	0,393	0,471	0,628	0,785	0,942	1,178	1,570
12	0,065	0,094	0,188	0,283	0,377	0,471	0,565	0,754	0,942	1,130	1,230	1,880
16	0,094	0,126	0,251	0,377	0,502	0,628	0,754	1,005	1,260	1,510	1,880	2,512
20	0,118	0,157	0,314	0,471	0,628	0,785	0,942	1,256	1,570	1,880	2,360	3,140
25	0,147	0,196	0,393	0,589	0,785	0,981	1,178	1,570	1,960	2,360	2,940	3,925
30	0,177	0,236	0,471	0,707	0,942	1,178	1,413	1,884	2,360	2,830	3,530	4,710
35	0,207	0,275	0,550	0,824	1,099	1,374	1,649	2,198	2,750	3,300	4,120	5,495
40	0,236	0,314	0,628	0,942	1,256	1,570	1,884	2,512	3,140	3,770	4,710	6,280
45	0,266	0,353	0,707	1,060	1,410	1,770	2,120	2,830	3,530	4,240	5,300	7,070
50	0,294	0,393	0,785	1,178	1,570	1,962	2,355	3,140	3,930	4,710	5,890	7,850
60	0,354	0,471	0,942	1,413	1,884	2,355	2,826	3,768	4,710	5,650	7,070	9,420
70	0,412	0,549	1,099	1,649	2,198	2,748	3,297	4,396	5,500	6,590	8,240	10,99
80	0,471	0,628	1,256	1,884	2,512	3,140	3,768	5,024	6,280	7,540	9,420	12,56
90	0,530	0,706	1,413	2,119	2,826	3,532	4,239	5,652	7,070	8,480	10,60	14,13
100	0,589	0,785	1,570	2,355	3,140	3,925	4,710	6,280	7,850	9,420	11,80	15,70
150	0,883	1,177	2,355	3,532	4,710	5,887	7,065	9,420	11,80	14,10	17,70	23,55
200	1,178	1,570	3,140	4,710	6,280	7,850	9,420	12,56	15,70	18,90	23,60	31,40
300	1,767	2,355	4,710	7,065	9,420	11,78	14,13	18,84	23,55	28,30	35,30	47,10
400	2,355	3,140	6,280	9,420	12,56	15,70	18,83	25,10	31,40	37,70	47,10	62,80
500	2,945	3,925	7,850	11,78	15,70	19,63	23,55	31,40	39,25	47,10	58,90	78,50
750	4,417	5,888	11,78	17,67	23,55	29,44	35,33	47,10	58,88	70,60	88,30	117,8
1000	5,887	7,850	15,70	23,55	31,40	39,25	47,10	62,80	78,50	94,20	118,0	157,0

2.1.2. Normalprofile

L-Stahl, ungleichschenklig; TGL 0-1029

Bezeichnungsbeispiel: **L 60 x 40 x 5 TGL 0-1029** ...
L Winkelstahl, ungleichschenklig; **60** Schenkelbreite a; **40** Schenkelbreite b; **5** Schenkeldicke t; **TGL 0-1029** Standard; ... Werkstoffangaben

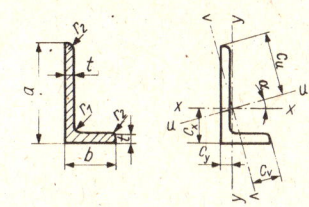

a, b	Schenkelbreiten
t	Schenkeldicke
r	Rundungshalbmesser
c	Achsabstände
α	Neigungswinkel zwischen u- und x-Achse
A	Querschnittsfläche
I	Trägheitsmoment
W	Widerstandsmoment
i	Trägheitshalbmesser
m_l	längenbezogene Masse

Kurz-bezeichnung L a x b x t	r_1	r_2	A	m_l	Achsabstände				tan α	Werte für Achse								
										x			y			u		v	
	mm	mm	cm²	kg/m	c_x cm	c_y cm	c_u cm	c_v cm	—	I_x cm⁴	i_x cm	W_x cm³	I_y cm⁴	i_y cm	W_y cm³	I_u cm⁴	i_u cm	I_v cm⁴	i_v cm
60 x 40 x 5	6	3	4,79	3,76	1,96	0,97	4,09	2,10	0,437	17,2	1,89	4,25	6,11	1,13	2,02	19,8	2,03	3,50	0,86
60 x 40 x 7	6	3	6,55	5,14	2,04	1,05	4,05	2,09	0,429	23,0	1,87	5,79	8,08	1,11	2,74	26,3	2,00	4,73	0,85
80 x 40 x 6	7	3,5	6,89	5,41	2,85	0,88	5,21	2,38	0,259	44,9	2,55	8,73	7,59	1,05	2,44	47,6	2,63	4,92	0,85
80 x 40 x 8	7	3,5	9,01	7,07	2,94	0,96	5,14	2,35	0,253	57,6	2,53	11,4	9,61	1,03	3,16	60,9	2,60	6,33	0,84
100 x 50 x 6	9	4,5	8,73	6,85	3,49	1,04	6,56	2,99	0,263	89,7	3,21	13,6	15,3	1,32	3,86	95,1	3,30	9,78	1,06
100 x 50 x 8	9	4,5	11,40	8,99	3,59	1,12	6,49	2,96	0,258	116	3,18	18,1	19,5	1,31	5,04	123	3,28	12,6	1,05
100 x 65 x 7	10	5	11,20	8,77	3,23	1,51	6,83	3,49	0,419	113	3,17	16,6	37,6	1,83	7,53	128	3,39	22,0	1,40
100 x 65 x 9	10	5	14,20	11,10	3,32	1,59	6,79	3,47	0,415	141	3,15	21,0	46,7	1,81	9,52	160	3,36	27,2	1,39
130 x 65 x 8	11	5,5	15,10	11,90	4,56	1,37	8,51	3,88	0,263	263	4,17	13,1	44,8	1,72	8,72	280	4,31	28,6	1,38
130 x 65 x 10	11	5,5	18,60	14,90	4,65	1,45	8,45	3,85	0,259	321	4,15	38,4	54,2	1,71	10,7	340	4,27	35,0	1,37

2.1. Halbzeuge aus Stahl

L-Stahl, gleichschenklig; TGL 0-1028

Bezeichnungsbeispiel: **L 50 x 6 TGL 0-1028** ...
L Winkelstahl, gleichschenklig; **50** Schenkelbreite b; **6** Schenkeldicke t; **TGL 0-1028** Standard; ... Werkstoffangaben

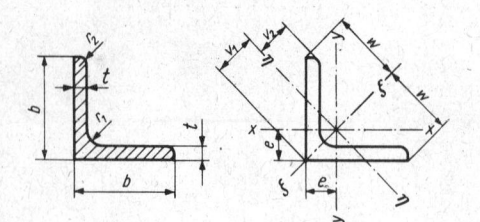

b	Schenkelbreite
t	Schenkeldicke
r	Rundungshalbmesser
A	Querschnittsfläche
I	Trägheitsmoment
W	Widerstandsmoment
i	Trägheitshalbmesser
e, v, w	Achsabstände
m_l	längenbezogene Masse

Kurz-bezeichnung L b x t	r_1	r_2	A	m_l	Achsabstände				Werte für Achse						
					e	w	v_1	v_2	x = y			ξ		η		
									I_x	W_x	i_x	I_ξ	i_ξ	I_η	W_η	i_η
mm	mm	mm	cm²	kg/m	cm	cm	cm	cm	cm⁴	cm³	cm	cm⁴	cm	cm⁴	cm³	cm
30 x 4	5	2,5	2,27	1,78	0,89	2,12	1,24	1,05	1,81	0,86	0,89	2,85	1,12	0,76	0,61	0,58
30 x 5	5	2,5	2,78	2,18	0,92	2,12	1,24	1,07	2,16	1,04	0,88	3,41	1,11	0,91	0,70	0,57
35 x 4	5	2,5	2,67	2,10	1,00	2,47	1,30	1,24	2,96	1,18	1,05	4,68	1,33	1,24	0,88	0,68
35 x 5	5	2,5	3,28	2,57	1,04	2,47	1,41	1,25	3,56	1,45	1,04	5,63	1,31	1,49	1,10	0,67
40 x 4	6	3	3,08	2,42	1,12	2,83	1,47	1,40	4,48	1,56	1,21	7,09	1,52	1,86	1,18	0,78
40 x 5	6	3	3,79	2,97	1,16	2,83	1,58	1,42	5,43	1,91	1,20	8,64	1,51	2,22	1,35	0,77
45 x 4	7	3,5	3,49	2,74	1,23	3,18	1,64	1,57	6,43	1,97	1,36	10,2	1,71	2,68	1,53	0,88
45 x 5	7	3,5	4,30	3,38	1,28	3,18	1,75	1,58	7,83	2,43	1,35	12,4	1,70	3,25	1,80	0,87
50 x 4	7	3,5	3,89	3,06	1,36	3,54	1,81	1,75	8,97	2,46	1,52	14,2	1,91	3,73	1,94	0,98
50 x 5	7	3,5	4,80	3,77	1,40	3,54	1,92	1,76	11,0	3,05	1,51	17,4	1,90	4,59	2,32	0,98
60 x 5	8	4	5,82	4,57	1,64	4,24	1,98	2,11	19,4	4,45	1,82	30,7	2,30	8,03	3,46	1,17
60 x 6	8	4	6,91	5,42	1,96	4,24	2,32	2,11	22,8	5,29	1,82	36,1	2,29	9,43	3,95	1,17
70 x 7	9	4,5	9,40	7,38	1,97	4,95	2,39	2,47	42,4	8,43	2,12	67,1	2,67	17,7	6,31	1,37
80 x 8	10	5	12,3	9,66	2,26	5,66	2,79	2,82	72,3	12,6	2,42	115	3,06	29,6	9,25	1,55
90 x 9	11	5,5	15,5	12,2	2,54	6,36	3,20	3,18	116	18,0	2,74	184	3,45	47,8	13,3	1,76
100 x 10	12	6	19,2	15,1	2,82	7,07	3,59	3,54	177	24,7	3,04	280	3,82	73,3	18,4	1,95
100 x 12	12	6	22,7	17,8	2,90	7,07	3,99	3,57	207	92,2	3,02	328	3,80	86,2	21,0	1,95
100 x 14	12	6	26,2	20,6	2,98	7,07	4,10	3,60	235	33,5	3,00	372	3,77	98,3	23,4	1,94
120 x 11	13	6,5	25,4	19,9	3,36	8,49	4,21	4,24	341	39,5	3,66	541	4,62	140	29,5	2,35
140 x 13	15	7,5	35,0	27,5	3,92	9,09	4,75	4,96	638	63,3	4,27	1010	5,38	262	47,3	2,74
150 x 14	16	8	40,3	31,6	4,21	10,6	5,54	5,31	845	78,2	4,58	1340	5,77	347	58,3	2,94
160 x 15	17	8,5	46,1	36,2	4,49	11,3	6,25	5,67	1100	95,6	4,88	1750	6,15	453	71,3	3,14

T-Stahl, TGL 14104

Bezeichnungsbeispiel: **T 50 TGL 14104** ...
T T-Stahl, **50** Profilhöhe h, Profilbreite b; **TGL 14104** Standard; ... Werkstoffangaben

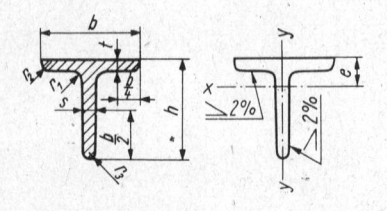

h	Profilhöhe
b	Fußbreite
s	Stegdicke im Abstand h/2
t	Fußdicke im Abstand b/4
r	Rundungshalbmesser
e	Schwerpunktabstand
A	Querschnittsfläche
I	Trägheitsmoment
W	Widerstandsmoment
i	Trägheitshalbmesser
m_l	längenbezogene Masse

2.1.2. Normalprofile

Kurz-bezeichnung T b = h	s = t r_1 mm	r_2 mm	r_3 mm	A cm²	m_l kg/m	e cm	Werte für Achse x			Werte für Achse y		
							I_x cm⁴	W_x cm³	i_x cm	I_y cm⁴	W_y cm³	i_y cm
20	3	1,5	1	1,12	0,88	0,58	0,38	0,27	0,58	0,20	0,20	0,42
25	3,5	2	1	1,64	1,29	0,73	0,87	0,49	0,73	0,43	0,34	0,51
30	4	2	1	2,26	1,77	0,85	1,72	0,80	0,87	0,87	0,58	0,62
35	4,5	2,5	1	2,97	2,33	0,99	3,10	1,23	1,04	1,57	0,90	0,73
40	5	2,5	1	3,77	2,96	1,12	5,28	1,84	1,18	2,58	1,29	0,83
50	6	3	1,5	5,66	4,44	1,39	12,1	3,36	1,46	6,06	2,42	1,03
60	7	3,5	2	7,94	6,23	1,66	23,8	5,48	1,73	12,2	4,07	1,24
70	8	4	2	10,6	8,32	1,94	44,5	8,79	2,05	22,1	6,32	1,44
80	9	4,5	2	13,6	10,7	2,22	73,7	12,8	2,33	37,0	9,25	1,65
100	11	5,5	3	20,9	16,4	2,74	179	24,6	2,92	88,3	17,7	2,05

I-Profilstahl, TGL 0-1025

Bezeichnungsbeispiel: **I 400 TGL 0-1025** ...
I Doppel-T-Profilstahl, **400** Profilhöhe h, **TGL 0-1025** Standard; ... Werkstoffangaben

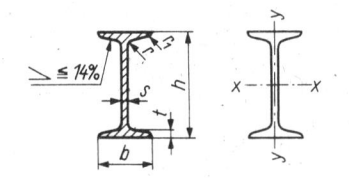

h Profilhöhe
b Flanschbreite
s Stegdicke
t mittlere Flanschdicke
r Rundungshalbmesser
A Querschnittsfläche
I Trägheitsmoment
W Widerstandsmoment
i Trägheitshalbmesser
S_x statisches Moment des halben Querschnitts
s_x Abstand der Zug- und Druckmittelpunkte
m_l längenbezogene Masse

Kurzbezeichnung I h	b mm	s mm	t mm	r mm	r_1 mm	A cm²	m_l kg/m
100	50	4,5	6,8	4,5	2,7	10,6	8,34
120	58	5,1	7,7	5,1	3,1	14,2	11,1
140	66	5,7	8,6	5,7	3,4	18,3	14,3
160	74	6,3	9,5	6,3	3,8	22,8	17,9
180	82	6,9	10,4	6,9	4,1	27,9	21,9
200	90	7,5	11,3	7,5	4,5	33,4	26,2
220	98	8,1	12,2	8,1	4,9	39,6	31,1
240	106	8,7	13,1	8,7	5,2	46,1	36,2
260	113	9,4	14,1	9,4	5,6	53,3	41,9
300	125	10,8	16,2	10,8	6,5	69,0	54,2
360	143	13,0	19,5	13,0	7,8	97,0	76,1
400	155	14,4	21,6	14,4	8,6	118	92,6

Kurzbezeichnung I h	Werte für Achse x			Werte für Achse y			S_x	s_x
	I_x cm⁴	W_x cm³	i_x cm	I_y cm⁴	W_y cm³	i_y cm	cm³	cm
100	171	34,2	4,01	12,2	4,88	1,07	19,9	8,57
120	328	54,7	4,81	21,5	7,41	1,23	31,8	10,3
160	935	117	6,40	54,7	14,8	1,55	68,0	13,7
200	2140	214	8,00	117	26,0	1,87	125	17,2
240	4250	354	9,59	221	41,7	2,20	206	20,6
400	29200	1460	15,7	1160	149	3,13	857	34,1

2.1. Halbzeuge aus Stahl

U-Profilstahl, TGL 0-1026

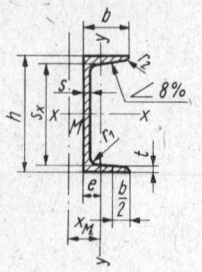

Bezeichnungsbeispiel: U 100 KL1 TGL 0-1026 ...
U U-Profilstahl, 100 Profilhöhe h, KL 1 Klasse 1, TGL 0-1026 Standard;
... Werkstoffangaben

- h Profilhöhe
- b Flanschbreite
- s Stegdicke
- t mittlere Flanschdicke
- r Rundungshalbmesser
- e Schwerpunktabstand
- m_l längenbezogene Masse
- A Querschnittsfläche
- I Trägheitsmoment
- W Widerstandsmoment
- S_x statisches Moment des halben Querschnitts
- s_x Abstand der Zug- und Druckmittelpunkte
- A_M Mantelfläche
- x_M Abstand der Schwerpunktachse

Kurz-bezeichnung U h	b	s	t r_1	r_2	A	m_l	A_M	Werte für Achse x			Werte für Achse y		e	x_M	S_x
								I_x	W_x	s_x	I_y	W_y			
mm	mm	mm	mm	mm	cm²	kg/m	m²/m	cm⁴	cm³	cm	cm⁴	cm³	cm	cm	cm³
50	38	5	7	3,5	7,12	5,59	0,232	26,4	10,6	4,35	9,12	3,75	1,37	2,47	6,50
65	42	5,5	7,5	4	9,03	7,09	0,273	57,5	17,7	5,33	14,1	5,07	1,42	2,60	10,8
80	45	6	8	4	11,0	8,64	0,312	106	26,5	6,65	19,4	6,36	1,45	2,67	15,9
100	50	6	8,5	4,5	13,5	10,6	0,372	206	41,2	8,42	29,3	8,49	1,55	2,93	24,5
120	55	7	9	4,5	17,0	13,4	0,434	364	60,7	10,0	43,2	11,1	1,60	3,03	36,3
140	60	7	10	5	20,4	16,0	0,489	605	86,4	11,8	62,7	14,8	1,75	3,37	51,4
160	65	7,5	10,5	5,5	24,0	18,8	0,546	925	116	13,3	85,3	18,3	1,84	3,56	68,8
180	70	8	11	5,5	28,0	22,0	0,611	1 350	150	15,1	114	22,4	1,92	3,75	89,6
200	75	8,5	11,5	6	32,2	25,3	0,661	1 910	191	16,8	148	27,0	2,01	3,94	114
220	80	9	12,5	6,5	37,4	29,4	0,718	2 690	245	18,5	197	33,6	2,14	4,20	146
240	85	9,5	13	6,5	42,3	33,2	0,775	3 600	300	20,1	248	39,6	2,23	4,39	179
260	90	10	14	7	48,3	37,9	0,834	4 820	371	21,8	317	47,7	2,36	4,66	221
300	100	10	16	8	58,8	46,2	0,950	8 030	535	25,4	495	67,8	2,70	5,41	316

2.1.3. Einheitsprofile (E-Profile)

E-Winkelstahl, ungleichschenklig; TGL 9554

Bezeichnungsbeispiel: **LE 63 x 40 x 5 TGL 9554** ...
LE Einheits-Winkelstahl, ungleichschenklig; **63** Schenkelbreite a; **40** Schenkelbreite b; **5** Schenkeldicke t; **TGL 9554** Standard; ... Werkstoffangaben

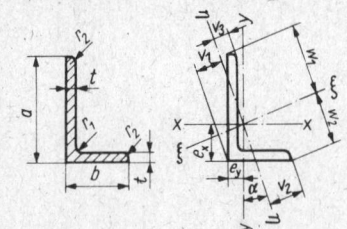

- a, b Schenkelbreiten
- t Schenkeldicke
- r Rundungshalbmesser
- A Querschnittsfläche
- I Trägheitsmoment
- W Widerstandsmoment
- i Trägheitshalbmesser
- α Winkel zwischen y- und η-Achse
- e Schwerpunktabstand
- v, w Achsabstände
- m_l längenbezogene Masse

Kurzbezeichnung LE a x b x t	r_1 mm	r_2 mm	A cm²	m_l kg/m	Kurzbezeichnung LE a x b x t	r_1 mm	r_2 mm	A cm²	m_l kg/m
32 x 20 x 3	3,5	1,5	1,49	1,17	100 x 63 x 8	10	3,5	12,6	9,86
x 20 x 4	3,5	1,5	1,94	1,52	x 63 x 10	10	3,5	15,5	12,1
45 x 20 x 4	5	2	2,80	2,20	125 x 80 x 8	11	4	16,0	12,5
63 x 40 x 5	7	2,5	4,98	3,91	x 80 x 10	11	4	19,7	15,5
x 40 x 6	7	2,5	5,90	4,63	x 80 x 12	11	4	23,4	18,3
80 x 50 x 6	8	3	7,55	5,92	140 x 90 x 10	12	4	22,2	17,5
90 x 56 x 6	9	3	8,54	6,70	160 x 100 x 10	13	4,5	25,3	19,8
x 56 x 8	9	3	11,2	8,77	x 100 x 12	13	4,5	30,0	23,6
					200 x 125 x 11	14	5	34,7	27,3
					x 125 x 14	14	5	43,9	34,4

2.1.3. Einheitsprofile

Kurzbezeichnung LE	e_x	e_y	Achsabstände				tan α	Werte für Achse								
			w_1	w_2	v_1	v_2	v_3	x			y			ξ		η	
								I_x	W_x	i_x	I_y	W_y	i_y	$I_ξ$	$i_ξ$	$I_η$	$i_η$
a x b x t	cm	cm	cm	cm	cm	cm	cm	−	cm^4	cm^3	cm	cm^4	cm^3	cm	cm^4	cm	cm^4	cm
32 x 20 x 3	1,08	0,49	2,15	1,55	0,84	1,09	0,53	0,382	1,52	0,72	1,01	0,46	0,30	0,55	1,70	1,06	0,28	0,43
32 x 20 x 4	1,12	0,53	2,13	1,56	0,87	1,08	0,57	0,374	1,93	0,93	1,00	0,57	0,39	0,54	2,15	1,05	0,35	0,43
45 x 28 x 4	1,51	0,68	2,55	2,16	1,07	1,53	0,56	0,379	5,68	1,90	1,42	1,69	0,80	0,78	6,35	1,50	1,02	0,60
63 x 40 x 5	2,08	0,95	4,26	3,05	1,58	2,16	1,05	0,396	19,9	4,72	2,00	6,26	2,05	1,12	22,4	2,12	3,73	0,86
63 x 40 x 6	2,12	0,99	4,25	3,07	1,61	2,16	1,07	0,393	23,3	5,57	1,89	7,28	2,42	1,11	26,2	2,10	4,36	0,86
80 x 50 x 6	2,65	1,17	5,49	3,84	2,05	2,74	1,33	0,386	49,0	9,01	2,55	14,8	3,86	1,40	54,9	2,69	8,88	1,08
90 x 56 x 8	3,04	1,36	6,05	4,34	2,36	3,05	1,48	0,380	90,9	15,3	2,85	27,1	6,39	1,56	103	3,03	16,3	1,21
100 x 63 x 8	3,32	1,50	6,77	4,83	2,55	3,42	1,66	0,391	127	19,0	3,18	39,2	8,17	1,77	143	3,36	23,4	1,36
100 x 63 x 10	3,40	1,58	6,72	4,87	2,60	3,51	1,62	0,387	154	23,2	3,15	47,1	9,98	1,75	173	3,33	23,8	1,35
125 x 80 x 8	4,05	1,84	8,51	6,06	3,06	4,35	2,08	0,406	256	30,3	4,00	83,0	13,5	2,28	290	4,15	48,8	1,75
125 x 80 x 10	4,14	1,92	8,46	6,12	3,12	4,32	2,14	0,404	312	37,3	3,98	100	16,5	2,26	352	4,22	59,3	1,74
125 x 80 x 12	4,22	2,00	8,43	6,15	3,17	4,31	2,19	0,400	365	44,1	3,95	117	19,5	2,24	413	4,20	69,5	1,72
140 x 90 x 10	4,58	2,12	9,51	6,84	3,44	4,86	2,38	0,409	444	47,1	4,47	146	21,2	2,56	505	4,76	85,5	1,96
160 x 100 x 10	5,23	2,28	10,9	7,67	4,05	5,49	2,46	0,390	667	61,9	5,13	204	26,4	2,84	750	5,45	121	2,19
160 x 100 x 12	5,32	2,36	10,8	7,72	4,11	5,47	2,61	0,388	784	73,4	5,11	239	31,3	2,82	881	5,40	142	2,18
200 x 125 x 11	6,50	2,79	13,6	9,59	5,03	6,89	3,17	0,392	1449	107	6,45	446	45,9	3,58	1631	6,81	264	2,75
200 x 125 x 12	6,54	2,83	13,6	9,62	5,06	6,88	3,22	0,392	1568	116	6,43	482	49,8	3,57	1755	6,80	285	2,74
200 x 125 x 14	6,62	2,91	13,5	9,65	5,11	6,85	3,28	0,390	1801	135	6,41	551	57,5	3,54	2025	6,79	3,27	2,73

E-Winkelstahl, gleichschenklig; TGL 9555

Bezeichnungsbeispiel: LE 50 x 5 TGL 9555 ...
LE Einheits-Winkelstahl, gleichschenklig; 50 Schenkelbreite b; 5 Schenkeldicke s; TGL 9555 Standard; ... Werkstoffangaben

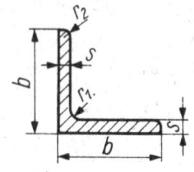

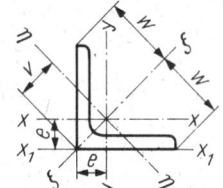

- b Schenkelbreite
- s Schenkeldicke
- r Rundungshalbmesser
- e Schwerpunktabstand
- A Querschnittsfläche
- I Trägheitsmoment
- W Widerstandsmoment
- i Trägheitshalbmesser
- m_l längenbezogene Masse

Kurzbezeichnung LE b x s	r_1 mm	r_2 mm	A cm^2	m_l kg/m	Kurzbezeichnung LE b x s	r_1 mm	r_2 mm	A cm^2	m_l kg/m
20 x 3	3,5	1,2	1,13	0,88	90 x 8	10	3,3	13,9	10,9
x 4	3,5	1,2	1,46	1,14	x 9	10	3,3	15,6	12,2
25 x 3	3,5	1,2	1,43	1,12	100 x 8	12	4	15,6	12,2
x 4	3,5	1,2	1,86	1,46	x 10	12	4	19,2	15,1
32 x 4	4,5	1,5	2,43	1,91	x 12	12	4	22,8	17,9
					x 14	12	4	26,3	20,6
36 x 4	4,5	1,5	2,75	2,16	x 16	12	4	29,7	23,3
40 x 4	5	1,7	3,08	2,42	110 x 8	14	4	17,2	13,5
45 x 4	5	1,7	3,48	2,73	125 x 9	14	4,6	22,0	17,3
x 5	5	1,7	4,29	3,36	x 10	14	4,6	24,3	19,1
50 x 4	5,5	2	3,89	3,05	x 12	14	4,6	28,9	22,7
x 5	5,5	2	4,80	3,77	x 14	14	4,6	33,4	26,2
56 x 5	6	2	5,41	4,25	x 16	14	4,6	37,8	29,6
					140 x 12	14	4,6	32,5	25,5
63 x 6	7	2,5	7,28	5,71	160 x 12	16	5,3	37,4	29,4
70 x 7	8	2,7	9,42	7,40	x 14	16	5,3	43,3	34,0
x 8	8	2,7	10,7	8,38	x 16	16	5,3	49,1	38,5
75 x 7	9	3	10,1	7,96	x 18	16	5,3	54,8	43,0
x 8	9	3	11,5	9,02	x 20	16	5,3	60,4	47,4
x 9	9	3	12,8	10,10	200 x 16	19	6	62,1	48,7
80 x 7	9	3	10,8	8,51	x 20	19	6	76,6	60,1
x 8	9	3	12,3	9,65	x 25	19	6	94,4	74,1
					x 30	19	6	111,5	87,6

2.1. Halbzeuge aus Stahl

Kurz-bezeichnung LE b x s	x = y			Werte für Achse ξ			η			x_1	e
	I_x cm^4	W_x cm^3	i_x cm	I_ξ cm^4	W_ξ cm^3	i_ξ cm	I_η cm^4	W_η cm^3	i_η cm	I_{x1} cm^4	cm
20 x 4	0,50	0,37	0,58	0,78	0,55	0,73	0,22	0,24	0,38	1,09	0,64
25 x 4	1,03	0,59	0,74	1,62	0,91	0,93	0,44	0,41	0,48	2,10	0,76
32 x 4	2,26	1,00	0,96	3,58	1,58	1,21	0,94	0,71	0,62	4,39	0,94
40 x 4	4,56	1,60	1,22	7,26	2,55	1,53	1,90	1,19	0,78	8,49	1,13
50 x 4	9,21	2,54	1,54	14,6	4,13	1,94	3,80	1,95	0,99	16,6	1,38
63 x 6	27,1	6,0	1,93	42,9	9,62	2,43	11,2	4,44	1,24	50,0	1,78
100 x 10	179	24,9	3,05	284	40,1	3,84	74,1	18,5	1,96	333	2,83
125 x 10	360	39,8	3,85	571	64,6	4,85	149	30,5	2,47	649	3,45
160 x 16	1175	103	4,89	1866	165	6,17	485	75,4	3,14	2190	4,55
200 x 16	2363	164	6,17	3755	266	7,78	970	124	3,96	4260	5,53
200 x 25	3466	245	6,06	5494	388	7,63	1438	173	3,91	6730	5,88

IE-Stahl, TGL 10369

Bezeichnungsbeispiel: **IE 360 TGL 10369** ...
IE Doppel-T-Einheitsstahl, **360** Profilhöhe h, **TGL 10369** Standard; ... Werkstoffangaben

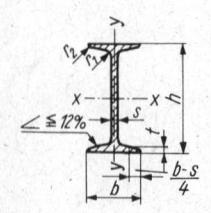

- h Profilhöhe
- b Flanschbreite
- s Stegdicke
- t mittlere Flanschdicke
- r Rundungshalbmesser
- A Querschnittsfläche
- I Trägheitsmoment
- W Widerstandsmoment
- i Trägheitshalbmesser
- S_x statisches Moment des halben Querschnitts
- m_l längenbezogene Masse

Kurz-bezeichnung IE h	b	s	t	r_1	r_2	A	m_l	Werte für Achse x				y		
	mm	mm	mm	mm	mm	cm^2	kg/m	I_x cm^4	W_x cm^3	i_x cm	S_x cm^3	I_y cm^4	W_y cm^3	i_y cm
100	55	4,5	7,2	7	2,5	12,0	9,46	198	39,7	4,06	23,0	17,9	6,49	1,22
120	64	4,8	7,3	7,5	3	14,7	11,5	350	58,4	4,88	33,7	27,9	8,72	1,38
140	73	4,9	7,5	8	3	17,4	13,7	572	81,7	5,73	46,8	41,9	11,5	1,55
160	81	5	7,8	8,5	3,3	20,2	15,9	873	109	6,57	62,3	58,6	14,5	1,70
180	90	5,1	8,1	9	3,5	23,4	18,4	1290	143	7,42	81,4	82,6	18,4	1,88
200	100	5,2	8,4	9,5	4	26,8	21,0	1840	184	8,28	104	115	23,1	2,07
220	110	5,4	8,7	10	4	30,6	24,0	2550	232	9,13	131	157	28,6	2,27
240	115	5,6	9,5	10,5	4	34,8	27,3	3460	289	9,97	163	198	34,5	2,37
270	125	6	9,8	11	4,5	40,2	31,5	5010	371	11,2	210	260	41,5	2,54
300	135	6,5	10,2	12	5	46,5	36,5	7080	472	12,3	268	337	49,9	2,69
360	145	7,5	12,3	14	6	61,9	48,6	13380	743	14,7	423	516	71,7	2,89
400	155	8,3	13	15	6	72,6	57,0	19092	953	16,2	545	667	86,1	3,03
450	160	9	14,2	16	7	84,7	66,5	27696	1231	18,1	708	808	101	3,09
500	170	10	15,2	17	7	100	78,5	39727	1589	19,9	919	1043	123	3,23
550	180	11	16,5	18	7	118	92,6	55962	2035	21,8	1181	1356	151	3,39

2.1.3. Einheitsprofile

UE-Stahl, TGL 10370

Bezeichnungsbeispiel: UE 100 TGL 10370 ...
UE U-Einheitsstahl; **100** Profilhöhe h; **TGL 10370** Standard; ... Werkstoffangaben

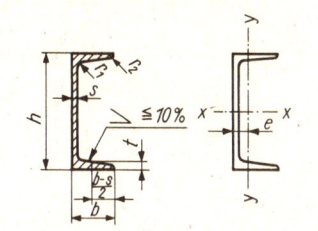

- h   Profil- oder Steghöhe
- b   Flanschbreite
- s   Stegdicke
- t   Flanschdicke bei (b − s)/2
- r   Rundungshalbmesser
- e   Schwerpunktabstand
- A   Querschnittsfläche
- I   Trägheitsmoment
- W   Widerstandsmoment
- i   Trägheitshalbmesser
- S_x statisches Moment des halben Querschnitts
- m_l längenbezogene Masse

Kurzbezeichnung UE h	b mm	s mm	t mm	r_1 mm	r_2 mm	A cm²	m_l kg/m
50	32	4,4	7	6	2,5	6,16	4,84
65	36	4,4	7,2	6	2,5	7,51	5,90
80	40	4,5	7,4	6,5	2,5	8,98	7,05
100	46	4,5	7,6	7	3	10,9	8,59
120	52	4,8	7,8	7,5	3	13,3	10,4
140	58	4,9	8,1	8	3	15,6	12,3
160	64	5	8,4	8,5	3,5	18,1	14,2
180	70	5,1	8,7	9	3,5	20,7	16,3
200	76	5,2	9	9,5	4	23,4	18,4
220	82	5,4	9,5	10	4	26,7	21,0
240	90	5,6	10	10,5	4	30,6	24,0
300	100	6,5	11	12	5	40,5	31,8
400	115	8	13,5	15	6	61,5	48,3

Kurzbezeichnung UE h	Werte für Achse x				Werte für Achse y			e
	I_x cm⁴	W_x cm³	i_x cm	S_x cm³	I_y cm⁴	W_y cm³	i_y cm	cm
50	22,8	9,10	1,92	5,59	5,61	2,75	0,954	1,16
65	48,6	15,0	2,54	9,00	8,70	3,68	1,08	1,24
80	89,4	22,4	3,16	13,3	12,8	4,75	1,19	1,31
100	174	34,8	3,98	20,4	20,4	6,46	1,37	1,44
120	304	50,6	4,78	29,6	31,2	8,53	1,53	1,54
140	491	70,2	5,60	40,8	45,4	11,0	1,70	1,67
160	747	93,4	6,42	54,1	63,3	13,8	1,87	1,80
180	1090	121	7,24	69,8	86,0	17,0	2,04	1,94
200	1520	152	8,06	87,8	113	20,5	2,20	2,07
220	2110	192	8,88	110	151	25,1	2,37	2,21
240	2900	242	9,73	139	208	31,6	2,60	2,42
300	5810	387	12,0	224	327	43,6	2,84	2,52
400	15200	761	15,7	444	642	73,4	3,23	2,75

2.1. Halbzeuge aus Stahl

2.1.4. Stahlleichtprofile

Winkelprofil, gleichschenklig; TGL 7966

Bezeichnungsbeispiel: **L 50 x 3 TGL 7966** ...
L Winkelprofil, gleichschenklig; **50** Schenkelbreite b; **3** Profildicke s; **TGL 7966** Standard; ... Werkstoffangaben

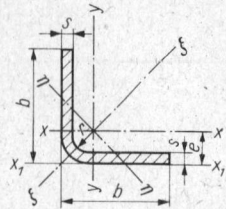

- b Schenkelbreite
- s Profildicke
- r Innenhalbmesser
- e Schwerpunktabstand
- A Querschnittsfläche
- I Trägheitsmoment
- W Widerstandsmoment
- i Trägheitshalbmesser
- m_l längenbezogene Masse

Kurzbezeichnung L	A	m_l	\multicolumn{9}{c}{Werte für Achse}	e
			x = y			ξ		η		x_1	
			I_x	W_x	i_x	I_ξ	i_ξ	I_η	i_η	I_{x1}	
b x s	cm²	kg/m	cm⁴	cm³	cm	cm⁴	cm	cm⁴	cm	cm⁴	cm
10 x 1	0,18	0,14	–	–	–	–	–	–	–	–	–
x 1,5	0,26	0,21	–	–	–	–	–	–	–	–	–
15 x 1	0,28	0,22	–	–	–	–	–	–	–	–	–
x 1,5	0,41	0,32	–	–	–	–	–	–	–	–	–
x 2	0,53	0,42	0,110	0,107	0,454	0,183	0,585	0,0377	0,266	0,228	0,469
20 x 2	0,73	0,58	0,279	0,198	0,616	0,457	0,789	0,100	0,370	0,537	0,593
x 2,5	0,90	0,70	0,332	0,240	0,608	0,550	0,738	0,115	0,358	0,675	0,618
x 3	1,05	0,83	0,380	0,280	0,601	0,634	0,776	0,126	0,346	0,814	0,642
25 x 2	0,93	0,73	0,565	0,317	0,778	0,922	0,993	0,209	0,473	1,05	0,718
x 2,5	1,15	0,90	0,681	0,387	0,770	1,12	0,987	0,245	0,462	1,31	0,742
x 3	1,35	1,06	0,786	0,453	0,763	1,30	0,980	0,275	0,451	1,58	0,766
30 x 2	1,13	0,89	1,00	0,464	0,939	1,63	1,20	0,376	0,575	1,81	0,843
x 2,5	1,40	1,10	1,21	0,569	0,932	1,98	1,19	0,446	0,565	2,26	0,866
x 3	1,65	1,30	1,41	0,669	0,924	2,32	1,18	0,508	0,554	2,72	0,890
35 x 2,5	1,65	1,29	1,97	0,785	1,09	3,20	1,29	0,735	0,668	3,59	0,991
x 3	1,95	1,53	2,30	0,926	1,09	3,76	1,39	0,844	0,657	4,31	1,01
40 x 2,5	1,90	1,49	2,99	1,04	1,25	4,85	1,60	1,13	0,771	5,35	1,12
x 3	2,25	1,77	3,50	1,23	1,25	5,71	1,59	1,30	0,760	6,43	1,14
x 4	2,94	2,31	4,46	1,59	1,23	7,32	1,58	1,60	0,739	8,60	1,19
45 x 2,5	2,15	1,69	4,31	1,32	1,42	6,98	1,80	1,64	0,873	7,61	1,24
x 3	2,55	2,00	5,07	1,57	1,41	8,23	1,80	1,90	0,863	9,14	1,26
x 4	3,34	2,62	6,48	2,03	1,39	10,6	1,78	2,37	0,842	12,2	1,31
50 x 3	2,85	2,24	7,03	1,95	1,57	11,4	2,00	2,66	0,966	12,5	1,39
x 4	3,74	2,93	9,04	2,54	1,56	14,7	1,99	3,34	0,945	16,7	1,44
x 5	4,59	3,60	10,9	3,10	1,54	17,9	1,97	3,92	0,924	21,0	1,48
60 x 3	3,45	2,71	12,4	2,84	1,89	20,0	2,41	4,73	1,17	21,6	1,64
x 4	4,54	3,56	16,0	3,71	1,88	26,0	2,39	6,01	1,15	28,9	1,68
x 5	5,59	4,39	19,4	4,55	1,86	31,7	2,38	7,14	1,13	36,2	1,73
70 x 3	4,05	3,18	19,9	3,89	2,22	32,1	2,82	7,66	1,38	34,3	1,89
x 4	5,34	4,19	25,9	5,11	2,20	41,9	2,80	9,81	1,36	45,8	1,93
x 5	6,59	5,17	31,5	6,28	2,19	51,3	2,79	11,8	1,34	57,4	1,98
80 x 3	4,65	3,65	30,0	5,12	2,54	48,4	3,22	11,6	1,58	51,2	2,14
x 4	6,14	4,82	39,1	6,73	2,52	63,3	3,21	14,9	1,56	68,4	2,18
x 5	7,59	5,96	47,8	8,29	2,51	77,6	3,20	18,0	1,54	85,6	2,23
100 x 3	5,85	4,59	59,4	8,06	3,18	95,6	4,04	23,1	1,99	100	2,64
x 4	7,74	6,07	77,8	10,6	3,17	125	4,03	30,0	1,97	133	2,68
x 5	9,59	7,53	95,5	13,1	3,16	154	4,01	36,5	1,95	167	2,73

2.1.4. Stahlleichtprofile

Winkelprofil, ungleichschenklig; TGL 7967

Bezeichnungsbeispiel: **L 50 x 30 x 3 TGL 7967** ...
L Winkelprofil, ungleichschenklig; 50 Schenkelbreite b_1; 30 Schenkelbreite b_2; 3 Profildicke s; **TGL** 7967 Standard; ... Werkstoffangaben

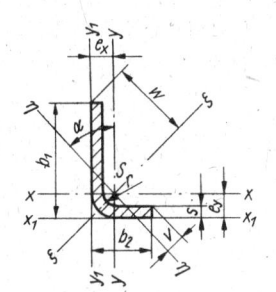

b_1	große Schenkelbreite	I_T Torsionsträgheitsmoment
b_2	kleine Schenkelbreite	I_{xy} Zentrifugalmoment
s	Profildicke	v, w maximaler Randabstand
r	Innenhalbmesser	σ_K örtliche Beulfestigkeit
e	Schwerpunktabstand	s = r
A	Querschnittsfläche	
I	Trägheitsmoment	
W	Widerstandsmoment	
i	Trägheitshalbmesser	
α	Winkel zwischen y- und η-Achse	
m_l	längenbezogene Masse	

Kurzbezeichnung L b_1 x b_2 x s	A cm²	m_l kg/m	e_x cm	e_y cm	v cm	w cm	tan α —	σ_K MPa	I_{xy} cm⁴	I_T cm⁴
15 x 10 x 2	0,43	0,34	0,289	0,554	0,489	0,978	0,476	230	0,0372	0,0058
20 x 10 x 2	0,53	0,42	0,254	0,778	0,555	1,24	0,290	230	0,0556	0,0071
25 x 10 x 2	0,63	0,50	0,229	1,01	0,596	1,50	0,200	230	0,0747	0,0085
35 x 15 x 2	0,93	0,73	0,311	1,34	0,913	2,17	0,222	225	0,244	0,0125
x 15 x 2,5	1,15	0,90	0,333	1,37	0,895	2,15	0,223	230	0,296	0,0239
x 15 x 3	1,35	1,06	0,335	1,40	0,876	2,13	0,224	230	0,345	0,0406
35 x 20 x 2	1,03	0,81	0,450	1,22	1,12	2,30	0,355	225	0,405	0,0138
x 20 x 2,5	1,27	1,00	0,472	1,24	1,10	2,28	0,357	230	0,495	0,0265
x 20 x 3	1,50	1,18	0,494	1,27	1,08	2,26	0,359	230	0,580	0,0451
35 x 25 x 2	1,13	0,89	0,609	1,12	1,24	2,39	0,525	225	0,589	0,0151
x 25 x 2,5	1,40	1,10	0,631	1,14	1,23	2,37	0,527	230	0,722	0,0291
x 25 x 3	1,65	1,30	0,654	1,17	1,22	2,36	0,529	230	0,849	0,0496
50 x 30 x 4	2,94	2,31	0,737	1,77	1,61	3,27	0,389	230	2,48	0,156
80 x 40 x 3	3,45	2,71	0,795	2,83	2,39	5,19	0,284	114	5,96	0,103
80 x 50 x 3	3,75	2,95	1,09	2,61	2,73	5,39	0,413	114	8,70	0,112
80 x 60 x 5	6,59	5,17	1,50	2,53	2,88	5,49	0,575	230	18,9	0,549

Kurzbezeichnung L b_1 x b_2 x s	Werte für Achse												
	x			y			x_1	y_1	ξ			η	
	I_x cm⁴	W_x cm³	i_x cm	I_y cm⁴	W_y cm³	i_y cm	I_{x1} cm⁴	I_{y1} cm⁴	I_ξ cm⁴	W_ξ cm³	i_ξ cm	I_η cm⁴	W_η cm³	i_η cm
15 x 10 x 2	0,0936	0,099	0,464	0,0333	0,0468	0,277	0,227	0,0697	0,111	0,114	0,506	0,0156	0,0318	0,189
20 x 10 x 2	0,212	0,173	0,630	0,0362	0,0485	0,260	0,535	0,0707	0,228	0,183	0,653	0,0201	0,0362	0,194
25 x 10 x 2	0,396	0,266	0,790	0,0382	0,0496	0,245	1,04	0,0717	0,411	0,273	0,805	0,0233	0,0390	0,191
35 x 15 x 2	1,18	0,549	1,12	0,141	0,119	0,389	2,86	0,232	1,24	0,570	1,15	0,0873	0,0965	0,305
x 15 x 2,5	1,43	0,671	1,11	0,167	0,143	0,382	3,58	0,295	1,49	0,695	1,14	0,101	0,113	0,297
x 15 x 3	1,65	0,787	1,10	0,190	0,166	0,375	4,29	0,361	1,73	0,813	1,13	0,113	0,129	0,289
35 x 20 x 2	1,32	0,581	1,13	0,330	0,213	0,565	2,86	0,540	1,47	0,639	1,19	0,186	0,166	0,424
x 20 x 2,5	1,60	0,712	1,12	0,396	0,259	0,558	3,58	0,680	1,78	0,781	1,18	0,219	0,199	0,415
x 20 x 3	1,86	0,837	1,11	0,456	0,303	0,551	4,30	0,823	2,07	0,916	1,17	0,247	0,227	0,406
35 x 25 x 2	1,44	0,605	1,12	0,628	0,332	0,744	2,86	1,05	1,75	0,732	1,24	0,319	0,256	0,530
x 25 x 2,5	1,75	0,742	1,12	0,758	0,406	0,737	3,58	1,31	2,13	0,895	1,23	0,378	0,306	0,520
x 25 x 3	2,03	0,875	1,11	0,879	0,476	0,729	4,30	1,58	2,48	1,05	1,22	0,430	0,351	0,510
50 x 30 x 4	7,49	2,32	1,59	2,08	0,920	0,842	16,7	3,68	8,45	2,58	1,69	1,12	0,694	0,617
80 x 40 x 3	23,6	4,56	2,61	4,27	1,33	1,11	51,2	6,45	25,3	4,87	2,70	2,57	1,07	0,864
80 x 50 x 3	25,6	4,75	2,61	8,08	2,07	1,46	51,2	12,5	29,1	5,41	2,79	4,49	1,64	1,09
80 x 60 x 5	43,3	7,91	2,56	21,2	4,73	1,79	85,5	36,2	54,1	9,86	2,86	10,4	3,61	1,26

2.1. Halbzeuge aus Stahl

U-Profil, TGL 7969

Bezeichnungsbeispiel: **U 50 x 25 x 3 TGL 7969** ...
U U-Profil; 50 Profilhöhe h; 25 Flanschbreite b; 3 Profildicke s; TGL 7969 Standard; ... Werkstoffangaben

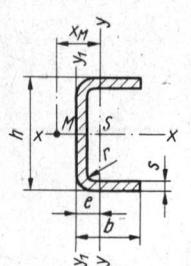

h	Profilhöhe	I_T Torsionsträgheitsmoment
b	Flanschbreite	i_M auf den Schubmittelpunkt bezogener polarer Trägheitshalbmesser
s	Profildicke	
r	Innenhalbmesser	C_M Wölbwiderstand
e	Schwerpunktabstand	x_M Abstand des Schubmittelpunktes vom Schwerpunkt S
A	Querschnittsfläche	σ_K örtliche Beulfestigkeit
I	Trägheitsmoment	
W	Widerstandsmoment	
i	Trägheitshalbmesser	
m_l	längenbezogene Masse	

s = r

Kurzbezeichnung U	A	m_l	Werte für Achse					I_T	C_M	e	σ_K
			x		y		y_1				
h x b x s			I_x	W_x	I_y	W_y	I_{y1}				
	cm^2	kg/m	cm^4	cm^3	cm^4	cm^3	cm^4	cm^4	cm^6	cm	MPa
15 x 10 x 1	0,32	0,25	—	—	—	—	—	—	—	—	—
x 10 x 1,5	0,45	0,35	0,142	0,190	0,0421	0,0659	0,101	0,00338	0,00945	0,362	230
x 15 x 1	0,42	0,33	—	—	—	—	—	—	—	—	—
x 15 x 1,5	0,60	0,47	0,211	0,281	0,134	0,146	0,338	0,00451	0,0349	0,583	230
x 15 x 2	0,77	0,60	0,248	0,331	0,163	0,184	0,452	0,0102	0,0529	0,613	230
x 20 x 1,5	0,75	0,59	0,279	0,372	0,300	0,254	0,801	0,00563	0,0867	0,816	230
x 20 x 2	0,97	0,76	0,333	0,444	0,372	0,323	1,07	0,0129	0,116	0,848	230
x 25 x 2	1,17	0,92	0,417	0,556	0,702	0,497	2,08	0,0156	0,221	1,09	230
25 x 10 x 1,5	0,60	0,47	0,503	0,402	0,0513	0,0723	0,102	0,00451	0,0249	0,290	230
x 10 x 2	0,77	0,60	0,605	0,484	0,0622	0,0907	0,138	0,0102	0,0329	0,314	230
x 15 x 1,5	0,75	0,59	0,710	0,568	0,165	0,162	0,339	0,00563	0,113	0,482	230
x 15 x 2	0,97	0,76	0,869	0,695	0,205	0,207	0,454	0,0129	0,135	0,507	230
x 15 x 2,5	1,17	0,92	0,995	0,796	0,239	0,247	0,571	0,0243	0,174	0,533	230
x 20 x 1,5	0,90	0,71	0,917	0,733	0,369	0,282	0,802	0,00676	0,288	0,693	230
x 20 x 2	1,17	0,92	1,13	0,907	0,465	0,363	1,07	0,0156	0,345	0,720	230
x 20 x 2,5	1,42	1,11	1,31	1,05	0,549	0,438	1,34	0,0295	0,413	0,747	230
25 x 25 x 1,5	1,05	0,83	1,12	0,899	0,684	0,431	1,56	0,00788	0,579	0,915	229
x 25 x 2	1,37	1,07	1,40	1,12	0,869	0,558	2,09	0,0182	0,696	0,943	230
x 25 x 2,5	1,67	1,31	1,62	1,30	1,03	0,677	2,61	0,0348	0,817	0,972	230
x 25 x 3	1,95	1,53	1,81	1,45	1,17	0,786	3,14	0,0586	0,967	1,00	230
x 30 x 1,5	1,20	0,94	1,33	1,06	1,13	0,608	2,70	0,00901	1,01	1,14	206
x 30 x 2	1,57	1,23	1,66	1,33	1,44	0,790	3,60	0,0209	1,22	1,17	230
x 30 x 2,5	1,92	1,51	1,94	1,55	1,72	0,961	4,51	0,0400	1,42	1,20	230
x 30 x 3	2,25	1,77	2,17	1,74	1,98	1,12	5,41	0,0676	1,64	1,23	230
x 40 x 2,5	2,42	1,90	2,57	2,06	3,86	1,66	10,6	0,0504	3,40	1,68	230
x 40 x 3	2,85	2,24	2,90	2,32	4,46	1,95	12,8	0,0856	3,86	1,71	230
50 x 15 x 2	1,47	1,15	4,76	1,90	0,260	0,230	0,459	0,0196	0,779	0,368	230
x 15 x 2,5	1,79	1,41	5,63	2,25	0,306	0,276	0,581	0,0374	0,859	0,391	230
50 x 20 x 2	1,67	1,31	5,91	2,36	0,600	0,409	1,07	0,0222	1,96	0,534	230
x 20 x 2,5	2,04	1,60	7,04	2,81	0,717	0,497	1,35	0,0426	2,22	0,557	230
x 20 x 3	2,40	1,89	8,04	3,22	0,821	0,579	1,63	0,0721	2,45	0,580	230
50 x 25 x 2	1,87	1,47	7,06	2,82	1,13	0,634	2,09	0,0249	3,87	0,718	230
x 25 x 2,5	2,29	1,80	8,45	3,38	1,36	0,774	2,62	0,0478	4,45	0,741	230
x 25 x 3	2,70	2,12	9,70	3,88	1,57	0,906	3,15	0,0811	4,95	0,766	230
50 x 30 x 2	2,07	1,62	8,21	3,28	1,88	0,901	3,61	0,0276	6,67	0,914	230
x 30 x 2,5	2,54	2,00	9,86	3,94	2,27	1,10	4,52	0,0530	7,73	0,939	230
x 30 x 3	3,00	2,36	11,3	4,54	2,64	1,29	5,43	0,0901	8,66	0,964	230

Fortsetzung auf Seite 49

2.1.4. Stahlleichtprofile

Abmessungen, Masse, statische Werte, TGL 7969 (Fortsetzung)

Kurzbezeichnung U h x b x s	A cm²	m_l kg/m	I_x cm⁴	W_x cm³	I_y cm⁴	W_y cm³	I_{y1} cm⁴	I_T cm⁴	C_M cm⁶	e cm	σ_K MPa
50 x 40 x 2	2,47	1,94	10,5	4,21	4,15	1,55	8,54	0,0329	15,4	1,33	206
x 40 x 2,5	3,04	2,39	12,7	5,07	5,05	1,91	10,7	0,0634	18,1	1,36	230
x 40 x 3	3,60	2,83	14,6	5,87	5,90	2,26	12,8	0,108	20,5	1,38	230
x 40 x 4	4,67	3,67	18,1	7,26	7,45	2,91	17,1	0,249	24,7	1,44	230
x 40 x 5	5,68	4,46	21,0	8,39	8,78	3,50	21,4	0,473	28,7	1,49	230
50 x 50 x 2	2,87	2,25	12,8	5,13	7,64	2,37	16,6	0,0382	29,5	1,77	130
x 50 x 2,5	3,54	2,78	15,5	6,20	9,33	2,92	20,8	0,0738	34,9	1,80	206
x 50 x 3	4,20	3,30	18,0	7,19	10,9	3,45	25,0	0,126	39,7	1,83	228
x 50 x 4	5,47	4,30	22,3	8,95	13,9	4,47	33,4	0,292	48,1	1,88	230
x 50 x 5	6,68	5,24	26,0	10,4	16,5	5,41	41,8	0,556	55,5	1,94	230
120 x 25 x 2,5	4,04	3,17	71,9	12,0	1,74	0,858	2,65	0,0842	40,4	0,475	230
x 25 x 3	4,80	3,77	84,2	14,0	2,02	1,01	3,20	0,144	45,7	0,496	230
x 25 x 4	6,27	4,93	106	17,8	2,52	1,28	4,35	0,334	54,4	0,540	230
120 x 30 x 2,5	4,29	3,37	80,5	13,4	2,96	1,24	4,54	0,0894	68,7	0,607	230
x 30 x 3	5,10	4,00	94,5	15,7	3,46	1,46	5,48	0,153	78,4	0,629	230
x 30 x 4	6,67	5,24	120	20,0	4,36	1,87	7,38	0,356	95,0	0,673	230
120 x 40 x 3	5,70	4,48	115	19,1	7,93	2,58	12,8	0,171	180	0,931	230
x 40 x 4	7,47	5,87	147	24,5	10,1	3,35	17,2	0,398	222	0,975	230
x 40 x 5	9,18	7,20	176	29,3	12,1	4,07	21,7	0,765	257	1,02	230
120 x 50 x 3	6,30	4,95	135	22,6	14,9	3,99	25,0	0,189	338	1,27	228
x 50 x 4	8,27	6,49	174	29,0	19,2	5,20	33,5	0,441	421	1,31	230
x 50 x 5	10,18	7,99	209	34,9	23,1	6,36	42,0	0,848	494	1,36	230
120 x 60 x 3	6,90	5,42	156	26,0	24,7	5,67	43,2	0,207	563	1,64	206
x 60 x 4	9,07	7,12	201	33,5	32,0	7,42	57,8	0,484	707	1,68	230
x 60 x 5	11,18	8,77	242	40,4	38,8	9,09	72,3	0,931	834	1,73	230
120 x 80 x 3	8,10	6,36	197	32,8	54,5	9,79	102	0,243	1258	2,43	114
x 80 x 4	10,67	8,38	254	42,4	70,9	12,8	136	0,569	1593	2,48	206
x 80 x 5	13,18	10,34	308	51,4	86,5	15,8	171	1,10	1894	2,53	230

Z-Profil, $a_1 = a_2$; TGL 18800

Bezeichnungsbeispiel: **Z 63 x 40 x 3 TGL 18800** ...
Z Z-Profil, $a_1 = a_2$; **63** Profilhöhe h; **40** Flanschbreite a_1; Flanschbreite a_2; **3** Profildicke s; **TGL 18800** Standard; ... Werkstoffangaben

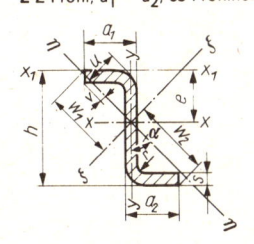

h	Profilhöhe	W_T Torsionswiderstandsmoment
a	Flanschbreite	C_M Wölbwiderstand
s	Profildicke	α Winkel zwischen y- und η-Achse
r	Innenhalbmesser	m_l längenbezogene Masse
e	Schwerpunktabstand	s = r
A	Querschnittsfläche	
u, v, w	maximale Randabstände	
I	Trägheitsmoment	
W	Widerstandsmoment	
i	Trägheitshalbmesser	
I_T	Torsionsträgheitsmoment	

Kurzbezeichnung Z h x a x s	A cm²	m_l kg/m	Kurzbezeichnung Z h x a x s	A cm²	m_l kg/m	Kurzbezeichnung Z h x a x s	A cm²	m_l kg/m
8 x 10 x 1,5	0,341	0,268	60 x 25 x 3	3,00	2,36	80 x 25 x 2,5	3,03	2,38
30 x 30 x 2	1,66	1,30	x 38 x 3	3,78	2,97	x 40 x 4	5,87	4,61
x 30 x 3	2,39	1,87	63 x 25 x 3	3,08	2,41	90 x 40 x 4	6,24	4,90
40 x 20 x 1,2	0,90	0,706	x 32 x 3	3,50	2,74	100 x 32 x 3	4,61	3,62
x 20 x 2	1,46	1,15	x 40 x 3	3,98	3,12	125 x 40 x 3	5,84	4,58
x 25 x 1,5	1,27	0,998	x 40 x 4	5,16	4,05	160 x 63 x 4	10,9	8,54
50 x 40 x 4	4,64	3,64	70 x 32 x 2	2,54	1,99			
x 63 x 3	4,97	3,90	x 32 x 3	3,71	2,91			
			x 38 x 3	4,07	3,19			

2.1. Halbzeuge aus Stahl

Kurzbezeichnung Z	Werte für Achse										
	x		x_1	y		ξ			η		
	I_x	i_x	I_{x1}	I_y	i_y	I_ξ	W_ξ	i_ξ	I_η	W_η	i_η
h x a x s	cm^4	cm	cm^4	cm^4	cm	cm^4	cm^3	cm	cm^4	cm^3	cm
8 x 10 x 1,5	0,029	0,293	0,084	0,079	0,482	0,103	0,103	0,549	0,006	0,021	0,130
30 x 30 x 3	3,36	1,19	8,73	4,64	1,39	7,35	2,33	1,76	0,648	0,643	0,521
40 x 20 x 2	3,44	1,54	9,28	0,917	0,793	4,04	1,56	1,66	0,314	0,309	0,464
50 x 40 x 4	18,1	1,97	47,1	14,7	1,78	29,8	6,78	2,53	2,95	2,95	0,798
60 x 38 x 3	21,5	2,38	55,5	9,74	1,60	28,4	6,37	2,74	2,78	1,63	0,858
63 x 40 x 4	31,2	2,46	82,4	14,7	1,69	41,9	8,94	2,85	3,98	2,26	0,878
70 x 38 x 3	30,6	2,74	80,4	9,74	1,55	37,1	7,82	3,02	3,19	1,70	0,885
80 x 40 x 4	55,5	3,07	149	14,7	1,58	65,1	12,6	3,33	5,10	2,49	0,931
90 x 40 x 4	72,9	3,42	199	14,7	1,53	82,1	14,8	3,63	5,51	2,57	0,939
100 x 32 x 3	62,7	3,69	178	5,70	1,11	65,7	11,8	3,78	2,64	1,36	0,757
125 x 40 x 3	126	4,65	354	11,4	1,40	132	19,1	4,76	5,35	2,18	0,957
160 x 63 x 4	409	6,13	1105	60,6	2,36	444	47,1	6,39	25,4	6,99	1,53

Kurzbezeichnung Z	I_{xy}	I_T	W_T	tan α	Achsabstände				C_M
					u	v	$w_1 = w_2$	e	
h x a x s	cm^4	cm^4	cm^3	–	cm	cm	cm	cm	cm^6
8 x 10 x 1,5	0,042	0,003	0,071	1,77	0,276	0,328	1,00	0,40	0,003
30 x 30 x 3	3,29	0,071	0,239	1,21	1,01	0,889	3,15	1,50	3,69
40 x 20 x 2	1,37	0,020	0,098	0,439	0,769	1,02	2,60	2,00	1,95
50 x 40 x 4	13,3	0,248	0,619	0,880	1,47	1,47	4,39	2,50	37,6
60 x 38 x 3	11,4	0,114	0,378	0,610	0,866	1,71	4,46	3,00	39,0
63 x 40 x 4	17,4	0,275	0,688	0,627	1,54	1,76	4,69	3,15	68,4
70 x 38 x 3	13,4	0,122	0,407	0,489	1,47	1,87	4,75	3,50	63,8
80 x 40 x 4	22,0	0,313	0,783	0,436	0,728	2,05	5,18	4,00	116
90 x 40 x 4	24,9	0,333	0,832	0,369	1,52	2,15	5,54	4,50	167
100 x 32 x 3	13,6	0,138	0,461	0,226	1,13	1,94	5,55	5,00	92,4
125 x 40 x 3	27,1	0,175	0,584	0,224	1,40	2,45	6,94	6,25	196
160 x 63 x 4	116	0,580	1,45	0,303	2,31	2,63	9,43	8,00	2423

Z-Profil, $a_1 > a_2$; TGL 18800

Bezeichnungsbeispiel: **Z 63 x 40 x 25 x 3 TGL 18800** ...
Z Z-Profil, $a_1 > a_2$; **63** Profilhöhe h; **40** Flanschbreite a_1; **25** Flanschbreite a_2; **3** Profildicke s; **TGL 18800** Standard; ... Werkstoffangaben

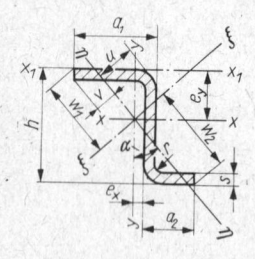

h	Profilhöhe
a	Flanschbreite
s	Profildicke
r	Innenhalbmesser
e	Schwerpunktabstand
A	Querschnittsfläche
u, v, w	maximale Randabstände
I	Trägheitsmoment
W	Widerstandsmoment
i	Trägheitshalbmesser
I_T	Torsionsträgheitsmoment
α	Winkel zwischen y- und η-Achse
m_l	längenbezogene Masse

s = r

Kurzbezeichnung Z	A	m_l	Kurzbezeichnung Z	A	m_l	Kurzbezeichnung Z	A	m_l
h x a_1 x a_2 x s	cm^2	kg/m	h x a_1 x a_2 x s	cm^2	kg/m	h x a_1 x a_2 x s	cm^2	kg/m
7 x 10 x 6 x 1	0,195	0,153	30 x 25 x 16 x 2	1,28	1,01	63 x 40 x 25 x 3	3,53	2,77
14 x 18 x 6 x 2	0,620	0,487	40 x 50 x 25 x 4	4,04	3,17	80 x 63 x 40 x 3	5,18	4,06
20 x 25 x 16 x 1,5	0,836	0,656	50 x 32 x 16 x 3	2,63	2,06	85 x 85 x 28 x 2,5	4,75	3,72
x 42 x 20 x 3	2,15	1,68	x 40 x 25 x 3	3,14	2,46	100 x 63 x 40 x 3	5,78	4,53
24 x 24 x 14 x 3	1,56	1,23	x 50 x 40 x 3	3,89	3,05	125 x 63 x 40 x 3	6,53	5,12
30 x 25 x 16 x 1,5	0,986	0,774	x 50 x 40 x 4	5,04	3,96			

2.1.4. Stahlleichtprofile

Kurzbezeichnung Z	Werte für Achse									I_{xy}	tan α	I_T	e_x	e_y
	x		y		x_1	ξ		η						
	I_x cm⁴	i_x cm	I_y cm⁴	i_y cm	I_{x1} cm⁴	$I_ξ$ cm⁴	$i_ξ$ cm	$I_η$ cm⁴	$i_η$ cm	cm⁴	—	cm⁴	cm	cm
h x a_1 x a_2 x s														
14 x 18 x 6 x 2	0,132	0,462	0,224	0,601	0,268	0,313	0,711	0,043	0,263	0,127	1,43	0,0083	0,326	0,468
30 x 25 x 16 x 2	1,73	1,16	1,05	0,907	3,90	2,50	1,40	0,284	0,471	1,05	0,75	0,0171	0,174	1,30
40 x 50 x 25 x 4	9,18	1,51	13,3	1,81	18,9	20,1	2,23	2,36	0,765	8,62	1,27	0,216	0,679	1,55
50 x 50 x 40 x 4	20,0	1,99	21,5	2,07	47,1	37,7	2,74	3,80	0,868	16,9	1,05	0,269	0,141	2,32
63 x 40 x 35 x 3	20,4	2,41	6,47	1,35	47,4	24,5	2,64	2,34	0,815	8,63	0,48	0,106	0,246	2,77
80 x 63 x 40 x 3	52,5	3,19	26,7	2,77	115	71,0	3,70	8,18	1,26	28,6	0,65	0,155	0,517	3,49
85 x 85 x 28 x 2,5	50,0	3,25	37,5	2,81	93,1	74,5	3,96	13,0	1,66	30,1	0,81	0,099	1,53	1,24
100 x 63 x 40 x 3	88,3	3,91	26,9	2,16	201	105	4,27	10,1	1,32	26,3	0,46	0,173	0,447	4,42
125 x 63 x 40 x 3	149	4,78	27,2	2,04	3,54	165	5,02	11,8	1,35	46,0	0,33	0,196	0,379	5,61

C-Profil, TGL 18800

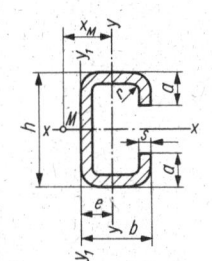

Bezeichnungsbeispiel: **C 63 x 50 x 20 x 2,5 TGL 18800** ...
C C-Profil, **63** Profilhöhe h; **50** Profilbreite b; **20** Flanschbreite a; **2,5** Profildicke s; **TGL 18800** Standard;
... Werkstoffangaben

h	Profil- oder Steghöhe
b	Profilbreite
a	Flanschbreite
s	Profildicke
r	Innenhalbmesser
e	Schwerpunktabstand
A	Querschnittsfläche
I	Trägheitsmoment

W	Widerstandsmoment
i	Trägheitshalbmesser
I_T	Torsionsträgheitsmoment
C_M	Wölbwiderstand
x_M	Schubmittelpunktabstand
m_l	längenbezogene Masse
s = r	

Kurzbezeichnung C h x b x a x s	A cm²	m_l kg/m	Kurzbezeichnung C h x b x a x s	A cm²	m_l kg/m	Kurzbezeichnung C h x b x a x s	A cm²	m_l kg/m
18 x 8 x 6,3 x 1,5	0,540	0,430	40 x 10 x 20 x 2	1,72	1,35	63 x 50 x 20 x 3	5,46	4,29
20 x 10 x 4 x 1	0,414	0,325	x 20 x 10 x 2	1,72	1,35	80 x 40 x 16 x 3	5,17	4,06
21 x 16 x 7,5 x 1,5	0,860	0,680	45 x 45 x 22,5 x 2	3,32	2,61	x 63 x 20 x 2,5	5,74	4,51
25 x 8 x 7 x 1	0,480	0,380	50 x 25 x 12 x 2	2,30	1,73	x 63 x 25 x 2,5	5,96	4,68
x 28 x 6 x 1,5	1,24	0,970	x 40 x 25 x 2	3,32	2,61	x 63 x 25 x 3	7,05	5,53
30 x 30 x 15 x 2	2,12	1,66	60 x 20 x 20 x 2	2,52	1,98	100 x 40 x 18 x 2	4,06	3,18
x 75 x 7,5 x 1,5	2,77	2,17	63 x 25 x 25 x 1,5	2,05	1,61	x 63 x 25 x 3	7,65	6,01
32 x 32 x 11 x 2	2,08	1,63	x 32 x 20 x 4	5,63	4,42	125 x 63 x 25 x 3	8,40	6,59
40 x 16 x 12 x 2	1,64	1,29	x 50 x 20 x 2,5	4,64	3,64	250 x 40 x 16 x 2,5	8,61	6,76
						x 40 x 16 x 3	10,3	8,06

Kurzbezeichnung C	Werte für Achse									e	I_T	C_M	x_M
	x			y			y_1						
h x b x a x s	I_x cm⁴	W_x cm³	i_x cm	I_y cm⁴	W_y cm³	i_y cm	I_{y1} cm⁴	W_{y1} cm³	i_{y1} cm	cm	cm⁴	cm⁶	cm
18 x 8 x 6,3 x 1,5	0,200	0,220	0,600	0,040	0,090	0,280	0,110	0,140	0,450	0,350	0,0041	0,050	0,700
21 x 16 x 7,5 x 1,5	0,530	0,510	0,780	0,300	0,340	0,590	0,750	0,470	0,930	0,720	0,0065	0,500	1,54
30 x 30 x 15 x 2	2,69	1,79	1,13	2,69	1,79	1,13	7,46	2,49	1,88	1,50	0,0283	16,0	3,15
32 x 32 x 11 x 2	3,31	2,07	1,26	2,83	1,62	1,17	7,24	2,26	1,87	1,46	0,0277	10,7	3,12
40 x 20 x 10 x 2	3,86	1,93	1,50	0,930	0,770	0,730	2,00	1,00	1,08	0,790	0,0229	4,08	1,73
45 x 45 x 22,5 x 2	10,0	4,46	1,74	10,0	4,46	1,74	26,9	5,97	2,84	2,25	0,0443	140	4,84
50 x 40 x 25 x 2	11,7	4,70	1,88	8,32	4,16	1,58	21,6	5,40	2,55	2,00	0,0443	149	4,38
60 x 20 x 20 x 2	11,4	3,80	2,13	1,60	1,40	0,800	3,45	1,73	1,17	0,860	0,0336	23,4	2,00
63 x 50 x 20 x 3	33,4	10,6	2,47	19,3	6,89	1,88	45,8	9,15	2,90	2,20	0,164	271	4,86
80 x 63 x 25 x 3	71,5	17,9	3,18	40,8	11,6	2,41	94,8	15,0	3,67	2,77	0,212	934	6,20
100 x 63 x 25 x 3	121	24,2	3,97	64,8	11,9	2,41	94,8	15,1	3,52	2,56	0,230	1307	5,85
125 x 63 x 25 x 3	204	32,7	4,93	48,6	12,3	2,40	94,8	15,1	3,56	2,35	0,252	1916	5,47
250 x 40 x 16 x 3	798	63,8	8,81	15,9	4,99	1,24	22,8	5,70	1,49	0,882	0,308	1943	1,98

2.1. Halbzeuge aus Stahl

Geschweißte Kastenprofile, TGL 18803

Bezeichnungsbeispiel: **K 60 x 40 x 3 TGL 18803 St 38u-2 B3**
K Kastenprofil; **60** Profilhöhe h; **40** Profilbreite b; **3** Profildicke s; **TGL 18803** Standard; **St38u-2/33** Werkstoffangaben

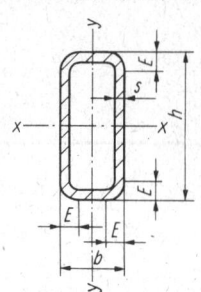

h Profilhöhe
b Profilbreite
s Profildicke
E Kantenbereich
I Trägheitsmoment
W Widerstandsmoment
I_T Torsionsträgheitsmoment
W_T Torsionswiderstandsmoment
i Trägheitshalbmesser
A Querschnittsfläche
m_l längenbezogene Masse

Der Kantenbereich beträgt $1{,}2\,s \leq E \leq 2{,}5\,s$

Kurzbezeichnung K h x b x s	A cm²	m_l kg/m	I_x cm⁴	W_x cm³	i_x cm	I_y cm⁴	W_y cm³	i_y cm	I_T cm⁴	W_T cm³
15 x 15 x 1,5	0,75	0,59	0,217	0,289	0,537	0,217	0,289	0,537	0,378	0,533
20 x 20 x 1,5	1,05	0,83	0,579	0,579	0,742	0,579	0,579	0,742	0,976	1,01
x 20 x 2	1,34	1,05	0,685	0,685	0,716	0,685	0,685	0,716	1,19	1,26
25 x 25 x 1,5	1,35	1,06	1,21	0,970	0,947	1,21	0,970	0,947	1,99	1,64
x 25 x 2	1,74	1,36	1,47	1,18	0,921	1,47	1,18	0,921	2,50	2,08
x 25 x 2,5	2,09	1,64	1,67	1,34	0,895	1,67	1,34	0,895	2,92	2,47
30 x 15 x 1,5	1,20	0,94	1,27	0,851	1,03	0,422	0,562	0,592	1,08	1,14
x 15 x 2	1,54	1,21	1,53	1,02	0,999	0,496	0,662	0,568	1,32	1,42
30 x 30 x 1,5	1,65	1,30	2,19	1,46	1,15	2,19	1,46	1,15	3,55	2,42
x 30 x 2	2,14	1,68	2,71	1,80	1,12	2,71	1,80	1,12	4,51	3,10
x 30 x 2,5	2,59	2,03	3,13	2,09	1,10	3,13	2,09	1,10	5,34	3,72
40 x 20 x 1,5	1,65	1,30	3,26	1,63	1,40	1,09	1,09	0,813	2,73	2,12
x 20 x 2	2,14	1,68	4,03	2,02	1,37	1,33	1,33	0,789	3,42	2,70
x 20 x 2,5	2,59	2,03	4,67	2,33	1,34	1,52	1,52	0,766	4,00	3,22
40 x 25 x 1,5	1,80	1,41	3,81	1,91	1,45	1,83	1,46	1,01	4,05	2,70
x 25 x 2	2,34	1,83	4,76	2,38	1,42	2,27	1,81	0,985	5,13	3,46
x 25 x 2,5	2,84	2,23	5,55	2,77	1,40	2,62	2,10	0,961	6,09	4,16
40 x 30 x 1,5	1,95	1,53	4,37	2,15	1,49	2,80	1,86	1,19	5,50	3,28
x 30 x 2	2,54	1,99	5,48	2,74	1,47	3,49	2,33	1,17	7,03	4,22
x 30 x 2,5	3,09	2,42	6,43	3,21	1,44	4,08	2,72	1,15	8,40	5,09
x 30 x 3	3,61	2,83	7,22	3,61	1,41	4,56	3,04	1,12	9,61	5,89
40 x 40 x 1,5	2,25	1,77	5,48	2,74	1,56	5,48	2,74	1,56	8,72	4,43
x 40 x 2	2,94	2,31	6,92	3,46	1,53	6,92	3,46	1,53	11,2	5,74
x 40 x 2,5	3,59	2,82	8,18	4,09	1,51	8,18	4,09	1,51	13,5	6,97
x 40 x 3	4,21	3,30	9,27	4,64	1,48	9,27	4,64	1,48	15,6	8,11
60 x 30 x 2	3,34	2,62	15,0	5,01	2,12	5,06	3,37	1,23	12,5	6,46
x 30 x 2,5	4,09	3,21	17,9	5,96	2,09	5,97	3,98	1,21	15,0	7,84
x 30 x 3	4,81	3,77	20,4	6,81	2,06	6,75	4,50	1,18	17,3	9,13
60 x 40 x 2	3,74	2,93	18,4	6,13	2,22	9,81	4,90	1,62	20,6	8,78
x 40 x 2,5	4,59	3,60	22,0	7,34	2,19	11,7	5,85	1,59	25,0	10,7
x 40 x 3	5,41	4,25	25,3	8,43	2,16	13,4	6,69	1,57	29,1	12,5
60 x 60 x 2	4,54	3,56	25,1	8,37	2,35	25,1	8,37	2,35	39,7	13,4
x 60 x 2,5	5,59	4,39	30,3	10,1	2,33	30,3	10,1	2,33	48,5	16,4
x 60 x 3	6,61	5,19	35,0	11,7	2,30	35,0	11,7	2,30	56,9	19,4
x 60 x 4	8,55	6,71	43,4	14,4	2,25	43,4	14,4	2,25	72,2	24,8
100 x 60 x 3	9,01	7,07	120	24,1	3,65	54,5	18,2	2,46	121	33,0
x 60 x 4	11,75	9,22	152	30,4	3,60	68,4	22,8	2,41	155	42,7
100 x 100 x 3	11,41	8,96	177	35,4	3,94	177	35,4	3,94	278	56,3
x 100 x 4	14,95	11,73	226	45,2	3,89	226	45,2	3,89	361	73,5

2.1.4. Stahlleichtprofile

Hutprofil, TGL 18800

Bezeichnungsbeispiel: **H 80** x **100** x **40** x **3 TGL 18800** ...
H Hutprofil, **80** Profilhöhe h; **100** Profilbreite b; **40** Flanschbreite a; **3** Profildicke s; **TGL 18800** Standard; ... Werkstoffangaben

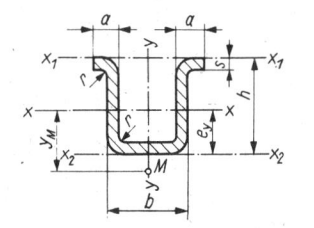

h	Profilhöhe
b	Profilbreite
a	Flanschbreite
s	Profildicke
r	Innenhalbmesser
e	Schwerpunktabstand
A	Querschnittsfläche
I	Trägheitsmoment
i	Trägheitshalbmesser
y_M	Schubmittelpunktabstand
C_M	Wölbwiderstand
W_T	Torsionswiderstandsmoment
S	Schwerpunkt
m_l	längenbezogene Masse

s = r

Kurzbezeichnung H h x b x a x s	A cm^2	m_l kg/m	Kurzbezeichnung H h x b x a x s	A cm^2	m_l kg/m	Kurzbezeichnung H h x b x a x s	A cm^2	m_l kg/m
4,5 x 11 x 2,5 x 1	0,180	0,140	32 x 10 x 15 x 1,5	1,44	1,13	63 x 50 x 25 x 3	6,15	4,83
14 x 25 x 22 x 2	1,66	1,30	40 x 16 x 16 x 2	2,30	1,80	x 50 x 25 x 4	7,92	6,22
20 x 10 x 16 x 1	0,754	0,592	x 25 x 16 x 1	1,30	1,02	x 63 x 32 x 3	6,96	5,46
x 22 x 9 x 1	0,730	0,570	x 32 x 12 x 1,5	1,88	1,48	x 80 x 32 x 3	7,47	5,86
x 50 x 16 x 2	2,18	1,71	x 32 x 20 x 2	2,76	2,17	x 100 x 25 x 2	5,24	4,11
25 x 30 x 18 x 3	2,85	2,24	50 x 30 x 11,5 x 1,5	2,15	1,68	x 100 x 25 x 3	7,65	6,01
x 40 x 16 x 2,5	2,64	2,07	x 30 x 16 x 1,5	2,27	1,78	80 x 80 x 25 x 3	8,07	6,33
x 40 x 25 x 1	1,95	1,53	x 30 x 16 x 2	2,96	2,32	x 80 x 40 x 4	11,7	9,17
x 40 x 25 x 2	2,54	1,99	x 30 x 25 x 4	6,15	4,83	x 100 x 40 x 3	9,57	7,51
x 40 x 25 x 3	3,61	2,83	53 x 53 x 30 x 1,5	3,13	2,46	88 x 70 x 20 x 2	5,44	4,27
30 x 30 x 16 x 1,5	1,67	1,31	63 x 25 x 16 x 2	3,40	2,67			
x 30 x 20 x 2	2,32	1,82	x 50 x 25 x 2,5	5,21	4,09			

Kurzbezeichnung H	Werte für Achse						I_T	W_T	e_y	C_M	y_M
	x				y						
h x b x a x s	I_x cm^4	i_x cm	I_{x1} cm^4	I_{x2} cm^4	I_y cm^4	i_y cm	cm^4	cm^3	cm	cm^6	cm
14 x 25 x 22 x 2	0,450	0,520	0,980	1,62	5,05	1,74	0,022	0,111	0,840	0,610	0,760
20 x 50 x 16 x 2	1,33	0,781	4,20	2,90	11,5	2,30	0,029	0,145	0,851	2,64	1,64
22 x 14 x 18 x 2	0,940	0,770	2,03	3,97	1,87	1,08	0,021	0,107	1,37	0,890	0,95
25 x 30 x 18 x 3	2,37	0,910	6,34	7,33	7,32	1,60	0,086	0,285	1,32	2,58	1,70
25 x 40 x 25 x 3	3,27	0,952	7,45	8,11	18,6	2,27	0,108	0,361	1,34	6,83	1,57
30 x 30 x 20 x 2	3,05	1,15	7,46	9,14	6,76	1,71	0,031	0,155	1,62	4,88	2,15
40 x 32 x 20 x 2	6,27	1,51	16,1	18,6	8,40	1,74	0,037	0,184	2,11	11,3	3,07
50 x 30 x 25 x 4	18,9	1,76	32,9	34,3	18,0	1,71	0,328	0,819	2,80	43,4	2,92
53 x 53 x 30 x 1,5	13,9	2,11	34,4	37,3	26,4	2,91	0,024	0,156	2,74	62,1	4,26
63 x 63 x 32 x 3	41,0	2,43	110	111	74,3	3,27	0,209	0,696	3,16	215	5,08
63 x 100 x 25 x 3	44,6	2,41	151	94,8	153	4,47	0,230	0,765	2,56	463	5,13
80 x 80 x 40 x 4	110	3,07	297	297	198	4,12	0,623	1,56	4,00	906	6,45
80 x 100 x 40 x 3	95,6	3,16	2,68	231	234	4,95	0,287	0,957	3,76	1051	6,69
88 x 70 x 20 x 2	57,0	3,24	1,86	141	58,2	3,27	0,073	0,363	3,93	353	7,81

2.1. Halbzeuge aus Stahl

2.1.5. Rohre

Präzisionsstahlrohre, nahtlos, mit normaler Maßgenauigkeit; TGL 9013

Bezeichnungsbeispiel: **R 30 x 3 TGL 9013 St 35b-2 NBK-B**
R nahtloses Präzisionsstahlrohr; **30** Außendurchmesser D; **3** Wanddicke s; **TGL 9013** Standard; **St 35b-2 NBK-B** Werkstoffangaben

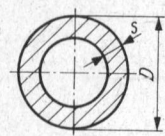

D Außendurchmesser
s Wanddicke
m_l längenbezogene Masse

D mm	s in mm											
	1	1,5	2	2,5	3	3,5	4	4,5	5	6	7	8	10
	m_l in kg/m											
15	0,345	0,499	0,641	0,771	0,888	–	–						
16	0,370	0,536	0,692	0,832	0,961	–	–						
18	0,419	0,610	0,789	0,956	1,11	1,25	1,38						
20	0,469	0,684	0,888	1,08	1,26	1,42	1,58	–	1,85				
22	0,518	0,758	0,986	1,20	1,41	–	1,78	–	2,10				
24	0,567	0,832	1,09	1,33	1,55	1,77	1,97	–	2,34				
25	0,592	0,869	1,13	1,39	1,63	1,86	2,07	–	2,47				
26	–	–	1,18	1,70	–	–	–	–	–				
28	0,666	0,980	1,28	1,57	1,85	2,11	2,37	2,61	2,84	3,26			
30	0,715	1,05	1,38	1,70	2,00	2,29	2,56	–	3,08	3,55			
32	0,765	1,13	1,48	1,82	2,15	2,46	2,76	–	3,33	3,85			
34	–	–	1,58	–	2,29	2,63	2,96	–	3,58	4,14			
35	0,838	1,24	1,63	2,00	2,37	2,72	3,06	–	3,70	4,29	4,83		
36	0,863	–	1,68	2,07	2,44	–	3,16	3,50	3,82	4,44	–		
38	0,912	1,35	1,78	2,19	2,59	2,98	3,35	3,72	4,07	4,74	–		
40	0,962	1,42	1,87	2,31	2,74	–	–	–	4,32	5,03	–		
42	1,01	–	1,97	2,44	2,89	3,32	3,75	4,16	4,56	5,33	6,04		
45	1,09	1,61	2,12	2,62	3,11	3,58	4,04	4,49	4,93	5,77	6,56		
48	–	–	2,27	–	–	–	4,34	–	5,30	6,21	7,08	7,89	
50	1,21	1,79	2,37	2,93	3,48	–	4,54	–	5,55	6,51	7,42	8,29	
54	–	1,94	2,56	3,18	3,77	4,36	–	5,49	6,04	7,10	8,11	9,08	10,9
57	–	2,05	2,71	–	–	4,62	–	5,83	6,41	–	–	9,67	11,6
60	1,46	–	2,86	3,55	4,22	–	5,52	–	6,78	7,99	–	10,3	12,3
65			–	–	4,59	5,31	6,02	–	–	8,73	10,0	–	13,6
70			3,35	–	4,96	–	6,51	–	8,02	9,47	–	12,2	14,8
75			–	4,47	5,43	6,17	7,00	–	8,63	10,2	11,7	13,2	16,0
80					5,70	–	7,50	–	9,25	10,9			
85					–	–	7,99	–	–	–			
90					–	7,47	8,48	–	10,5	12,4			

Stahlrohre, nahtlos; TGL 9012

Bezeichnungsbeispiel: **R 76 x 3,2 TGL 9012 ...**
R Stahlrohr, nahtlos; **76** Außendurchmesser D; **3,2** Wanddicke s; **TGL 9012** Standard; ... Werkstoffangaben

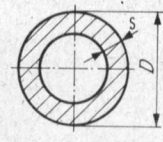

D Außendurchmesser
s Wanddicke
m_l längenbezogene Masse

2.1.5. Rohre

m_l in kg/m (gilt nur für Rohre aus Stahlmarken nach TGL 14183/01)

D mm	2,6	2,9	3,2	3,6	4	4,5	5	5,6	6	6,3	7	8	9	10	11,5	12	12,5	14	16	18	20	22	25	28	30	32	36
25	1,44	1,58	1,72																								
28		1,80						3,09																			
31,8	1,87	2,07	2,26	2,50	2,74	3,03	3,30			3,96																	
36								4,20																			
38	2,27	2,51	2,75	3,05	3,35	3,72	4,07	4,47		4,93	5,35	5,92															
42,4			3,09		3,79		4,61			5,61		6,79															
44,5	2,69	2,98	3,26	3,63	4,00					5,94	6,47	7,20															
45														8,63													
51	3,10	3,44	3,77	4,21	4,64	5,16	5,67			6,94	7,60	8,48															
57		3,87		4,74	5,23	5,83	6,41			7,88	8,63	9,67	10,7														
60,3			4,25	5,03																							
63,5					5,87	6,55	7,21			8,89		10,9		13,2													
70		4,80			6,51	7,27	8,02	8,89		9,90		12,2		14,8				19,3									
76		5,23	5,74	6,43	7,10	7,93	8,75			10,8		13,4		16,3		18,9											
82,5				7,00	7,74	8,66	9,56	10,6		11,8		14,7				20,9											
89				7,58	8,38	9,38	10,4			12,8		16,0		19,5		22,8			28,8			36,4					
95					8,98		11,1																				
102					9,67		12,0		14,2	14,9		18,5		22,7		26,6	27,6										
108					10,3	11,5	12,7		15,1	15,8		19,7		24,2		28,4	29,4	32,5	36,3								
121												22,3		27,4		32,3	33,4										
133					12,7	14,3	15,8		18,8	19,7		24,7		30,3		35,8	37,1	41,1	46,2	51,0	55,7		66,6				
140												26,0															
146																							74,6				
159							19,0		22,6	23,7		29,8		36,7		43,5	45,2	50,1	56,4	62,6	68,6			90,5	95,4		
168						17,1						31,6		39,0		46,2	47,9	53,2			73,0	79,2					
194												36,7							70,2	78,1	85,8	93,3	104				
219									31,5	33,0	36,6	41,6	46,6	51,5		61,3	63,7	70,8	80,1	89,2	98,2	107	120	132	140		162
245																				101	111	121	136	150			
273												52,3		64,9		77,2	80,3	89,4	101		125		153	169	180	190	210
299																						150	169		199		
325													70,1	77,7		92,6		107	122	136	150	164			218	231	257
368														88,3				122	139	155	176	193	217				
377														90,5		108		125	142								
419														101			125	140	159	178	197	215	243				
426														103		123			162	181	200	219	247				
521															144			175		223			306				

2.2. Halbzeuge aus Aluminium und Aluminiumlegierungen

Stahlrohre für Wasser- und Gasleitungen; TGL 14514, TGL 33512, TGL 33513

Bezeichnungsbeispiel: **R 25 TGL 14514 m feu Zn**
R geschweißtes Stahlrohr; **25** Nennweite NW; **TGL 14514** Standard; **m** mit Gewinde und mit Muffe (o für ohne Gewinde und ohne Muffe); **feu Zn** Oberfläche feuerverzinkt

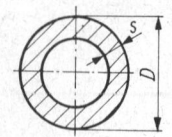

D Außendurchmesser
s Wanddicke
m_l längenbezogene Masse
NW Nennweite

NW		D	s nach TGL			m_l nach TGL		
			nahtlos	geschweißt	nahtlos	nahtlos	geschweißt	nahtlos
mm	Zoll	mm	mm	mm	mm	kg/m	kg/m	kg/m
6	1/8	10,2	2,0	2,0	2,65	0,407	0,404	0,493
8	1/4	13,5	2,35	2,35	2,9	0,650	0,635	0,769
10	3/8	17,2	2,35	2,35	2,9	0,852	0,845	1,02
15	1/2	21,3	2,65	2,8	3,25	1,22	1,28	1,45
20	3/4	26,9	2,65	2,8	3,25	1,58	1,66	1,90
25	1	33,7	3,25	3,2	4,05	2,44	2,39	2,97
32	1 1/4	43,4	3,25	3,2	4,05	3,14	3,09	3,84
40	1 1/2	48,3	3,25	3,2	4,05	3,61	3,87	4,43
50	2	60,3	3,65	3,6	4,5	5,10	4,90	6,17
65	2 1/2	76,1	3,65	3,6	4,5	6,51	7,10	7,90
80	3	88,9	4,05	4,5	4,85	8,47	8,38	10,1
100	4	114,3	4,5	4,5	5,4	12,1	12,2	14,4
125	5	140	–	4,5	–	–	15,0	–

2.2. Halbzeuge aus Aluminium und Aluminiumlegierungen

2.2.1. Stangen, Bänder, Bleche

Vierkantstange, TGL 14796

Bezeichnungsbeispiel: **4 kt 36 TGL 14796** ...
4 kt Vierkantstange; **36** Kantenlänge a; **TGL 14796** Standard;
... Werkstoffangaben

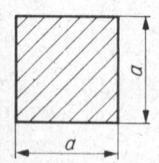

a Kantenlängen
A Querschnittsfläche
m_l längenbezogene Masse

Sechskantstange, TGL 14797

Bezeichnungsbeispiel: **6 kt 22 TGL 14797** ...
6 kt Sechskantstange; **22** Schlüsselweite s; **TGL 14797** Standard;
... Werkstoffangaben

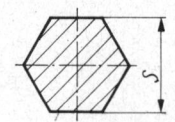

s Schlüsselweite
A Querschnittsfläche
m_l längenbezogene Masse

a	A	m_l	a	A	m_l	s	A	m_l	s	A	m_l
mm	mm²	kg/m	mm	mm²	kg/m	mm	mm²	kg/m	mm	mm²	kg/m
6	36	0,097	20	400	1,08	5	22	0,059	24	499	1,35
7	49	0,132	22	484	1,31	6	31	0,084	27	631	1,70
8	64	0,173	24	576	1,56	8	55	0,150	30	779	2,10
9	81	0,219	27	729	1,97	10	87	0,234	32	887	2,39
10	100	0,270	28	784	2,12	11	105	0,283	36	1122	3,03
12	144	0,389	30	900	2,43	12	125	0,337	41	1456	3,93
14	196	0,529	32	1024	2,76	13	146	0,395	46	1833	4,95
15	225	0,608	36	1296	3,50	14	170	0,459	50	2165	5,85
16	256	0,691	41	1681	4,54	17	250	0,676			
17	289	0,780	46	2116	5,71	19	313	0,844			
18	324	0,875	50	2500	6,75	22	419	1,13			

2.2.1. Stangen, Bänder, Bleche

Flachstangen, -drähte, Vierkantstangen, -drähte, TGL 4196
Bleche und Streifen, TGL 0-1783
Bänder, TGL 0-1784
Bleche und Platten, TGL 0-59600
Rechteckstangen, TGL 14770
Flachstangen und Flachdrähte, TGL 10084
Flachstangen, TGL 22029

Bezeichnungsbeispiele:
für TGL 4196, TGL 10084, TGL 14770 und TGL 22029 gilt:
Fl 40 x 10 TGL ... AlMg3 F23
Fl Flachstange (Dr für Flachdraht); **40** Breite b; **10** Dicke s; **TGL** ... Standard; **AlMg3 F23** Werkstoffangaben

für Bleche (TGL 0-1783, TGL 0-59600) und Streifen (TGL 0-1783) gilt:
Streifen 1 x 360 x 1000 – N – TGL ... Al99,5 F10
Streifen (Bl für Blech, Platte für Platte); **1** Dicke s; **360** Herstellbreite b; **1000** Herstellänge l; **N** Genauigkeitsklasse; **TGL** ... Standard;
Al99,5 F10 Werkstoffangaben

b   Breite
s   Dicke
m_l längenbezogene Masse

b	s in mm																	
	1,0	1,1	1,2	1,3	1,4	1,5	1,6	1,7	1,8	1,9	2	3	4	5	6	8	10	12
mm	m_l in kg/m																	
1,8	0,005	0,005	0,006	0,006	0,007	0,007	0,008	0,008	0,009	0,009	0,010	0,015	0,019	0,024	0,029	0,039	0,049	0,058
2,0	0,005	0,006	0,007	0,007	0,008	0,008	0,009	0,009	0,010	0,010	0,011	0,016	0,022	0,027	0,032	0,043	0,054	0,065
2,2	0,006	0,007	0,007	0,008	0,008	0,009	0,009	0,010	0,010	0,011	0,011	0,012	0,018	0,024	0,030	0,035	0,047	0,059	0,072
2,5	0,007	0,007	0,008	0,009	0,010	0,010	0,011	0,012	0,012	0,013	0,014	0,020	0,027	0,034	0,041	0,054	0,068	0,081
2,8	0,007	0,008	0,010	0,010	0,011	0,011	0,013	0,013	0,014	0,014	0,015	0,023	0,031	0,038	0,045	0,060	0,076	0,091
3	0,008	0,009	0,010	0,011	0,011	0,012	0,013	0,014	0,015	0,015	0,016	0,024	0,032	0,041	0,049	0,065	0,081	0,097
3,5	0,010	0,010	0,011	0,012	0,013	0,014	0,015	0,016	0,017	0,018	0,019	0,028	0,038	0,047	0,057	0,076	0,095	0,113
4	0,011	0,012	0,013	0,014	0,015	0,016	0,017	0,018	0,019	0,021	0,022	0,032	0,043	0,054	0,065	0,086	0,108	0,130
5	0,014	0,015	0,016	0,018	0,019	0,020	0,022	0,023	0,024	0,026	0,027	0,041	0,054	0,068	0,081	0,108	0,135	0,162
6	0,016	0,018	0,019	0,021	0,023	0,024	0,026	0,028	0,029	0,031	0,032	0,049	0,065	0,081	0,097	0,130	0,162	0,194
7	0,019	0,021	0,023	0,025	0,027	0,029	0,030	0,032	0,034	0,036	0,038	0,057	0,076	0,095	0,113	0,152	0,189	0,226
8	0,022	0,024	0,026	0,028	0,030	0,032	0,035	0,037	0,039	0,041	0,043	0,065	0,086	0,108	0,130	0,173	0,216	0,259
9	0,024	0,027	0,029	0,032	0,034	0,037	0,039	0,041	0,044	0,046	0,049	0,073	0,097	0,122	0,146	0,195	0,243	0,291
10	0,027	0,030	0,032	0,035	0,038	0,041	0,043	0,046	0,049	0,051	0,054	0,081	0,108	0,135	0,162	0,216	0,270	0,324
11	0,030	0,033	0,035	0,039	0,042	0,045	0,047	0,051	0,054	0,056	0,059	0,089	0,119	0,149	0,178	0,238	0,297	0,356
12	0,032	0,036	0,039	0,042	0,046	0,049	0,052	0,055	0,059	0,061	0,065	0,097	0,130	0,162	0,194	0,259	0,423	0,389
13	0,035	0,039	0,042	0,046	0,049	0,053	0,056	0,060	0,064	0,066	0,070	0,105	0,140	0,176	0,211	0,281	0,351	0,421
14	0,038	0,042	0,045	0,049	0,053	0,057	0,060	0,064	0,068	0,072	0,076	0,113	0,151	0,189	0,227	0,302	0,378	0,454
15	0,041	0,045	0,048	0,053	0,057	0,061	0,065	0,069	0,073	0,077	0,081	0,122	0,162	0,203	0,243	0,324	0,405	0,486
18	0,049	0,054	0,058	0,063	0,068	0,073	0,078	0,083	0,088	0,092	0,097	0,146	0,194	0,243	0,292	0,389	0,486	0,583
20	0,054	0,059	0,065	0,070	0,076	0,081	0,086	0,092	0,097	0,103	0,108	0,162	0,216	0,270	0,324	0,432	0,540	0,648
25	0,068	0,074	0,081	0,088	0,095	0,101	0,108	0,115	0,121	0,129	0,135	0,203	0,270	0,338	0,405	0,540	0,675	0,810
30	0,081	0,089	0,097	0,105	0,114	0,122	0,129	0,138	0,146	0,154	0,162	0,243	0,324	0,405	0,486	0,648	0,810	0,972
35	0,095	0,104	0,113	0,123	0,133	0,142	0,151	0,161	0,170	0,180	0,189	0,284	0,378	0,473	0,567	0,756	0,945	1,13
40	0,108	0,119	0,130	0,140	0,151	0,162	0,173	0,184	0,194	0,205	0,216	0,324	0,432	0,540	0,648	0,864	1,08	1,30
45	0,122	0,134	0,146	0,158	0,170	0,182	0,195	0,207	0,218	0,231	0,243	0,365	0,486	0,608	0,729	0,972	1,22	1,46
50	0,135	0,149	0,162	0,176	0,189	0,203	0,216	0,230	0,243	0,257	0,270	0,405	0,540	0,675	0,810	1,08	1,35	1,62
60	0,162	0,179	0,194	0,211	0,227	0,244	0,259	0,276	0,292	0,308	0,324	0,486	0,648	0,810	0,972	1,30	1,62	1,94
70	0,189	0,209	0,226	0,246	0,265	0,285	0,302	0,322	0,341	0,359	0,378	0,567	0,756	0,945	1,13	1,52	1,89	2,26
80	0,216	0,238	0,259	0,281	0,302	0,324	0,346	0,367	0,389	0,410	0,432	0,648	0,864	1,08	1,30	1,73	2,16	2,59
90	0,243	0,268	0,291	0,316	0,340	0,365	0,389	0,413	0,438	0,461	0,486	0,729	0,972	1,22	1,46	1,95	2,43	2,91
100	0,270	0,297	0,324	0,351	0,378	0,405	0,432	0,459	0,486	0,513	0,540	0,810	1,08	1,35	1,62	2,16	2,70	3,24
120	0,324	0,356	0,389	0,421	0,454	0,486	0,518	0,551	0,583	0,616	0,648	0,972	1,30	1,62	1,94	2,59	3,24	3,89

2.2. Halbzeuge aus Aluminium und Aluminiumlegierungen

Rundstange, TGL 14798

Bezeichnungsbeispiel: **Rd 22 TGL 14798** ...
Rd Rundstange; **22** Durchmesser d; **TGL 14798** Standard; ... Werkstoffangaben

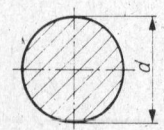

d   Durchmesser
A   Querschnittsfläche
m_l längenbezogene Masse

d mm	A cm^2	m_l kg/m	d mm	A cm^2	m_l kg/m	d mm	A cm^2	m_l kg/m	d mm	A cm^2	m_l kg/m
4	0,126	0,034	12	1,13	0,305	21	3,46	0,935	34	9,08	2,45
5	0,196	0,053	13	1,33	0,358	22	3,80	1,03	35	9,62	2,60
6	0,283	0,076	14	1,54	0,416	23	4,16	1,12	36	10,18	2,75
6,5	0,332	0,090	15	1,77	0,477	24	4,52	1,22	38	11,34	3,06
7	0,385	0,104	16	2,01	0,543	25	4,91	1,33	40	12,57	3,39
8	0,503	0,136	17	2,27	0,613	26	5,31	1,43	42	13,85	3,74
9	0,636	0,172	18	2,55	0,687	28	6,16	1,66	45	15,90	4,29
10	0,785	0,212	19	2,84	0,766	30	7,07	1,91	48	18,10	4,89
11	0,950	0,257	20	3,14	0,848	32	8,04	2,17	50	19,63	5,30

2.2.2. Profile

I-Profil, TGL 14772

Bezeichnungsbeispiel: **I 60 x 50 x 4 x 6 TGL 14772** ...
I Doppel-T-Profil; **60** Profilhöhe h; **50** Profilbreite b; **4** Stegdicke s; **6** Flanschdicke t; **TGL 14772** Standard; ... Werkstoffangaben

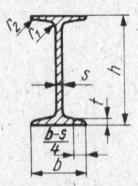

h   Profilhöhe
b   Profilbreite
s   Stegdicke
t   Flanschdicke
r   Rundungshalbmesser
A   Querschnittsfläche
m_l längenbezogene Masse

Kurzbezeichnung h x b x s x t	r_1 mm	r_2 mm	A cm^2	m_l kg/m	Kurzbezeichnung h x b x s x t	r_1 mm	r_2 mm	A cm^2	m_l kg/m
40 x 40 x 3 x 3	2,5	0,5	3,47	0,937	80 x 42 x 4 x 6	4	0,6	7,90	2,13
x 40 x 4 x 4	2,5	0,5	4,53	1,22	x 60 x 5 x 6	4	0,6	10,74	2,90
45 x 45 x 3 x 3	2,5	0,5	3,92	1,06	100 x 50 x 5 x 7	6	0,6	11,44	3,09
x 45 x 4 x 4	2,5	0,5	5,13	1,39	x 70 x 6 x 7	6	0,6	15,27	4,12
x 45 x 4 x 5	4	0,6	5,95	1,61	120 x 58 x 5 x 8	6	0,6	14,79	3,99
50 x 50 x 3 x 3	2,5	0,5	4,37	1,18	x 80 x 7 x 9	6	0,6	21,85	5,90
x 50 x 4 x 4	2,5	0,5	5,73	1,55	140 x 66 x 6 x 9	6	0,6	19,51	5,27
x 50 x 4 x 6	4	0,6	7,66	2,01	x 90 x 8 x 10	6	0,6	27,91	7,54
60 x 50 x 3 x 3	2,5	0,5	4,67	1,26	160 x 74 x 7 x 10	6	0,6	24,91	6,73
x 50 x 4 x 4	2,5	0,5	6,13	1,66	180 x 82 x 7 x 10	6	0,6	27,91	7,54
x 50 x 4 x 6	4	0,6	8,06	2,18	200 x 90 x 8 x 11	6	0,6	34,35	9,28
x 60 x 4 x 4	2,5	0,5	6,93	1,87					
x 60 x 4 x 6	4	0,6	9,26	2,50					

2.2.2. Profile

Winkelprofil, TGL 14771

Bezeichnungsbeispiel: **L 40 x 25 x 4 TGL 14771** ...
L Winkelprofil; **40** Profilhöhe h; **25** Profilbreite b; **4** Profildicke s; **TGL 14771** Standard; ... Werkstoffangaben

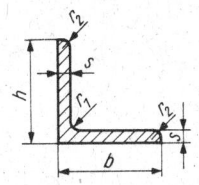

- h Profilhöhe
- b Profilbreite
- s Profildicke
- r Rundungshalbmesser
- A Querschnittsfläche
- m_l längenbezogene Masse

Kurzbezeichnung h x b x s	r_1 mm	r_2 mm	A cm²	m_l kg/m	Kurzbezeichnung h x b x s	r_1 mm	r_2 mm	A cm²	m_l kg/m	Kurzbezeichnung h x b x s	r_1 mm	r_2 mm	A cm²	m_l kg/m
10 x 10 x 1,5	1,6	0,4	0,283	0,076	x 20 x 2	1,6	0,4	0,766	0,207	x 30 x 3	2,5	0,5	2,32	0,626
x 10 x 2	1,6	0,4	0,366	0,099	x 20 x 2,5	2,5	0,5	0,953	0,257	x 30 x 4	2,5	0,5	3,05	0,824
x 10 x 2,5	2,5	0,5	0,451	0,122	x 20 x 3	2,5	0,5	1,12	0,302	x 30 x 5	4	0,6	3,78	1,02
15 x 15 x 1,5	1,6	0,4	0,433	0,117	25 x 25 x 2	1,6	0,4	0,966	0,261	x 50 x 3	2,5	0,5	2,95	0,778
x 15 x 2	1,6	0,4	0,566	0,153	x 25 x 2,5	2,5	0,5	1,20	0,324	x 50 x 4	2,5	0,5	3,85	1,04
x 15 x 2,5	2,5	0,5	0,701	0,189	x 25 x 3	2,5	0,5	1,42	0,383	x 50 x 5	4	0,6	4,78	1,29
35 x 35 x 2,5	2,5	0,5	1,70	0,459	30 x 15 x 2	1,6	0,4	0,866	0,234	x 50 x 6	4	0,6	5,67	1,53
x 35 x 3	2,5	0,5	2,02	0,545	x 15 x 2,5	2,5	0,5	1,06	0,292	60 x 30 x 3	2,5	0,5	2,62	0,707
x 35 x 4	2,5	0,5	2,65	0,716	x 15 x 3	2,5	0,5	1,27	0,343	x 30 x 4	2,5	0,5	3,45	0,932
x 35 x 5	4	0,6	3,28	0,886	x 20 x 2	1,6	0,4	0,964	0,206	x 30 x 5	4	0,6	4,28	1,16
40 x 20 x 2	1,6	0,4	1,16	0,314	x 20 x 2,5	2,5	0,5	1,20	0,324	65 x 50 x 5	4	0,6	5,53	1,49
x 20 x 2,5	2,5	0,5	1,45	0,392	x 20 x 3	2,5	0,5	1,42	0,383	x 50 x 7	6	0,6	7,64	2,06
x 20 x 3	2,5	0,5	1,72	0,464	x 20 x 4	2,5	0,5	1,85	0,500	80 x 40 x 4	2,5	0,5	4,65	1,26
x 40 x 4	2,5	0,5	3,85	1,04	x 30 x 2,5	2,5	0,5	1,45	0,392	x 40 x 5	4	0,6	5,78	1,56
x 40 x 5	4	0,6	3,78	1,02	x 30 x 3	2,5	0,5	1,72	0,464	x 40 x 6	4	0,6	6,87	1,85
x 40 x 6	4	0,6	5,67	1,53	x 30 x 4	2,5	0,5	2,25	0,608	x 80 x 8	4	0,6	12,24	3,30
x 60 x 4	2,5	0,5	4,65	1,26	x 20 x 4	2,5	0,5	2,25	0,608	x 80 x 10	6	0,6	15,08	4,07
x 60 x 5	4	0,6	5,78	1,56	x 25 x 2,5	2,5	0,5	1,58	0,427	x 80 x 12	6	0,6	17,84	4,82
x 60 x 6	4	0,6	6,87	1,85	x 25 x 3	2,5	0,5	1,87	0,505	100 x 50 x 10	6	0,6	14,08	3,80
20 x 10 x 1,5	1,6	0,4	0,433	0,117	40 x 25 x 4	2,5	0,5	2,45	0,662	120 x 80 x 10	6	0,6	19,08	5,15
x 10 x 2	1,6	0,4	0,566	0,153	x 40 x 3	2,5	0,5	2,32	0,626	x 80 x 12	6	0,6	22,64	6,11
x 10 x 2,5	2,5	0,5	0,701	0,189	x 40 x 4	2,5	0,5	3,05	0,824	x 120 x 11	6	0,6	25,27	6,82
x 15 x 1,5	1,6	0,4	0,508	0,137	x 40 x 5	4	0,6	3,78	1,02	x 120 x 14	6	0,6	29,59	7,99
x 15 x 2	1,6	0,4	0,666	0,180	50 x 25 x 2,5	2,5	0,5	1,83	0,494	150 x 150 x 14	6	0,6	40,12	10,83
x 15 x 2,5	2,5	0,5	0,826	0,223	x 25 x 3	2,5	0,5	2,17	0,586					
					x 25 x 4	2,5	0,5	2,85	0,770					

T-Profil, TGL 14714

Bezeichnungsbeispiel: **T 40 x 40 x 4 TGL 14714** ...
T T-Profil; **40** Profilhöhe h; **40** Profilbreite b; **4** Profildicke s; **TGL 14714** Standard; ... Werkstoffangaben

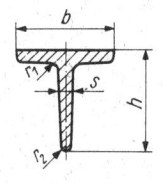

- h Profilhöhe
- b Profilbreite
- s Profildicke
- r Rundungshalbmesser
- A Querschnittsfläche
- m_l längenbezogene Masse

2.2. Halbzeuge aus Aluminium und Aluminiumlegierungen

Kurzbezeichnung h x b x s	r₁ mm	r₂ mm	A cm²	m_l kg/m	Kurzbezeichnung h x b x s	r₁ mm	r₂ mm	A cm²	m_l kg/m
20 x 30 x 2	1,6	0,4	0,969	0,262	50 x 50 x 3	2,5	0,5	2,94	0,794
x 30 x 2,5	2,5	0,5	1,21	0,327	x 50 x 4	2,5	0,5	3,87	1,04
x 30 x 3	2,5	0,5	1,44	0,389	x 50 x 5	4	0,6	4,82	1,30
25 x 40 x 2	1,6	0,4	1,27	0,343	x 50 x 6	4	0,6	5,71	1,54
x 40 x 2,5	2,5	0,5	1,59	0,429	x 70 x 4	2,5	0,5	4,67	1,26
x 40 x 3	2,5	0,5	1,89	0,510	x 70 x 5	4	0,6	5,82	1,57
30 x 30 x 2	1,6	0,4	1,17	0,316	x 70 x 6	4	0,6	6,91	1,87
x 30 x 2,5	1,6	0,4	1,46	0,394	x 100 x 7	6	0,6	10,17	2,75
x 30 x 3	1,6	0,4	1,74	0,470	x 100 x 9	6	0,6	12,85	3,47
x 30 x 4	1,6	0,4	2,27	0,613	60 x 60 x 4	2,5	0,5	4,67	1,26
x 45 x 2,5	1,6	0,4	1,84	0,497	x 60 x 5	4	0,6	5,82	1,57
x 45 x 3	1,6	0,4	2,19	0,591	x 60 x 6	4	0,6	6,91	1,87
x 45 x 4	1,6	0,4	2,87	0,775	x 60 x 7	6	0,6	8,07	2,18
x 60 x 3	1,6	0,4	2,64	0,713	x 120 x 8	6	0,6	13,92	3,76
x 60 x 5	4	0,6	4,32	1,17	x 120 x 10	6	0,6	17,16	4,63
35 x 35 x 2,5	2,5	0,5	1,71	0,462	70 x 70 x 6	4	0,6	8,11	2,19
x 35 x 3	2,5	0,5	2,04	0,551	x 70 x 8	6	0,6	10,72	2,89
x 35 x 4	2,5	0,5	2,67	0,721	x 140 x 10	6	0,6	20,16	5,44
x 50 x 3	2,5	0,5	2,49	0,672	x 140 x 12	6	0,6	23,92	6,46
x 50 x 4	2,5	0,5	3,27	0,883	80 x 80 x 7	6	0,6	10,87	2,94
x 50 x 5	4	0,6	4,07	1,10	x 80 x 9	6	0,6	13,75	3,71
40 x 40 x 3	2,5	0,5	2,34	0,632	x 160 x 13	6	0,6	29,67	8,01
x 40 x 4	2,5	0,5	3,07	0,829	x 160 x 15	6	0,6	33,91	9,16
x 40 x 5	4	0,6	3,82	1,03	100 x 100 x 9	6	0,6	17,35	4,69
x 60 x 4	2,5	0,5	3,87	1,04	x 100 x 11	6	0,6	20,95	5,66
x 60 x 5	4	0,6	4,82	1,30					
x 80 x 5	4	0,6	5,82	1,57					
x 80 x 7	6	0,6	8,07	2,18					

U-Profil, TGL 14713

Bezeichnungsbeispiel: **U 80 x 45 x 6 x 8 TGL 14713** ...
U U-Profil; **80** Profilhöhe h; **45** Profilbreite b; **6** Stegdicke s; **8** Flanschdicke t; **TGL 14713** Standard; ... Werkstoffangaben

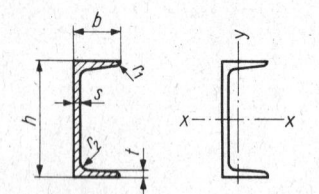

- h Profilhöhe
- b Profilbreite
- s Stegdicke
- t Flanschdicke
- r Rundungshalbmesser
- A Querschnittsfläche
- m_l längenbezogene Masse

Kurzbezeichnung h x b x s x t	r₁ mm	r₂ mm	A cm²	m_l kg/m	Kurzbezeichnung h x b x s x t	r₁ mm	r₂ mm	A cm²	m_l kg/m
40 x 20 x 2 x 2	1,6	0,4	1,53	0,413	x 40 x 4 x 4	2,5	0,5	5,31	1,42
x 20 x 3 x 3	2,5	0,5	2,25	0,608	x 40 x 5 x 5	4	0,6	6,57	1,77
x 30 x 3 x 3	2,5	0,5	2,85	0,770	80 x 40 x 6 x 6	4	0,6	8,95	2,42
x 30 x 4 x 4	2,5	0,5	3,71	1,00	x 45 x 6 x 8	6	0,6	11,2	3,02
x 40 x 4 x 4	2,5	0,5	4,51	1,22	100 x 40 x 6 x 6	4	0,6	10,1	2,74
x 40 x 5 x 5	4	0,6	5,57	1,50	x 50 x 6 x 9	6	0,6	14,1	3,80
50 x 30 x 3 x 3	2,5	0,5	3,15	0,851	120 x 55 x 7 x 9	6	0,6	17,2	4,64
x 30 x 4 x 4	2,5	0,5	4,11	1,11	140 x 60 x 7 x 10	6	0,6	20,6	5,55
x 40 x 4 x 4	2,5	0,5	4,91	1,33	160 x 65 x 8 x 11	6	0,6	25,5	6,89
x 40 x 5 x 5	4	0,6	6,07	1,64	180 x 70 x 8 x 11	6	0,6	28,2	7,61
60 x 30 x 4 x 4	2,5	0,5	4,51	1,22	200 x 75 x 9 x 12	6	0,6	34,0	9,18
x 30 x 5 x 5	4	0,6	5,57	1,50					

2.3.1. Stangen, Bänder, Bleche

2.2.3. Rohre, TGL 10154

Bezeichnungsbeispiel: Rohr 40 x 2 TGL 10154 AlMg 1 F13 Rohr; 40 Außendurchmesser D; 2 Wanddicke s; TGL 10154 Standard; AlMg1 F13 Werkstoffangaben

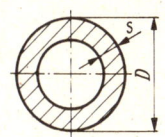

- D Außendurchmesser
- s Wanddicke
- m_l längenbezogene Masse

D mm	s in mm													
	1	1,5	2	2,5	3	3,5	4	4,5	5	6	7	8	9	10	12,5	16
	m_l in kg/m															
10	0,077	0,108	0,136													
12	0,093	0,134	0,170													
14	0,110	0,159	0,203	0,244												
16	0,128	0,185	0,238	0,286	0,3331											
18	0,144	0,200	0,271	0,329	0,382	0,431	0,475									
20	0,161	0,235	0,305	0,371	0,433	0,490	0,543	0,592	0,636							
22	0,178	0,261	0,339	0,413	0,483	0,550	0,611	0,668	0,721	0,814						
25	0,204	0,299	0,390	0,477	0,560	0,638	0,713	0,782	0,848	0,967						
28	0,229	0,336	0,441	0,541	0,636	0,726	0,814	0,897	0,976	1,12						
32	0,263	0,388	0,509	0,625	0,739	0,846	0,950	1,05	1,15	1,32	1,48					
36	0,297	0,439	0,577	0,710	0,965	0,965	1,09	1,20	1,32	1,53	1,72					
40		0,490	0,645	0,796	0,943	1,08	1,22	1,36	1,49	1,73	1,96	2,17	2,37	2,55		
45		0,554	0,729	0,899	1,07	1,23	1,39	1,54	1,70	1,98	2,26	2,51	2,75	2,97	3,44	
50		0,618	0,815	1,01	1,20	1,38	1,56	1,74	1,91	2,24	2,55	2,95	3,13	3,39	3,98	
55		0,680	0,899	1,11	1,32	1,53	1,73	1,93	2,12	2,49	2,85	3,19	3,51	3,82	4,50	5,29
60		0,743	0,983	1,22	1,45	1,68	1,90	2,12	2,33	2,75	3,15	3,53	3,90	4,24	5,04	5,98
70			1,15	1,44	1,70	1,97	2,24	2,50	2,76	3,26	3,74	4,12	4,65	5,09	6,10	7,33
80					1,96	2,27	2,58	2,88	3,18	3,76	4,34	4,89	5,42	5,94	7,16	8,70
90						2,56	2,92	3,26	3,60	4,38	4,93	5,56	6,18	6,79	8,22	10,0
100							3,26	3,65	4,04	4,78	5,52	6,24	6,95	7,63	9,28	11,4
110							3,60	4,03	4,45	5,29	6,11	6,92	7,71	8,48	10,3	12,8
125									5,09	6,06	6,91	7,94	8,76	9,64	11,9	14,8

2.3. Halbzeuge aus Kupfer und Kupferlegierungen

2.3.1. Stangen, Bänder, Bleche

Vierkantstangen, TGL 10082

Bezeichnungsbeispiel: **4 kt 22 TGL 10082 CuZn40Pb2 F44**
4 kt Vierkantstange; 22 Seitenlänge a; **TGL 10082** Standard; **CuZnPb2 F44** Werkstoffangaben

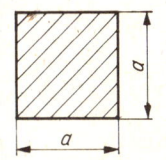

- a Seitenlänge
- A Querschnittsfläche
- m_l längenbezogene Masse

2.3. Halbzeuge aus Kupfer und Kupferlegierungen

a mm	A mm²	m_l kg/m	a mm	A mm²	m_l kg/m	a mm	A mm²	m_l kg/m
4	16	0,134	12	144	1,22	26	676	5,75
4,5	20,25	0,169	13	169	1,46	27	729	6,20
5	25	0,211	14	196	1,66	30	900	7,65
5,5	30,25	0,254	15	225	1,91	32	1 024	8,70
6	36	0,302	16	256	2,17	36	1 296	11,02
7	49	0,415	18	324	2,75	41	1 681	14,30
8	64	0,537	20	400	3,40	46	2 116	17,99
9	81	0,688	22	484	4,11	50	2 500	21,25
10	100	0,840	24	576	4,90			
11	121	1,030	25	625	5,31			

Sechskantstangen, TGL 10083

Bezeichnungsbeispiel: **6 kt 22 TGL 10083 CuZn40Pb2 F44**
6 kt Sechskantstange; **22** Schlüsselweite s; **TGL 10083** Standard; **CuZn40Pb2 F44** Werkstoffangaben

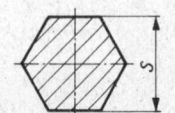

- s Schlüsselweite
- A Querschnittsfläche
- m_l längenbezogene Masse

s mm	A mm²	m_l kg/m	s mm	A mm²	m_l kg/m	s mm	A mm²	m_l kg/m	s mm	A mm²	m_l kg/m
3,00	7,79	0,065	7,00	42,44	0,357	14,00	169,7	1,43	27,00	631,3	5,30
3,50	10,61	0,089	8,00	55,43	0,466	15,00	194,7	1,64	30,00	779,4	6,62
4,00	13,86	0,116	9,00	70,15	0,589	16,00	221,7	1,86	32,00	886,8	7,40
4,50	17,54	0,147	10,00	86,60	0,727	17,00	250,3	2,10	36,00	1122	9,4
5,00	21,65	0,182	11,00	104,8	0,88	19,00	312,6	2,63	41,00	1456	12,2
5,50	26,20	0,220	12,00	124,7	1,05	22,00	419,2	3,52	46,00	1833	15,4
6,00	31,80	0,272	13,00	146,4	1,23	24,00	498,3	4,19	50,00	2165	18,2

Rundstangen, TGL 10078

Bezeichnungsbeispiel: **Rd 10 TGL 10078 E-Cu99,9 F20**
Rd Rundstange; **10** Durchmesser D; **TGL 10078** Standard; **E-Cu99,9 F20** Werkstoffangaben

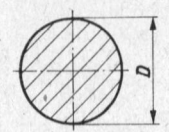

- D Durchmesser
- A Querschnittsfläche
- m_l längenbezogene Masse

D mm	A mm²	m_l kg/m	D mm	A mm²	m_l kg/m	D mm	A mm²	m_l kg/m	D mm	A mm²	m_l kg/m
2	3,142	0,028	7	38,48	0,343	16	201,1	1,79	32	804,2	7,16
2,5	4,909	0,044	8	50,27	0,447	18	254,5	2,26	35	962,1	8,56
3	7,069	0,063	9	63,62	0,566	20	314,2	2,79	36	1018	9,04
3,5	9,621	0,086	10	78,54	0,699	22	380,1	3,38	40	1257	11,2
4	12,57	0,112	11	95,03	0,845	24	452,3	4,02	42	1385	12,3
4,5	15,90	0,142	12	113,1	1,01	25	490,9	4,37	45	1590	14,2
5	19,63	0,175	13	132,7	1,18	26	530,9	4,73	48	1810	16,1
5,5	23,76	0,212	14	153,9	1,37	28	615,8	5,48	50	1964	17,5
6	28,27	0,252	15	176,7	1,57	30	706,9	6,29			

2.3.1. Stangen, Bänder, Bleche

Bleche, kaltgewalzt, TGL 10063
Bänder und Streifen, TGL 10064
Bleche und Platten, TGL 13116
Flachstangen, TGL 10085

Bezeichnungsbeispiele:

Bl 2,5 x 1000 x 2000 TGL 10063 R-Cu99,7 F20 bk
Bl Blech; **2,5** Blechdicke t; **1000** Breite b; **2000** Länge l; **TGL 10063** Standard; **R-Cu99,7 F20 bk** Werkstoffangaben

Bd 0,5 x 200 TGL 10064 R-Cu99,7 F20 bk
Bd Band; **0,5** Dicke t; **200** Breite b; **TGL 10064** Standard; **R-Cu99,7 F20 bk** Werkstoffangaben

Pl 50 x 1200 TGL 13116 CuZn39Pb0,5
Pl Platte; **50** Dicke t; **1200** Breite b; **TGL 13116** Standard; **CuZn39Pb0,5** Werkstoffangaben

Fl 15 x 5 TGL 10085 CuZn40 F41
Fl Flachstange; **15** Breite b; **5** Dicke t; **TGL 10085** Standard; **CuZn40 F41** Werkstoffangaben

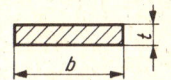

b   Breite
t   Dicke
m_l längenbezogene Masse

b	t in mm																
	1,0	1,1	1,2	1,3	1,4	1,5	1,6	1,7	1,8	1,9	2	3	4	5	6	8	10	12
mm	m_l in kg/m																
1,8	0,016	0,018	0,019	0,021	0,023	0,024	0,026	0,027	0,029	0,030	0,032	0,048	0,064	0,080	0,096	0,128	0,160	0,192
2,0	0,018	0,020	0,021	0,023	0,025	0,027	0,029	0,030	0,032	0,034	0,036	0,053	0,071	0,089	0,107	0,142	0,178	0,214
2,2	0,020	0,022	0,023	0,025	0,028	0,030	0,032	0,033	0,035	0,037	0,040	0,058	0,078	0,098	0,118	0,156	0,196	0,235
2,5	0,022	0,025	0,027	0,029	0,031	0,033	0,036	0,038	0,040	0,042	0,045	0,067	0,089	0,111	0,134	0,178	0,223	0,267
2,8	0,025	0,028	0,030	0,032	0,035	0,038	0,040	0,042	0,045	0,048	0,050	0,075	0,100	0,125	0,150	0,199	0,249	0,300
3	0,027	0,029	0,032	0,035	0,037	0,040	0,043	0,045	0,048	0,051	0,053	0,080	0,107	0,134	0,160	0,213	0,267	0,321
3,5	0,031	0,034	0,037	0,041	0,044	0,047	0,050	0,053	0,056	0,059	0,062	0,094	0,125	0,156	0,187	0,249	0,312	0,374
4	0,036	0,039	0,043	0,046	0,050	0,053	0,057	0,061	0,064	0,068	0,071	0,107	0,142	0,178	0,214	0,284	0,356	0,424
5	0,045	0,049	0,053	0,058	0,062	0,067	0,071	0,076	0,080	0,085	0,089	0,134	0,178	0,223	0,267	0,356	0,445	0,534
6	0,053	0,059	0,064	0,070	0,075	0,080	0,085	0,091	0,096	0,102	0,107	0,161	0,214	0,268	0,320	0,427	0,534	0,641
7	0,062	0,069	0,075	0,081	0,087	0,094	0,100	0,106	0,112	0,118	0,125	0,188	0,249	0,312	0,374	0,498	0,624	0,748
8	0,071	0,078	0,086	0,093	0,100	0,107	0,114	0,121	0,128	0,135	0,142	0,215	0,285	0,357	0,427	0,569	0,713	0,855
9	0,080	0,088	0,096	0,104	0,112	0,120	0,128	0,136	0,144	0,152	0,160	0,241	0,320	0,401	0,481	0,640	0,802	0,962
10	0,089	0,098	0,107	0,116	0,125	0,134	0,142	0,151	0,160	0,169	0,178	0,267	0,356	0,445	0,534	0,712	0,890	1,068
11	0,098	0,108	0,118	0,128	0,138	0,147	0,156	0,166	0,176	0,186	0,196	0,294	0,392	0,490	0,587	0,783	0,979	1,175
12	0,107	0,118	0,128	0,139	0,150	0,160	0,171	0,182	0,192	0,203	0,214	0,322	0,427	0,535	0,641	0,854	1,07	1,28
13	0,116	0,127	0,139	0,151	0,162	0,174	0,185	0,196	0,208	0,220	0,231	0,347	0,463	0,579	0,694	0,925	1,157	1,389
14	0,125	0,137	0,150	0,162	0,175	0,187	0,199	0,212	0,224	0,237	0,249	0,374	0,498	0,623	0,748	0,996	1,246	1,492
15	0,134	0,147	0,160	0,174	0,187	0,201	0,213	0,227	0,240	0,254	0,267	0,401	0,534	0,668	0,801	1,068	1,335	1,602
18	0,160	0,176	0,193	0,209	0,225	0,241	0,256	0,272	0,288	0,304	0,320	0,482	0,641	0,802	0,961	1,281	1,603	1,923
20	0,178	0,196	0,214	0,231	0,249	0,267	0,285	0,303	0,320	0,338	0,356	0,534	0,712	0,890	1,07	1,42	1,78	2,14
25	0,223	0,245	0,267	0,289	0,312	0,334	0,356	0,378	0,401	0,423	0,445	0,673	0,668	1,11	1,34	1,78	2,23	2,67
30	0,267	0,294	0,321	0,347	0,374	0,401	0,427	0,454	0,480	0,507	0,534	0,801	1,068	1,34	1,60	2,13	2,67	3,21
35	0,312	0,343	0,374	0,405	0,437	0,468	0,498	0,529	0,561	0,592	0,623	0,940	1,246	1,56	1,87	2,49	3,12	3,74
40	0,357	0,392	0,428	0,462	0,498	0,534	0,570	0,606	0,640	0,676	0,712	1,068	1,424	1,78	2,14	2,84	3,56	4,24
45	0,401	0,441	0,481	0,521	0,562	0,602	0,640	0,680	0,721	0,761	0,801	1,207	1,602	2,01	2,40	3,20	4,01	4,81
50	0,445	0,490	0,534	0,579	0,623	0,668	0,712	0,757	0,801	0,846	0,890	1,34	1,78	2,23	2,67	3,56	4,45	5,34
60	0,534	0,588	0,641	0,695	0,748	0,802	0,854	0,908	0,961	1,015	1,068	1,61	2,14	2,68	3,20	4,27	5,34	6,41
70	0,624	0,686	0,748	0,810	0,874	0,936	0,996	1,058	1,122	1,184	1,246	1,880	2,492	3,12	3,74	4,98	6,24	7,48
80	0,713	0,784	0,855	0,926	0,999	1,070	1,138	1,209	1,282	1,353	1,424	2,147	2,848	3,57	4,27	5,69	7,13	8,55
90	0,802	0,882	0,962	1,041	1,123	1,203	1,281	1,361	1,442	1,522	1,602	2,414	3,204	4,01	4,81	6,40	8,02	9,62
100	0,890	0,979	1,068	1,157	1,246	1,335	1,424	1,513	1,602	1,691	1,78	2,67	3,56	4,45	5,34	7,12	8,90	10,68
120	1,069	1,176	1,282	1,389	1,497	1,604	1,708	1,815	1,923	2,030	2,136	3,22	4,27	5,35	6,41	8,54	10,69	12,82

2.3. Halbzeuge aus Kupfer und Kupferlegierungen

Rohre, gezogen; TGL 10759

Bezeichnungsbeispiel:
Rohr 22 x 1 TGL 10759 ECu99,9 F20
Rohr; 22 Außendurchmesser D;
1 Wanddicke s;
TGL 10759 Standard;
ECu99,9 F20 Werkstoffangaben

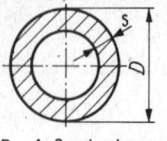

D Außendurchmesser
s Wanddicke
m_l längenbezogene Masse

D mm	s in mm								
	0,5	0,75	1,0	1,5	2,0	2,5	3,0	3,5	4,0
	m_l in kg/m								
4	0,05	0,07	0,08						
5	0,06	0,09	0,11						
6	0,08	0,11	0,14						
7	0,09	0,13	0,17	0,23					
8	0,10	0,15	0,20	0,27	0,34				
9	0,12	0,17	0,22	0,31	–				
10	0,13	0,19	0,25	0,36	0,45				
11	–	–	–	0,40	0,50				
12		0,24	0,31	0,44	0,56				
13		0,26	0,34	0,48	0,62	0,73	0,84	0,93	
14		–	0,36	0,52	0,67	0,80	–	1,03	
15		0,30	0,39	0,57	0,73	–	–	–	
16		0,32	0,42	0,61	0,78	0,94	1,09	1,22	
17		0,34	0,45	0,65	0,84	–	–	–	
18			0,48	0,69	0,89	1,08	1,26	–	–
20			0,53	0,78	1,01	1,22	1,43	–	–
21			–	–	–	–	–	–	1,90
22			0,59	0,86	1,12	–	1,59	–	–
23			–	0,90	–	–	–	–	–
24			0,64	–	–	–	–	–	–
25			0,67	0,99	1,29	1,57	1,85	2,10	–
27			–	–	1,40	–	–	–	–
28			0,75	1,11	1,45	1,78	2,10	2,40	–
30			0,81	1,20	1,57	1,92	2,27	–	2,91
32			0,87	1,28	1,68	2,06	2,43	–	–
34			0,92	1,36	1,79	–	2,60	–	–
35			–	1,40	1,85	2,27	2,68	–	3,47
36			0,98	–	–	–	2,77	–	–
38			–	1,53	2,01	2,48	2,94	–	–
40			1,09	1,62	2,13	–	3,10	–	4,03
42			1,15	1,70	2,24	–	3,27	–	–
44			–	–	2,35	–	–	–	–
44,5			–	–	2,38	2,94	3,48	–	–
45			–	1,82	–	2,97	–	–	4,58
46			–	–	–	–	3,61	–	–
48			–	–	–	3,18	3,77	–	4,92
50			1,37	2,03	2,68	3,32	3,94	–	5,15
53			–	2,16	–	–	–	–	–
54			–	–	2,91	–	4,28	–	–
57			–	–	3,08	3,81	4,53	5,24	–
58			–	–	–	–	–	–	6,04
60			–	2,45	3,24	–	4,78	–	6,26
63			1,73	2,58	3,41	–	–	–	–
70			–	–	3,80	4,72	5,62	–	–
76			–	–	4,14	5,14	6,12	–	8,05
80			2,21	–	4,36	5,42	6,46	–	8,50
89			–	–	4,87	6,05	–	8,37	–
90			–	–	–	–	7,30	–	9,62
95			–	–	–	6,47	–	8,95	–
100			2,27	4,19	–	6,82	8,14	9,44	–
102			2,82	–	–	–	–	–	–
104			–	–	5,70	–	–	–	–
106			–	–	5,82	–	8,64	–	–

2.3.2. Rohre

D	s in mm						
	2,0	2,5	3,0	3,5	4,0	5,0	6,0
mm	m_l in kg/m						
108	5,93	7,37	8,81	–	11,6	14,4	–
125	–	8,56	10,2	–	–	–	20,0
133	–	9,12	10,9	–	14,4	17,9	21,3
140	–	–	11,5	–	–	–	–
150	8,28	–	12,3	–	–	–	–
156	–	–	12,8	–	–	–	–
158	–	–	–	–	17,2	–	–
159	8,78	10,9	13,1	15,2	17,3	–	25,7

D	s in mm						
	2,5	3,0	4,0	4,5	5,0	6,0	7,0
mm	m_l in kg/m						
180	–	–	19,7	–	–	–	33,9
206	–	17,0	–	–	–	–	–
208	–	–	22,8	–	–	–	–
216	14,9	17,9	–	26,6	–	35,2	–
219	15,1	18,1	–	–	–	–	–
258	–	–	28,4	–	–	–	–
273		22,6	–	–	–	–	–
280			30,9				53,4

D	s in mm						
	5,0	6,0	7,5	10,0	12,5	13,0	15,0
mm	m_l in kg/m						
20	2,10	–					
24	2,66	–					
25	2,80	–					
30	3,50	4,03					
35	4,19	4,87	5,77				
36	4,33	–	–				
40	4,89	–	6,82	8,39			
45	–	–	–	9,79			
48	6,01	–	–				
50	6,29	–	–	11,2			
52	–	7,72	–	–			
60	7,69	–	–	14,0	16,6	–	18,96
70	–	–	–	16,8	–	–	23,1
76	9,93	–	–	18,5	–	–	–
80	10,5	12,4	–	–	–	–	–
90	11,9	14,1	–	22,4	–	–	–
100				25,2	–	–	–
110					34,1	35,3	–
112						36,0	–

D	s in mm		
	4,0	4,5	7,0
mm	m_l in kg/m		
16	1,34	–	
32		3,46	
57		6,61	
89		10,6	
149		–	27,8

5 Arbeitstafeln Metall

2.4. Halbzeuge aus Plast

2.4.1. Tafeln und Folien aus Polyvinylchlorid-hart

Normalfolien, TGL 7596

Bezeichnungsbeispiel: **PVC-H-Folie SHL 0,20/0195/1800 TGL 7596 DDP-gkl**
PVC-H-Folie Polyvinylchlorid-hart-Folie; **SHL** Kennbuchstaben für Folienart, Folientyp und Verwendbarkeit; **0,20** Dicke; **0195** Breite; **1800** Länge des Bogenformats (entfällt bei Rollen); **TGL 7596** Standard; **DDP** Kennbuchstaben für Sondertypen; **-gkl** Ausführungsangaben

Kennbuchstaben für		Erklärung
Folienart	N	PVC-H-Folien normal; Folien, die nach dem Normaltemperatur-Kalandrierverfahren hergestellt werden (bisher Normalfolien und Normalfeinfolien)
	S	PVC-H-Folien spezial; Folien, die nach dem Hochtemperatur-Kalandrierverfahren hergestellt werden (bisher Spezialfolien und Spezialfeinfolien)
Folientyp	H	Folien, die aus Homopolymerisaten des PVC hergestellt werden (Emulsions-PVC, Suspensions-PVC, Masse-PVC)
	K	Folien, die aus Homopolymerisaten des PVC unter Zusatz von oder aus Copolymerisaten des Venylchlorids (VC) hergestellt werden
	Z	Folien, die aus Homopolymerisaten des PVC unter Zusatz von Schlagzähkomponenten oder die aus schlagzähwirkenden Copolymerisaten des VC hergestellt werden
Verwendbarkeit	L	Folien, die für den Einsatz im Sinne des Lebensmittelgesetzes geeignet sind
	T	Folien, die nicht für den Einsatz im Sinne des Lebensmittelgesetzes geeignet sind

Ausführungsangaben		
Folien ohne Einfärbung	nat	natur
	aufg	aufgehellt
	gkl	glasklar
Folien mit Einfärbung	gd	gedeckt eingefärbt
	tl	transluzent eingefärbt
	tp	transparent eingefärbt
Folien mit besonderer Ausführung der Oberfläche	gl	beidseitig glänzend
	mt	einseitig seidenmatt
	H	geprägt im Dessin „Hammer"
	T	geprägt im Dessin „Tüpfel"

Kennbuchstaben für Sondertypen	
DDP	Folie zur Herstellung von Durchdrückpackungen für Pharmazeutika
SKP	Folie zur Herstellung von Schutz- und Klebebändern
SPV	Folie zur Herstellung von Sortiereinsätzen für die Pralinenverpackung
ISM	Folie zur Herstellung von Isoliermatten
FSH	Folie zur Herstellung von Frostschutzhauben
TF	Folie zur Thermoformung (nur für PVC-H-Folien-normal)
BTF	Folien für besondere Thermoformumg (nur für PVC-H-Folien-spezial)
BV	Folien für die Butterverpackung
FL	Folien zur Flaschenformung
WS	witterungsstabilisierte Folie

Foliendicke	in mm	0,04 ... 0,18	0,2 ... 0,5	0,6 ... 1,0
Zugfestigkeit, längs mind.	in MPa	42	45	48
Reißdehnung, längs mind.	in %	25	20	15

Dicke mm	Breite mm	Länge bei Bogenformaten mm	Zul. Unterbrechungen je Rolle max.	Masse je Rolle max. kg/R
0,04; 0,05; 0,06; 0,08; 0,10; 0,12; 0,14; 0,15	900 und 1000	–	2	35 ... 40
0,18 ... 0,5	800 bis 1200	–	2	45 ... 50
0,6 ... 1,0	800 bis 1000	–	1	–
0,3 ... 1,0	–	1500 bis 2000	–	–

2.4.1. Tafeln und Folien aus Polyvinylchlorid – hart

Normaltafeln, Schlagzähtafeln; TGL 12846

Bezeichnungsbeispiel: **PVC-H-Tafel EZA 2,0 x 1500 x 2000 TGL 12846 gd 513-2**
PVC-H-Tafel Polyvinylchlorid-hart-Tafel; **EZA** Kennbuchstaben für Herstellungsverfahren, Tafeltyp und Verwendbarkeit; **2,0** Dicke s; **1500** Breite b; **2000** Länge l; **TGL 12846** Standard; **gd** gedeckt eingefärbt (tp für transparent); **513** Farbe (weiß); **– 2 Qualitätsstufe 2** (ohne Angabe für 1. Qualität)

Kennbuchstaben für		Erklärung
Tafelart	E	extrudiert
		Tafeln, die nach dem Extrusionsverfahren hergestellt werden
	P	gepreßt
		Tafeln, die nach denm Preßverfahren hergestellt werden
Tafeltyp	N	Normaltyp, Tafeln ohne Schlagzähmodifikator
	Z	Schlagzähtyp, Tafeln mit Schlagzähmodifikator
Verwendbarkeit	A	Tafeln, die für die Außenanwendung geeignet sind
	L	Tafeln, die für die Anwendung im Sinne des Lebensmittelgesetzes geeignet sind
	O	Tafeln für die allgemeine Anwendung; keine Forderung bezüglich des farblichen Aussehens, der Transparenz, der Lebensmittelechtheit und der Außenanwendung

s in mm	1	1,5	2	2,5	3	4	5	6	8	10	12	15	20	25	30
m_A in kg/m²	1,4	2,1	2,8	3,5	4,2	5,6	7,0	8,4	11,2	14,0	16,8	21	28	35	42
b_e in mm			1000							1500					
l_e in mm			2000							3000					
b_g in mm			750			800		900				1000			
l_g in mm			1400			1500		1800				2000			

s Dicke; m_A flächenbezogene Masse; b_e Breite (extrudiert); l_e Länge (extrudiert); b_g Breite (gepreßt); l_g Länge (gepreßt)

Mechanische Gütewerte	Sorten				
	PNO ENO (gd)	PNL (gd)	PNO (tp)	EZO (gd)	EZA (gd)
Zugfestigkeit in MPa, mind.	50		55	42	40
Reißdehnung in %, mind.	15		10	15	20
Vicat-Erweichungstemperatur in °C, mind.	75			73	
Schlagbiegefestigkeit bei					
23 °C ± 2K	keine Forderung	kein Bruch		–	
0 °C		keine Forderung			
– 20 °C				kein Bruch	

Sorte		Vorzugsweise Anwendung
Tafel	PNL	Kühlmöbelindustrie, Behälterbau, Lebensmittelindustrie
	ENO	Maschinen- und chemischer Apparatebau
	PNO	Bauwesen, Innenanwendung
	EZO	Maschinen- und chemischer Apparatebau, Elektro- und Fotoindustrie, Inneneinsatz
	EZA	Fassaden- und Loggienverkleidung, Außeneinsatz
Folie	NHL	in der Verpackungs- und Spielwarenindustrie, zur Herstellung von Gebrauchsgegenständen, als Abdeckfolie usw. geeignet für den Einsatz im Sinne des Lebensmittelgesetzes
	NHT	in der Bauindustrie als Verkleidungselemente für den Inneneinsatz, zur Herstellung von Gebrauchsgegenständen, Leuchtenabschirmungen, Schablonen, Schilder usw. nicht geeignet für den Einsatz im Sinne des Lebensmittelgesetzes

2.4. Halbzeuge aus Plast

2.4.2. Rohre aus Polyvinylchlorid-hart

PVC-Rohre, Typ 60; TGL 11689

Bezeichnungsbeispiel: **PVC-H-Rohr Typ 60** – 32 x 2,5, **TGL 11689/02**
PVC-H-Rohr Rohr als PVC-hart; **Typ 60** Werkstoffzusammensetzung; **32** Außendurchmesser D; **2,5** Wanddicke s; **TGL 11689/02** Standard

Anwendungs-bereich Nr.	Durchflußstoff	t bis °C	p in kp/cm² ✦			
			leicht	mittelschwer	schwer	extra schwer
1	Alle ungefährlichen Durchflußstoffe	20	2,5	6	10	10
2	nach TGL 0-2403, gegen die PVC nach	40	1	2,5	6	6
3	TGL 0-16929 beständig ist	60	–	–	1	1
4	Alle gefährlichen Durchflußstoffe nach	20	1	2,5	6	6
5	TGL 0-2403, gegen die PVC nach	40	–	1	2,5	2,5
6	TGL 0-16929 beständig ist	60	–	–	1	1

D	Rohrreihe							
	leicht		mittelschwer		schwer		extra schwer	
	s	m_l	s	m_l	s	m_l	s	m_l
mm	mm	kg/m	mm	kg/m	mm	kg/m	mm	kg/m
5	–	–	–	–	1,0	0,019	–	–
6	–	–	–	–	1,0	0,025	–	–
8	–	–	–	–	1,0	0,035	–	–
10	–	–	–	–	1,0	0,045	–	–
12	–	–	–	–	1,1	0,059	–	–
13	–	–	–	–	–	–	1,5	0,076
16	–	–	–	–	1,3	0,094	1,9	0,128
20	–	–	–	–	1,6	0,143	2,4	0,201
25	–	–	1,6	0,182	2,0	0,221	3,0	0,311
32	1,4	0,207	1,8	0,264	2,5	0,351	3,8	0,503
40	–	–	2,0	0,366	3,1	0,540	4,7	0,773
50	1,8	0,422	2,4	0,551	3,9	0,846	5,9	1,210
63	1,8	0,536	3,0	0,854	4,9	1,330	7,4	1,910
75	1,8	0,642	3,6	1,210	5,8	1,880	8,8	2,700
90	1,9	0,811	4,3	1,740	7,0	2,700	–	–
110	2,3	1,200	5,3	2,600	8,5	4,010	–	–
125	2,6	1,520	6,0	3,337	–	–	–	–
140	2,9	1,900	6,7	4,160	–	–	–	–
160	3,3	2,460	7,7	5,460	–	–	–	–

p Betriebsdruck der Rohrreihe; t Temperatur; D Außendurchmesser; s Wanddicke; m_l längenbezogene Masse

PVC-H-Rohre, Typ 100, nahtlos, TGL 11689

Bezeichnungsbeispiel: **PVC-H-Rohr Typ 100** – 160 x 7,7, **TGL 11689/03**
PVC-H-Rohr Rohr aus PVC-hart; **Typ 100** Werkstoffzusammensetzung; **160** Außendurchmesser D; **7,7** Wanddicke s; **TGL 11689/03** Standard, nahtloses Rohr

Anwendungs-bereich Nr.	Durchflußstoff	t bis °C	p in kp/cm² ✦					
			1	2	3	4	5	6
1	Alle ungefährlichen Durchflußstoffe	20	–	4	6	10	16	16
2	nach TGL 0-2403, gegen die PVC	40	–	2,5	4	6	10	10
3	nach TGL 0-16929 beständig ist	60	–	–	–	1	2,5	2,5
4	Alle gefährlichen Durchflußstoffe	20	–	2,5	4	6	10	10
5	nach TGL 0-2403, gegen die PVC	40	–	–	1	2,5	4	4
6	nach TGL 0-16929 beständig ist	60	–	–	–	–	1	1

✦ Umrechnung in SI-Einheiten erforderlich (s. Abschnitte 8.2.4. und 8.2.5.)

2.4.3. Schläuche aus Polyvinylchlorid-weich

D	Rohrreihe											
	1		2		3		4		5		6	
	s	m_l	s	m_l	s	m_l	s	m_l	s	m_l	s	m_l
mm	mm	kg/m	mm	kg/m	mm	kg/m	mm	kg/m	mm	kg/m	mm	kg/m
5	–	–	–	–	–	–	–	–	–	–	1,0	0,019
6	–	–	–	–	–	–	–	–	–	–	1,0	0,025
8	–	–	–	–	–	–	–	–	–	–	1,0	0,035
10	–	–	–	–	–	–	–	–	1,0	0,045	1,2	0,051
12	–	–	–	–	–	–	–	–	1,0	0,055	1,4	0,072
16	–	–	–	–	–	–	–	–	1,2	0,087	1,8	0,123
20	–	–	–	–	–	–	–	–	1,5	0,135	2,3	0,194
25	–	–	–	–	–	–	1,5	0,172	1,9	0,211	2,8	0,294
32	1,4	0,207	–	–	–	–	1,8	0,264	2,4	0,339	3,6	0,479
40	–	–	–	–	1,8	0,334	2,0	0,366	3,0	0,525	4,5	0,746
50	–	–	–	–	1,8	0,422	2,4	0,547	3,7	0,804	5,6	1,156
63	–	–	–	–	1,9	0,562	3,0	0,854	4,7	1,281	7,0	1,819
75	–	–	1,8	0,642	2,2	0,766	3,6	1,212	5,6	1,813	–	–
90	–	–	1,8	0,774	2,7	1,121	4,3	1,736	6,7	2,596	–	–
110	1,8	0,950	2,2	1,135	3,2	1,616	5,3	2,603	8,2	3,874	–	–
125	1,8	1,082	2,5	1,465	3,7	2,116	6,0	3,337	9,3	4,998	–	–
140	1,8	1,214	2,8	1,836	4,1	2,626	6,7	4,162	10,4	6,251	–	–
160	1,8	1,390	3,2	2,374	4,7	3,425	7,7	5,456	11,9	8,164	–	–
180	1,8	1,566	3,6	3,000	5,3	4,350	8,6	6,854	–	–	–	–
200	1,8	1,742	4,0	3,700	5,9	5,363	9,6	8,491	–	–	–	–
225	1,8	1,962	4,5	4,670	6,6	6,174	10,8	10,75	–	–	–	–
250	2,0	2,398	4,9	5,652	7,3	8,283	11,9	13,16	–	–	–	–
280	2,3	3,081	5,5	7,083	8,2	10,38	13,4	16,57	–	–	–	–
315	2,5	3,743	6,2	8,952	9,2	13,09	15,8	20,85	–	–	–	–
355	2,9	4,875	7,0	11,39	10,4	16,68	16,9	26,47	–	–	–	–
400	3,2	6,017	7,9	14,47	11,7	21,10	19,1	33,66	–	–	–	–

p Betriebsdruck der Rohrreihe; t Temperatur; D Außendurchmesser; s Wanddicke; m_l längenbezogene Masse

2.4.3. Schläuche aus Polyvinylchlorid-weich
PVC-E- und PVC-S-Schläuche

PVC-E-weich-Schlauch		
d x D	s	m_l
mm	mm	kg/m
6 x 10	2,0	0,068
8 x 12	2,0	0,085
8 x 16	4,0	0,203
10 x 15	2,5	0,133
16 x 23	3,5	0,289
20 x 28	4,0	0,405
25 x 32	3,5	0,423
25 x 35	5,0	0,635
30 x 35	2,5	0,344
40 x 48	4,0	0,745
50 x 60	5,0	1,17
60 x 75	7,5	2,14

PVC-S-weich-Schlauch		
d x D	s	m_l
mm	mm	kg/m
3 x 5	1,0	0,013
5 x 8	1,5	0,031
8 x 12	2,0	0,085
10 x 14	2,0	0,102
19 x 27	4,0	0,390
29 x 45	8,0	1,26

d Innendurchmesser; D Außendurchmesser; s Wanddicke; m_l längenbezogene Masse

2.5. Halbzeuge aus Schichtpreßstoff

2.5.1. Tafeln

Hartpapiertafeln, TGL 12242

Bezeichnungsbeispiel: Tfl 4 x 1030 x 2100 TGL 12242 Hp 2061.5
Tfl Hartpapiertafel; 4 Nenndicke s; 1030 Breite b; 2100 Länge l; TGL 12242 Standard; Hp 2061.5 Werkstoffangaben

Typ nach TGL 15372/02	b x l mm	s von mm	s bis mm	Typ nach TGL 15372/02	b x l mm	s von mm	s bis mm
Hp 2051	550 x 1050	0,5	30	Hp 2061.6	700 x 1000	0,2	0,5
Hp 2061	700 x 1000	0,2	0,5	Hp 2061.9	700 x 1000	0,2	0,5
	1000 x 1000	25	60		1000 x 1000	25	50
	1000 x 1600	0,5	20		1000 x 2200	1	20
	1000 x 1800	0,8	20		1040 x 1740	1	40
	1030 x 1030	1	150	Hp 2062.8	550 x 1050	0,2	20
Hp 2061.5	1030 x 1030	4	100	Hp 2351	550 x 1050	0,5	30
	1030 x 2100	4	30	Hp 2551	1030 x 1030	0,5	30

b Breite; l Länge; s Nenndicke; m_A flächenbezogene Masse

s mm	m_A kg/m²	s mm	m_A kg/m²	s mm	m_A kg/m²	s mm	m_A kg/m²	s mm	m_A kg/m²
0,2	0,20	1,0	1,30	5,0	6,50	16,0	20,8	40	52,0
0,3	0,39	1,5	1,95	6,0	7,80	18,0	23,4	50	65,0
0,4	0,52	2,0	2,60	8,0	10,40	20,0	26,0	60	78,0
0,5	0,65	2,5	3,25	10,0	13,0	25,0	32,5	70	91,0
0,6	0,78	3,0	3,90	12,0	15,6	30,0	39,5	80	104,0
0,8	1,04	4,0	5,20	14,0	18,2	35,0	46,0	100	130,0

Hartgewebetafeln, TGL 12243

Bezeichnungsbeispiel: Tfl 5 x 1030 x 1030 TGL 12243 Hgw 2082
Tfl Hartgewebetafel; 5 Nenndicke s; 1030 Breite b; 1030 Länge l; TGL 12243 Standard; Hgw 2082 Werkstoffangabe

Typ nach TGL 15372/02	b x l mm	s von mm	s bis mm	Typ nach TGL 15372/02	b x l mm	s von mm	s bis mm
Hgw 2022	1000 x 1000	2,0	150	Hgw 2081	1030 x 1030	4,0	150
	1000 x 1020	1,0	150	Hgw 2082	1000 x 1000	0,5	20,0
	1000 x 1570	2,0	20,0		1000 x 1020	1,0	150
	1020 x 2150	4,0	25,0		1030 x 1030	1,0	150
	1030 x 1030	1,0	150	Hgw 2082.5	1000 x 1000	0,5	25,0
Hgw 2022.5	1000 x 1020	1,0	150		1030 x 1030	1,0	150
	1030 x 1030	1,0	150	Hgw 2372	550 x 1050	0,3	30,0
Hgw 2081	1000 x 1000	25	150	Hgw 2572	550 x 1050	0,3	30,0

b Breite; l Länge; s Nenndicke; m_A flächenbezogene Masse

s mm	m_A kg/m²	s mm	m_A kg/m²	s mm	m_A kg/m²	s mm	m_A kg/m²
0,5	0,65	7	9,10	30	39,5	80	104
0,8	1,04	8	10,40	35	46,0	85	110,5
1,5	1,95	10	13,00	40	52,0	90	117
2	2,60	12	15,60	45	58,5	100	130
2,5	3,25	14	18,20	50	65,0	110	143
3	3,90	16	20,80	55	71,5	120	156
4	5,20	18	23,40	60	78,0	130	169
5	6,50	20	26,00	65	84,5	140	182
6	7,80	22	28,60	70	91,0	150	195

2.5.3. Rohre

2.5.2. Stäbe

Rundstäbe aus Hartgewebe, formgepreßt; TGL 12244

Bezeichnungsbeispiel: **Rd 20 x 1000 TGL 12244 Hgw 2088**
Rd Rundstab; **20** Durchmesser d; **1000** Länge l; **TGL 12244** Standard; **Hgw** 2088 Werkstoffangabe

d mm	m_l kg/m	d mm	m_l kg/m	d mm	m_l kg/m	d mm	m_l kg/m
6	0,034	20	0,377	35	1,154	70	4,616
8	0,060	22	0,456	38	1,360	75	5,299
10	0,094	24	0,543	40	1,507	80	6,029
12	0,136	25	0,589	45	1,908	85	6,806
14	0,185	26	0,637	50	2,355	95	8,502
15	0,212	28	0,739	55	2,850	100	9,420
16	0,241	30	0,848	60	3,391	105	10,386
18	0,305	32	0,965	65	3,980		

d Durchmesser; l Länge; m_l längenbezogene Masse

2.5.3. Rohre

Rohre, formgepreßt, aus Hp oder Hgw

Bild	Benennung, Abmessungen	Standard
	Rund-Rohr Außendurchmesser 14 ... 255 Wanddicke 1 ... 5	TGL 12245
	Flach-Rohr Breite 16 ... 60 Höhe 6 ... 100 Wanddicke 1,5 ... 5	TGL 12247
	Vierkant-Rohr Kantenlänge 4,5 ... 40 Wanddicke 1,25 ... 5	TGL 12249

Bauelemente

3.1. Verbindungselemente

3.1.1. Bolzen

Bolzen ohne Kopf, TGL 0-1433

Bezeichnungsbeispiele:
Bolzen 12 x 50 TGL 0-1433
Bolzen Benennung; **12** Durchmesser d_1; **50** Länge l_1; **TGL 0-1433** Standard

Bolzen 12 x 50 x 38 TGL 0-1433
Bolzen Benennung; **12** Durchmesser d_1; **50** Länge l_1; **38** Splintlochabstand l_2; **TGL 0-1433** Standard

Bolzen ohne Splintlöcher   Bolzen mit Splintlöchern

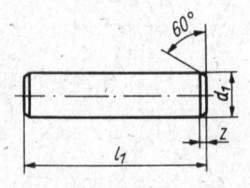

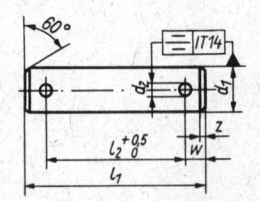

Alle Maße in mm

d_1	h_{11}	3	4	5	6	8	10	12	14	16	18	20	22	25	28	30
d_2	h_{14}	0,8	1		1,6	2	3,2		4			5			6,3	
$w_{mind.}$			2			3		4	5		6			8		10
$z \approx$			0,4		0,6	0,9	1		1,4		1,8		2,2		3	4

l_1	zul. Abw.						Handelsübliche Längen									
8	+0,3															
10																
12	+0,5															
14																
16																
18																
20																
22																
25																
28																
30																
32																
36																
40																
45																
50																
55	+0,8															
60																
65																
70																
80																
90																
100																
110																
125																
140	+1,0															

Werkstoff: bis d_1 = 30 mm Automatenstahl nach TGL 12529; über d_1 = 30 mm Vergütungsstahl C 45 nach TGL 14508
Bei Längen oberhalb der ___ Stufenlinie nur ohne Splintlöcher

3.1.1. Bolzen

Bolzen mit Kopf, TGL 18010

Bezeichnungsbeispiele:

Bolzen 12h11 x 40 TGL 18010
Bolzen Benennung; **12** Durchmesser d_1; **h11** Toleranzfeld; **40** Länge l_1; **TGL 18010** Standard

Bolzen 12h11 x 40 x 34 TGL 18010
Bolzen Benennung; **12** Durchmesser d_1; **h11** Toleranzfeld; **40** Länge l_1; **34** Splintlochabstand l_2; **TGL 18010** Standard

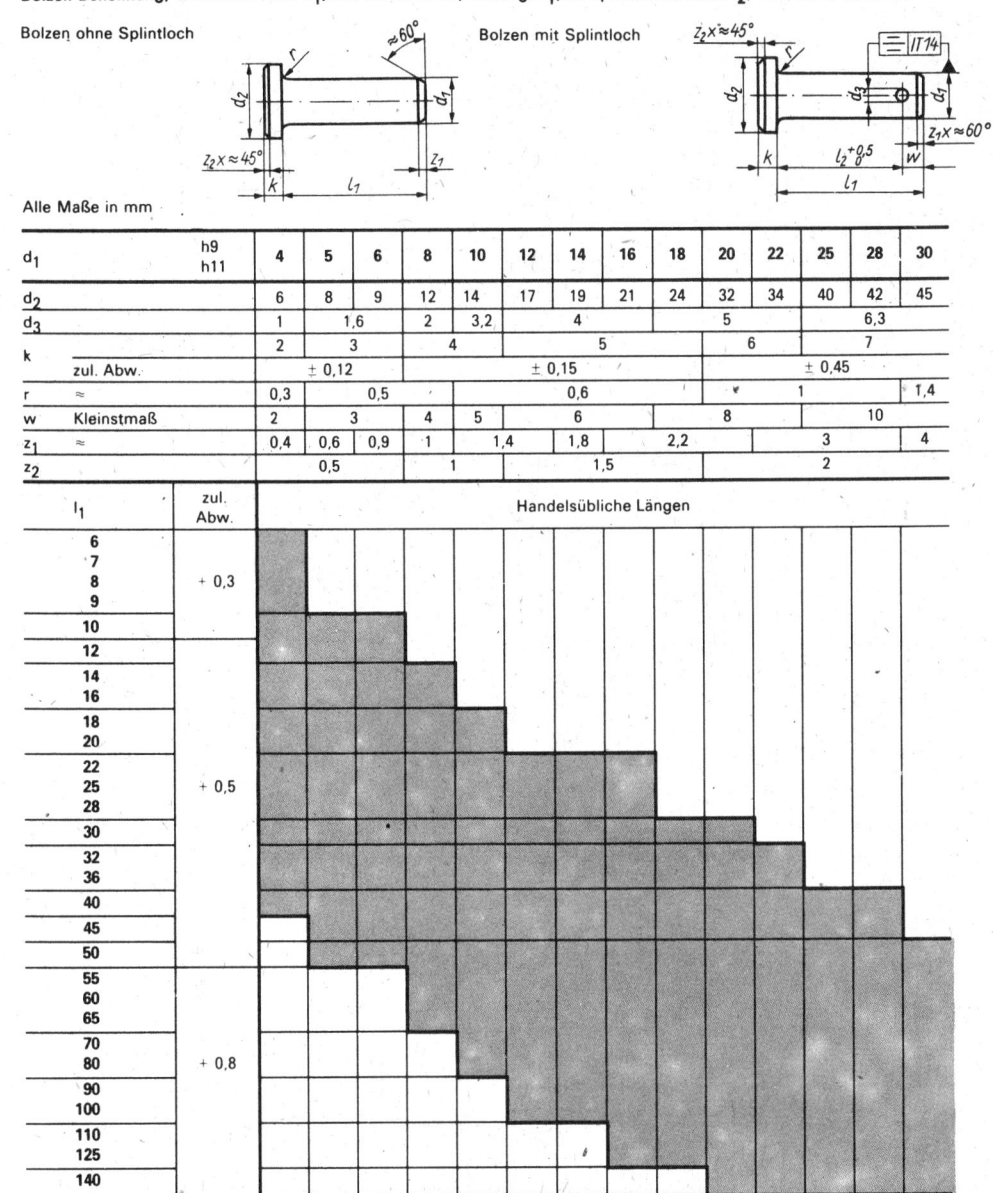

Bolzen ohne Splintloch   Bolzen mit Splintloch

Alle Maße in mm

d_1	h9 / h11	4	5	6	8	10	12	14	16	18	20	22	25	28	30
d_2		6	8	9	12	14	17	19	21	24	32	34	40	42	45
d_3		1		1,6		2	3,2		4		5			6,3	
k		2		3		4			5			6		7	
	zul. Abw.	± 0,12					± 0,15					± 0,45			
r	≈	0,3			0,5			0,6				1			1,4
w	Kleinstmaß	2		3		4	5		6			8		10	
z_1	≈	0,4	0,6	0,9	1		1,4		1,8		2,2		3		4
z_2			0,5			1			1,5			2			

l_1	zul. Abw.	Handelsübliche Längen
6		
7		
8	+ 0,3	
9		
10		
12		
14		
16		
18		
20		
22		
25	+ 0,5	
28		
30		
32		
36		
40		
45		
50		
55		
60		
65		
70		
80	+ 0,8	
90		
100		
110		
125		
140		

Weitere standardisierte Durchmesser und Längen: d_1: 32, 36, 40, 45, 50, 55, 60, 70, 75, 80 mm
l_1: 160, 200, 220, 240, 260, 280, 300, 320 mm

Werkstoffe: Stahl mit einer Mindestzugfestigkeit von 500 MPa oder nach Wahl des Herstellers bis d_1 = 18 mm Automatenstahl nach TGL 12529

3.1. Verbindungselemente

Bolzen mit Gewindezapfen, TGL 0-1438

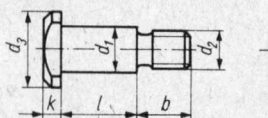

Bezeichnungsbeispiel:

Bolzen 12h11 x 21 x 14 TGL 0-1438

Bolzen Benennung; **12** Durchmesser d_1; **h11** Toleranzfeld; **21** Länge l; **14** Gewindezapfenlänge b; **TGL 0-1438** Standard

Alle Maße in mm

d_1	h9 h11	8	10	12	16	20	25	32	40	50	65	80
d_2		M6	M8	M10	M12	M16	M20	M24	M30	M36	M48	M52
b		8	10	14	16	20	25	30	36	42	55	60
d_3		14	16	20	25	30	36	40	52	63	80	95
k			4			5		6		7	8	9	11	12
SW		10	14	17	22	27	30	36	46	55	70	85

l	Handelsübliche Abmessungen
9	
11	
13	
15	
17	
19	
21	
23	
26	
29	
33	
37	
41	
46	
51	
57	
61	
71	
81	
91	

Werkstoff: bis d_1 = 18 mm 5.8, d_1 > 18 mm 5.6 oder 6.6 nach TGL 10826

3.1.2. Schrauben

Sechskantschrauben

Bild	Benennung, Abmessungen	Standard	Bild	Benennung, Abmessungen	Standard
	Sechskantschrauben für Stahlkonstruktionen M10 bis M30 30 ... 175, m	TGL 0-7990		Sechskantschrauben, Gewinde annähernd bis Kopf M8 x 1 bis M24 x 2 20 ... 100, m	TGL 0-961
	Sechskantschrauben M5 bis M48 20 ... 300, g	TGL 0-601		Sechskantschrauben M4 bis M150 x 6 20 ... 440, m, mg	TGL 0-931
	Sechskantschrauben, Gewinde annähernd bis Kopf M2,5 bis M24 4 ... 100, m, mg	TGL 0-933		Sechskantschrauben mit Feingewinde M12 x 1,5 bis M24 x 2 30 ... 200, m, mg	TGL 0-960

3.1.2. Schrauben

Bild	Benennung, Abmessungen	Standard	Bild	Benennung, Abmessungen	Standard
	Sechskantschrauben mit Zapfen M6 bis M42 12 ... 220, m, mg	TGL 0-561		Sechskant-Paßschrauben, Gewinde kurz M10 bis M48 30 ... 200, m, mg	TGL 0-610
	Sechskant-Paßschrauben M10 bis M48 30 ... 200, m, mg	TGL 0-609			

Sechskantschrauben M4 bis M64

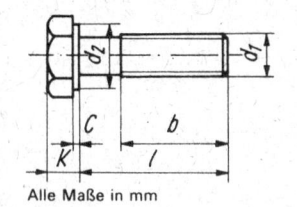

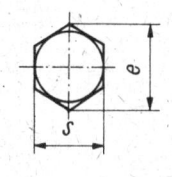

Bezeichnungsbeispiel: **Sechskantschraube M12 x 80 TGL 0-931 – 8.8**
Sechskantschraube Benennung; **M12** Metrisches Gewinde mit Nenndurchmesser d_1; **80** Bolzenlänge l; **TGL 0-931** Standard **8.8** Festigkeitseigenschaften

Alle Maße in mm

d_1		M4	M5	M6	M8	M10	M12	M16	M20	M24	M30	M36	M42	M48	M56	M64
b	1 ... 120	14	16	18	22	26	30	38	46	54	66	78	90	102	–	–
	120 ... 200	–	22	24	28	32	36	44	52	60	72	84	96	108	124	140
	über 200	–	–	–	–	–	–	–	65	73	85	97	109	121	137	153
c		0,1	0,2	0,3		0,4					–					
d_2 mind.		6	7	8,9	11,6	15,6	17,4	22,4	28,4		–					
e mind.	m	7,66	8,79	11,05	14,38	18,9	21,1	26,75	33,53	40,24	51,27	61,31	72,61	83,91	95,01	106,37
	mg	7,5	8,63	10,89	14,2	18,12	20,88	26,17	32,95	39,55	50,85	60,79	72,09	83,39	**94,47**	105,77
K		2,8	3,5	4	5,5	7	8	10	13	15	19	23	26	30	35	40
s		7	8	10	13	**16**	18	24	30	36	46	55	65	75	85	95

l – Handelsübliche Abmessungen: 20, 25, 30, 35, 40, 45, 50, 55, 60, 65, 70, 75, 80, 90, 100, 110, 120, 130, 140, 150, 160, 180, 200, 220, 240, 260

Ab M36 standardisiert bis M36 x 300, M42 x 320, M48 x 360, M56 x 400 und M64 x 440 in der Längenstufung von 20 mm.

3.1. Verbindungselemente

Zylinderschrauben

Bild	Benennung, Abmessungen	TGL	Bild	Benennung, Abmessungen	TGL
	Zylinderschrauben mit Querschlitz Form A, B, C M1 bis M10 2 ... 70, m	0-84		Zylinderschrauben mit Innensechskant M5 bis M42 12 ... 240, m	0-912

Zylinderschrauben mit Innensechskant, TGL 0-912

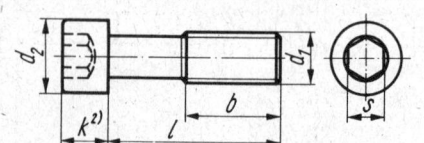

Bezeichnungsbeispiel: **Zylinderschraube M10 x 50 TGL 0-912 – 8.8**
Zylinderschraube Benennung; **M10** Metrisches Gewinde mit Nenndurchmesser d_1; **50** Bolzenlänge l; **TGL 0-912** Standard; **8.8** Festigkeitseigenschaften

2) $k = d_1$

Alle Maße in mm

d_1		M5	M6	M8	M10	M12	M16	M20	M24	M30	M36	M42
b	bis l = 140	16	18	22	26	30	38	46	54	66	78	90
	über l = 140	–	–	–	–	–	44	52	60	72	84	96
d_2		8,5	10	12,5	15	18	24	30	36	42	50	58
s		4	5	6	8	10	12	14	17	19	22	27
l [1]		\multicolumn{11}{c}{Handelsübliche Abmessungen}

[1] Für Längen über der Strichlinie Gewinde annähernd bis Kopf.

3.1.2. Schrauben

Senkschrauben, Linsensenkschrauben, Linsenschrauben

Senkschrauben mit Querschlitz, TGL 5683

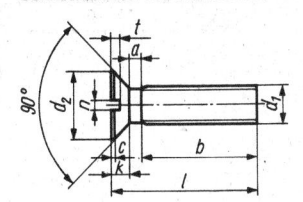

Bezeichnungsbeispiel: Senkschraube A M5 x 20 TGL 5683 – 4.8
Senkschraube Benennung; **A** Form (A Schraube mit Schaft; **B** Gewinde annähernd bis Kopf); **M5** Metrisches Gewinde mit Nenndurchmesser d_1; **20** Länge l; **TGL 5683** Standard; **4.8** Festigkeitseigenschaften

Alle Maße in mm

d_1	M2	M2,5	M3	M3,5	M4	M5	M6	M8	M10
a	1,35	1,35	1,6	2,2	2,2	2,7	3,55	4,25	4,9
b[1]	10	11	12	13	14	16	18	22	26
c	0,2	0,2	0,2	0,25	0,25	0,5	0,5	0,5	0,8
d_2	4	5	6	7	7,5	9	11	15	18
k	1,2	1,4	1,6	2	2	2,5	3	4	4,8
n	0,5	0,6	0,8	0,8	1	1,2	1,6	2	2,5
t	0,6	0,7	0,8	1	1	1,2	1,4	2	2,4
l	\multicolumn{9}{c}{Handelsübliche Abmessungen}								

[1] Schrauben mit Schaft nur bei Längen unter der Strichlinie

3.1. Verbindungselemente

Bild	Benennung, Abmessungen	TGL	Bild	Benennung, Abmessungen	TGL
	Senkschrauben mit Querschlitz M1 bis M10 2 ... 70, m	5683		Linsensenkschrauben mit Zapfen M1,6 bis M10 2 ... 20, m	0-924
	Senkschrauben mit Zapfen M1,6 bis M10 2 ... 20, m	0-925		Linsenschrauben mit Querschlitz M1 bis M10 2 ... 70, m	0-85
	Senkschrauben mit Kreuzschlitz M3 bis M8 4 ... 50, m	16523		Linsenschrauben mit Kreuzschlitz M2,5 bis M10 6 ... 70, m	0-7985
	Senkschrauben mit Nase M6 bis M24 25 ... 160, g	0-604		Linsenschrauben mit großem Kopf M1 bis M3 2 ... 18, m	0-921
	Senkschrauben mit Vierkantansatz M5 bis M10 30 ... 100, g	0-605		Linsenschrauben mit kleinem Kopf M1,4 bis M6 2 ... 20, m	0-920
	Linsensenkschrauben mit Querschlitz M1 bis M10 2 ... 60, m	5687		Linsenschrauben mit Zapfen M1,4 bis M8 2,2 ... 22, m	0-922
	Linsensenkschrauben mit Kreuzschlitz M3 bis M8 4 ... 50, m	16524		Linsenschrauben mit Ansatz M1,6 bis M10 1 ... 25, m	0-923

Sonderschrauben

Bild	Benennung, Abmessungen	TGL	Bild	Benennung, Abmessungen	TGL
	Halbrundschrauben mit Nase M5 bis M16 25 ... 150, g	0-607		Flachrundschrauben mit Vierkantansatz M5 bis M16 25 ... 200, g	0-603
	Vierkantschrauben mit Bund M5 bis M16 10 ... 100, m	0-478		Vierkantschrauben mit Kernansatz M5 bis M24 10 ... 140, m, mg	0-479
	Hammerschrauben mit Vierkant M6 bis M36 35 ... 240, g	0-186		Hammerschrauben ohne Vierkant M10 bis M36 40 ... 380, g	0-261
	Hohe Rändelschrauben M3 bis M10 4 ... 40, m	0-464		Flache Rändelschrauben M3 bis M10 6 ... 40, m	0-653
	Verschlußschrauben mit Bund und Außensechskant, schwere Ausführung M8 x 1 bis M64 x 2 R 1/8" bis R 2", m, mg	0-910		Verschlußschrauben mit Innensechskant und kegligem Gewinde M8 x 1 keg bis M60 x 2 keg, m	0-906
	Verschlußschrauben mit Bund und Außensechskant, leichte Ausführung M8 x 1 bis M64 x 2, m, mg	0-7604		Verschlußschrauben mit Bund und Innensechskant M8 x 1 bis M64 x 2, mg	0-908

3.1.2. Schrauben

Bild	Benennung, Abmessungen	TGL	Bild	Benennung, Abmessungen	TGL
A, B, C	**Ösenschrauben** Gewindedurchmesser M6 bis M24 Gewindetoleranz 8g Schraubenlängen l 25 ... 200	4737		**Augenschrauben** M5 bis M36 30 ... 220, mg	0-444
				Ringschrauben mit Bund und Rille Gewindedurchmesser M10 bis M48	0-580
				Kreuzlochschrauben M1,6 bis M10 4 ... 30, m	0-404
				Zapfenschrauben M1 bis M8 1 ... 16, m	0-927

Schrauben für Werkzeuge und Werkzeugmaschinen

Bild	Benennung, Abmessungen	TGL	Bild	Benennung, Abmessungen	TGL
A, B	**Halsschrauben** M3, M4, M6, 8 ... 45 mm, m M8, M10, M12, 20 ... 60, m	9034		**T-Nutenschrauben** für Spannzeuge M6 bis M30, mg	32408
A, B	**Gewindestifte mit Druckzapfen, Druckflächen gehärtet** M5 bis M20 30 ... 130, m	16297		**Zylinderschrauben mit Nase** M5 bis M16 25 ... 500, m	0-792
A, B, C	**Kegelgriffschrauben** M10 bis M20 40 ... 130, m A mit zylindrischem Ansatz B mit Kugelansatz C mit Kugelansatz und Druckstück	16299		**Flügelschrauben** M6 bis M12 22 ... 65, m	0-316
				Knebelschrauben M6 bis M20 31 ... 80, m	0-6306
			A, B	**Steinschrauben** M8 bis M80 80 ... 1600, g A gespreizt B gebogen	0-529
				Ankerschrauben M24 bis M64 Stufensprung in Länge 50, g	0-797

3.1. Verbindungselemente

Stiftschrauben

Bild	Benennung, Abmessungen	TGL	Bild	Benennung, Abmessungen	TGL
	Stiftschrauben Einschraubende etwa 1 d M4 bis M48 16 ... 220, m, A, B	0-938		**Stiftschrauben** Einschraubende etwa 2 d M4 bis M20 16 ... 220, m, A, B	0-835
	Stiftschrauben Einschraubende etwa 1,25 d M4 bis M48 16 ... 220, m, A, B	0-939		Form A Schaftdurchmesser ≈ Flankendurchmesser Form B Schaftdurchmesser ≈ Gewindedurchmesser	

Gewindestifte

Bild	Benennung, Abmessungen	TGL	Bild	Benennung, Abmessungen	TGL
	Gewindestifte mit Querschlitz und Kegelkuppe M1 bis M12 2 ... 40, m	0-551		**Gewindestifte mit Innensechskant und Spitze** M8 bis M16 10 ... 70, m	0-914
	Gewindestifte mit Querschlitz und Spitze M1 bis M12 2 ... 45, m	0-553		**Gewindestifte mit Innensechskant und Kegelkuppe** M8 bis M16 10 ... 70, m	0-913
	Gewindestifte mit Querschlitz und Ringschneide M3 bis M10 3 ... 12, m	0-438		**Schaftschrauben mit Querschlitz** M1,6 bis M16 3 ... 50, m	0-427
	Gewindestifte mit Querschlitz und Zapfen M2 bis M20 3 ... 60, m	0-417			

Blechschrauben, gewindeschneidende Schrauben

Bild	Benennung, Abmessungen	TGL	Bild	Benennung, Abmessungen	TGL
	Gewindeschneidende Schrauben M2,5 bis M8 10 ... 40, m	5738		**Senkblechschrauben mit Kreuzschlitz** d_1 2,2 bis 6,3 9,5 ... 50, m	0-7982
	Zylinderblechschrauben mit Querschlitz d_1 2,2 bis 6,3 9,5 ... 50, m	0-7971		**Linsensenkschrauben mit Kreuzschlitz** d_1 2,2 bis 6,3 9,5 ... 50, m	0-7983
	Senkblechschrauben mit Querschlitz d_1 2,2 bis 6,3 9,5 ... 50, m	0-7972		**Linsenblechschrauben mit Kreuzschlitz** d_1 2,2 bis 6,3 6,5 ... 50, m	0-7981

3.1.3. Muttern

3.1.3. Muttern

Bild	Benennung, Abmessungen	TGL	Bild	Benennung, Abmessungen	TGL
	Sechskantmuttern M1,6 bis M68, m, mg	0-934		Sechskantmuttern, flach für Rohrverschraubungen M12 x 1,5 bis M52 x 2, mg, phosphatiert	0-80705
	Sechskantmuttern, M5 bis M42, g	0-555		Sechskantrohrmuttern, Whitworth-Rohrgewinde R 1/8″ bis R 6″, mg	0-431
	Sechskantmuttern, Höhe 1,5 · d_1 M8 bis M30, m einsatzgehärtet	0-6330		Sechskantmuttern, flach mit Panzerrohrgewinde Pg 9 bis Pg 48, mg	10269
	Sechskantmuttern, flach M1,6 bis M30, m	0-439		Sechskantmuttern mit Bund, Höhe 1,5 · d_1 M8 bis M24, m einsatzgehärtet, blank	0-6331
	Sechskantmuttern, flach Feingewinde M8 x 1 bis M52 x 4, m	0-936		Sechskantmuttern, selbstsichernd, mit Klemmring M4 bis M20, m	0-985

Bild	Benennung, Abmessungen	TGL	Bild	Benennung, Abmessungen	TGL
	Hutmuttern M4 bis M30, m	0-1587		Rändelmuttern, flach M3 bis M10 Planflächen geschliffen oder gehärtet	0-467
				Ankermuttern für Ankerschraube M24 bis M64, M72 x 6, g	0-798
	Kreuzlochmuttern M6 x 0,5 bis M200 x 3, m	0-1816		Flügelmuttern Metrisches Gewinde M2 bis M24, g, mg	0-315
	Schlitzmuttern M1 bis M20, m	0-546		Knebelmuttern M10 bis M20, m	0-6307
	Nutmuttern M6 x 0,5 bis M75 x 1,5, m, ungehärtet	20149/01			
	Nutmuttern M80 x 2 bis M200 x 3, m gehärtet oder ungehärtet, Planflächen geschliffen	20149/02		Ringmuttern M10 bis M48	0-582
	Rändelmuttern, hoch M3 bis M10, m	0-466			

3.1. Verbindungselemente

3.1.4. Scheiben

Bild	Benennung, Abmessungen	TGL
	Scheiben für Zylinderschrauben und Bolzen Lochdurchmesser 1,1 ... 81, m	17774
	Paßscheiben Lochdurchmesser 3 ... 102 Außendurchmesser 6 ... 120 Dicke 0,05 ... 2, entgratet	10404
	Scheiben mit Fase und ohne Fase Lochdurchmesser 1,8 ... 50 Außendurchmesser 4,5 ... 90	0-125
	Scheiben für Stahlbaukonstruktionen Lochdurchmesser 11,5 ... 32 Dicke 8	0-7989
	Scheiben Außendurchmesser etwa 3 x Lochdurchmesser Lochdurchmesser 2,2 ... 15 Außendurchmesser 7 ... 45 für Schrauben M2 bis M12, für Bolzen 3 ... 14, m	0-9021

Bild	Benennung, Abmessungen	TGL
	Scheiben Lochdurchmesser 5,3 ... 50, g	8328
Form A, Form B, Form C, Form D	Endscheiben ohne Innen- bzw. Außenzentrierung Befestigung mit einer Schraube Lochdurchmesser 3,2 ... 8,4 (A, B) 11 ... 33 (C, D) Stahl mit $\sigma_B \leq 370$ MPa	17481
	Keilscheiben (U-Scheiben), entgratet, Neigung 8% Lochdurchmesser 9 ... 29 Schrauben M8 bis M27	0-434
	Keilscheiben (I-Scheiben), entgratet, Neigung 14% Lochdurchmesser 9 ... 29 Schrauben M8 bis M27	0-435

Scheiben mit und ohne Fase, TGL 0-125

Bezeichnungsbeispiele:

Scheibe 17 TGL 0-125 – St
Scheibe Benennung; 17 Lochdurchmesser d_1; TGL 0-125 Standard; St Werkstoff

Scheibe F 17 TGL 0-125 – St
Scheibe Benennung; F Fase f; 17 Lochdurchmesser d_1; TGL 0-125 Standard; St Werkstoff

Ausführung: m

Scheibe ohne Fase

Scheibe mit Fase

d_1 mm	d_2 mm	s mm	f mm
2,2	4,5	0,5	0,1
2,7	6,5	0,5	0,1
3,2	7	0,5	0,1
4,3	9	0,8	0,2
5,3	11	1	0,2
6,4	12	1,5	0,4
8,4	17	1,5	0,4
10,5	21	2	0,5
13	24	2	0,5
17	30	3	0,8
21	36	4	1
25	45	4	1
31	56	5	1,2
37	67	6	1,6
50	90	8	2

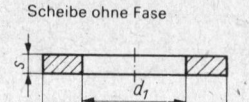

Werkstoffarten für Scheiben und Sicherungsteile, TGL 7371

Werkstoffgruppen	Zeichen	Werkstoffmarken
Formstoff	F	Polyamid, Formmasse Typ 31
Leichtmetall	L	Al99, AlMg, AlCuMg
Pappe, Schichtpreßstoff	P	Hp 2061.5, Vf 3120, HgW 2081,5
Schwermetall	Sm	CuZn42, CuZn40, CuZn37
Stahl	St	St 33, St 34u, St 34b, St 38u, St 38b, St 42u, St 42b, St 50, St 60, St 70, St VII.23, 9s20

3.1.5. Schraubensicherungen

Scheiben und Sicherungsteile für Schrauben, Muttern, Bolzen

Bild	Benennung, Abmessungen	TGL	Bild	Benennung, Abmessungen	TGL
	Federringe, A aufgebogen B glatt 2 ... 48, m	7403		Sicherungsbleche mit Lappen Lochdurchmesser 3,2 ... 50, m	0-93
	Federscheiben mit Dreiecksloch, kugelförmig gewölbt, Nenngröße 3,5 ... 30 mm für Schrauben M3,5 bis M30 phosphatiert, verzinkt, kadmiert, versilbert	2927		Sicherungsbleche mit zwei Lappen A für normale Schlüsselweite, Lochdurchmesser 3,2 ... 50 B für kleine Schlüsselweite, Lochdurchmesser 8,4 ... 50	0-463
A B	Federscheiben A gewölbt, besonders für Zylinder- und Halbrundschrauben, Muttern B gewellt, besonders für Sechskantschrauben und -muttern Nenngröße 2 ... 48, m	0-137		Sicherungsbleche mit Außennase Lochdurchmesser 3,2 ... 52, m	0-432
A B C	Federnde Zahnscheiben A B C Nennmaß 2 ... 24 für Gewinde M2 bis M24	0-6797		Sicherungsbleche mit Innennase Bohrungsdurchmesser 6 ... 75 Außendurchmesser 16 ... 95, m	20150
				Sicherungsbleche, gezahnt, mit Innennase Innendurchmesser 6 ... 75 kleinster Außendurchmesser 12 ... 85, größter Außendurchmesser 18 ... 99, m	20151
	Sicherungsbügel für Nutmuttern nach TGL 20149 M80 x 2 bis M200 x 3, m	12516		Kronenmuttern M4 bis M100 x 6, M8 x 1 bis M52 x 4, m	0-935
	Sicherungsmuttern mit Sperrzähnen Grobgewinde 6 Zähne, Feingewinde 9 Zähne, für Gewinde M6 bis M30, gehärtet, angelassen, Kanten entgratet	0-7967		Kronenmuttern, flach M6 bis M30, M8 x 1 bis M48 x 3	0-937
				Splinte Durchmesser 0,6 ... 13, Länge 4 bis 180, blank, Enden gratfrei	0-94

3.1. Verbindungselemente

3.1.6. Kenndaten für Schraubenverbindungen

Einschraubtiefen und Wanddicken bei Innengewinden (Mindestwerte)

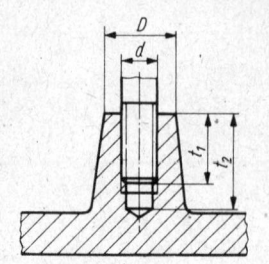

Schraube aus Stahl	Verhältniszahlen		
	t_1/d	t_2/d	D/d
In Bronze	1,00 ... 1,2	1,5	1,5 ... 1,6
In Gußeisen	1,25 ... 1,3	1,8	1,8
In Stahl	0,80 ... 1,0	1,5	1,4 ... 1,5
In Weichmetall	2,00 ... 2,5	3,0	2,5

Gewinde	Zulässige Schraubenbelastung bei $\sigma_{z\,zul}$ in MPa				Gewinde	Zulässige Schraubenbelastung bei $\sigma_{z\,zul}$ in MPa			
	50	60	70	80		50	60	70	80
	kN					kN			
M3	0,224	0,268	0,313	0,358	M16	7,2	8,64	10,1	11,5
M4	0,388	0,465	0,543	0,62	M20	11,3	13,5	15,8	18
M5	0,635	0,762	0,89	1,02	M24	16,2	19,4	22,7	25,9
M6	0,895	1,07	1,25	1,43	M30	26	31,1	36,3	41,5
M8	1,64	1,97	2,23	2,62	M36	38	45,5	53,1	60,7
M10	2,62	3,14	3,66	4,18	M42	52,3	62,7	73,2	83,6
M12	3,81	4,57	5,33	6,1	M48	68,9	82,6	96,4	110

Abmessungen an Schraubenverbindungen

Gewinde bevorzugt zu verwenden	verwendbar	Teilung (Steigung)	Bohrer-dmr. für Kernbohrung	Kernquerschnitt	Sechskantschraube TGL 0-931 Sechskantmutter TGL 0-934			Zylinderschraube mit Innensechskant TGL 0-912			Zylinderschraube mit Querschlitz TGL 0-84		Scheibe TGL 0-125
					Kopfhöhe Schraube	Schlüsselweite	Kopfhöhe Mutter	Schlüsselweite	Kopfdmr.	Kopfhöhe	Kopfdmr.	Kopfhöhe	Lochdmr.
		P mm	d_B mm	A_q mm²	K mm	s mm	m mm	s mm	D mm	K mm	D mm	K mm	d mm
M2		0,4	1,6	1,79	–	4	1,6	–	–	–	3,5	1,4	2,2
	M2,2	0,45	1,75	2,13	–	–	–	–	–	–	4	1,6	–
M2,5		0,45	2,05	2,98	–	5	2	–	–	–	4,5	1,7	2,7
M3		0,5	2,5	4,47	–	5,5	2,4	–	–	–	5	2	3,2
	M3,5	0,6	2,9	6,00	–	6	2,8	–	–	–	6	2,4	3,7
M4		0,7	3,3	7,75	–	7	3,2	–	–	–	7	2,8	4,3
	M4,5	0,75	3,75	10,1	–	–	–	–	–	–	–	–	–
M5		0,8	4,2	12,7	3,5	8	4	4	8,5	5	8,5	3,5	5,3
M6		1	5	17,9	4	10	5	5	10	6	10	4	6,4
M8		1,25	6,75	32,8	5,5	13	6,5	6	12,5	8	12,5	5	8,4
M10		1,5	8,5	52,3	7	16	8	8	15	10	15	6	10,5
M12		1,75	10,25	76,2	8	18	10	10	18	12	–	–	13
	M14	2	12	105	9	22	11	–	–	–	–	–	15
M16		2	14	144	10	24	13	12	24	16	–	–	17
	M18	2,5	15,5	175	–	27	15	–	–	–	–	–	19
M20		2,5	17,5	225	13	30	16	14	30	20	–	–	21
	M22	2,5	19,5	281	–	32	18	–	–	–	–	–	23
M24		3	21	324	15	36	19	17	36	24	–	–	25
	M27	3	24	427	17	41	22	–	–	–	–	–	28
M30		3,5	26,5	519	19	46	24	19	42	30	–	–	31
	M33	3,5	29,5	647	21	50	26	–	–	–	–	–	34
M36		4	32	759	23	55	29	22	50	36	–	–	37
	M39	4	36	913	25	60	31	–	–	–	–	–	40
M42		4,5	37,5	1045	26	65	34	27	58	42	–	–	43
	M45	4,5	40,5	1224	28	70	36	–	–	–	–	–	–
M48		5	43	1377	30	75	38	–	–	–	–	–	50

3.1.7. Stifte

Kennzeichen für Festigkeitseigenschaften, TGL 10826/02, 03

Kurzzeichen für Schraubenwerkstoffe	3.6	4.6	4.8	5.6	5.8	6.8	8.8	10.9	12.9
Gültigkeit	bis M39 zwischen −40°C und 300°C									
Erläuterung	Die erste Zahl entspricht 1/100 der Nennzugfestigkeit des Werkstoffes in MPa (N/mm^2). Die Multiplikation beider Zahlen ergibt 1/10 der Nennstreckgrenze in MPa (N/mm^2).[1]									

[1] Die Mindestzugfestigkeit und Mindeststreckgrenze liegen zum Teil über dem Nennwert

Kurzzeichen für Mutterwerkstoffe	4	5	6	8	10	12
Gültigkeit	nur bei tragenden Gewindelängen ≥ 0,6 · d und Schlüsselweite ≥ 1,45 · d (Normalmutter h ≈ 0,8 · d)					
Erläuterung	Die Zahl entspricht 1/100 der Prüfspannung in MPa (N/mm^2) Prüfspannung = Nennzugfestigkeit.					

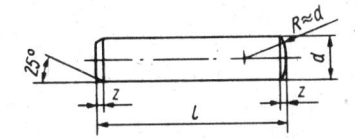

3.1.7. Stifte

Zylinderstifte, gehärtet, Durchmesser 2 ... 12 mm, TGL 0-6325

Bezeichnungsbeispiel: **Zylinderstift 4 x 20 TGL 0-6325**
Zylinderstift Benennung; **4** Durchmesser d; **20** Länge l; **TGL 0-6325** Standard

Alle Maße in mm

d m6	2	2,5	3	4	5	6	8	10	12
z ≈	0,3	0,5		0,6	0,8	1	1,2	1,6	

l js15	Handelsübliche Längen
6	
8	
10	
12	
14	
16	
18	
20	
25	
28	
32	
36	
40	
45	
50	
55	
60	
70	
80	
90	
100	
120	

Werkstoff: ohne Angabe in der Benennung, Automatenstahl mit C-Gehalt ≈ 0,09%, TGL 12529, einsatzgehärtet, HRC 58 ... 62, sonst blanker Stabstahl TGL 14508, bevorzugt C 35

3.1. Verbindungselemente

Zylinderstifte, Durchmesser 0,8 ... 25 mm, TGL 0-7

Bezeichnungsbeispiel: **Zylinderstift 5m6 x 20 TGL 0-7**
Zylinderstift Benennung; **5** Durchmesser d; **m6** Toleranzfeld; **20** Länge l; **TGL 0-7** Standard

Toleranzfeld m6   Toleranzfeld h9

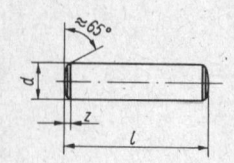

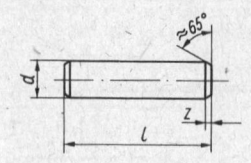

Alle Maße in mm

d	0,8	1	1,5	2	2,5	3	4	5	6	8	10	12	14	16	20	25
z ≈	0,1	0,2	0,3	0,3	0,5	0,5	0,6	0,8	1,0	1,2	1,6	1,6	2,0	2,0	2,5	3,0

l js 15 — Handelsübliche Längen: 2,5; 3; 4; 5; 6; 8; 10; 12; 14; 16; 18; 20; 22; 25; 28; 30; 32; 36; 40; 45; 50; 55; 60; 65; 70; 80; 90; 100; 110; 120; 140; 160

Werkstoffe: Automatenstahl, TGL 12529; Kupfer-Zink-Legierungen, TGL 0-17660; blanker Stabstahl, bevorzugt C 35 oder X12CrMoS17
Wird kein Automatenstahl verwendet, so ist der Werkstoff mit anzugeben, z. B. Zylinderstift 4h9 x 20 TGL 0-7 C 35

3.1.7. Stifte

Kegelstifte, Durchmesser 1 ... 20 mm, TGL 0-1

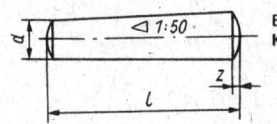

Bezeichnungsbeispiel: **Kegelstift 3 x 30 TGL 0-1**
Kegelstift Benennung; **3** Durchmesser d; **30** Länge l; TGL 0-1 Standard

Alle Maße in mm

d h11	1	1,5	2	2,5	3	4	5	6	8	10	12	16	20
z ≈	0,2	0,3	0,3	0,5	0,5	0,6	0,8	1,0	1,2	1,2	1,6	2,0	2,5
l	\multicolumn{13}{c}{Handelsübliche Längen}												
8	■	■											
10	■	■	■										
12	■	■	■	■									
14		■	■	■									
16		■	■	■	■								
18			■	■	■								
20			■	■	■	■							
22				■	■	■							
25				■	■	■	■						
28					■	■	■						
30					■	■	■	■					
32						■	■	■					
36						■	■	■	■				
40							■	■	■				
45								■	■	■			
50								■	■	■			
55									■	■	■		
60									■	■	■		
65										■	■	■	
70										■	■	■	
80											■	■	■
90											■	■	■
100											■	■	■
110												■	■
120												■	■
140													■
160													■

Werkstoffe: siehe TGL 0-7, Seite 86

Kegelstifte mit Gewindezapfen, Durchmesser 5 ... 50 mm, TGL 0-7977

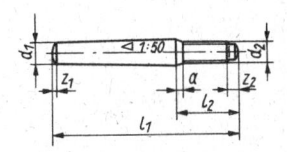

l_1 35 ... 320 mm

3.1. Verbindungselemente

Kegelstifte mit Innengewinde, Durchmesser 6 ... 25 mm, TGL 0-7978

Alle Maße in mm

d_1 h11	6	8	10	12	16	20	25
d_2	M4	M5	M6	M8	M10	M12	M16
b	6	8	10	12	16	18	24
t Größtmaß	10	12	16	20	25	28	35
$z_1 \approx$	1,0	1,2	1,6	1,6	2,0	2,5	3,0
$z_2 \approx$	0,5	0,7	0,7	1,0	1,0	1,6	1,6

Bezeichnungsbeispiel:
Kegelstift 10 x 60 TGL 0-7978
Kegelstift Benennung;
10 Durchmesser d_1; **60** Länge l;
TGL 0-7978 Standard

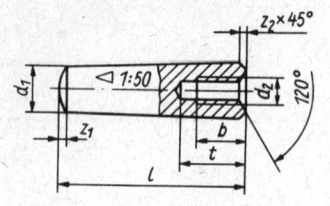

Handelsübliche Längen l: 25, 30, 36, 40, 45, 50, 55, 60, 65, 70, 80, 90, 100, 110, 120, 140, 160

Werkstoff: Automatenstahl mit C-Gehalt von $\approx$ 0,09 % nach TGL 12529

Kerbstifte, Kerbnägel; TGL 0-1471 bis 0-1477

Bild	Benennung	Durchmesser mm	Länge mm	TGL
	Zylinderkerbstifte	0,8 ... 16	4 ... 125	0-1473
	Kegelkerbstifte	1,5 ... 16	4 ... 125	0-1471
	Paßkerbstifte	1,5 ... 16	6 ... 125	0-1472
	Steckkerbstifte	1,5 ... 16	6 ... 125	0-1474
	Knebelkerbstifte	1,5 ... 16	8 ... 125	0-1475
	Halbrundkerbnägel	1,4 ... 8	3 ... 36	0-1476
	Senkkerbnägel	1,4 ... 8	3 ... 20	0-1477

Werkstoffe: siehe TGL 0-7, Seite 86

3.1.8. Niete

Bild	Benennung, Abmessungen	Standard
	Halbrundniete, Schaftdurchmesser 1 ... 9 mm	TGL 0-660
	Halbrundniete für den Stahlbau, Schaftdurchmesser 10 ... 30 mm	TGL 0-124
	Senkniete, Schaftdurchmesser 1 ... 9 mm	TGL 0-661
	Senkniete, Schaftdurchmesser 10 ... 30 mm	TGL 0-302

Siehe auch Abschnitt 5.4.4. Nietverbindungen

3.1.9. Federn

Scheibenfedern, TGL 9499, TGL 21000/01

Bezeichnungsbeispiel: **Scheibenfeder 5 x 6,5 TGL 9499**
Scheibenfeder Benennung; **5** Breite b; **6,5** Höhe h; **TGL 9499** Standard

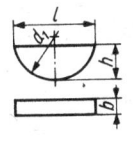

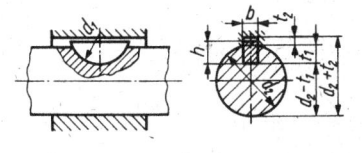

Zuordnung	Verwendung
I	gilt überall dort, wo die Scheibenfeder (wie die Paßfeder) zur Übertragung des gesamten Drehmoments angewendet wird
II	gilt dort, wo die Scheibenfeder lediglich zur Feststellung der Lage des Antriebselements dient. Übertragung des M_t übernehmen andere Elemente.

Alle Maße in mm

Querschnitt b x h	b h9		2		2,5		3			4			5			6			8		
	h		2,6	3,7	3,7	3,7	5	6,5	5	6,5	7,5	6,5	7,5	9	7,5	9	11	9	11	13
Durchmesser	d_1		7	10	10	10	13	16	13	16	19	16	19	22	19	22	28	22	28	32
Länge	l		6,8	9,7	9,7	9,7	12,6	15,7	12,6	15,7	18,6	15,7	18,6	21,6	18,6	21,6	27,3	21,6	27,3	31,4
Wellendurchmesser d_2	I	über bis	6 8		8 10		10 12		12 17			17 22			22 30					
	II	über bis	10 12		12 17		17 22		22 30			30 38			38 42					
Wellennut	Breite b	P9	2		2,5		3		4			5			6			8		
	Tiefe t_1	Ausf. A B	1,8 –	2,9 –	2,5 –	2,5 –	3,8 –	5,3 –	3,5 4,1	5 5,6	6 6,6	4,5 5,4	5,5 6,4	7 7,9	5 6	6,5 7,5	8,5 9,8	6 7,5	8 9,5	10 11,5
Nabennut	Breite b	J9, P9	2		2,5		3		4			5			6			8		
	Tiefe t_2	Ausf. A B	1 –		1,4 –		1,8 1,1		2,3 1,3			2,8 1,7			3,3 1,7					

Reihe B für Werkzeugmaschinen
Werkstoff: St 50k mit $\sigma_B \leq 600$ MPa

3.1. Verbindungselemente

Paßfedern, TGL 9500

e	l_2	l_3	bei b x h
$l_1 - 2l_2$	b	b	< 32 x 18
	b/2		≥ 32 x 18

Bezeichnungsbeispiel: **Paßfeder A12 x 8 x 56 TGL 9500**
Paßfeder Benennung; **A** Form; **12** Breite b; **8** Höhe h; **56** Länge l_1; **TGL 9500** Standard

Ausführung	Rundstirnig	Geradstirnig
Ohne Halteschraube	Form A	Form B
Mit Halteschraube	Form C	Form D
Mit zwei Halteschrauben und Abdrückschraube	Form E	Form F

Alle Maße in mm

Querschnitt b x h	b	2	3	4	5	6	8	10	12	14	16	18	20	22	25	28	32	36
	h	2	3	4	5	6	7	8	8	9	10	11	12	14	14	16	18	20
Länge l_1 [1])	von	6	6	8	10	14	18	22	28	36	45	50	56	63	70	80	90	
	bis	25	36	45	56	70	90	110	140	160	180	200	220	250	250	280	315	355
Für Wellen- durchmesser d_1	über	6	8	10	12	17	22	30	38	44	50	58	65	75	85	95	110	130
	bis	8	10	12	17	22	30	38	44	50	58	65	75	85	95	110	130	150
Wellennut	b P9	2	3	4	5	6	8	10	12	14	16	18	20	22	25	28	32	36
	t_3 A	1,2	1,8	2,5	3	3,5	4	5	5	5,5	6	7	7,5	9	9	10	11	12
	B	–	–	3	3,8	4,4	5,4	6	6	6,5	7,5	8	8	10	10	11	13	13,7
Nabennut	b J_s9 P9	2	3	4	5	6	8	10	12	14	16	18	20	22	25	28	32	36
	t_4 A	1	1,4	1,8	2,3	2,8	3,3	3,3	3,3	3,8	4,3	4,4	4,9	5,4	5,4	6,4	7,4	8,4
	B	–	–	1,1	1,3	1,7	2,1	2,1	2,1	2,6	2,6	3,1	4,1	4,1	4,1	5,1	5,2	6,5
Gewindedurchmesser für Halte- und Abdrückschraube	d_1	–	–	–	–	–	M3	M3	M4	M5	M6	M6	M6	M8	M8	M10	M10	
Gewindelänge für Halteschraube		–	–	–	–	–	8	10	10	12	14	16	16	18	20	25		

Reihe B für Werkzeugmaschinen. Standardisiert bis 100 x 50 x 500 für d_1 über 450 bis 500.
Werkstoffe: bis h = 25 mm St 50-2 K·A 4a TGL 14508, über h = 25 mm St 60-2 K·A 4a TGL 14508.
Abmaße für Wellen- und Nabennutbreiten siehe Abschnitt 7.2.2.

[1]) Innerhalb der Längengrenzen sind für l_1 folgende Maße bevorzugt anzuwenden:

6	8	10	12	14	16	18	20	22	25	28	32	36	40	45	50	56	63
70	80	90	100	110	125	140	160	180	200	220	250	280	320	360	400	450	500

3.1.10. Keile

Einlegekeile, Treibkeile; TGL 9501, TGL 21000/03

Bezeichnungsbeispiel: **Keil A 20 x 12 x 125 TGL 9501**
Keil Benennung; **A** Form; **20** Breite b; **12** Höhe h; **125** Länge l; **TGL 9501** Standard

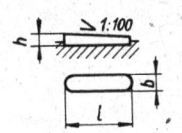

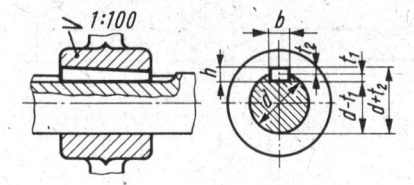

b Keilbreite
h Keilhöhe
l Keillänge
d Wellendurchmesser
b_N Nutbreite
t_1 Wellennuttiefe
t_2 Nabennuttiefe
R Rundung im Nutgrund

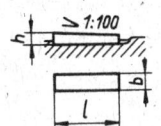

Form A
Einlegekeil

Form B
Treibkeil

Nasenkeile, TGL 9502, TGL 21000/03

Bezeichnungsbeispiel: **Nasenkeil 18 x 11 x 200 TGL 9502**
Nasenkeil Benennung; **18** Breite b; **11** Höhe h; **200** Länge l; **TGL 9502** Standard

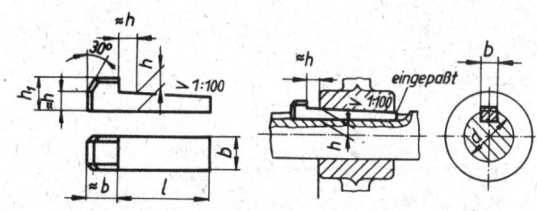

b Keilbreite
h Keilhöhe
h_1 Nasenhöhe
d Wellendurchmesser
l Keillänge
b_N Nutbreite
t_1 Wellennuttiefe
t_2 Nabennuttiefe

Alle Maße in mm

b	2	3	4	5	6	8	10	12	14	16	18	20	22	25	28	32	36	40	45	50	56
h	2	3	4	5	6	7	8	8	9	10	11	12	14	14	16	18	20	22	25	28	32
h_1 [1)]	–	–	–	7	8	10	10	12	12	14	16	18	20	22	25	28	32	36	40	45	50
l von	6	6	8	10	14	18	22	28	36	45	50	56	63	63	70	80	90	100	110	125	140
bis	20	28	36	45	56	70	90	110	140	180	200	220	250	250	280	315	355	450	500	500	500
l [1)] von	–	–	14	14	14	18	22	28	36	45	50	56	63	63	70	80	90	100	110	125	140
bis	–	–	36	45	56	70	90	110	140	180	200	220	250	250	280	315	355	400	500	500	500
d über	6	8	10	12	17	22	30	38	44	50	58	65	75	85	95	110	130	150	170	200	230
bis	8	10	12	17	22	30	38	44	50	58	65	75	85	95	110	130	150	170	200	230	260
b_N D10	2	3	4	5	6	8	10	12	14	16	18	20	22	25	28	32	36	40	45	50	56
t_1	1,2	1,8	2,5	3	3,5	4	5	5	5,5	6	7	7,5	9	9	10	11	12	13	15	17	20
t_2	0,5	0,9	1,2	1,7	2,1	2,5	2,5	2,5	2,9	3,3	3,4	3,8	4,3	4,3	5,3	6,2	7,2	8,2	9,2	10,1	11,1
R			0,2				0,3					0,5					0,8			1,2	

1) gilt nur für Nasenkeile
Standardisiert bis 100 x 50 für d über 440 bis 500
Werkstoffe: bis h = 25 mm St 50-2-K-A 4a TGL 14508, über h = 25 mm St 60-2-K-A 4a TGL 14508

3.2. Elastische Federn

3.2.1. Druckfedern

Bezeichnungsbeispiel: Druckfeder 0,4 x 2 x 5,5 TGL 18394
Druckfeder Benennung; **0,4** Drahtdurchmesser d; **2** Außendurchmesser d_a; **5,5** Gesamtwindungszahl; **TGL 18394** Standard

Bild	Benennung, Ausführung	TGL
	Druckfedern Drahtdurchmesser 0,1 ... 0,45 Windungen 5,5 ... 18,5 Federstahldraht, Klassen A, B, C	18394
	Druckfedern Drahtdurchmesser 0,5 ... 16 Windungen 5,5 ... 17,5 Federstahldraht, Klassen A, B, C	18395

Klassen nach TGL 14193

3.2.2. Zugfedern

Bezeichnungsbeispiel: Zugfeder B 1,2 x 8,5 x 10 A1 TGL 18397
Zugfeder Benennung; **B** Federdrahtklasse; **1,2** Drahtdurchmesser d; **8,5** Außendurchmesser d_a; **10** Gesamtwindungszahl; **A1** Form, **TGL 18397** Standard

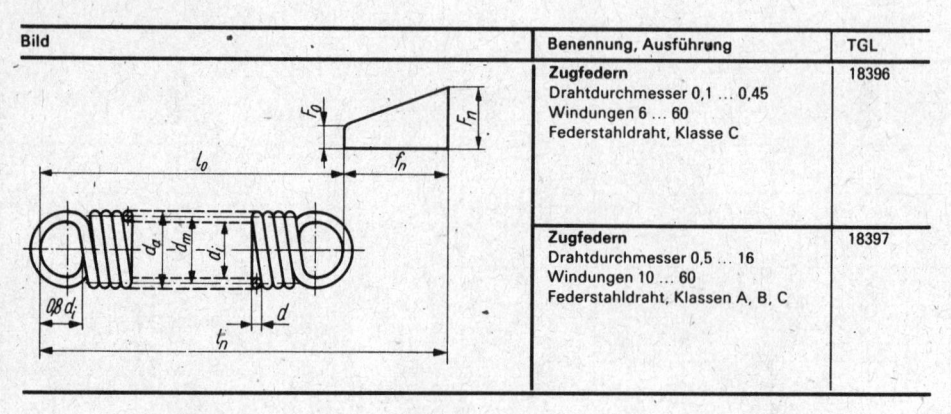

Bild	Benennung, Ausführung	TGL
	Zugfedern Drahtdurchmesser 0,1 ... 0,45 Windungen 6 ... 60 Federstahldraht, Klasse C	18396
	Zugfedern Drahtdurchmesser 0,5 ... 16 Windungen 10 ... 60 Federstahldraht, Klassen A, B, C	18397

Klassen nach TGL 14193

3.3. Stützelemente

3.3.1. Gleitlager

Dickwandige Verbundschalen, Bohrungsdurchmesser 25 ... 250 mm; TGL 38778

Bezeichnungsbeispiel: **Schalenpaar B 40/50 x 40 TGL 38778**
Schalenpaar Benennung; **B** Form; **40** Bohrungsdurchmesser d; **50** Außendurchmesser D; **40** Länge l_1; **TGL 38778** Standard

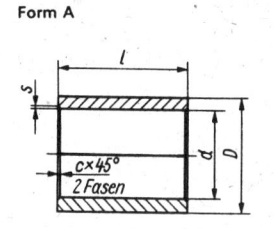

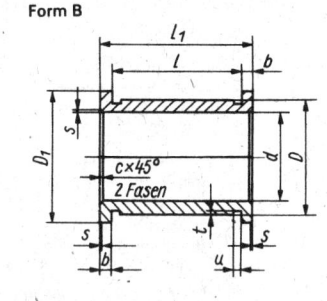

Form A   Form B

D   Außendurchmesser
D_1 Bunddurchmesser
d   Innendurchmesser
l   Buchsenlänge ohne Bund
l_1 Buchsenlänge mit Bund
s   Verbundgußdicke
b   Bundbreite

Die Maße t und u sowie die Form der Nuten werden durch die Herstellungstechnologie bestimmt

Alle Maße in mm

d	D	D_1	l Reihe 1	l Reihe 2	l Reihe 3	l_1 Reihe 1	l_1 Reihe 2	l_1 Reihe 3	b	c	s
25	32	38	20	30	40	28	38	48	4	0,5	von
28	36	42									0,4
30	38	44									bis
32	40	46								0,8	0,8
35	45	50	30	40	50	40	50	60	5		von
40	50	58			60			70			0,5
45	55	63									bis
50	60	68				50	60				1,0
55	65	73			70			80			
60	75	83	40	60	80	55	75	95	7,5		von
65	80	88	50			65				1,0	0,9
70	85	95		70	90		85	105			bis
75	90	100									1,5
80	95	105	60	80	100	75	95	115			
85	100	110									
90	110	120			120	80	100	140	10,0		
95	115	125		100			120				
100	120	130	80			100					
105	125	135									
110	130	140									
120	140	150	100	120	150	120	140	170			
125	145	155									
130	150	160	100	120	150	120	140	170	10,0	2,0	von
140	160	170			150	180		170	200		1,0
150	170	180	120			140					bis
160	185	200				145	175	205	12,0		1,8
170	195	210		180	200		205	225	12,5		
180	210	220	150		250	180	210	280	15,0		
190	220	230									
200	230	240	180	200		210	230				
220	250	260		220			250				
250	280	290	210	250	280	240	280	310			

3.3. Stützelemente

Schalen mit einem Bund, Bohrungsdurchmesser 40 ... 250 mm, aus Stahl, Gußeisen und Nichteisenmetall

Bezeichnungsbeispiel: **Schalen 80/95 x 80 TGL 6563-G-CuPb22Sn-M**
Schalen Benennung; **80** Durchmesser d_1; **95** Durchmesser d_2; **80** Länge l_1; **TGL 6563** Standard; **G-CuPb22Sn** Werkstoff; **M** Massivausführung

d_1		Bearbeitungs-
über	bis	zugabe[1]
mm	mm	mm
–	95	0,5
95	200	1,0
200	250	1,5

[1] für l_1 an der Stirnfläche des Bundes

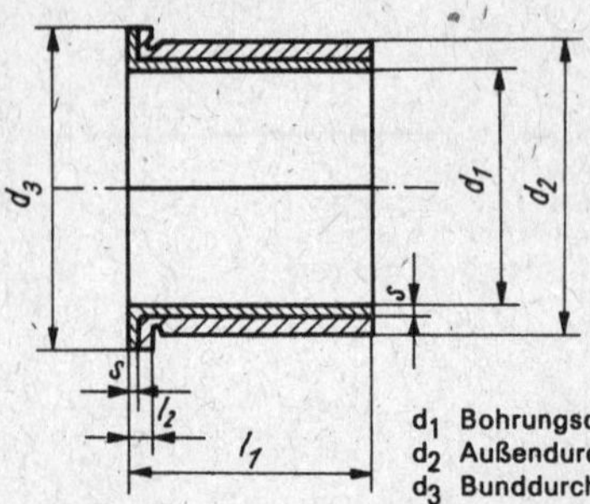

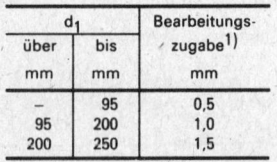

- d_1 Bohrungsdurchmesser
- d_2 Außendurchmesser
- d_3 Bunddurchmesser
- l_1 Buchsenlänge
- l_2 Bundlänge
- s Verbundgußdicke

Ausführung	Vorsetz-Kurzzeichen bei	
	Massiv-schalen	Verbund-schalen
Mit Bearbeitungszugabe für d_1 und l_2 (l_1)	A	B
Mit Bearbeitungszugabe für d_1 und l_2 (l_1) ohne Gleitschicht an der Bundfläche	–	C
Mit Bearbeitungszugabe für d_1, d_2 und l_2 (l_1)	D	D

Alle Maße in mm

d_1 H7	40	45	50	55	60	65	70	80	90	100	110	120	125	140	160	180	200	220	250
d_2 n6	50	56	60	65	72	78	82	95	105	115	125	135	140	155	180	200	220	250	280
d_3	56	62	66	73	78	84	88	105	115	125	135	145	150	165	195	215	235	265	295
l_2	5	5,5	5,5	6	6,5	6,5	6,5	7,5	7,5	7,5	7,5	7,5	7,5	7,5	10	10	10	15	15
s[1]	1,0	1,0	1,0	1,25	1,25	1,25	1,25	1,5	1,5	1,5	1,5	1,5	1,5	1,5	1,75	1,75	1,75	2	5

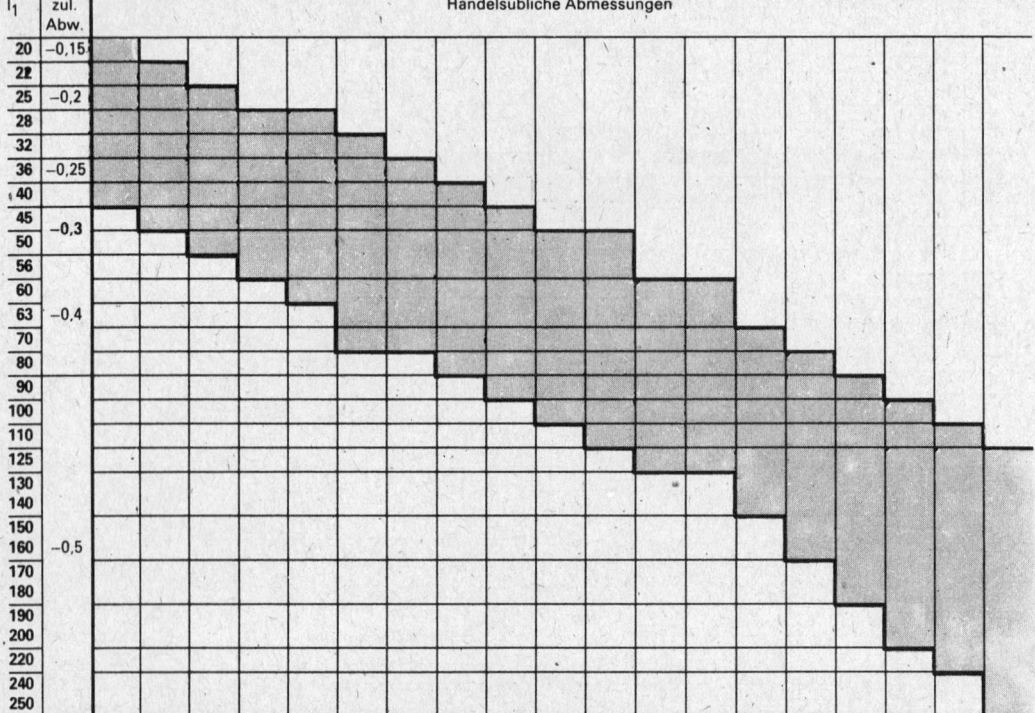

l_1	zul. Abw.	Handelsübliche Abmessungen
20	–0,15	
22		
25	–0,2	
28		
32		
36	–0,25	
40		
45	–0,3	
50		
56		
60		
63	–0,4	
70		
80		
90		
100		
110		
125		
130		
140		
150		
160	–0,5	
170		
180		
190		
200		
220		
240		
250		

[1] nur für Verbundschalen

3.3.1. Gleitlager

Buchsen ohne Bund, Bohrungsdurchmesser 4 ... 250 mm, aus Stahl, Gußeisen und Nichteisenmetall; TGL 6558/01

Bezeichnungsbeispiel: **Buchse 25/32 x 18 TGL 6558-GGL-30-M**
Buchse Benennung; **25** Durchmesser d_1; **32** Durchmesser d_2; **18** Länge l; **TGL 6558** Standard; **GGL-30** Werkstoff; **M** Massivausführung

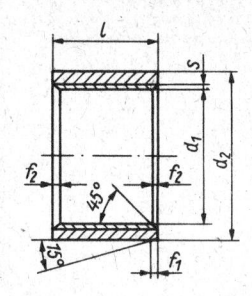

d_1 Bohrungsdurchmesser
d_2 Außendurchmesser
l Buchsenlänge
s Verbundgußdicke
f_1 Fase am Außendurchmesser
f_2 Fase am Innendurchmesser

d_1		Bearbeitungszugabe
über	bis	
mm	mm	mm
–	95	1,0
95	200	2,0
200	250	3,0

Ausführung	Vorsetz-Kurzzeichen bei	
	Massivbuchse	Verbundbuchse
Innen ohne Fase f_2	A	G
Innen eine Fase f_2 an der zur äußeren Fase entgegengesetzten Seite	B	H
Innen eine Fase f_2 an der gleichen Seite wie die Fase außen	C	I
Für d_1 mit Bearbeitungszugabe	E	K
Ohne Fasen, allseitig mit Bearbeitungszugabe	F	L

Alle Maße in mm

d_1 F7	4	8	10	14	16	18	20	22	25	28	32	36	40	45	50	55	60	65	70	80	90	100
d_2 r6	8	12	16	20	22	25	26	28	32	36	40	45	50	56	60	65	72	78	82	95	105	115
f_1	–			1					1,6				2					2,5				
f_2	–	0,5		0,8			1,2			2					3				4,5			
$s^{1)}$	–								0,75				1				1,25					1,5

l	zul. Abw.	Handelsübliche Abmessungen
3	±0,1	
4		
6		
8		
10		
12	±0,15	
14		
16		
18		
20		
22	±0,2	
25		
28		
32	±0,25	
36		
40		
45	±0,3	
50		
56		
60		
63	±0,4	
70		
80		
90		
100	±0,5	

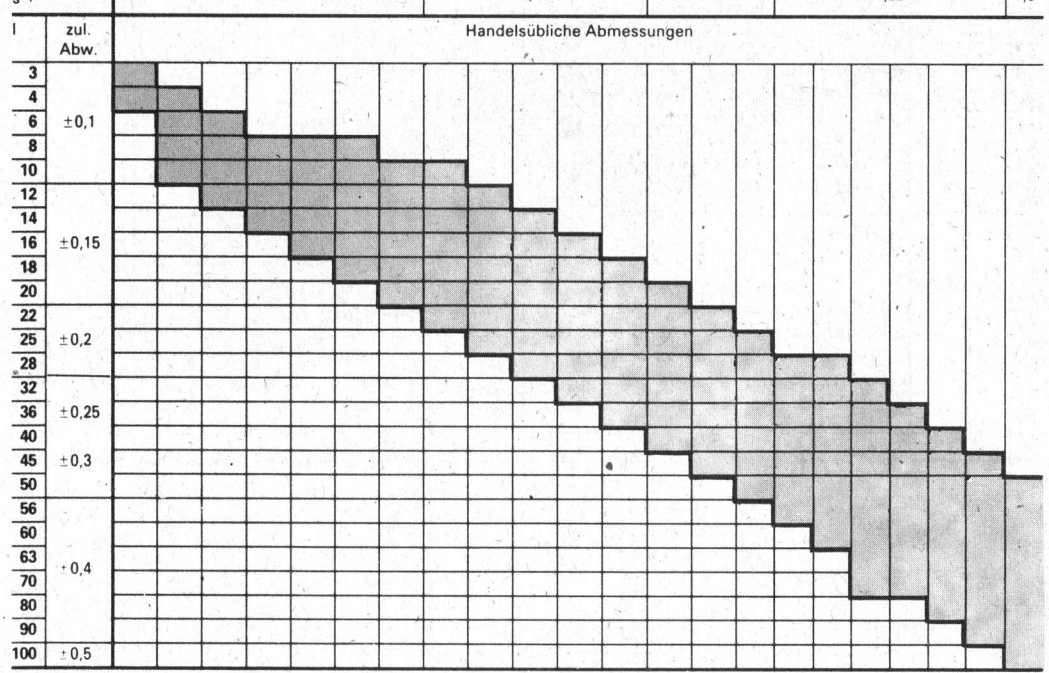

[1] nur für Verbundbuchsen

Weitere standardisierte Größen d_1 nach TGL 8250 Reihe R 20.

3.3. Stützelemente

Buchsen mit einem Bund, Bohrungsdurchmesser 20 ... 100 mm, aus Stahl, Gußeisen und Nichteisenmetall; TGL 6560/01

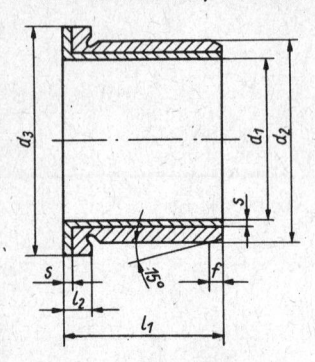

d_1 Bohrungsdurchmesser
d_2 Außendurchmesser
d_3 Bunddurchmesser
f   Fase am Außendurchmesser
l_1 Länge der Buchse
l_2 Bunddicke
s   Verbundgußdicke

Bezeichnungsbeispiel: **Buchse 36/45 x 25 TGL 6560-G-CuAl9 FeMnF45-M**
Buchse Benennung; **36** Innendurchmesser d_1; **45** Außendurchmesser d_2; **25** Länge l_1; **TGL 6560** Standard; **G-CuAl9 FeMnF45** Werkstoff (nach TGL 8110); **M** Massivausführung

Gültigkeit: Dieser Standard gilt nicht für Buchsen in Verbrennungsmotoren und nicht für Rohlinge für kegelige Buchsen.

Alle Maße in mm

d_1	F7	20	22	25	28	32	36	40	45	50	55	60	65	70	80	90	100
d_2	r6	26	28	32	36	40	45	50	56	60	65	72	78	82	95	105	115
d_3		32	36	40	42	46	51	56	62	66	73	78	84	88	105	115	125
f		1,2				1,6				2					2,5		
l_2		3	3,5		4		4,5	5		5,5		6		6,5		7,5	
s		0,75					1						1,25				1,5

l_1	zul. Abw.							Handelsübliche Abmessungen									
10	±0,1																
12																	
14																	
16	±0,15																
18																	
20																	
22																	
25	±0,2																
28																	
30																	
32	±0,25																
36																	
40																	
45	±0,3																
50																	
56																	
60																	
63	±0,4																
70																	
80																	
90																	
100	±0,5																

3.3.2. Wälzlager

Wälzlagerarten

Gruppe	Benennung	Bild	Kurzzeichen			TGL
Axiallager	Axial-Rillenkugellager, einseitig wirkend, einreihig		51 000 ... 51 168 51 200 ... 51 252 51 305 ... 51 330 51 405 ... 51 440			2986
	Axial-Rillenkugellager, zweiseitig wirkend		52 202 ... 52 220 52 305 ... 52 314 52 408 ... 52 420			2987
Radiallager	(Radial-)Rillenkugellager ohne Füllnuten, einreihig		60 ... 60/500 607 ... 609 623 ... 626 627 ... 629 634 ... 635 6200 ... 6244 6300 ... 6330			2981
	(Radial-)Schrägkugellager		7200 ... 7222 7300 ... 7318			2982
	(Radial-)Schulterkugellager, einreihig		E 3 ... E 15			2985
	(Radial-)Pendelkugellager, zweireihig		1200 ... 1222 1204K ... 1222K 1300 ... 1318 1304K ... 1318K			2983
	(Radial-)Zylinderrollenlager mit Außenborden		NU NUJ NJ NUP NH	NU V NU K NU N NJ N NUP N	NU E NUJ E NJ E NUP E NH E	2988/01
	(Radial-)Kegelrollenlager, einreihig		30 203 ... 30 228 30 302 ... 30 324 32 206 ... 32 224 32 302 ... 32 322			2993
	(Radial-)Pendelrollenlager		20 212 ... 20 244 20 212K ... 20 244K 20 306 ... 20 340 20 306K ... 20 340K			2995
	(Radial-)Nadellager mit käfiggeführten Nadeln		NA 4900 ... NA 4914 NA 49 V RNA 49 V			3889/01

3.3. Stützelemente

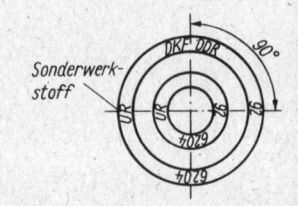

Kurzzeichen an Wälzlagern, TGL 20907

Die Eigenschaften eines Lagers werden durch die Grund- sowie die Zusatzbezeichnungen auf dem Wälzlager gekennzeichnet.

Grundbezeichnung
Die Grundbezeichnung gilt für die Grundausführung und besteht aus der Bezeichnung für die Lagerreihe und dem Bohrungsdurchmesser bzw. der Bohrungskennzahl.
Die Bezeichnung der Lagerreihe besteht aus der Bezeichnung für die Lagerart (Zahl oder Buchstabe) und dem Zeichen für die Maßreihe.

Bezeichnungsbeispiele	Lagerart
60, 62, 63	(Radial) Rillenkugellager
72B, Q3, 32	Schrägkugellager
NU2, NH22, NUJ10	Zylinderrollenlager
12, 13, 22	Pendelkugellager
511, 512, 513	Axialrillenkugellager
303, 313, 322	Kegelrollenlager
NA49, NA49V, RNA49	Nadellager
222, 230, 231	Pendelrollenlager

Bohrungs-durchmesser d mm	Bohrungs-kennzahl k	Hinweis zur Grundbezeichnung	Beispiel Kurzzeichen	Erklärung
0,6, 1, 1,5 2, 2,5 3 ... 9 22, 28, 32	–	Zum Kurzzeichen der Lagerreihe wird der Bohrungsdurchmesser in mm geschrieben, das Kurzzeichen ist vom Bohrungsdurchmesser durch einen Schrägstrich getrennt. Durchmesser mit gebrochenen Zahlen werden ohne Komma geschrieben.	60/06 63/5 NH22/32	d = 0,6 mm d = 5 mm d = 32 mm
10 12 15 17 20 ... 480	00 01 02 03 1/5 d	Dem Kurzzeichen der Lagerreihe wird die Bohrungskennzahl beigefügt.	Q302 51312	d = 15 mm d = 60 mm
500 ... 2000	–	Zum Kurzzeichen der Lagerreihe wird der Bohrungsdurchmesser in mm geschrieben, das Kurzzeichen ist vom Bohrungsdurchmesser durch einen Schrägstrich getrennt.	230/2000	d = 2000 mm

Hersteller und Ursprungsland
Die Wälzlagerhersteller innerhalb des VEB Kombinat Wälzlager und Normteile haben ihre Erzeugnisse mit dem Verbundkurzzeichen DKF DDR zu kennzeichnen. Zusätzlich kann ein Kurzzeichen (Zahl) des Herstellerbetriebes aufgebracht werden.

Fertigungsjahr
Auf den Wälzlagern ist das Fertigungsjahr durch eine Ziffer zu bezeichnen. Die Ziffern 0 bis 9 vor dem Kurzzeichen DKF DDR bezeichnen die Fertigungsjahre 1980 bis 1989 und die nach dem Kurzzeichen die Jahre 1990 bis 1999. Durch Hinzufügen eines mittig gestellten Punktes hinter der Ziffer kann der Herstellungszeitraum um ein Jahr erhöht werden.

Jahr	1984	1985	usw.
Kurzzeichen	3 oder 4	4 oder 5	

Werkstoffe
Die Kennzeichnung der Werkstoffart erfolgt 90° links vom Kurzzeichen DKF DDR.

Werkstoffart	Kennzeichen	Werkstoffart	Kennzeichen
100 Cr6	Ohne Kennzeichen	Einsatzstahl	T
100 Cr Mn6		Besonders reiner Wälzlagerstahl	UR
Hitzefester Stahl	H		
Rostfreier Stahl	X	Schnellarbeitsstahl	HSS
Legierung auf Kupferbasis	M		

Kennzeichnung, TGL 20908

3.3.2. Wälzlager

Radial-Rillenkugellager ohne Füllnuten, einreihig; TGL 2981

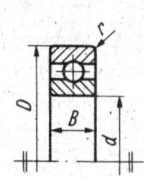

- k Bohrungskennzahl
- d Innendurchmesser
- D Außendurchmesser
- B Breite
- r Rundungshalbmesser
- C dynamische Tragzahl
- C_0 statische Tragzahl
- n_{zul} zulässige Drehzahl

Bezeichnungsbeispiel: Rillenkugellager 6210 TGL 2981
Rillenkugellager Benennung; **62** Lagerreihe; **10** Bohrungskennzahl (d = 50 mm); **TGL 2981** Standard

\	\	\	Lagerreihe 60	\	\	\	\	\	\	\	Lagerreihe 60	\	\	\
k	d	D	B	r	C	C_0	n_{zul}	k	d	D	B	r	C	C_0	n_{zul}
	mm	mm	mm	mm	kp ✦	kp ✦	1/min		mm	mm	mm	mm	kp ✦	kp ✦	1/min
00	10	26	8	0,5	360	198	20000	14	70	110	20	2	2950	2470	6000
01	12	28	8	0,5	400	226	20000	15	75	115	20	2	3150	2650	6000
02	15	32	9	0,5	440	225	20000	16	80	125	22	2	3700	3200	6000
03	17	35	10	0,5	470	280	20000	17	85	130	22	2	3850	3400	5000
04	20	42	12	1	740	455	16000	18	90	140	24	2,5	4550	3950	5000
05	25	47	12	1	790	505	16000	20	100	150	24	2,5	4700	4200	4000
06	30	55	13	1,5	1070	700	13000	22	110	170	28	3	6400	5800	4000
07	35	62	14	1,5	1250	865	13000	24	120	180	28	3	6650	6200	3000
08	40	68	15	1,5	1310	945	10000	26	130	200	33	3	8300	7950	3000
09	45	75	16	1,5	1740	1240	10000	28	140	210	33	3	8300	7950	3000
10	50	80	16	1,5	1810	1330	8000	30	150	225	35	3,5	9450	9250	2500
11	55	90	18	2	2200	1720	8000	32	160	240	38	3,5	10700	10600	2500
12	60	95	18	2	2280	1860	8000	34	170	260	42	3,5	13200	13600	2500
13	65	100	18	2	2380	1990	8000	36	180	280	46	3,5	14800	15900	2000

\	\	\	Lagerreihe 62	\	\	\	\	\	\	\	Lagerreihe 63	\	\	\
k	d	D	B	r	C	C_0	n_{zul}	k	d	D	B	r	C	C_0	n_{zul}
	mm	mm	mm	mm	kp ✦	kp ✦	1/min		mm	mm	mm	mm	kp ✦	kp ✦	1/min
00	10	30	9	1	480	270	20000	00	10	35	11	1	635	385	16000
01	12	32	10	1	540	315	20000	01	12	37	12	1,5	715	420	16000
02	15	35	11	1	610	360	16000	02	15	42	13	1,5	890	550	16000
03	17	40	12	1	755	445	16000	03	17	47	14	1,5	1020	630	13000
04	20	47	14	1,5	1030	630	16000	04	20	52	15	2	1250	795	13000
05	25	52	15	1,5	1150	710	13000	05	25	62	17	2	1670	1080	10000
06	30	62	16	1,5	1540	1020	13000	06	30	72	19	2	2340	1600	10000
07	35	72	17	2	2100	1390	10000	07	35	80	21	2,5	2600	1820	8000
08	40	80	18	2	2290	1590	10000	08	40	90	23	2,5	3200	2250	8000
09	45	85	19	2	2550	1820	8000	09	45	100	25	2,5	4050	3050	8000
10	50	90	20	2	2750	2020	8000	10	50	110	27	3	4850	3600	6000
11	55	100	21	2,5	3400	2550	8000	11	55	120	29	3	5650	4250	6000
12	60	110	22	2,5	4100	3150	6000	12	60	130	31	3,5	6450	4950	5000
13	65	120	23	2,5	4500	3500	6000	13	65	140	33	3,5	7300	5650	5000
14	70	125	24	2,5	4900	3850	5000	14	70	150	35	3,5	8200	6450	5000
15	75	130	25	2,5	5200	4200	5000	15	75	160	37	3,5	8900	7300	4000
16	80	140	26	3	5700	4500	5000	16	80	170	39	3,5	9650	8200	4000
17	85	150	28	3	6550	5400	4000	17	85	180	41	4	10400	9100	4000
18	90	160	30	3	7550	6150	4000	18	90	190	43	4	11200	10100	3000
20	100	180	34	3,5	9600	8100	3000	20	100	215	47	4	13700	13300	3000
22	110	200	38	3,5	11300	10200	3000	22	110	240	50	4	16100	17100	2500
24	120	215	40	3,5	11400	10300	3000	24	120	260	55	4	16300	17100	2500
26	130	230	40	4	12200	11400	2500	26	130	280	58	5	18000	19700	2500
28	140	250	42	4	13000	12600	2500	28	140	300	62	5	20500	23800	2000
30	150	270	45	4	13700	13900	2500	30	150	320	65	5	21600	25500	2000
32	160	290	48	4	14400	15200	2000	32	160	340	68	5	21600	25500	1600
34	170	310	52	5	16600	18300	2000	34	170	360	72	5	25500	33000	1600
36	180	320	52	5	17700	20000	1600	36	180	380	75	5	28000	36500	1600

✦ Umrechnung in SI-Einheiten erforderlich (s. Abschnitte 8.2.4. und 8.2.5.)

3.4. Übertragungselemente

3.4.1. Wellen

Achsen- und Wellendurchmesser, ST RGW 514-77

Vorzugsmaße in mm

R' 5	R' 10	R' 20	R' 40	R' 5	R' 10	R' 20	R' 40	R' 5	R' 10	R' 20	R' 40
10	10	10	10	40	40	40	40	160	160	160	160
			10,5				42				170
		11	11			45	45			180	180
			11,5				48				190
	12	12	12		50	50	50		200	200	200
			13				53				210
		14	14			56	56			220	220
			15				60				240
16	16	16	16	63	63	63	63	250	250	250	250
			17				67				260
		18	18			71	71			280	280
			19				75				300
	20	20	20		80	80	80		320	320	320
			21				85				340
		22	22			90	90			360	360
			24				95				380
25	25	25	25	100	100	100	100	400	400	400	400
			26				105				
		28	28			110	110				
			30				120				
		32	32			125	125				
			34				130				
		36	36			140	140				
			38				150				

Wellenenden, ST RGW 537-77

Zylindrische Wellenenden

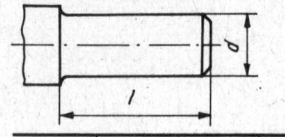

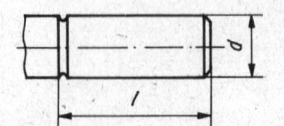

d   Durchmesser Reihe 1
l   Länge
1) Maßtoleranz k6 zulässig
2) d > 120 mm Maßtoleranz r6 zulässig
linkes Bild: mit Wellenbund
rechtes Bild: ohne Wellenbund

d	l		Maß-toleranz	d	l		Maß-toleranz	d	l		Maß-toleranz
	lang	kurz			lang	kurz			lamg	kurz	
mm	mm	mm		mm	mm	mm		mm	mm	mm	
6	16	–	j6 1)	32	80	58	k6	125	210	165	m6 2)
7				35				140	250	200	
8	20	–		40	110	82		160	300	240	
9				42				180			
10	23	20		45				200	350	280	
11				50				220			
12	30	25		55			m6 2)	250	410	330	
14				60	140	105		280	470	380	
16	40	28		63				320			
18				70				360	550	450	
20	50	36		71				400	650	540	
22				80	170	130		450			
25	60	42		90				500			
28				100	210	165		560	800	680	
30				110				630			

3.4.1. Wellen

Kegelige Wellenenden

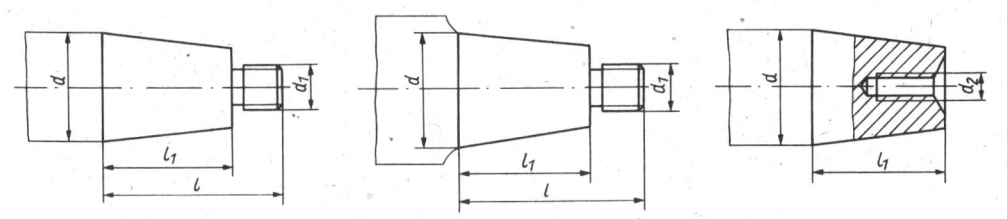

d Nenndurchmesser Reihe 1, d_1 Außengewinde, d_2 Innengewinde, l Gesamtlänge, l_1 Kegellänge

d	l		l_1		d_1	d_2	d	l		l_1		d_1	d_2
	lang	kurz	lang	kurz				lang	kurz	lang	kurz		
mm	mm	mm	mm	mm	–	–	mm	mm	mm	mm	mm	–	–
6	16	18	10	–	M4	–	60	140	105	105	70	M42x3	M20
7							63						
8	20		12		M6		70					M48x3	M24
9							71						
10	23		15				80	170	130	130	90	M56x4	M30
11							90					M64x4	
12	30		18		M8x1	M4	100	210	165	165	120	M72x4	M36
14							110					M80x4	M42
16	40	28	28	16	M10x1,25		125					M90x4	M48
18						M5	140	250	200	200	150	M100x4	–
20	50	36	36	22	M12x1,25	M6	160	300	240	240	180	M125x4	
22							180					M140x6	
25	60	42	42	24	M16x1,5	M8	200	250	280	280	210	M160x6	
28							220						
30	80	58	58	36	M20x1,5	M10	250	410	–	330	–	M180x6	
32							280	470		380		M220x6	
35							320					M250x6	
36						M12	360	550		450		M280x6	
40	110	82	82	54	M24x2		400	650		540		M320x6	
45					M30x2	M16	450					M350x6	
50					M36x3		500					M420x6	
55						M20	560	800		680		M450x6	
							630					M550x6	

d gilt auch für kegelige Wellenenden mit Paßfedernut; bis d = 220 mm
Paßfedernut parallel zur Wellenachse; d > 220 mm Paßfedernut parallel zur Mantellinie; Paßfedergrößen b, h, und t_1 siehe ST RGW 537-77 Tabelle 3, Seite 9

3.4. Übertragungselemente

Keilwellen und Keilnabenprofile, TGL 0-5472

Bezeichnungsbeispiele:
Keilwellenprofil B 6 x 36g6 x 42a11 x 8f7 TGL 0-5472
Keilwellenprofil Benennung; B Profil; 6 Anzahl der Keile; **36g6** Durchmesser d_1 und Toleranzfeld; **42a11** Durchmesser d_2 und Toleranzfeld; **8f7** Keilbreite und Toleranzfeld; **TGL 0-5472** Standard

Keilnabenprofil 6 x 36H7 x 42H12 x 8H8 TGL 0-5472
Keilnabenprofil Benennung; **6** Anzahl der Keile; **36H7** Durchmesser d_1 und Toleranzfeld; **42H12** Durchmesser d_2 und Toleranzfeld; **8H8** Keilbreite und Toleranzfeld; **TGI 0-5472** Standard

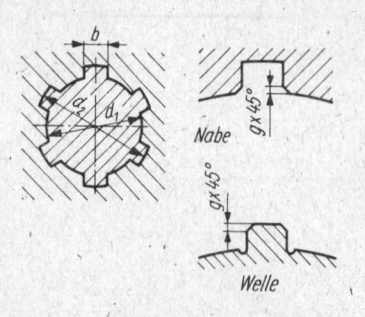

Anzahl der Keile	Innendurchmesser d_1 mm	Außendurchmesser d_2 mm	Keil- bzw. Nutbreite b mm	Fase g mm
6	21	25	5	0,3
	23	28	6	
	26	32		0,4
	28	34	7	
	32	38	8	0,5
	36	42		
	42	48	10	
	46	52	12	
	58	65	14	
	68	78	16	
	78	90		
	82	95		
	88	100		
Welle	g6	a11	f7	
Bohrung	H7	H12	H8	

Form	Herstellungsverfahren
A	im Wälzverfahren
B	im Teilverfahren
C	im Teil- oder Wälzverfahren mit Freischnitt

Wellensicherungen

Bild	Benennung, Nenngröße Ausführung	TGL	Bild	Benennung, Nenngröße Ausführung	TGL
	Sprengringe, flach, für Wellen Nenndurchmesser 6 ... 80 mm	16363		Sicherungsringe für Wellen Nenndurchmesser 3 ... 360 mm, entgratet, brüniert oder phosphatiert und geölt	0-471
	Sprengringe für Ringnut Sp 20,5 bis Sp 241, für Lager 30...200, entgratet	15519		Sicherungsringe für Bohrungen Nenndurchmesser 10 ... 360 mm, entgratet, brüniert oder phosphatiert und geölt	0-472
	Sprengringe für Wellen, aus Runddraht Nenndurchmesser 5 ... 130 mm, blank, geölt	31665		Stellringe Nenndurchmesser 2 ... 200 mm, Form A Befestigung durch Gewindestift	0-705
	Sicherungsscheiben für Wellen Nenndurchmesser 1,2 ... 19 mm, brüniert oder phosphatiert und geölt	0-6799		Form B Befestigung durch Kegel- oder Kegelkerbstift	

3.4.2. Riemenscheiben, Keilriemen

Wellendichtungen

Bezeichnungsbeispiel: **Wellendichtring D 17 x 35 x7 TGL 16454**
Wellendichtring Benennung; **D** Form; **17** Innendurchmesser; **35** Außendurchmesser; **7** Höhe; **TGL 16454** Standard

Bild	Benennung, Abmessungen	TGL
	Wellendichtringe aus Elastomeren Form Wellendurchmesser A 6 ... 280 mm B 6 ... 400 mm AC 8 ... 180 mm BC 10 ... 340 mm E 8 ... 400 mm D 5 ... 400 mm W 230 ... 1000 mm	16454
	Innenlippenringe mit hoher Lippe und Stützringe der Formen A und B Nenndurchmesser 6 ... 630 mm	15418
	Technische Filze	4670

3.4.2. Riemenscheiben, Keilriemen

Normalkeilriemen, endlos; TGL 6554

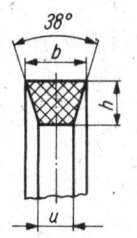

Bezeichnungsbeispiel: **Keilriemen 17 x 4000 TGL 6554**
Keilriemen Benennung; **17** Breite; **4000** Innenlänge; **TGL 6554** Standard

Alle Maße in mm

b	5	8	10	13	17	20	25	32	40	50
h	3	5	6	8	11	12,5	16	20	25	32
u	3	4,6	5,9	7,5	9,4	11,4	14	18,3	22,8	28
l	\multicolumn{10}{c}{Handelsübliche Abmessungen}

Handelsübliche Längen l (mm):
300, 375, 450, 560, 710, 900, 1120, 1400, 1700, 2120, 2650, 3350, 4000, 5000, 6300, 8000, 10000

3.4. Übertragungselemente

Keilriemen, endlich; TGL 34434

Bezeichnungsbeispiel: **Keilriemen 17 x 11 x 6000 TGL 34434**
Keilriemen Benennung; **17** Breite b; **11** Höhe h; **6000** Länge l; **TGL 34434** Standard

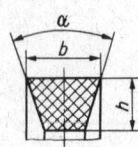

Breite	b	10	13	17	22	25	32
Höhe	h	7	9	11	16		20
Winkel	α	\multicolumn{6}{c}{40° ± 1°}					
Kleinster zul. Scheibendurchmesser	$d_{mind.}$	80	100	132	224	265	375
Fertigungslänge	mind.	\multicolumn{6}{c}{4000}					
	max.	\multicolumn{6}{c}{20000}					

Keilriemenscheiben, TGL 19371

Bezeichnungsbeispiel: **Keilriemenscheibe B 250 x 17 x 2/38 TGL 19371 dy**
Keilriemenscheibe Benennung; **B** Form; **250** Wirkdurchmesser d_1; **17** Rillenbreite b; **2** Rillenanzahl; **38** Bohrungsdurchmesser d_2; **TGL 19371** Standard; **dy** dynamisch ausgewuchtet

Alle Maße in mm

| | \multicolumn{12}{c}{d_2 mind ... d_2 max. bei Rillenprofil für Normalkeilriemen} | | | | | | | | | | | |
| | \multicolumn{4}{c}{Z} | \multicolumn{4}{c}{A} | \multicolumn{4}{c}{B} | | | | | | | | | | | |
d_1 \ z	1	2	3	4	1	2	3	4	1	2	3	4
63	12 ... 20	14 ... 22	16 ... 25	16 ... 28	–							
67	12 ... 22	16 ... 25	16 ... 28									
71												
75				18 ... 30								
80												
85	14 ... 24	16 ... 28	18 ... 30	18 ... 32								
90					16 ... 25	16 ... 28	18 ... 32	20 ... 35				
95												
100	16 ... 28		18 ... 32	20 ... 35		18 ... 32						
105		18 ... 30			16 ... 28		20 ... 35	22 ... 38				
112												
118			20 ... 35	22 ... 38		20 ... 35						
125		18 ... 32					22 ... 38	25 ... 42				
132					18 ... 30							
140				22 ... 40			24 ... 40		20 ... 32	24 ... 38	25 ... 40	28 ... 45
150		18 ... 35	20 ... 38		18 ... 32	22 ... 38				28 ... 45		
160	16 ... 30						25 ... 45	28 ... 45	22 ... 38	25 ... 42		32 ... 50
170				24 ... 42	20 ... 35							
180	16 ... 32	20 ... 35	22 ... 40			22 ... 40		28 ... 50		28 ... 48	30 ... 48	
190				24 ... 45								
200	18 ... 32	20 ... 38				22 ... 42			25 ... 40		32 ... 50	35 ... 55
212			24 ... 42									
224						25 ... 45						
236	18 ... 35			25 ... 48	22 ... 38		28 ... 50	30 ... 55		30 ... 50	35 ... 55	
250		22 ... 40	24 ... 45						25 ... 42			
265												38 ... 60
280				28 ... 50	22 ... 40			32 ... 55	28 ... 45			
300			25 ... 48			25 ... 46	30 ... 55					
315	20 ... 38	22 ... 42								32 ... 60		
335					24 ... 42			35 ... 60			38 ... 60	40 ... 65
355		24 ... 45				25 ... 50				28 ... 48	38 ... 60	
375			28 ... 50				35 ... 65					
400				30 ... 55	25 ... 45	28 ... 50			30 ... 50	40 ... 65		48 ... 70
425	–											
450		–									–	
475			28 ... 50				35 ... 65					
500					25 ... 48							

3.4.2. Riemenscheiben, Keilriemen

d_1 \ z	d_2 mind. ... d_2 max. bei Rillenprofil für Normalkeilriemen						
	C				D		
	1	2	3	4	2	3	4
212	25 ... 42	28 ... 50	32 ... 55	35 ... 60			
224							
236	28 ... 45		35 ... 55	38 ... 60			
250		35 ... 55					
265			38 ... 65	40 ... 65			
280							
300	32 ... 50	38 ... 55					
315			45 ... 65	45 ... 75			
335	35 ... 55	40 ... 65					
355					40 ... 55	45 ... 55	48 ... 60
375				48 ... 75	–	–	–
400	–		48 ... 75		42 ... 55	48 ... 60	50 ... 65
425					–	–	–
450				50 ... 80	45 ... 60	50 ... 65	50 ... 70
475		40 ... 75	50 ... 80		–	–	–
500					48 ... 65	50 ... 70	55 ... 75

Rillenprofil für Normal-Keilriemen	d_2	t_2	e_1	d_1 bei α			α zul. Abw.
				34°	36°	38°	
	mm	mm	mm	mm			
Z	8,5	12	12	63 ... 71	> 71 ... 100	> 100	±1°
A	11	15	15	90 ... 112	> 112 ... 160	> 160	
B	14	19	19	140 ... 160	> 160 ... 224	> 224	
C	19	26	25,5	–	> 224 ... 315	> 315	±30'
D	27	29	37	–	> 315 ... 475	> 475	

d_1 Wirkdurchmesser
d_2 Bohrungsdurchmesser der Nabe
z Anzahl der Riemen
b_1 Breite der Nut bei d_1
t_2 Nuttiefe
e_1 Rillenabstand bei mehrrilligen Keilriemenscheiben
α Flankenwinkel

Baugruppen

4.1. Zahnräder und Zahnradgetriebe

4.1.1. Modulreihe für Zahnräder, TGL RGW 267-76

Alle Maße in mm

Reihe 1	Reihe 2	Teilung p	Reihe 1	Reihe 2	Teilung p	Reihe 1	Reihe 2	Teilung p
0,05		0,157	2		6,283	16		50,265
0,06		0,188		2,25	7,069		18	56,549
0,08		0,251	2,5		7,854	20		62,832
0,1		0,314	3		9,425		22	69,115
0,12		0,377		3,5	10,996	25		78,540
0,15		0,471	4		12,566		28	87,965
0,2		0,628		4,5	14,137	32		100,531
0,25		0,785	5		15,708		36	113,097
0,3		0,942	5,5	5,5	17,279	40		125,664
0,4		1,257	6		18,850		45	141,372
0,5		1,571		7	21,991	50		157,080
0,6		1,885	8		25,133		55	172,783
0,8		2,513		9	28,274	60		188,496
1		3,142	10		31,416		70	219,912
1,25		3,927		11	34,558	80		251,327
1,5		4,712	12		37,699		90	282,743
1,75		5,498		14	43,982	100		314,159

Reihe 1 ist der Reihe 2 vorzuziehen
Geltungsbereich:
Als Modul m
bei Geradstirnrädern, im Abstand der äußeren Teilkegellänge R_a oder als mittlerer Normalmodul m_{nm} im Abstand der mittleren Teilkegellänge R_m bei Kegelrädern,
als Modul m_n
bei Schrägstirnrädern und Pfeilzahnstirnrädern.

4.1.2. Grundgleichungen für Zahnradabmessungen

$p = m \cdot \pi$

$d = m \cdot z$

$d_a = m \cdot (z + 2)$

$d_f = m \cdot (z - \frac{10}{4})$

$h = \frac{9}{4} \cdot m$

$h_a = m$

$h_f = \frac{5}{4} \cdot m$

$a = \frac{m}{2} (z_1 + z_2)$

- m Modul
- p Teilung
- z Zähnezahl
- d Teilkreisdurchmesser
- d_a Kopfkreisdurchmesser
- d_f Fußkreisdurchmesser
- h Zahnhöhe
- h_a Kopfhöhe
- h_f Fußhöhe
- a Achsabstand

4.1.3. Übersetzungen, ST RGW 221-75

Reihe 1	1,0 – 1,25 – 1,6 – 2,0 – 2,5 – 3,15 – 4,0 – 5,0 – 6,3 – 8,0 – 10
Reihe 2	– 1,12 – 1,4 – 1,8 – 2,24 – 2,8 – 3,55 – 4,5 – 5,6 – 7,1 – 9,0

Die Werte der Reihe 1 sind denen der Reihe 2 vorzuziehen. Der Standard gilt für als selbständige Aggregate ausgeführte Zahnradgetriebe zur allgemeinen Verwendung und legt die Nennübersetzungsverhältnisse der Getriebe fest.
Der Standard gilt nicht für Getriebe für spezielle Verwendungszwecke und spezieller Bauform.
Übersetzungsverhältnisse zwischen 10 und i_{max} = 3150 sind durch Multiplikation der angegebenen Werte mit 10, 100 und 1000 zu errechnen.

4.1.4. Stirnradgetriebe, Reihe 10A für allgemeine Verwendung, TGL 21811

Anordnung der Wellenenden

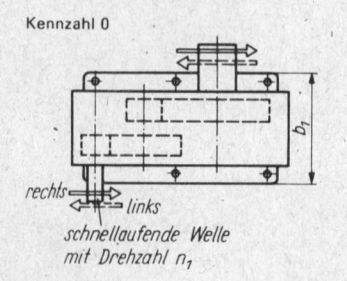

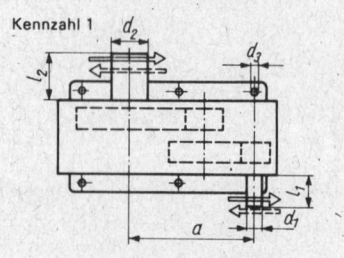

Kennzahl 0

Kennzahl 1

rechts ← → links
schnellaufende Welle mit Drehzahl n_1

Bezeichnungsbeispiel:
Stirnradgetriebe
10A 0 – 160×8 rs – TGL 21811
Stirnradgetriebe Benennung; **10A** Reihe; **0** Kennzahl (Wellenanordnung); **160** Baugröße; **8** Übersetzung; **rs** zusätzliche Einrichtung; **TGL 21811** Standard

4.1.4. Stirnradgetriebe

Übersetzung Nennwerte	Baugröße						
	125	160	200	250	315	400	500
8	7,875	8,133	8,133	7,875	8	8,133	7,718
10	9,665	9,982	9,902	9,665	9,818	9,902	9,486
12,5	12,687	13,104	12,842	12,687	12,889	12,842	12,469
16	16,013	16,538	16,013	16,013	16,267	16,013	15,750
20	20,079	20,079	19,441	20,079	19,855	19,441	19,750
25	24,397	24,397	24,397	24,397	24,104	24,379	24,107
31,5	30,683	31,168	31,144	30,683	30,797	31,144	30,331
40	39,198	39,198	39,787	39,198	38,748	39,787	38,748

Kennbuchstabe	Zusätzliche Einrichtungen
k	Einbaukühler[1]
rs	Sicherung gegen Rücklauf bei Freilaufrichtung rechts
ls	Sicherung gegen Rücklauf bei Freilaufrichtung links

[1] Angaben beziehen sich auf Getriebe ohne Einbaukühler.

Bau-größe[1]	a	Wellenenden							Befestigungs-löcher		Kastenhöhe		
		i = 8 ... 20			i = 25 ... 40								
		d_1	Toleranzfeld	l_1	d_1	Toleranzfeld	l_1	d_2	Toleranzfeld	l_2	b_1 ≈	d_3	Anzahl	h_1[2]	zul. Abw.	h_2[3]
mm	mm	mm		mm	mm		mm	mm		mm	mm	mm		mm	mm	mm
125	205	30	k6	80	22	k6	50	55	m6	110	300	14	6	160	−0,5	330
160	260	35			28		60	70		140	350			200		405
200	325	45		110	35		80	90		170	390	18		250		495
250	410	55	m6		40		110	100		210	490			315	−1	615
315	515	65		140	55	m6		125			560	22		400		770
400	650	75			60		140	160		300	710	28		500		950
500	815	100		170	80		170	200		350	800	35		630	−1,5	1180

1) Baugröße entspricht dem Achsabstand der letzten Stufe.
2) Höhe des Getriebekastens − Stichmaß Unterkante Getriebe bis Wellenmitte.
3) gesamte Bauhöhe.

Übersetzung Nennwerte	Drehzahl		Übertragungsleistung in kW						
	n_1	n_2	bei Baugröße						
	1/min	1/min	125	160	200	250	315	400	500
8	1400	175	15	38,5	71	150	285	540	−
	950	120	10,5	26,5	48	105	195	365	770
	710	90	7,7	19,5	36	77	145	275	570
10	1400	140	13,5	32,5	62	130	135	450	920
	950	95	9	22	42,5	87,5	160	305	620
	710	71	6,7	16,5	31,5	65,5	120	230	470
12,5	1400	112	11	24,5	48,5	100	180	355	700
	950	76	7,4	17	33	68	125	240	475
	710	57	5,6	12,5	24,5	50	92	180	355
16	1400	87	9,5	19,5	39	75	145	295	560
	950	60	6,4	13	26,5	54	97	200	375
	710	44,5	4,8	9,9	20	40	73	150	280
20	1400	70	6	13	25,5	50	100	200	400
	950	47	4,05	8,7	17	32	69	140	250
	710	35,5	3,05	6,5	13	25	52	105	200
25	1400	56	4,95	10,5	20	39	84	160	320
	950	38	3,35	7,2	13,5	26,5	57	110	200
	710	28,5	2,5	5,4	10	20	43	82	160
31,5	1400	44	3,9	8,3	16	31,5	66	130	255
	950	30	2,65	5,7	10	21,5	45	87	175
	710	22,5	2	4,2	8	16	33,5	65	130
40	1400	35	2,3	6	11	22	46,5	88	180
	950	24	1,55	4	7,6	15	31,5	60	120
	710	18	1,15	3	5,7	11	23,5	44,5	91

Übertragungsleistungen gelten für Antrieb der schnellaufenden Wellen. Schmieröltemperatur max. 75 °C, Ölviskosität 53 ... 68 mm²/s bei 50 °C, durchschnittlicher Wirkungsgrad 0,98 bei max. Übertragungsleistung. Während des Anlaufs kann das 2,5fache Drehmoment übertragen werden.

4.1. Zahnräder und Zahnradgetriebe

4.1.5. Stirnrad-Ketten-Stirnradgetriebe, stufenlos verstellbar; TGL 12936

Bezeichnungsbeispiel: **Stirnrad-Ketten-Stirnradgetriebe 13 BRB 51 – 160 x 6 x 2 x 2 – 130 x 22 V – TGL 12936**
Stirnrad-Ketten-Stirnradgetriebe Bezeichnung; **13 BRB** Form; **5** Kennziffer für Anordnung der Wellenenden; **1** Kennziffer für Spindelverstellung; **160** Baugröße; **6** Verstellbereich; **2** Stirnradübersetzung, antriebsseitig, $i_1 = 2$; **2** Stirnradübersetzung abtriebsseitig $i_2 = 2$; **130** Zentrierraddurchmesser d_6; **22** Wellenendendurchmesser des Motors; **V** Wartungsdeckel mit Verstellanzeige; **TGL 12936** Standard

Baugröße	Verstell-bereich	Antriebs-drehzahl	Übersetzung in der Antriebsstufe	Abtrieb (Kennwerte bei $i_2 = 2$)						
				Abtriebsdrehzahl verstellbar zwischen		Drehmoment bei		Übertragungsleistung bei		
a		n_1	i_1	n_2 min.	n_2 max.	n_2 min.	n_2 max.	n_2 min.	n_2 max.	
mm	–	1/min	–	1/min	1/min	kp·m ✦	kp·m ✦	kW	kW	
120	3	1440	1,5	275	825	1,9	1	0,58	0,86	
			2	205	615			0,43	0,65	
	4,5		1,5	225	1013 1)		0,8	0,43	0,86	
			2	168	754			0,32	0,65	
	6		2	145	870		0,6	0,28	0,58	
160	3	1440	1,5	275	825	3,7	1,6	1,05	1,36	
			2	205	615			0,78	1,01	
	4,5		1,5	225	1013 1)		1,3	0,86	1,35	
			2	168	754			0,64	1,00	
	6		2	145	870		1,2	0,55	1,07	
190	3	1440	1,5	275	825	7,3	3,4	2,06	2,88	
			2	205	615			1,54	2,15	
	4,5		1,5	225	1013 1)		2,7	1,69	2,81	
			2	168	754			1,26	2,09	
	6		2	145	870		2,3	1,09	2,06	
248	3	1440	1,5	275	825	11,5	5,6	3,24	4,75	
			2	205	615			2,42	3,54	
	4,5		1,5	225	1013 1)		4,5	2,66	4,68	
			2	168	754			1,98	3,48	
	6		2	145	870		3,9	1,71	3,48	
304	3	1440	1,5	275	825	17,5	8,6	4,94	7,28	
			2	205	615			3,68	5,43	
	4,5		1,5	225	1013 1)	18,2	7,1	4,20	7,40	
			2	168	754			3,14	5,50	
	6		2	145	870		6,2	2,71	5,53	
360	3	1440	1,5	275	825	34,6	15,0	9,78	12,7	
			2	205	615		16,3	7,28	10,3	
	4,5		1,5	225	1013 1)		12,2	8,00	12,7	
			2	168	754		13,4	5,97	10,4	
	6		2	145	870		10,8	5,15	9,64	
430	2,8	1440	2,2	194	543	57	31,8	11,05	17,7	
	4,5		2,2	153	691		23,1	9,0	16,3	
	5,6		2,6	116	650			6,89	15,4	

1) Abtriebsdrehzahlen über 900 1/min nur für kurzzeitigen Betrieb.

Übertragungsleistungen gelten nur für gleichförmigen Betrieb bei Umgebungstemperatur von –15 ... +55 °C.
Wirkungsgrad für Lamellenkettengetriebe = 0,85 ... 0,90.

a   Achsabstand der Kettenräder
i_1 Übersetzung Antriebsstirnrad-Kettenrad
i_2 Übersetzung Kettenrad-Abtriebsstirnrad

✦ Umrechnung in SI-Einheiten erforderlich (s. Abschnitte 8.2.4. und 8.2.5.)

4.2. Kupplungen

4.2.1. Schalenkupplungen, TGL 5850

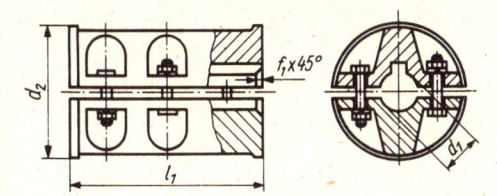

Bezeichnungsbeispiel: **Schalenkupplung A 4,5 – 25 TGL 5850**
Schalenkupplung Benennung; **A** Form; **4,5** Nenndrehmoment; **25** Bohrungsdurchmesser d_1; **TGL 5850** Standard

Form A	für horizontalen Einbau
Form B	für vertikalen Einbau mit Hängering

Nenngröße	Nenndrehmoment	d_1 H7	d_2	f_1	l_1	Drehzahl max.	Zubehör Anzahl	Sechskantschraube TGL 0·601	Sechskantmutter TGL 0·555	Federring TGL 7403	Masse ≈
	N·m	mm	mm	mm	mm	1/min					kg
4,5	45	25	95	0,6	120	1600	4	M12 x 50	M12	A12	4,9
6,3	63	28									4,8
8,5	85	30									4,6
16	160	35	110	1	160	1500	6	M12 x 55			6,4
23,6	236	40									6
35,5	355	45	120		190	1450					9,5
53	530	50									9
80	800	55	125	1,6	200	1250					9,5
118	1180	60	145		220	1100		M16 x 70	M16	A16	16
140	1400	65	160		250	950	8				21
180	1800	70									20
265	2650	80	175		280	900		M16 x 75			26
400	4000	90	200	2,5	310	750		M20 x 90	M20	A20	47
600	6000	100	225		350	650		M24 x 100	M24	A24	63
900	9000	110	240		390	600					75

4.2.2. Starre Scheibenkupplungen, TGL 21611

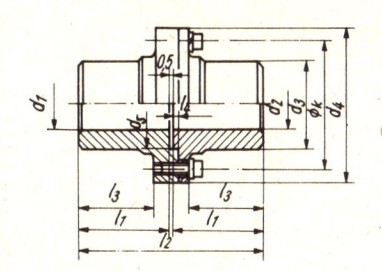

Bezeichnungsbeispiel:
Starre Scheibenkupplung 6,3 – 32H7 P1 – 18v TGL 21611 – GGL
Starre Scheibenkupplung Benennung; **6,3** Nenndrehmoment; **32** Bohrung d_1; **h7** Toleranzfeld; **P1** Nabennut[1]); **18** Bohrung d_2; **v** vorgebohrt; **TGL 21611** Standard; **GGL** Werkstoff

P1 siehe Seite 110 [2])

Nenngröße	Nenndrehmoment	d_1; d_2 Vorgebohrt	Kleinstmaß	Größtmaß	d_3 GGL	GS	d_4	d_5 H8 h8	k	l_1	l_2	l_3	l_4	Zylinderschraube TGL 0·912	Anzahl	Drehzahl max. GGL 1/min	GS 1/min	Masse GGL kg	GS kg
	N·m	mm	mm	mm	mm	mm	mm	mm	mm	mm	mm	mm	mm						
6,3	63	18	19	32	55	50	85	56	70	50	100,5	38	3	M8 x 22	4	6800	10100	2	1,8
16	160	25	28	40	70	60	100	71	85	60	120,5	48	3	M8 x 22	6	5700	8600	2,9	2,5
40	400	30	32	55	95	80	126	100	112	80	160,5	68	3	M8 x 22	8	4500	6800	6,3	4,8
100	1000	42	45	70	120	100	170	125	150	110	220,5	96	3	M10 x 25	8	3400	5100	14,4	10,4
250	2500	55	60	95	155	135	215	160	190	140	280,5	124	4	M12 x 30	10	2700	4000	28,2	21,8
630	6300	85	90	125	200	175	270	200	240	170	340,5	145	4	M16 x 45	10	2100	3200	57,2	45,6
1600	16000	95	100	180	270	225	350	260	310	210	420,5	180	4	M20 x 55	12	1600	2400	120,8	94,3
4000	40000	135	140	250	375	300	480	340	430	250	500,5	214	4	M24 x 70	14	1200	1800	249,2	190,4

4.2. Kupplungen

4.2.3. Elastische Bolzenkupplungen, TGL 38558

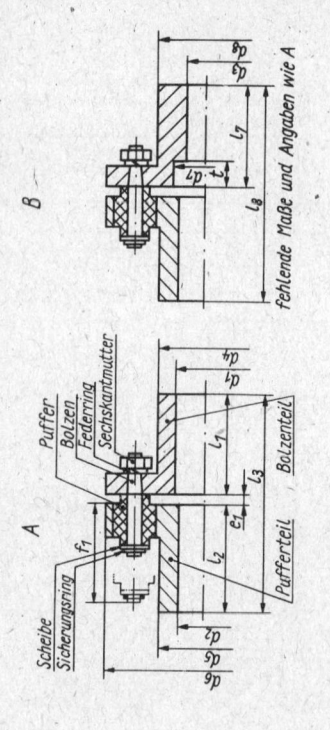

Bezeichnungsbeispiel:
Bolzenkupplung B 1600 – 110M7 – 140H7 P2 – dv – TGL 38558
Bolzenkupplung Benennung: B Bauform; 1600 Nenngröße; 110 Bohrung d_3; M7 Toleranzfeld; 140 Bohrung d_2; H7 Toleranzfeld; P2 Nutangabe [2]; dv Kurzzeichen des Auswuchtzustandes; TGL 38558 Standard

Nenn-größe	Nenndreh-moment M_t	$d_1; d_2$ d_3 vor-gebohrt	$d_1; d_2$ H7; M7 Kleinst-maß	$d_1; d_2$ H7; M7 Größt-maß	d_3 H7; M7	d_4	d_5	d_6 h11	d_7	d_8	e_1 zul. Abw.	Aus-bau-ab-stand f_1	l_2	l_3	l_7	l_8	t	Puffer u. Bolzen Nenn-größe An-zahl		Drehzahl n max. Bau-formen A und B	Masse = kg bei 7,85 kg/dm³ für Bauformen A / B		Bauformen
	N·m	mm	mm	mm	mm	mm	mm	mm	mm	mm	mm	mm	mm	mm	mm	mm	mm			1/min	A	B	
4	40	12	18	32	18	45	42	82	35	45	±1	38	40	93	50	93	14	6	4	5000	1,1	1,2	A;B
6,3	63			38	22	52	50	90	43	52			50	113	60	113	18	8	6	4600	1,4	1,7	A;B
10	100	14	20	42	32	58	56	98	50	60			60	123	80	133	22		8	4300	1,7	2,2	A;B
16	160	16		45	38	62	65	112	64	65	±2	54		145	110	143	28	8	8	4050	2,5	3,2	A;B;C;D[1]
25	250		22	48		70	70	118	72	72			80	165		175			10	3850	3,3	4,1	A;B
40	400	20		55	48	78	85	135	78	78		67		195		195		10	12	3650	4,7	5,8	A;B;C;D[1]
63	630	25	28	65	60	92	95	150	92	94			90	205	140	235	35		8	3500	6,7	7,6	A;B
100	1000		32	75	70	95	115	182	105	108		87		225		255		14	10	3350	10,5	13,8	A;B;C;D[1]
160	1600	35	42	85	80	120	130	205	119	128			110	255	170	285	40	16	12	3200	15,6	19,0	A;B
250	2500	40	45	95	90	135	165	230	146	145	±3	102	140	170				22	10	3100	22,1	27,3	A;B;C;D[1]
400	4000	45	90	110	110	145	175	275	159	158		122	170	255	210	348	45	30	12	3000	31,9	40,9	A;B
630	6300			120	90	165	210	320	178	165		142	210	348		388		42	12	2700	48	64	A;B;C;D[1]
1000	10000	55	110	130	100	175	240	380	–	175	±4	155	250	430		430		65	10	2300	64	85	A;B
1600	16000	65		160	110	210	270	440	–	210		200		510		–	–		12	2000	110	128	A;B;C;D[1]
2500	25000	80		180	–	240	270	510	–	–		280		610		–	–		10	1800	164	–	A;C[1]
4000	40000	100	140	200	–	270	300	630	–	–			300			–	–		6	1600	296	–	A
6300	63000	110		220	–	300	320	660	–	–		326		660		–	–		8	1300	370	–	A
10000	100000	130	160	–	–	335		770	–	–			350			–	–		10	1200	525	–	A

[1] Bauformen C und D siehe Standard
[2] P1 eine Nabennut; P2 zwei Nabennuten 120° versetzt; P3 zwei Nabennuten 180° versetzt

4.2.4. Elastische Klauenkupplungen, TGL 21613/01

Bezeichnungsbeispiel: **Elastische Klauenkupplung A 160 – 50 – 45 P2 – dy – TGL 21613**
Elastische Klauenkupplung Benennung; **A** Form; **160** Nenngröße; **50** Bohrung d_1; **45** Bohrung d_2; **P2** Nabennutangabe (s. Seite 110); **dy** Kurzzeichen des Auswuchtzustandes; **TGL 21613** Standard

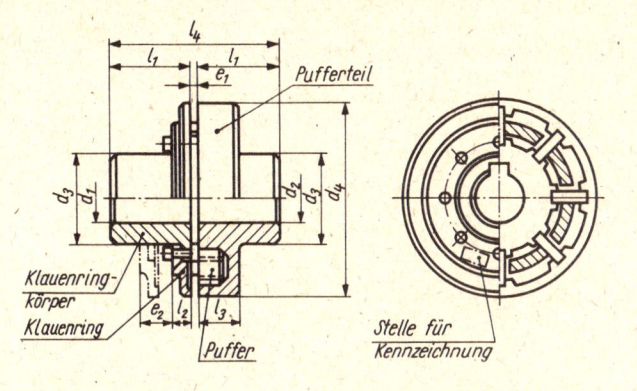

Form	Ausführung
A	Drehspiel zwischen Klauen und Puffer
B	Verringertes Drehspiel zwischen Klauen und Puffer. Für Antriebe mit häufig wechselnder Drehrichtung, starken M_t-Schwankungen und Stoßbelastungen.

Nenn-größe	Nenndreh-moment M_t	d_1; d_2 +0,5 −0,2 vor-gebohrt	d_1; d_2 H7 Kleinst-maß	d_1; d_2 H7 Größt-maß	d_3	d_4 h11	e_1 zul. Abw.	e_2	l_1	l_2	l_3	l_4	Puffer A; B Nenn-größe	Puffer A; B An-zahl	Drehzahl max. n	Masse ≈
	N·m	mm	mm	mm	mm	mm	mm	mm	mm	mm	mm	mm	–	Stück	1/min	kg
25	250	22	25	50	85	100	3 ± 2	36	80	20	50	163	14	6	3200	10,9
40	400	28	30	55	95	200	3 ± 2				55		16		2900	14,1
63	630	30	32	65	105	224		40	110	25	60	223	18	8	2600	19,8
100	1000	35	38	75	120	282		50			70		22		2100	34
160	1600	40	42	85	135	315	4 ± 3	55	140	28	78	224	25	10	1900	47,3
250	2500	48	50	35	155	355		60			85	284	28		1700	66
400	4000	55	60	110	180	400		65		37	92	286	32		1500	106
630	6300	65	70	125	200	450	6 ± 4	72	170	41	100	346	35		1300	130,8
1000	10000	70	75	140	220	500		80		46	110		40		1200	177,9
1600	16000	80	85	160	280	550		85	210	52	118	430	45		1050	268,4
2500	25000	95	100	180	300	630	10 ± 6	100		61	132		50		920	422,3
4000	40000	100	110	200	330	800		130	250	64	170	510	62	12	750	551,8
6300	63000	110	120	220	370	900	16 ±10	147	300	92	190	616	78		650	817,7
10000	100000	130	140	250	420	1000		164	350	80	210	716	80		600	1184,9

Fertigungstechnik

5.1. Urformen durch Gießen

5.1.1. Modelle für Sandformverfahren

Modell- und Schabloneneinrichtungen, TGL 13898/02

Art der Modell- und Schabloneneinrichtung	Bauart	Fertigung nach TGL
Schaumpolystyrol-Modelleinrichtungen	Schaumpolystyrol. Holz für einzelne beanspruchte Konturenteile zulässig.	28840
	Schaumpolystyrol in Gemischtbauweise mit Holz oder Gips	
Schabloneneinrichtungen	Nadelholz ohne Beschlag	29835
	Nadelholz. Arbeitskanten mit PVC-hart, Aluminium- oder Stahlblech beschlagen	
Holzmodelleinrichtungen	Nadelholz ohne Beschlag	29835
	Nadelholz. Beanspruchte Konturen aus Laubholz zulässig. Beschlag mit PVC-hart	
	Laubholz. Stützkonstruktionen aus Nadelholz. Beanspruchte Konturen aus Plast oder Schichtpreßstoff. Beschlag aus PVC-hart oder Schichtpreßstoff.	
	Laubholz. Stützkonstruktionen aus Nadelholz. Beanspruchte Konturen aus Plast, Schichtpreßstoff oder Leichtmetall. Stahlbeschlag	
Plastverkleidete Holzmodelleinrichtungen	Holzgrundkörper mit PVC-hart belegt (aufgeklebt oder verstiftet). Konturen teilweise aus Plast. Keine Armierung	29841
	Holzgrundkörper mit PVC-hart belegt, auch Aluminiumblech möglich. Belag verschraubt, Stoßfugen verschweißt. Beanspruchte Kanten mit Aluminium- oder Stahlblech armiert	
Plastmodelleinrichtungen	PUR-Strukturschaumstoffe	29839
	Gießharz, auch laminiert, ohne metallischen Stützkörper	
	Gießharz auch laminiert mit metallischen Stützkörpern. Beanspruchte Konturen aus Metall	
Metallmodelleinrichtungen	Leichtmetall. Teile aus Gießharz zulässig. Stahlbeschlag	29839
	Leichtmetall mit Stahlbeschlag	
	Aluminiumlegierung. Beanspruchte Konturen aus Eisen- oder Schwermetallen, auch metallgespritzt. Stahlbeschlag	
	Eisen- oder Schwermetalle, thermisch beanspruchte Teile auch metallgespritzt. Kein Beschlag	

Auswahl und Festlegen der Bauart nach
Anzahl der Abformungen, angewandte Form- und Kernherstellungsverfahren, verwendeten Formstoff, Abmessungen und Gestalt des Gußteils, Genauigkeitsanforderungen an das Gußteil, Wartungs- und Instandhaltungsarbeiten an den Urformwerkzeugen.

Fläche		Farbkennzeichnung am Modell
Konturenflächen Teilungsflächen bei Modellen Abstreichflächen an Kernkästen		rot oder rotbraun
Flächen mit Bearbeitungszugabe		gelb oder gelb schraffiert
Sitzflächen von Losteilen		grün
Befestigungsschrauben von auswechselbaren Teilen, Losteilen usw.		schwarz umrandet
Kernmarken und Kerndurchbrüche		schwarz
Flächen für Kühlkokillen und Marken für einzugießende Teile		grün schraffiert
Hohlkehlen, die nicht angebracht werden		schwarzer Strich mit Angabe des Halbmessers
Gießsystem		gelb
Verlorene Köpfe, Speiser, gießereitechnisch bedingte Zugaben, Probenstücke		schwarz beschriftet (Probenstück mit „P" gekennzeichnet)
Dämmleisten und abzudämmende Teile		schwarz schraffiert
Abzudämmende Teile an Kernmarken		gelb schraffiert
Lage der Kerne auf Teilungsflächen	bei einem Kern	schwarz
	bei mehreren sich berührenden Kernen	schwarz mit gelbem unterbrochenem Begrenzungsstrich

5.1.2. Bearbeitungszugaben und Toleranzen für metallische Gußteile

Gußwerkstoff	Schwindmaß %
Aluminium-Gußlegierungen (G-AlMg)	1,25
Aluminium-Gußlegierungen (G-AlSi)	1
Gußeisen mit Kugelgraphit (GGG 40)	0
Gußeisen mit Kugelgraphit (GGG 50)	0,5
Gußeisen mit Kugelgraphit (GGG 60)	1
Gußeisen mit Lamellengraphit	1
Kupferguß	1,85
Kupfergußlegierungen Al-, ZnMn legiert	2
Kupfergußlegierungen Sn-, Zn-, Pb-legiert	1,5
Magnesium-Gußlegierungen	1,25
Stahlguß	2
Stahlguß, CrNi- und Mn-legiert	2,25
Temperguß (E), wärmebehandelt in entkohlter Glühatmosphäre	1,5
Temperguß, wärmebehandelt in neutraler Glühatmosphäre, Zugfestigkeit 35 kp/mm² ✦	0,5
Temperguß, wärmebehandelt in neutraler Glühatmosphäre, Zugfestigkeit ab 45 kp/mm² ✦	1

Richtwerte der Aushebeschrägen für Konturen, TGL 13898/01

Höhe der Konturen	über mm	–	16	25	60	100	160	250	300	400	630
	bis mm	16	25	60	100	160	250	300	400	630	1000
Aushebeschräge		3°	2°	1°30'	1°	0°45'	0°30'	2 mm	3 mm	4 mm	5 mm

Der Richtwert für Aushebeschrägen der Kernmarken beträgt 10°.

5.1.2. Bearbeitungszugaben und Toleranzen für metallische Gußteile

Darstellen der Bearbeitungszugaben C und der Toleranz am unbearbeiteten Gußteil

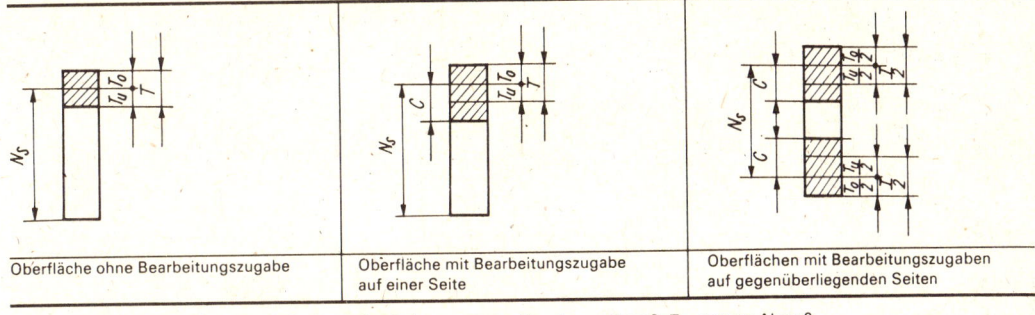

Oberfläche ohne Bearbeitungszugabe	Oberfläche mit Bearbeitungszugabe auf einer Seite	Oberflächen mit Bearbeitungszugaben auf gegenüberliegenden Seiten

N_S Nennmaß des unbearbeiteten Gußteils, C Bearbeitungszugabe, T_o oberes Abmaß, T_u unteres Abmaß

Maßabweichungen für Feingußteile aus Stahlguß, TGL 14405

Nennmaßbereiche Längen, Breiten, Höhen, Durchmesser, Rundungen, Mittenabstände		Maßabweichungen
über mm	bis mm	mm
–	6	± 0,2
6	20	± 0,3
20	32	± 0,4
32	50	± 0,5
50	80	± 0,6
80	125	± 0,7
125	200	± 0,8

Nennmaßbereiche für kürzeren Schenkel		Winkelabweichungen
über mm	bis mm	
–	32	± 1°
32	80	± 45'
80	200	± 30'

✦ Umrechnung in SI-Einheiten erforderlich (s. Abschnitte 8.2.4. und 8.2.5.)

5.1. Urformen durch Gießen

Bearbeitungszugaben und Toleranzen für Stahlgußteile, TGL 10412

Nennmaßbereiche Längen, Breiten, Höhen Durchmesser, Rundungen, Mittenabstände		Bearbeitungszugaben C in mm für seitliche und untere Lage der Außenfläche beim Gießen					Maßabweichungen in mm $+T_o, -T_u$				
über mm	bis mm	Genauigkeitsklassen					Genauigkeitsklassen				
		I	II	III	IV	V	I	II	III	IV	V
–	40	–	–	–	–	–	1,0	1,5	2,0	3,0	4,0
40	160	2,5	3,0	–	–	–	1,5	2,0	3,0	4,0	5,0
160	250	3,0	4,0	5,0	–	–	2,0	2,5	3,5	4,0	5,0
250	400	3,5	4,5	5,5	–	–	2,5	3,0	4,0	5,0	6,0
400	630	4,5	5,5	6,6	–	–	3,5	4,0	5,0	6,0	7,5
630	1000	5,5	6,5	7,5	8,5	–	4,5	5,0	6,0	7,5	9,0
1000	1600	6,0	7,5	9,0	10,0	–	5,0	6,0	7,5	9,0	11,0
1600	2500	7,0	9,0	10,5	13,5	15,0	6,0	7,5	9,0	11,0	14,0
2500	4000	8,5	10,5	12,5	16,0	18,0	7,5	9,0	11,0	14,0	16,0
4000	5000	–	–	16,0	18,0	22,0	–	–	14,0	16,0	20,0
5000	6300	–	–	–	24,0	28,0	–	–	–	22,0	26,0
6300	8000	–	–	–	30,0	34,0	–	–	–	28,0	32,0

Maßabweichungen für obere Flächen in Gießlage dürfen Tafelwerte um 50 % übersteigen.

Bearbeitungszugaben für Bohrungen und Durchbrüche bei Stahlgußteilen, TGL 10412

Nennmaße größter Innendurchmesser oder größtes Innenmaß		Zugaben je Fläche in mm Längen der Bohrungen und Durchbrüche mm							
		über							
		250	400	630	1000	1600	2000	2500	
über mm	bis mm	bis							
		250	400	630	1000	1600	2000	2500	3200
–	80	voll gegossen							
80	160	7	9	–	–	–	–	–	–
160	250	8	10	12	14	16	–	–	–
250	400	9	11	13	15	17	19	21	23
400	630	10	12	14	16	18	20	22	24
630	1000	11	13	15	17	19	21	23	25
1000	1600	13	15	17	19	21	23	25	27
1600	2000	15	17	19	21	23	25	27	29
2000	2500	17	19	21	23	25	27	29	31
2500	3200	19	21	23	25	27	29	31	33
3200	4000	21	23	25	27	29	31	33	35

Geringere Zugaben nach Vereinbarung mit dem Hersteller.

Bearbeitungszugaben und Toleranzen für Gußeisen, TGL 10412

Nennmaßbereiche Längen, Breiten, Höhen Durchmesser, Rundungen, Mittenabstände		Bearbeitungszugaben C in mm für seitliche und untere Lage der Außenflächen beim Gießen					Maßabweichungen in mm $+T_o, -T_u$				
über mm	bis mm	Genauigkeitsklassen					Genauigkeitsklassen				
		I	II	III	IV	V	I	II	III	IV	V
–	40	–	–	–	–	–	1,0	1,5	2,0	2,0	3,0
–	100	2,0	2,5	–	–	–	–	–	–	–	–
40	160	–	–	–	–	–	1,0	2,0	2,5	3,0	3,5
100	250	2,5	3,0	–	–	–	–	–	–	–	–
160	250	–	–	–	–	–	1,5	2,0	2,5	3,0	3,5
250	400	3,0	3,0	4,0	–	–	2,0	2,5	3,0	3,5	4,0
400	630	3,5	4,0	4,0	5,0	–	2,5	3,0	3,5	4,0	5,0
630	1000	4,0	5,0	5,0	6,0	–	3,0	3,5	4,0	5,0	6,0
1000	1600	4,5	5,5	6,0	7,0	–	3,5	4,0	5,0	6,0	8,0
1600	2500	5,0	6,5	7,5	9,0	11,0	4,0	5,0	6,0	7,5	9,5
2500	4000	6,0	7,5	9,0	11,5	13,0	5,0	6,0	7,5	9,5	11,0
4000	5000	–	–	11,0	14,0	15,0	–	–	9,5	12,0	13,0

Bearbeitungszugaben für obere Flächen in Gießlage sowie für Bohrungen und Durchbrüche dürfen die Tafelwerte bis 50 % überschreiten.

5.1.2. Bearbeitungszugaben und Toleranzen für metallische Gußteile

Nennmaßbereiche		Maßabweichungen in mm für Wanddicken und Dicken von Stegen, Rippen und Platten				
		Genauigkeitsklassen				
über mm	bis mm	I	II	III	IV	V
–	10	+2,0 / –1,0	+2,0 / –1,0	+2,0 / –2,0	+3,0 / –3,0	+3,0 / –3,0
10	25	+2,0 / –1,0	+2,0 / –2,0	+3,0 / –3,0	+3,0 / –3,0	+4,0 / –4,0
25	50	+2,0 / –2,0	+3,0 / –3,0	+4,0 / –4,0	+5,0 / –5,0	+6,0 / –6,0
50	100	+3,0 / –3,0	+4,0 / –4,0	+5,0 / –5,0	+6,0 / –6,0	+7,0 / –7,0
100	160	+5,0 / –5,0	+6,0 / –6,0	+7,0 / –7,0	+8,0 / –8,0	+9,0 / –9,0

Bearbeitungszugaben und Toleranzen für Leichtmetall-Gußlegierungen, TGL 13657

Nennmaßbereiche Längen, Breiten, Höhen, Durchmesser, Rundungen, Mittenabstände		Bearbeitungszugaben C in mm für seitliche und untere Lage der Außenfläche beim Gießen			Maßabweichungen in mm $+T_o, -T_u$		
		Genauigkeitsklassen			Genauigkeitsklassen		
über mm	bis mm	I	II	III	I	II	III
–	40	–	–	–	0,6	1,5	2,5
–	100	1,5	–	–	–	–	–
40	160	–	–	–	0,8	1,5	3,0
100	160	1,5	2,5	–	–	–	–
160	250	2,0	2,5	–	1,0	2,0	3,0
250	400	2,5	3,0	–	1,5	2,5	3,5
400	630	2,5	3,5	–	2,0	3,0	3,5
630	1000	3,0	4,5	–	2,0	3,5	4,5
1000	1600	3,0	5,0	5,5	2,5	4,0	5,0
1600	2000	–	6,0	7,5	–	5,0	6,5
2000	2500	–	–	9,0	–	–	8,0

Bearbeitungszugaben für obere Flächen in Gießlage sowie für Bohrungen und Durchbrüche dürfen die Tafelwerte bis 25 % überschreiten.
Bearbeitungszugaben für dekoratives Schleifen und/oder Polieren für alle Nennmaßbereiche 0,5 mm bei Gußteilen aus nichtmetallischen und 0,3 mm bei Gußteilen aus metallischen Formen.

Bearbeitungszugaben und Toleranzen für Kupfer-Gußlegierungen, TGL 13656

Nennmaßbereiche Längen, Breiten, Höhen, Durchmesser, Rundungen, Mittenabstände		Bearbeitungszugaben C in mm für seitliche und untere Lage der Außenfläche beim Gießen			Maßabweichungen in mm $+T_o, -T_u$		
		Genauigkeitsklassen			Genauigkeitsklassen		
über mm	bis mm	I	II	III	I	II	III
–	40	1,5	–	–	0,5	1,5	2,0
40	160	1,5	–	–	1,0	2,0	2,5
160	250	2,0	2,5	–	1,0	2,0	3,0
250	400	2,0	3,0	–	1,0	2,5	3,5
400	630	2,5	3,0	4,0	1,5	2,5	3,5
630	1000	3,0	4,5	5,0	2,0	3,5	4,5
1000	1600	3,0	5,0	6,0	2,5	4,0	5,5
1600	2000	–	6,0	7,0	–	5,0	6,5
2000	2500	–	–	8,0	–	–	7,5

Bei Cu-Pb-Legierungen sind ab 10 % Pb Erhöhungen der Bearbeitungszugaben um 1,5 mm zulässig.
Guß-Aluminium-Bronze und Guß-Sondermessing können für obenliegende Flächen eine bis 100 % höhere Bearbeitungszugabe erhalten.
Bearbeitungszugaben für obenliegende Flächen in Gießlage sowie für Bohrungen und Durchbrüche dürfen die Tafelwerte bis 25 % überschreiten.
Bearbeitungszugaben für dekoratives Schleifen 0,8 mm, bei Kokillenguß 0,5 mm.

5.1. Urformen durch Gießen

Maßabweichungen für Druckgußteile, TGL 14413

Genauigkeitsklasse	Druckgußwerkstoff
I	Zn-Legierung nach Vereinbarung
II	Zn-Legierung, Al- und Mg-Legierung nach Vereinbarung
III	Al- und Mg-Legierung, Cu-Legierung nach Vereinbarung
IV	Cu-Legierung

Genauigkeitsklasse	Maße
I 1 bis IV 1	formgebunden
I 2 bis IV 2	nichtformgebunden

Raumdiagonale des Gußteils		Genauigkeitsklasse		Nennmaßbereiche in mm für Längen, Breiten, Höhen, Durchmesser, Rundungen und Mittenabstände					
				–	über 25	40	60	100	160
				bis 25	40	60	100	160	250
über mm	bis mm			Maßabweichungen ± mm					
–	60	I	I 1	0,06	0,10	0,12	–	–	–
			I 2	0,08	0,13	0,16	–	–	–
		II	II 1	0,10	0,15	0,20	–	–	–
			II 2	0,15	0,20	0,25	–	–	–
		III	III 1	0,15	0,20	0,25	–	–	–
			III 2	0,20	0,30	0,35	–	–	–
		IV	IV 1	0,20	0,30	0,40	–	–	–
			IV 2	0,30	0,40	0,50	–	–	–
60	250	I	I 1	0,10	0,12	0,15	0,20	0,25	0,30
			I 2	0,13	0,16	0,20	0,25	0,35	0,40
		II	II 1	0,15	0,20	0,25	0,30	0,35	0,40
			II 2	0,20	0,25	0,30	0,40	0,50	0,60
		III	III 1	0,20	0,25	0,30	0,35	0,45	0,55
			III 2	0,25	0,35	0,40	0,50	0,60	0,70
		IV	IV 1	0,30	0,40	0,50	0,60	0,70	0,80
			IV 2	0,40	0,50	0,70	0,80	0,90	1,00

Raumdiagonale des Gußteils		Genauigkeitsklasse		Nennmaßbereiche in mm für Wanddicken und Rippen		
				–	über 3 bis 6	6
				3	6	–
über mm	bis mm			Maßabweichungen ± mm		
–	60	I	I 1	0,08	0,10	0,15
			I 2	0,10	0,15	0,20
		II	II 1	0,10	0,15	0,20
			II 2	0,20	0,25	0,30
		III	III 1	0,15	0,20	0,25
			III 2	0,25	0,30	0,35
		IV	IV 1	0,20	0,25	0,30
			IV 2	0,30	0,40	0,50
60	250	I	I 1	0,10	0,15	0,20
			I 2	0,15	0,20	0,30
		II	II 1	0,15	0,20	0,25
			II 2	0,25	0,30	0,35
		III	III 1	0,20	0,25	0,30
			III 2	0,30	0,35	0,45
		IV	IV 1	0,25	0,30	0,35
			IV 2	0,40	0,50	0,60

Genauigkeitsklasse		Nennmaßbereiche in mm bezogen auf kürzeren Schenkel				
		–	über 25	40	60	100
		25	40	bis 60	100	–
von	bis	Winkelabweichungen ±				
I 1	IV 1	1°	45′	30′	20′	10′
I 2	IV 2	2°	1°30′	1°	40′	20′

5.1.3. Fertigungsbedingte Maßungenauigkeiten für Teile aus Plast, TGL 22240

Formstoff der Formteile		Urformverfahren	Maßbereich mm	R_F-Werte in Klassen				
				Maße ohne Toleranzangabe	Maße mit Toleranzangabe		Wanddicken mit Toleranzangabe in Öffnungsrichtung des Werkzeugs	
				vereinbarungsfrei	vereinbarungsfrei	vereinbarungspflichtig	vereinbarungsfrei	vereinbarungspflichtig
Duroplast	Phenolharzpreßmassen mit Holzmehl-Füllstoff	Formpressen	1 ... 500	14 ... 16	12 ... 14	11	14, 15	12, 13
		Spritzpressen	1 ... 120	13 ... 15	11 ... 13	10	13, 14	11, 12
		Spritzgießen	1 ... 250					
	Phenolharzpreßmassen mit Textilschnitzel Füllstoff	Formpressen	1 ... 500	15, 16	13 ... 15	11, 12	15, 16	13, 14
	Phenolharzpreßmassen mit Glasfaser-Füllstoff			13 ... 15	12, 13	10, 11	13, 14	11, 12
	Melaminharzpreßmassen mit Zellstoff-Füllstoff	Formpressen	1 ... 250	15, 16	13 ... 15	12	15, 16	13, 14
		Spritzpressen	1 ... 120	14 ... 16	12 ... 14	11	14, 15	12, 13
Thermoplast	Styrol-Polymerisatmischung	Spritzgießen	1 ... 500	13 ... 15	11 ... 13	10	13, 14	11, 12
	Styrol-Mischpolymerisate							
	Acrylnitril-Butadin-Styrol-Polymere							
	Polyäthylen mittl. Dichte			14, 15	13, 14	11, 12	14, 15	12, 13
	Polypropylen			14 ... 16				
	Polyamid			15, 16	14, 15	12, 13	15, 16	13, 14

R_F formstoff- und verfahrensbedingte Fertigungsunsicherheiten

Klasse	Maßbereiche in mm							
					über			
	1	3	6	10	18	30	50	80
					bis			
	3	6	10	18	30	50	80	100
	R_F-Werte mm							
10	0,04	0,05	0,06	0,07	0,08	0,10	0,12	0,14
11	0,06	0,08	0,09	0,11	0,13	0,16	0,19	0,22
12	0,10	0,12	0,15	0,18	0,21	0,25	0,30	0,35
13	0,14	0,18	0,22	0,27	0,33	0,39	0,46	0,54
14	0,25	0,30	0,36	0,43	0,52	0,62	0,74	0,87
15	0,40	0,48	0,58	0,70	0,84	1,00	1,20	1,40
16	0,60	0,75	0,90	1,10	1,30	1,60	1,90	2,20
17	0,90	1,20	1,50	1,80	2,10	2,50	3,00	3,50
18	1,40	1,80	2,20	2,70	3,30	3,90	4,60	5,40

Gültig für Plastformteile, die in Formpreß-, Spritzpreß- und Spritzgießverfahren hergestellt werden.

5.2. Umformen

5.2. Umformen

5.2.1. Abkanten

Biegehalbmesser mm	Mindestschenkellänge beim maschinellen Abkanten bei Blechdicke mm						
	1	1,5	2,5	4 mm	6	10	16
1	4	–	–	–	–	–	–
1,2	4	6	–	–	–	–	–
1,6	4	6	–	–	–	–	–
2	6	6	–	–	–	–	–
2,5	6	6	8	–	–	–	–
3	6	8	10	–	–	–	–
4	8	8	10	12	–	–	–
5	8	8	10	14	–	–	–
6	8	10	12	14	18	–	–
8	10	12	14	16	22	–	–
10	12	14	16	18	22	32	–
12	14	16	18	20	25	36	–
16	18	20	22	25	28	40	55
20	22	25	25	28	32	40	60
25	–	28	32	40	40	45	60
32	–	–	40	40	45	55	70
40	–	–	45	50	55	60	80
50	–	–	–	60	60	80	90

5.2.2. Biegen

Biegewinkel α Öffnungswinkel β	Zugfestigkeit		Biegerichtung	Kleinstzulässige Biegehalbmesser bei Blechdicke mm						
	über	bis		1	1,5	2,5	4	6	10	16
	kp/mm² ✦		–	mm						
$\alpha > 120°$ $\beta < 60°$	–	42	quer längs	1,6	2,5	3	6 8	10 12	20 25	40 40
	42	52	quer längs	2	3	4	8 10	12 16	25 32	40 50
	52	65	quer längs	2,5	4	5	8 10	12 16	25 32	50 50
$\alpha > 75°$ bis 120° $\beta < 105°$ bis 60°	–	42	quer längs	1	1,6	2,5	5 6	8 10	16 20	32 32
	42	52	quer längs	1,2	2	3	5 6	10 12	20 25	32 40
	52	65	quer längs	1,6	2,5	4	6 8	10 12	20 25	40 40
$\alpha > 30°$ bis 75° $\beta < 150°$ bis 105°	–	42	quer längs	1	1,6	2,5	4	6 8	12 16	25 32
	42	52	quer längs	1	1,6	2,5	4	8 10	16 20	32 40
	52	65	quer längs	1,2	2	3	5 6	8 10	16 20	32 40
$\alpha \geq 30°$ $\beta \leq 150°$	–	42	quer	1	1,2	2,5	4	6	10	16
	42	52	quer	1	1,2	2,5	4	6	12	20
	52	65	quer	1,2	1,6	3	5	8	12	20

✦ Umrechnung in SI-Einheiten erforderlich (s. Abschnitte 8.2.4. und 8.2.5.)

5.2.2. Biegen

Biegewinkel α / Öffnungswinkel β	Dicke mm	Ausgleichswerte v bei Biegehalbmesser mm										
		1	1,6	2,5	4	6	10	16	25	40	60	100
α = 30° β = 150°	1	− 0,4	− 0,3	− 0,3	− 0,3	− 0,4	− 0,4	− 0,5	− 0,6	− 0,8	− 1,0	− 1,5
	1,5		− 0,6	− 0,5	− 0,5	− 0,5	− 0,5	− 0,6	− 0,7	− 0,9	− 1,1	− 1,6
	2,5			− 1,0	− 0,9	− 0,9	− 0,8	− 0,9	− 1,0	− 1,2	− 1,4	− 1,9
	4				− 1,6	− 1,5	− 1,3	− 1,3	− 1,4	− 1,6	− 1,8	− 2,3
	6					− 2,3	− 2,1	− 2,0	− 2,0	− 2,1	− 2,4	− 2,9
	10						− 3,9	− 3,5	− 3,1	− 3,2	− 3,5	− 4,0
	16							− 6,3	− 5,9	− 5,3	− 5,5	− 5,6
α = 60° β = 120°	1	− 0,9	− 0,9	− 1,0	− 1,1	− 1,3	− 1,7	− 2,4	− 3,3	− 4,9	− 7,1	− 11,4
	1,5		− 1,3	− 1,4	− 1,5	− 1,6	− 2,0	− 2,6	− 3,6	− 5,3	− 7,4	− 11,7
	2,5			− 2,2	− 2,3	− 2,5	− 2,7	− 3,3	− 4,3	− 5,9	− 8,0	− 12,3
	4				− 3,8	− 3,8	− 3,8	− 4,2	− 5,2	− 6,8	− 9,0	− 13,3
	6					− 5,7	− 5,5	− 5,8	− 6,5	− 8,1	− 10,2	− 14,5
	10						− 9,5	− 9,6	− 10,6	− 12,8	− 17,1
	16							− 15,3	− 15,2	− 17,4	− 20,9
α = 90° β = 90°	1	− 2,0	− 2,1	− 2,4	− 2,9	− 3,8	− 5,5	− 8,1	− 11,9	− 18,4	− 27,0	− 44,1
	1,5		− 2,9	− 3,1	− 3,7	− 4,4	− 6,1	− 8,7	− 12,6	− 19,0	− 27,6	− 44,7
	2,5			− 4,8	− 5,2	− 6,0	− 7,3	− 9,9	− 13,8	− 20,2	− 28,8	− 45,9
	4				− 8,4	− 9,5	− 11,7	− 15,6	− 22,0	− 30,6	− 47,8
	6						− 12,5	− 14,1	− 18,0	− 24,5	− 32,3	− 50,2
	10							− 20,6	− 23,7	− 29,3	− 37,9	− 55,1
	16								− 37,9	− 46,6	− 62,4
α = 120° β = 60°	1	− 1,3	− 1,0	− 0,8	− 0,6	− 0,4	0,0	+ 0,6	+ 1,4	+ 2,8	+ 4,7	+ 8,5
	1,5		− 1,8	− 1,5	− 1,2	− 0,9	− 0,5	+ 0,1	+ 0,9	+ 2,4	+ 4,2	+ 8,0
	2,5			− 3,2	− 2,5	− 2,3	− 1,4	− 0,9	0,0	+ 1,4	+ 3,3	+ 7,1
	4				− 4,5	− 3,3	− 2,3	− 1,5	0,0	+ 1,9	+ 5,6
	6						− 6,0	− 4,8	− 3,4	− 1,9	− 0,1	+ 3,7
	10							− 10,1	− 8,2	− 5,8	− 3,9	− 0,1
	16								− 14,1	− 11,3	− 5,8
α = 150° β = 30°	1	− 0,6	0,0	+ 0,7	+ 1,8	+ 3,0	+ 5,5	+ 9,2	+ 14,8	+ 24,0	+ 36,4	+ 61,1
	1,5		− 0,6	+ 0,1	+ 1,2	+ 2,7	+ 5,1	+ 8,9	+ 14,4	+ 23,7	+ 36,0	+ 60,7
	2,5			− 1,5	+ 0,1	+ 1,3	+ 4,5	+ 8,2	+ 13,7	+ 23,0	+ 35,4	+ 60,0
	4					− 0,6	+ 2,9	+ 7,1	+ 12,7	+ 22,0	+ 34,3	+ 59,0
	6						+ 0,5	+ 4,9	+ 11,3	+ 20,6	+ 32,2	+ 57,7
	10							+ 0,4	+ 7,2	+ 17,8	+ 30,9	+ 54,9
	16									+ 11,5	+ 23,8	+ 50,7
α = 180° β = 0°	1	+ 0,3	+ 1,1	+ 2,3	+ 4,1	+ 6,4	+ 11,0	+ 17,8	+ 28,1	+ 45,2	+ 68,1	+ 113,7
	1,5		+ 0,5	+ 1,7	+ 3,7	+ 6,2	+ 10,8	+ 17,6	+ 27,9	+ 45,0	+ 67,9	+ 113,5
	2,5			+ 0,2	+ 2,7	+ 5,4	+ 10,4	+ 17,2	+ 27,5	+ 44,6	+ 67,4	+ 113,1
	4				+ 3,2	+ 9,1	+ 16,6	+ 26,8	+ 43,9	+ 66,8	+ 112,4
	6						+ 7,0	+ 14,8	+ 26,0	+ 43,1	+ 65,9	+ 111,6
	10							+ 10,8	+ 22,7	+ 41,4	+ 64,2	+ 109,9
	16									+ 36,3	+ 59,1	+ 107,3

Zugfestigkeit		Zulässige Abweichung für Biegehalbmesser bei Blechdicke mm		
über	bis	bis 2,5	3 bis 7	über 8
kp/mm² ✦		mm		
−	42	+ 0,5	+ 1	+ 1,5
42	52	+ 0,8	+ 1,5	+ 2
52	65	+ 1	+ 2	+ 3

Mindestschenkellänge mm	bis 4 mm	6 bis 8 mm	10 bis 18 mm	20 bis 90 mm
Zulässige Abweichung	+ 1 / − 0,5	+ 1,6 / − 1	+ 2 / − 1	+ 3 / − 1

Radien, Vorzugswerte; TGL 39659

	Radien in mm
Reihe 1	0,1; 0,16; 0,25; 0,4; 0,6; 1; 1,6; 2,5; 4; 6; 10; 16; 25; 40; 63; 100; 160; 250
Reihe 2	0,1; 0,12; 0,16; 0,2; 0,25; 0,3; 0,4; 0,5; 0,6; 0,8; 1; 1,2; 1,6; 2; 2,5; 3; 4; 5; 6; 8; 10; 12; 16; 20; 25; 32; 40; 50; 63; 80; 100; 125; 160; 200; 250

Bei der Wahl der Radien ist die Reihe 1 der Reihe 2 vorzuziehen.

✦ Umrechnung in SI-Einheiten erforderlich (s. Abschnitte 8.2.4. und 8.2.5.)

5.2. Umformen

Blechdicke mm	Biegeradius —	Rückfederungswinkel beim rechtwinkligen Biegen		
		Stahl, weich / Messing, weich / Aluminium, Zink	Stahl, mittelhart / Messing, hart / Bronze, hart	Stahl, hart
bis 0,8	< s	3 ... 4°	4 ... 5°	6 ... 7°
	s ... 5s	4 ... 5°	5 ... 6°	8 ... 9°
	> 5s	5 ... 6°	7 ... 8°	10 ... 12°
0,8 ... 2	< s	2°	2 ... 3°	3 ... 5°
	s ... 5s	3 ... 4°	3 ... 5°	3 ... 7°
	> 5s	4 ... 5°	5 ... 7°	7 ... 9°
2 ... 5	< s	0 ... 1°	0 ... 2°	2 ... 3°
	s ... 5s	1 ... 2°	1 ... 3°	3 ... 5°
	> 5s	2 ... 4°	3 ... 5°	5 ... 7°
über 5	< s	0°	0°	2°
	s ... 5s	1°	1°	3°
	> 5s	2°	2°	4°

5.2.3. Schmieden

Werkstoff	Mittlere Schmiedetemperatur °C	Formänderungsfestigkeit kp/mm² ✦	Werkstoff	Mittlere Schmiedetemperatur °C	Formänderungsfestigkeit kp/mm² ✦
Aluminium	500	1,2	Al-Mg-Si-Legierungen	450	2,7
Al-Cu-Mg-Legierungen	440	5,2	Kupfer	850	4,0
Al-Mg-Legierungen	400	6,8	Messing	750	2,0
			Mg-Legierungen	380	5,8
			Reinst-Aluminium	450	2,0

Schmiedefarbe	Schmiedetemperatur °C	Bemerkungen
Blauschwarz	250 ... 300	Bruchgefahr
Blaugrau	350 ... 425	
Rot (im Dunkeln)	450 ... 525	geringe Umformungen
Dunkelrot	550 ... 700	
Dunkelkirschrot	700 ... 780	Schmieden und Härten
Kirschrot	780 ... 825	von Werkzeugstählen
Hellkirschrot	825 ... 850	
Hellrot	875	Baustähle
Gelbrot	950	
Orange	1000	legierte Stähle
Gelb	1200	
Weiß	1300	Feuerschweißen
Weiß mit Sprühfunken	über 1400	Stahl verbrennt

Anlaßfarbe	Temperatur °C	Anwendung[1]
Blaßgelb	200	Meßzeuge
Hellgelb	220	Werkzeuge für harte Metalle, Bohrer
Dunkelgelb	240	Gewindebohrer, Arbeitsstähle, Fräser
Gelbbraun	250	Körner
Braunrot	260	Schneid- und Scherwerkzeuge, Hämmer
Purpurrot	270	Meißel
Violett	290	Federn
Kornblumenblau	300	Holzbearbeitungswerkzeuge, Äxte, Federn
Hellblau	310	Metallsägen
Graublau	320	Feilen
Grau	330	Gesenke, Nietwerkzeuge

[1] Die Anlaßfarben entsprechen nicht immer den genannten Temperaturen, da sie vom Werkstoff und von der Erwärmungsgeschwindigkeit abhängen.

Nennmaß	mm	von —	120	250	500
		bis 120	250	500	1000
Zulässige Abweichung für Freiformschmiedestücke	mm	+ 5 / − 2,5	+ 6 / − 3	+ 10 / − 5	+ 15 / − 5

✦ Umrechnung in SI-Einheiten erforderlich (s. Abschnitte 8.2.4. und 8.2.5.)

5.2.3. Schmieden

Zulässige Maßabweichungen für Gesenkschmiedestücke aus Stahl, TGL 13374/10

Gültigkeit: für Gesenkschmiedestücke, die bei Warmformgebungstemperatur hergestellt werden.

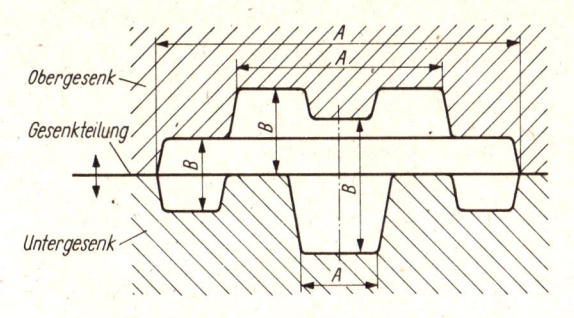

A werkzeuggebundene Maße, durch eine Gesenkhälfte bestimmt

B nichtwerkzeuggebundene Maße, durch beide Gesenkhälften bestimmt

Alle Maße in mm

Masse der Endform		Genauigkeitsklasse	Größtes Maß der Endform (Länge, Breite, Höhe oder Durchmesser) über / bis																		
			– / 25		25 / 40		40 / 60		60 / 100		100 / 160		160 / 250		250 / 400		400 / 630		630 / 1000		1000 / 1600	
			Größe der Maßtoleranz bei Maßart																		
über kg	bis kg		A	B	A	B	A	B	A	B	A	B	A	B	A	B	A	B	A	B	A	B
–	0,4	I	0,4	0,4	0,6	0,6	0,6	0,8	0,8	–	1	–	1	–	1,2	–	1,4	–	–	–	–	–
		II	0,8	0,8	1	1	1	1,2	1,2	–	1,4	–	1,6	–	2	–	2,4	–	–	–	–	–
		III	1,2	1,2	1,6	1,6	1,6	2	2	–	2,4	–	2,8	–	3,2	–	3,6	–	–	–	–	–
0,4	1	I	0,6	0,6	0,8	0,8	0,8	1	1	–	1,2	–	1,2	–	1,4	–	1,6	–	–	–	–	–
		II	1	1	1,2	1,2	1,2	1,4	1,4	–	1,6	–	1,8	–	2,2	–	2,6	–	–	–	–	–
		III	1,6	1,6	2	2	2	2,4	2,4	–	2,8	–	3,2	–	3,6	–	4	–	–	–	–	–
1	2,5	I	0,8	0,8	1	1	1	1,2	1	–	1,4	–	1,2	–	1,6	–	1,8	–	–	–	–	–
		II	1,2	1,2	1,4	1,4	1,4	1,6	1,6	–	1,8	–	2	–	2,4	–	2,8	–	–	–	–	–
		III	2	2	2,4	2,4	2,4	2,8	2,8	–	3,2	–	3,6	–	4	–	4,4	–	–	–	–	–
2,5	6,3	I	1	1	1	1,2	1	1,4	1,2	–	1,6	1,4	1,8	1,6	–	1,8	–	2	–	2,4	–	–	–
		II	1,4	1,6	1,6	1,8	1,6	2	2,2	–	2,2	2,6	2,4	–	2,8	–	3,2	–	3,8	–	–	–
		III	2,4	2,4	2,8	2,8	2,8	3,2	3,2	–	3,6	3,6	4	4	–	4,4	–	5	–	6	–	–	–
6,3	16	I	1,2	1,2	1,2	1,4	1,2	1,6	1,4	–	1,8	1,6	2	–	1,8	2,2	2	–	2,2	–	2,6	–	–
		II	1,8	2	2	2,2	2	2,4	2,2	–	2,6	2,4	3	–	2,8	3,4	3,2	–	3,6	–	4,2	–	–
		III	2,8	3	3,2	3,4	3,2	3,8	3,6	–	4,2	4	4,6	–	4,4	5,2	5	–	6	–	7	–	–
16	40	I	–	–	1,4	1,4	1,4	1,8	1,6	2	1,8	2,2	2	2,4	2,2	–	2,6	–	3	–	4	–	–
		II	–	–	2,4	2,6	2,4	2,8	2,6	3	2,8	3,4	3,2	3,8	3,6	–	4	–	4,8	–	6	–	–
		III	–	–	3,6	4	3,6	4,4	4	4,8	4,4	5,2	5	6	6	–	7	–	8	–	10	–	–
40	100	I	–	–	–	–	–	–	–	–	–	–	–	–	–	–	–	–	–	–	–	–
		II	–	–	–	–	–	3,2	3	3,4	3,2	3,8	3,6	4,2	4	4,8	4,6	–	5,6	–	7	–	–
		III	–	–	–	–	–	5	4,4	5,4	5	6	6	7	7	8	8	–	9	–	11	–	–

Kleinere Maßtoleranzen, z. B. für präzisionsgeschmiedete oder nachträglich kaltgeprägte Gesenkschmiedestücke, dürfen zwischen Besteller und Hersteller vereinbart werden.

	Maße (Länge, Breite, Höhe, Durchmesser usw.)		
	ohne Bearbeitungszugabe	mit Bearbeitungszugabe	
		Außenmaße	Innenmaße
Maßtoleranz	gleichmäßig nach ± verteilt	nur +	nur –

5.3. Trennen

5.2.4. Tiefziehen

Werkstoff	Tiefziehverhältnis	
	1. Zug	Folgezüge
Aluminium, Dural	0,8	0,8
legiert	0,48	0,8
weich	0,55	0,75
Kupfer	0,6	0,8
Messing	0,55	0,8
Stahl		
Ziehblech	0,6	0,75
Tiefziehblech	0,55	0,75
Karosserieblech	0,55	0,75
nichtrostend	0,55	0,75
verzinnt (Weißblech)	0,6	0,8
einfach	0,6	
Zink	0,6	0,85

Bereich 1 erster bis vorletzter Zug von Stahl und Zink
Linie   2 erster bis vorletzter Zug außer Stahl und Zink, letzter Zug von Stahl und Zink
Linie   3 letzter Zug außer Stahl und Zink

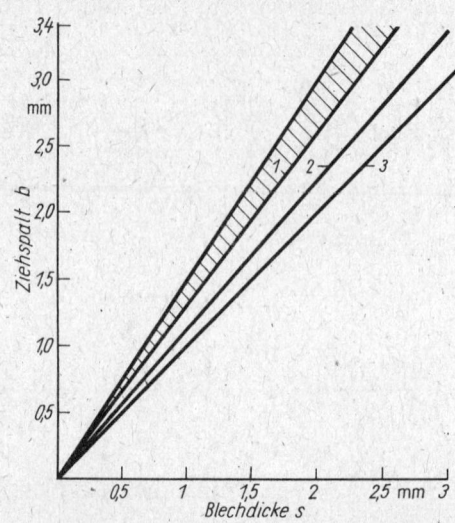

Werkstoff	Niederhalterdruck kp/mm^2 ✦
Aluminium, legiert	0,12 ... 0,15
rein	0,12
Bronze	0,25
Kupfer	0,2
Messing	0,2 ... 0,24
Neusilber	0,18
Stahl	
Tiefziehblech	0,25
verzinnt (Weißblech)	0,3
Ziehblech	0,2
Zink	0,15

Werte gelten für Blechdicken von etwa 1 mm. Für dickere Bleche gelten kleinere, für dünne Bleche größere Werte.

Blechdicke		± Maßabweichung		
über mm	bis mm	Aluminium	Messing	Tiefziehblech
–	0,5	0,5 IT14 ... IT 15	0,5 IT16	0,5 IT16
0,5	1,0	0,5 IT13 ... IT14	0,5 IT15 ... IT16	0,5 IT16
1,0	1,5	0,5 IT12 ... IT13	0,5 IT14 ... IT15	0,5 IT15 ... IT16
1,5	2,0	0,5 IT11 ... IT12	0,5 IT13 ... IT14	0,5 IT15
2,0	2,5	0,5 IT10 ... IT11	0,5 IT12 ... IT13	0,5 IT14 ... IT15
2,5	3,0	0,5 IT10	0,5 IT11 ... IT12	0,5 IT13 ... IT14
3,0	3,5	0,5 IT9 ... IT10	0,5 IT11 ... IT12	0,5 IT11 ... IT13
3,5	4,0	0,5 IT9	0,5 IT11	0,5 IT14 ... IT13
4,0	4,5	0,5 IT9	0,5 IT11	0,5 IT13

5.3. Trennen

5.3.1. Allgemeine Tafeln

Spanformen, Schüttdichte

Form	Bild	Schüttdichte t/m^3	Beurteilung der Spanform	Form	Bild	Schüttdichte t/m^3	Beurteilung der Spanform
Bandspan Wirrspan		unter 0,09	ungünstig	Schraubenbruchspan		unter 0,95	günstig
Schraubenspan		unter 0,15	befriedigend	Spiralbruchspan			
Spanbruchstücke		unter 2,5		Spiralspanstücke			

✦ Umrechnung in SI-Einheiten erforderlich (s. Abschnitte 8.2.4. und 8.2.5.)

5.3.1. Allgemeine Tafeln

Kurzzeichen für Maschinen zur Metallverarbeitung und -bearbeitung, TGL 28-216/01

Inhalt	1. Buch-stabe	Folge-buch-stabe	Bedeutung	Inhalt	1. Buch-stabe	Folge-buch-stabe	Bedeutung
Grund-typ	Ab	–	Abstechmaschine	Aus-füh-rungs-form	–	G	Gesenk-
	B	–	Bohrmaschine		–	H	Hammer-, Hand-, Hinter-
	D	–	Drehmaschine		–		Horizontal-, hydraulisch
	F	–	Fräsmaschine		–	I	Innen-
	G	–	Gewindeherstellmaschine		–	K	Karussell-, Kegel-, Kipp-,
	H	–	Hobelmaschine				Kokillen-, Kopier-, Kurbel
	KE	–	Emballagenmaschine		–	Kn	Kniehebel-
	Ku	–	Kunststoffverarbeitungsmaschine		–	Kr	Kreuz-
	N	–	Nietmaschine		–	L	Langloch-, Loch-, Leit(spindel)-
	P	–	Presse		–	M	Maskenverfahren, Mehr-, Mutter-
	R	–	Räummaschine		–	N	Nuten-
	S	–	Schleifmaschine		–	O	Oberdruck
	Sc	–	Schere		–	P	Parallel-, Plan-, pneumatisch
	Sg	–	Sägemaschine		–	R	Reihen-, Rüttel-
	St	–	Stoßmaschine		–	S	Säulen-, Schleudergieß-, Senkrecht-,
	T	–	Teilmaschine				Seitensupport, Spitzen-, Spritzguß-
	U	–	Umformmaschine		–	U	Umlege-, Universal-
	Zi	–	Nuten-Ziehmaschine		–	V	Vertikal-
	Zs	–	Ziehschleifmaschine		–	W	Wagerecht-, Wendeplatte
	Z	–	Verzahnmaschine		–	Wä	Wälz-
Aus-füh-rungs-form	–	A	Außen-, Automat		–	X	Sonderbauart
	–	B	Bett-, Biege-, Blas-, Blech-		–	Y	hydraulisch
	–	CO	CO_2-Verfahren		–	Z	Zahnrad-, Zug(spindel)-, Zwei-ständer-, Zentrier-, Zwillings-, Zylinder
	–	D	Doppel-, Druckguß-				
	–	E	Einständer-, Exzenter-				
	–	F	Futter-				

Spezifische Schnittkräfte

Werkstoff	Vorschub s mm															
	0,063	0,08	0,1	0,125	0,16	0,2	0,25	0,32	0,4	0,5	0,63	0,8	1,0	1,25	1,6	2,0	2,5
	Spezifische Schnittkraft k_s N/mm²																
Al-Guß	1260	1180	1130	1060	1000	950	900	850	800	765	730	690	660	620	590	560	530
C 15	3290	3110	2960	2820	2670	2540	2420	2300	2190	2080	1980	1870	1785	1700	1610	1530	1460
C 35	3170	3020	2890	2770	2630	2520	2400	2290	2190	2100	2000	1910	1820	1750	1660	1590	1520
Ck 45	2850	2760	2680	2620	2510	2440	2370	2275	2230	2150	2080	2020	1950	1900	1830	1775	1740
Ck 60	3240	3150	3000	2890	2760	2650	2550	2450	2340	2250	2140	2060	1960	1890	1800	1740	1680
GG 18	2020	1880	1785	1690	1590	1490	1420	1350	1265	1190	1130	1060	1000	940	900	840	780
GG 26	2430	2285	2160	2030	1910	1890	1710	1600	1490	1410	1310	1250	1180	1100	1040	970	930
GS 45	2820	2650	2500	2350	2210	2060	1960	1840	1720	1620	1510	1420	1330	1260	1180	1100	1040
GS 52	2820	2720	2610	2500	2430	2350	2260	2170	2080	2010	1940	1860	1800	1740	1670	1600	1550
GTS, GTW	2260	2140	2040	1920	1810	1720	1650	1570	1470	1390	1330	1275	1200	1160	1080	1030	980
Gußbronze	2820	2720	2610	2500	2430	2350	2260	2160	2080	2010	1940	1860	1800	1740	1670	1600	1550
Hartguß	3490	3310	3170	3100	2890	2770	2700	2600	2450	2360	2260	2160	2060	1960	1880	1810	1740
Messing	1290	1260	1200	1150	1100	1060	1000	980	920	880	840	810	780	750	730	690	660
Mg.-Leg.	470	440	420	400	390	370	360	340	320	310	300	280	270	260	255	245	240
Rotguß	1260	1180	1130	1060	1000	950	900	850	800	765	730	690	660	620	590	560	530
Stahl, nichtrost.	3380	3180	3100	3040	2840	2750	2650	2510	2430	2330	2240	2140	2060	1960	1880	1800	1730
St 38, St 42	2820	2700	2600	2500	2400	2310	2260	2160	2090	1990	1920	1860	1785	1720	1650	1590	1530
St 50	3630	3450	3260	3030	2860	2720	2540	2400	2250	2120	1970	1860	1770	1670	1550	1470	1390
St 60	3000	2890	2785	2680	2670	2460	2370	2275	2190	2120	2040	1940	1860	1790	1730	1690	1610
St 70	4860	4560	4220	4000	3700	3470	3240	3020	2800	2630	2440	2275	2130	1990	1840	1720	1610
16 MnCr 5	4070	3800	3610	3370	3180	3000	2800	2650	2500	3220	2200	2080	1960	1820	1730	1630	1530
18 CrNi 6	4860	4560	4340	4000	3700	3470	3240	3020	2800	2630	2440	2275	2130	1990	1840	1720	1610
20 MnCr 5	4510	4240	3970	3790	3560	3330	3160	2970	2795	2660	2490	2340	2240	2090	1980	1870	1770

Werte gelten für das Drehen bei Schnittgeschwindigkeit 90 ... 125 m/min, Spanwinkel γ 6° für langspanende, 2° für kurzspanende Werkstoffe. Andere Bedingungen und Verfahren erfordern Korrektur- und Verfahrensfaktoren.

5.3. Trennen

Kreisteilen mit normalem Teilkopf

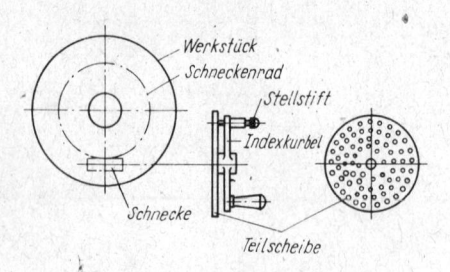

Teilscheibe	Lochkreise
I	15, 16, 17, 18, 19, 20
II	21, 23, 27, 29, 31, 33
III	37, 39, 41, 43, 47, 49

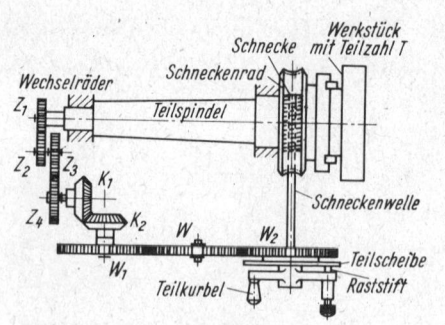

Wechselräder für das Zusatzteilen	
Zähnezahlen	24, 28, 30, 32, 36, 37, 40, 48, 48, 49, 56, 60, 64, 66, 68, 72, 76, 78, 80, 84, 86, 90, 96, 100

Teilzahlen 2 ... 50 (Schneckenrad: 40 Zähne, Schnecke: eingängig; I Teilsprung, L Lochkreis)

Teilzahl T	Kurbelumdrehungen voll	I	L	Teilzahl T	Kurbelumdrehungen voll	I	L	Teilzahl T	Kurbelumdrehungen voll	I	L
2	20	0	bel.	21	1	19	21	41	–	40	41
3	13	13	39	22	1	27	33	42	–	20	21
4	10	–	–	23	1	17	23	43	–	40	43
5	8	0	bel.	24	1	22	33	44	–	30	33
6	6	22	33	25	1	9	15	45	–	16	18
7	5	35	49	26	1	21	39	46	–	20	23
8	5	0	bel.	27	1	13	27	47	–	40	47
9	4	8	18	28	1	9	21	48	–	15	18
10	4	0	bel.	29	1	11	29	49	–	40	49
11	3	21	33	30	1	13	39	50	–	16	20
12	3	11	33	31	1	9	31				
13	3	3	39	32	1	5	20				
14	2	42	49	33	1	7	33				
15	2	22	33	34	1	3	17				
16	2	10	20	35	1	7	49				
17	2	6	17	36	1	3	27				
18	2	4	18	37	1	3	37				
19	2	2	19	38	1	1	19				
20	2	0	bel.	39	1	1	39				
				40	1	0	bel.				

Teilzahlen 51 ... 275 (Schneckenrad: 40 Zähne, Schnecke: eingängig; I Teilsprung, L Lochkreis)

Teilzahl T	Kurbelumdrehungen		Wechselräder beim Zusatzteilen				Teilzahl T	Kurbelumdrehungen		Wechselräder beim Zusatzteilen				Teilzahl T	Kurbelumdrehungen		Wechselräder beim Zusatzteilen			
	I	L	z_1	z_2	z_3	z_4		I	L	z_1	z_2	z_3	z_4		I	L	z_1	z_2	z_3	z_4
51	12	15	72	60	32	48	66	20	33	–	–	–	–	81	10	20	60	72	48	80
52	30	39	–	–	–	–	67	10	16	72	64	80	48	82	20	41	–	–	–	–
53	16	20	64	40	72	48	68	10	17	–	–	–	–	83	10	20	60	40	48	48
54	20	27	–	–	–	–	69	12	21	28	49	48	48	84	10	21	–	–	–	–
55	24	33	–	–	–	–	70	12	21	–	–	–	–	85	8	17	–	–	–	–
56	15	21	–	–	–	–	71	12	21	40	56	80	100	86	20	43	–	–	–	–
57	35	49	40	84	72	48	72	10	18	–	–	–	–	87	8	17	64	68	48	48
58	20	29	–	–	–	–	73	28	49	64	56	72	48	88	15	33	–	–	–	–
59	35	49	72	56	80	48	74	20	37	–	–	–	–	89	10	21	80	28	40	48
60	22	33	–	–	–	–	75	8	15	–	–	–	–	90	8	18	–	–	–	–
61	26	39	36	90	80	48	76	10	19	–	–	–	–	91	8	18	40	30	24	72
62	20	31	–	–	–	–	77	28	49	80	30	72	48	92	10	23	–	–	–	–
63	14	21	72	60	80	48	78	20	39	–	–	–	–	93	8	19	64	76	48	48
64	10	16	–	–	–	–	79	8	15	64	60	96	48	94	20	47	–	–	–	–
65	24	39	–	–	–	–	80	10	20	–	–	–	–	95	8	19	–	–	–	–

5.3.1. Allgemeine Tafeln

Teilzahl T	Kurbelumdrehungen l	Kurbelumdrehungen L	Wechselräder beim Zusatzteilen z_1	z_2	z_3	z_4	Teilzahl T	Kurbelumdrehungen l	Kurbelumdrehungen L	Wechselräder beim Zusatzteilen z_1	z_2	z_3	z_4	Teilzahl T	Kurbelumdrehungen l	Kurbelumdrehungen L	Wechselräder beim Zusatzteilen z_1	z_2	z_3	z_4
96	20	49	40	49	48	48	156	10	39	–	–	–	–	216	5	27	–	–	–	–
97	28	49	84	36	36	72	157	4	15	64	60	84	48	217	4	21	48	60	80	48
98	20	49	–	–	–	–	158	4	15	64	30	48	48	218	4	21	40	28	64	80
99	8	20	24	60	48	48	159	4	15	64	40	72	48	219	4	21	72	56	64	48
100	8	20	–	–	–	–	160	4	16	–	–	–	–	220	6	33	–	–	–	–
101	20	49	60	49	48	48	161	4	16	24	96	48	48	221	6	33	24	66	36	72
102	8	20	32	40	48	48	162	4	15	64	30	72	–	222	6	33	24	66	48	48
103	6	15	72	60	48	48	163	4	16	60	40	24	48	223	6	33	36	66	48	48
104	15	39	–	–	–	–	164	10	41	–	–	–	–	224	4	21	64	40	80	48
105	8	21	–	–	–	–	165	8	33	–	–	–	–	225	5	27	72	36	40	48
106	6	15	64	40	72	48	166	4	16	60	40	48	48	226	5	27	80	36	40	48
107	6	15	72	30	56	48	167	4	16	56	48	72	48	227	6	33	56	66	72	48
108	10	27	–	–	–	–	168	5	21	–	–	–	–	228	6	33	64	66	72	48
109	8	21	64	56	40	30	169	4	16	60	10	72	48	229	4	21	76	28	64	48
110	12	33	–	–	–	–	170	4	17	–	–	–	–	230	4	23	–	–	–	–
111	12	33	24	66	48	48	171	5	21	36	84	80	48	231	6	33	72	60	80	48
112	12	33	24	66	96	48	172	10	43	–	–	–	–	232	5	29	–	–	–	–
113	12	33	72	66	48	48	173	4	16	72	36	78	48	233	6	33	78	66	96	48
114	12	33	48	66	96	48	174	10	43	40	86	48	48	234	6	33	84	66	72	36
115	8	23	–	–	–	–	175	4	16	72	32	80	48	235	8	47	–	–	–	–
116	10	29	–	–	–	–	176	4	16	72	24	64	48	236	6	33	96	66	72	36
117	15	39	84	28	80	48	177	4	16	84	28	68	48	237	5	27	80	24	56	48
118	5	15	40	60	48	48	178	4	16	90	30	72	48	238	6	33	72	66	96	32
119	5	15	40	60	48	96	179	4	16	84	28	76	48	239	3	18	24	72	48	96
120	5	15	–	–	–	–	180	4	18	–	–	–	–	240	3	18	–	–	–	–
121	12	33	80	30	72	48	181	4	16	96	32	84	48	241	3	18	24	72	48	96
122	5	15	48	60	40	48	182	4	18	24	90	80	48	242	6	33	80	30	72	48
123	5	15	40	60	72	48	183	4	18	48	60	40	48	243	3	18	28	84	72	48
124	10	31	–	–	–	–	184	5	23	–	–	–	–	244	3	18	48	60	40	48
125	5	15	60	30	40	48	185	8	37	–	–	–	–	245	8	49	–	–	–	–
126	5	15	72	60	80	48	186	4	18	48	60	80	48	246	3	18	40	60	72	48
127	5	15	84	30	40	48	187	4	18	56	60	80	48	247	3	18	80	40	28	48
128	5	16	–	–	–	–	188	10	47	–	–	–	–	248	5	31	–	–	–	–
129	5	15	72	40	80	48	189	4	18	64	40	60	48	249	3	18	48	40	60	48
130	12	39	–	–	–	–	190	4	19	–	–	–	–	250	3	18	72	36	40	48
131	5	16	40	64	72	48	191	8	37	96	37	36	72	251	8	49	64	49	36	48
132	10	33	–	–	–	–	192	4	18	64	40	80	48	252	3	18	72	60	80	48
133	5	16	40	64	60	24	193	4	18	64	36	78	48	253	8	49	64	49	48	48
134	5	16	72	64	80	48	194	4	18	64	24	56	48	254	3	18	84	60	80	48
135	8	27	–	–	–	–	195	8	39	–	–	–	–	255	3	18	72	48	80	48
136	5	17	–	–	–	–	196	10	49	–	–	–	–	256	3	18	64	40	80	48
137	5	17	40	68	48	96	197	4	18	68	24	64	48	257	8	49	64	49	72	48
138	5	16	60	48	100	40	198	4	18	90	30	64	48	258	8	49	64	49	78	48
139	5	17	36	68	80	48	199	4	18	76	30	80	48	259	3	18	76	32	64	48
140	14	49	–	–	–	–	200	4	20	–	–	–	–	260	6	39	–	–	–	–
141	14	49	32	56	40	80	201	8	39	64	78	72	48	261	5	29	80	24	72	48
142	5	17	72	68	80	48	202	8	39	64	78	84	48	262	3	18	80	30	66	48
143	12	39	80	30	72	48	203	3	15	32	80	72	48	263	8	49	72	49	96	48
144	5	18	–	–	–	–	204	3	15	32	40	48	48	264	5	33	–	–	–	–
145	8	29	–	–	–	–	205	8	41	–	–	–	–	265	6	39	40	78	72	48
146	14	49	64	28	36	48	206	3	15	48	60	72	48	266	6	39	48	78	72	48
147	14	49	72	60	80	48	207	3	15	56	60	72	48	267	6	39	56	78	72	48
148	10	37	–	–	–	–	208	3	15	64	60	72	48	268	5	33	48	66	40	48
149	14	49	72	49	84	48	209	3	15	72	40	48	48	269		33	40	66	100	80
150	4	15	–	–	–	–	210	4	21	–	–	–	–	270	4	27	–	–	–	–
151	5	18	56	48	80	48	211	3	15	66	60	96	48	271	5	33	60	66	56	48
152	5	19	–	–	–	–	212	3	15	64	40	72	48	272	5	33	48	66	80	48
153	5	17	84	28	80	48	213	3	15	64	40	78	48	273	5	33	60	66	72	48
154	4	15	64	60	48	48	214	3	15	84	40	64	48	274	5	33	60	66	80	48
155	8	31	–	–	–	–	215	8	43	–	–	–	–	275	5	33	72	36	40	48

5.3. Trennen

5.3.2. Scheren

Scherfestigkeiten

Werkstoff	Scherfestigkeit MPa
Aluminium, weich	70 … 90
hart	130 … 160
Blei	20 … 30
Bronze, weich	220 … 400
hart	400 … 600
Duraluminium, weich	220
hart	380
Glimmer	50 … 80
Gummi	6 … 160
Hartpapier	70 … 90
Holz	10 … 30
Holzpapier	20 … 30
Kunstharz	25 … 30
Kunstharz-Hartgewebe	90 … 120
Kunstharz-Hartpapier	100 … 130
Klingerit	40 … 60
Kupfer, hart	250 … 300
weich	180 … 220
Leder	15
Messing, hart	350 … 400
weich	220 … 300
Neusilber, hart	450 … 560
weich	280 … 360
Sperrholz	20 … 40
Zelluloid	40 … 60
Zink	120 … 200
Zinn	30 … 40

Scherfestigkeit von Stahl $\tau_{aB} \approx 0{,}8 \cdot \sigma_{zB}$

Maßabweichungen an Scherteilen

Werkzeugart	Abweichung mm
Freischneidwerkzeuge	0,2
Führungsschneidwerkzeuge	0,08 … 0,15
Folgeschneidwerkzeuge	
mit Vorlocher	0,1 … 0,25
mit Seitenschneider	0,08 … 0,15
Nachschneidwerkzeuge	0,05
Gesamtschneidwerkzeuge	0,025

Ermitteln von Randbreiten, Stegbreiten, Seitenabschnitten

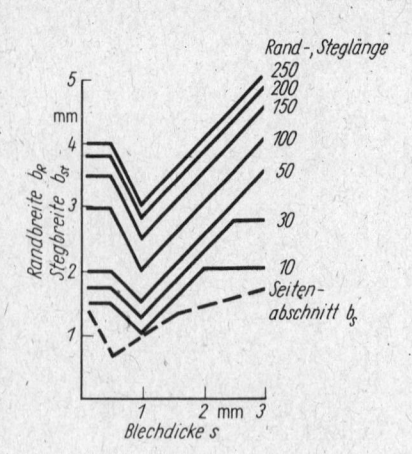

5.3.4. Brennschneiden

5.3.3. Sägen

Schnittgeschwindigkeiten beim Kaltkreissägen

Werkstoff	Festigkeit σ_{zB} MPa	Schnittgeschwindigkeit m/min
Aluminium	–	300...500
Baustahl	340... 420	26... 28
	über 420... 500	24... 26
	über 500... 600	22... 24
	über 600... 700	18... 20
Bronze	–	80...120
Gußeisen	150... 220	14... 18
	über 220... 300	12... 15
Kupfer	–	100...200
Messing	–	150...300
Stahlguß	400... 500	18... 20
	über 500... 600	14... 16
	über 600	8... 10
Stahl, legiert	750... 800	14... 16
	über 800... 850	12... 15
	über 900... 950	10... 14
	über 950...1050	9... 12
	über 1050...1200	8... 10
Zink	–	100...200

Schnittgeschwindigkeiten beim Bandsägen

Werkstoff	Schnittgeschwindigkeit m/min
Kupfer, Messing	100...200
Leichtmetall	400...1200
Stahl, σ_{zB} <600 MPa	30...40
600... 800 MPa	20...30
800...1200 MPa	15...20
>1200 MPa	10...15
Schichtpreßstoff	300...900

5.3.4. Brennschneiden

Werkstoff	Schneidbarkeit	Schneidbar bis	Vorwärmtemperatur
Chromstahl Kohlenstoffstahl Manganstahl Nickelstahl Siliziumstahl Stahl, gekupfert Titan Titanlegierungen Wolframstahl	kalt schneidbar	1,5 % Cr ≈ 2 % C 13 % Mn +1,3 % C 34 % Ni + 0,5 % Cu 4 % Si + 0,2 % C 0,7 % Cu – – 10 % W + 5 % Cr + 0,2 % Ni + 0,8 % C	keine
Chromstahl Kohlenstoffstahl Wolframstahl	warm schneidbar	über 1,5 % Cr bis 10 % Cr über 2 % C bis 2,5 % C über 10 % W bis 17 % W	ab 200 °C

Technische Eigenschaften von Brenngasen		Einheit	Azetylen	Leuchtgas	Wasserstoff	Propan
Chemisches Zeichen		–	C_2H_2	–	H_2	C_3H_8
Dichte		kg/m^3	1,171	0,68	0,090	2,019
Heizwert	oberer unterer	kJ/m^3	59000 57000	17600 15600	12800 10800	102000 94000
Zündbereich	in Luft in O_2	Vol.-%	3,2...82 2,3...93	6...35	4,1...75 4,5...95	2,3...8,5 3...45
Zündtemperatur mind.	mit Luft mit O_2	°C	305 295	560 450	510 450	510 490
Flammenleistung		kJ · cm^2 · s	44,80	12,7	14	10,7
Flammentemperatur	mit O_2	°C	3200	2000	2100	2750
Zündgeschwindigkeit	mit Luft mit O_2	cm/s	131 1350	64 705	267 890	32 370

5.3. Trennen

Automatisierungsgrad	Steuerung des Brenners		Toleranz
	nach	durch	mm
Halbautomatisch (Bewegung maschinell, Lenkung von Hand)	Anriß	Führungsrollen	2,8
	Zeichnung	Licht- oder Fadenkreuz	3,1
Automatisch (Bewegung und Lenkung maschinell)	Zeichnung	fotoelektrische Anlage	1,4
	Schablone	Schablonenarm	3,4
		Magnetrolle	1,6
	Getriebe	Koordinatenschnitt	3,1
		Kreisschnitt mit Kreisarm	6,9

Gasbrennschneiden mit Ringdüsen

Blech-dicke	Schneid-geschwin-digkeit	Düsen-abstand	Düsennenngröße		Sauerstoff		Azetylen-verbrauch	Wasserstoff-verbrauch	Stadtgas-verbrauch
			Schneiddüse	Heizdüse	Druck	Verbrauch			
mm	mm/min	mm			MPa	l/m	l/m	l/m	l/m
3	500…600	2…3	3…10	3…25	0,15	37…36	4…3,5	17…24	13…11
5	430…500					50…43	7…6	26…23	20…18
10	360…450					79…63	9…10	48…39	37…30
15	310…380	2…4	10…25		0,25	113…92	19…15	75…61	58…48
20	270…350					154…119	25…19	99…76	76…58
25	240…310					208…162	31…24	125…97	97…75
30	220…280	3…5	25…50	25…80	0,35	265…208	39…30	152…119	118…97
40	190…240					378…300	51…40	204…162	152…125
50	170…220					530…410	64…49	255…197	197…152
60	160…200	3…5	50…80		0,5	657…525	74…59	296…236	230…183
70	150…190					800…630	86…67	338…266	260…206
80	140…180					975…760	96…75	386…300	300…232
100	138…165	4…6	80…120	80…180	0,65	1310…1330	113…89	450…353	350…276
120	125…150					1630…1360	126…106	507…423	390…328
140	120…145	4…6	120…180		0,75	1950…1640	139…115	555…460	430…356
160	115…140	5…8				2350…1930	150…124	603…495	468…384
180	115…135	5…8				2640…2250	156…133	626…535	485…414
200	110…130	6…9	180…240	180…300	0,85	3060…2590	170…144	680…575	525…445
220	110…130	6…9				3350…2840	176…149	705…595	545…462
240	108…125	7…10				3700…3200	183…159	732…635	568…492
300	100…115	8…12	240…300		0,9 bis 1	5000…4350	212…184	850…735	657…570

Gasbrennschneiden mit Keilschlitzdüsen

Blech-dicke	Schneid-geschwin-digkeit	Düsennenngröße		Sauerstoff			Azetylen-verbrauch	Propan-verbrauch
		Schneiddüse	Heizdüse	Druck	Verbrauch bei			
					Azetylen	Propan		
mm	mm/min			MPa	l/m	l/m	l/m	l/m
5	700	5…15	5…100	0,25	32	38	6	4
8	600				40	48	7	4
10	540			0,3	54	63	8	5
15	420				68	80	10	6
15	450	15…30		0,4	105	117	9	6
20	440				110	120	10	6
25	420			0,45	125	139	10	7
30	370				140	160	11	8
30	410	30…60		0,5	180	195	10	7
40	390				190	206	11	6
50	380			0,6	230	248	11	8
60	350				250	270	12	10
60	380	60…100		0,65	390	400	11	9
80	370				410	430	12	10
100	350			0,7	430	490	13	11

Tabelle gilt für Heizsauerstoffdruck 0,25 MPa, Azetylendruck 0,02 MPa, Propandruck 0,03 MPa, Düsenabstand 5…6 mm

5.3.5. Bohren

5.3.5. Bohren

Werkzeugkenngrößen und Zerspanungsrichtwerte, TGL 29761

Zu bearbeitender Werkstoff		Zugfestigkeit MPa	Brinellhärte HB	Werkzeugtyp	Spitzenwinkel ±3° bei d > 2 mm
Stahl und Stahlguß,		390...690	115...205	N	118°
legiert und unlegiert		690...1180	205...350	N	
Nichtrostender Stahl				W	130°
Austenitischer Stahl				W	
Gußeisen[1]			140...200	N	
			200...240	N	
			über 240	N	
Temperguß				N	118°
Messing	bis Ms58			N	
	bis Ms60			N	
Neusilber				N	
Kupfer	Reinkupfer[2]			W	
	Elektrolytkupfer[2]			N	
Aluminium	langspanend			W	130°
	kurzspanend			N	
Magnesiumlegierungen				N	
Nickel				N	118°
Zinklegierungen				W	130°
Weißmetall				W	
Formpreßstoffe[2]				N	80°
Schichtpreßstoffe[2]				H	
Zelluloid[2]				W	130°
Hartgummi, Preßstoffe[2]				H	
Marmor, Schiefer, Kohle[2]				H	80°

[1] Sonderanschliff der Spitze ist vorzuziehen (TGL 29-104/01).
[2] Für genaue Bohrungen, zur Verkürzung des Bohrwegs, zum leichten Anbohren und zum Vermeiden der Gratbildung an der Austrittsseite ist eine Zentrumspitze zu empfehlen.

Abweichungen am Spitzenwinkel des Bohrers, TGL 29761

Nenndurchmesser des Bohrers		Spitzenwinkel
über mm	bis mm	
–	1	118° ± 10°
1	2	118° ± 5°
2	–	118° ± 3°

Werkzeugtypen TGL 0-1836

Werkzeugtyp	Anwendung für
N	Bau-, Einsatz- und Vergütungsstähle, weiches Gußeisen, mittelharte nichteisenmetallische Werkstoffe
H	besonders harte und zähharte Werkstoffe
W	besonders weiche und zähe Werkstoffe

Drallwinkel von Spiralbohrern, TGL 29761

Durchmesserbereich		Drallwinkel			Durchmesserbereich		Drallwinkel		
über mm	bis mm	Typ N	Typ H	Typ W	über mm	bis mm	Typ N	Typ H	Typ W
–	0,6	16° ± 3°	–	–	3,2	5,0	22° ± 3°	12° ± 3°	35° ± 5°
0,6	1,0	18° ± 3°	–	–	5,0	10,0	25° ± 3°	13° ± 3°	40° ± 5°
1,0	3,2	20° ± 3°	10° ± 3°	35° ± 3°	10,0	–	30° ± 5°	13° ± 3°	40° ± 5°

5.3. Trennen

Zerspanungsrichtwerte, Bohren mit Spiralbohrern

d	Bohrungsdurchmesser mm		P_e	Zerspanungsleistung kW	
M_d	Drehmoment kp·cm ✦		s	Vorschub je Umdrehung mm	
n	Drehzahl U/min		$v_{L\,5000}$	Schnittgeschwindigkeit m/min bei Standlänge von 5000 mm	

Werkstoff des Werkstücks	d über mm bis	– 1	1 3	3 5	5 8	8 10	10 12	12 16	16 20	20 25	25 30	30 40	40 50
Aluminiumlegierungen, langspanend	v_{L5000} max.	45	71	90									
	n	14000	7100	5600	3550	2800	2240	1800	1400	1120	900	710	560
	s	Hand	0,05	0,1	0,2	0,22	0,25	0,28	0,32	0,36	0,4	0,45	0,5
	M_d	–	0,93	4,2	18,4	31	50	95	163	280	430	855	1440
	P_e	–	0,07	0,25	0,67	0,89	1,15	1,75	2,34	3,22	4,0	6,25	8,3
GGL-15, GGL-20, GTW, GTS	v_{L5000} max.	14	18	22,4									
	n	4500	1800	1400	900	710	560	450	355	280	224	180	140
	s	Hand	0,05	0,11	0,22	0,25	0,28	0,32	0,36	0,4	0,45	0,5	0,56
	M_d	–	1,16	6,0	27	47	73	145	250	422	670	1300	2240
	P_e	–	0,021	0,086	0,25	0,34	0,42	0,67	0,91	1,2	1,54	2,4	3,2
Kupfer	v_{L5000} max.	35,5	45	56									
	n	11200	4500	3550	2240	1800	1400	1120	900	710	560	450	355
	s	Hand	0,08	0,18	0,2	0,22	0,25	0,28	0,32	0,36	0,4	0,4	0,45
	M_d	–	1,4	6,8	30,6	51,4	79	153	260	450	700	1340	2280
	P_e	–	0,065	0,25	0,73	0,95	1,14	1,76	2,4	3,3	4,0	6,2	8,3
Magnesiumlegierungen	v_{L5000} max.	45	90	140									
	n	14000	9000	9000	5600	4500	3550	2800	2240	1800	1400	1120	900
	s	Hand	0,09	0,18	0,36	0,4	0,45	0,5	0,56	0,63	0,71	0,8	0,86
	M_d	–	0,5	2,4	11,2	19	30	58	101	172	272	545	850
	P_e	–	0,06	0,22	0,63	0,88	1,1	1,67	2,3	3,2	4,0	6,3	7,9
Messing HB 80 HB < 80	v_{L5000} max.	35,5	45	56									
	n	11200	4500	3550	240	1800	1400	1120	900	710	560	450	355
	s	Hand	0,05	0,11	0,22	0,25	0,28	0,32	0,36	0,40	0,45	0,5	0,56
	M_d	–	0,9	4,7	21,4	37,2	59	116	200	340	536	1030	1770
	P_e	–	0,04	0,17	0,5	0,71	0,85	1,33	1,85	2,5	3,1	4,75	6,5
Phenoplastpreßstoffe mit anorganischen Füllstoffen, Hartgewebe	v_{L5000} max.	18	22,4	28									
	n	5600	2240	1400	1120	900	710	560	450	355	280	224	180
	s	Hand	0,03	0,06	0,12	0,14	0,16	0,18	0,2	0,22	0,25	0,28	0,32
	M_d	–	0,0175	1,03	4,6	8,0	13	25	44	74	117	235	366
	P_e	–	–	0,15	0,053	0,07	0,095	0,144	0,2	0,27	0,34	0,53	0,68
St 34, St 42, C 15, C 22, 9S20K, 10S20K	v_{L5000} max.	22,4	28	35,5									
	n	7100	2800	2240	1400	1120	900	710	560	450	355	280	224
	s	Hand	0,05	0,1	0,2	0,22	0,25	0,28	0,32	0,36	0,4	0,45	0,5
	M_d	–	1,85	9,4	42,5	72	116	226	400	680	1080	2100	3600
	P_e	–	0,053	0,22	0,61	0,83	1,07	1,65	2,3	3,14	4,0	6,05	8,3
St 60, C 45, 16MnCr5, 20MnCr5	v_{L5000} max.	14	18	22,4									
	n	4500	1800	1400	900	710	560	450	355	280	224	180	140
	s	Hand	0,04	0,08	0,18	0,2	0,22	0,25	0,28	0,32	0,36	0,4	0,45
	M_d	–	1,85	9,0	46	78	122	240	420	725	1140	2240	3870
	P_e	–	0,035	0,13	0,425	0,57	0,7	1,1	1,54	2,1	2,6	4,15	5,6
Stähle, legiert $\sigma_B = 100\ldots110$ kp/mm^2 ✦	v_{L5000} max.	5,6	7,1	9									
	n	1800	710	560	355	280	224	180	140	112	90	71	56
	s	Hand	0,025	0,05	0,1	0,11	0,12	0,14	0,16	0,18	0,2	0,22	0,25
	M_d	–	1,73	8,54	38	64	100	200	350	600	935	1780	3300
	P_e	–	0,013	0,05	0,14	0,18	0,23	0,37	0,5	0,7	0,865	1,3	1,9
Stahlguß $\sigma_B = 50\ldots70$ kp/mm^2 ✦	v_{L5000} max.	11,2	14	18									
	n	3550	1400	1120	710	560	450	355	280	224	180	140	112
	s	Hand	0,04	0,08	0,16	0,18	0,2	0,22	0,25	0,28	0,32	0,36	0,4
	M_d	–	1,6	7,9	35	61	97	185	320	550	890	1740	2980
	P_e	–	0,03	0,09	0,25	0,35	0,45	0,68	0,92	1,26	1,65	2,5	3,5
X8CrNiTi18.10, X8CrNiMoTi18.11	v_{L3000} max.	–	3,55	5,6		11,2	9						
	n	–	355	355	450	355	280	224	180	140	112	71	56
	s	–	Hand	Hand	0,125	0,16	0,16	0,16	0,2	0,25	0,32	0,36	0,4
	M_d	–	–	–	25	54	74	150	240	400	800	1100	2000
	P_e	–	–	–	0,115	0,2	0,22	0,35	0,45	0,58	0,92	0,8	1,15

✦ Umrechnung in SI-Einheiten erforderlich (s. Abschnitte 8.2.4. und 8.2.5.)

5.3.5. Bohren

Durchgangslöcher für Schrauben, TGL 0-69

Gewinde-nenndmr. mm	Durchgangslöcher mm			Gewinde-nenndmr. mm	Durchgangslöcher mm			Gewinde-nenndmr. mm	Durchgangslöcher mm		
	fein	mittel	grob		fein	mittel	grob		fein	mittel	grob
1	1,1	1,2	1,4	5	5,3	5,5	5,8	22	23	24	26
1,2	1,3	1,4	1,6	6	6,4	6,6	7	24	25	26	28
1,4	1,5	1,6	1,8	8	8,4	9	10	27	28	30	32
1,6	1,7	1,8	2	10	10,5	11	12	30	31	33	35
2	2,2	2,3	2,6	12	13	14	15	33	34	36	38
2,5	2,7	2,8	3,1	14	15	16	17	36	37	39	42
3	3,2	3,4	3,6	16	17	18	19	39	40	42	45
3,5	3,7	4	4,3	18	19	20	21	42	43	45	48
4	4,3	4,5	4,8	20	21	22	24	45	46	48	52
								48	50	52	56

Lochabstände für gleichschenklige Winkelstähle, TGL 13468

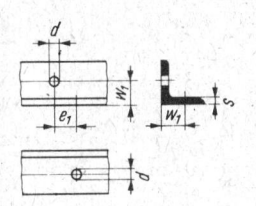

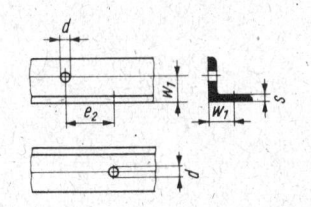

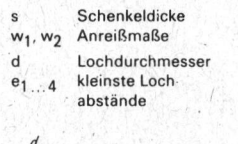

s   Schenkeldicke
w_1, w_2 Anreißmaße
d   Lochdurchmesser
$e_1 \ldots _4$ kleinste Lochabstände

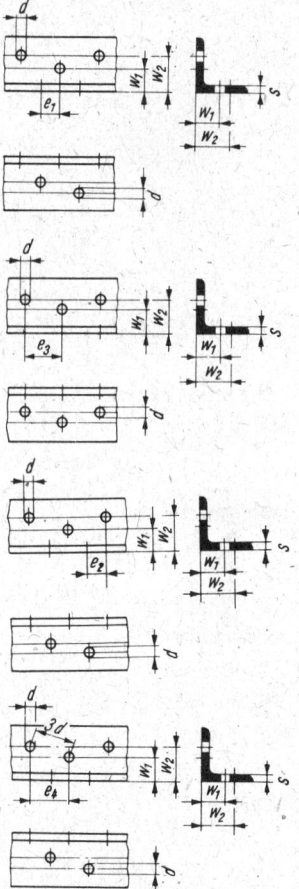

L	s mm	w_1 mm	w_2 mm	$d^{1)}$ mm	e_1 mm	e_2 mm	e_3 mm	e_4 mm
30 x 30	4	17	–	8,4	14	26		
40 x 40	4	22	–	11	13	33		
	5				14			
50 x 50	5	30	–	13	–	42		
	6				8			
	5; 6		–	11	–	38		
60 x 60	6	35	–	17	10	52		
	8				15			
	6,8		–	13	–	45		
80 x 80	8	45	–	23	19	69		
	10				23			
	8		–	21	10	65		
	10				16			
100 x 100	12	55	–	25	18	79		
	10; 12		–	23	–	75		
	10; 10		–	21	–	72		
120 x 120	13	50	80	25	30	93	69	69
	15				32			
	13			23	19	89	63	63
	15				23			
	13			21	9	85	56	56
	15				16			
160 x 160	15	60	115	28	25	117	64	64
	19				32			
	15			25	10	111	59	51
	19				22			
	15; 19			23	–	106	56	42
200 x 200	20	65	150	28	25	133	75	
	20			25	10	125	70	
	20			23	–	120	67	

[1] Für Niete und Schrauben mit kleinerem Durchmesser als dem hier angegebenen gelten dieselben Anreißmaße und Lochabstände.

5.3. Trennen

Lochabstände für ungleichschenklige Winkelstähle, TGL 13467

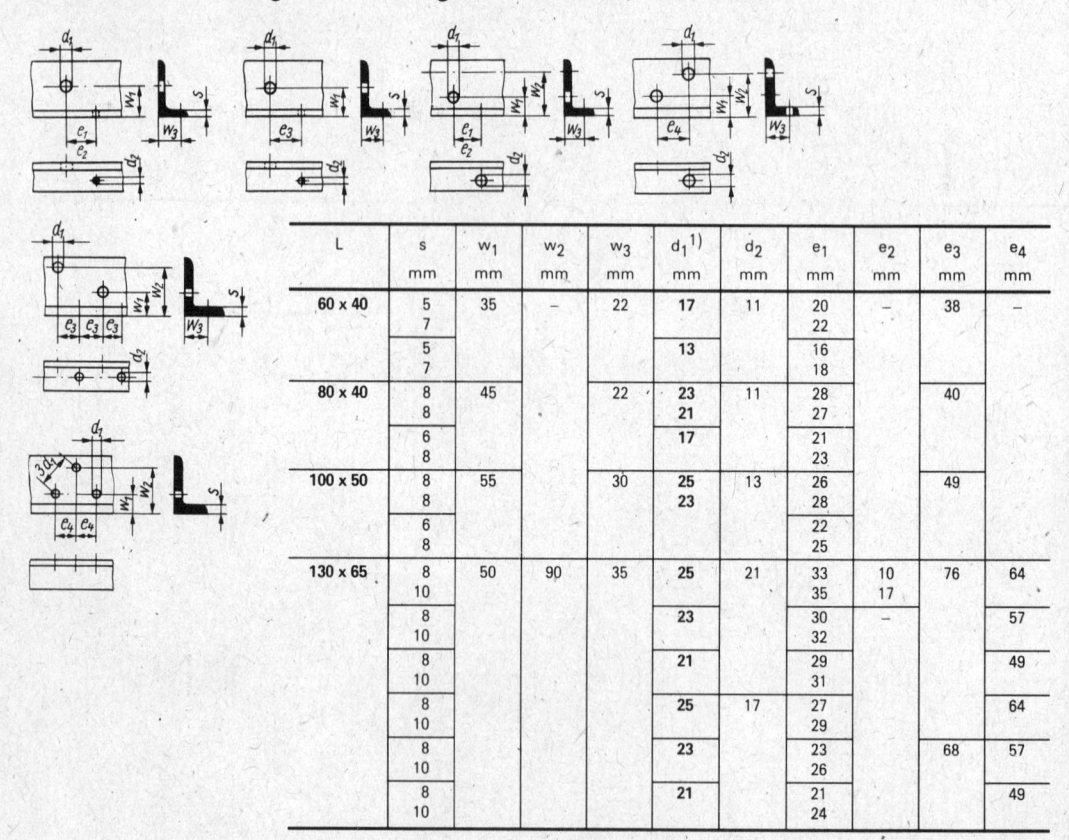

L	s mm	w_1 mm	w_2 mm	w_3 mm	d_1[1] mm	d_2 mm	e_1 mm	e_2 mm	e_3 mm	e_4 mm
60 x 40	5 7	35	–	22	17	11	20 22	–	38	–
	5 7				13		16 18			
80 x 40	8 8	45		22	23 21	11	28 27		40	
	6 8				17		21 23			
100 x 50	8 8	55		30	25 23	13	26 28		49	
	6 8				17		22 25			
130 x 65	8 10	50	90	35	25	21	33 35	10 17	76	64
	8 10				23		30 32	–		57
	8 10				21		29 31			49
	8 10				25	17	27 29			64
	8 10				23		23 26		68	57
	8 10				21		21 24			49

[1] Für Niete und Schrauben mit kleinerem als dem hier angegebenen Durchmesser dürfen die gleichen Anreißmaße und Lochabstände verwendet werden.

Anreißmaße (Wurzelmaße), TGL 13459

I-Profilstähle, TGL 0-1025

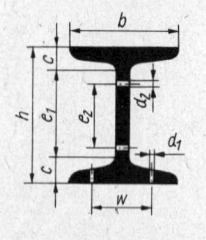

I	h mm	b mm	c mm	e_1 mm	d_1[1] mm	w mm	Größtmaß e_2 in mm bei d_2 mm				
							13	17	21	23	25	28
100	100	50	12,5	75	6,4	28	–					
120	120	58	14	92	8,4	32	50	–				
140	140	66	15,5	109	11	34	60	50	–			
160	160	74	17,5	125		40	80	70	60	–		
180	180	82	19	142	13	44	100	90	80	70	–	
200	200	90	20,5	159		48	120	110	100	90	80	–
220	220	98	22	176		52	130	120	110	100	90	–
240	240	106	24	192	17	56	150	140	130	120	110	100
260	260	113	26	208		60	160	150	140	130	120	110
300	300	125	29,5	241	21	64	200	190	180	170	160	150
360	360	143	35	290	25	76	–	240	230	220	210	200
400	400	155	38,5	323		86	–	–	260	250	240	230

[1] Für Niete und Schrauben mit kleinerem als dem hier angegebenen Durchmesser dürfen die gleichen Anreißmaße und Lochabstände verwendet werden.

5.3.5. Bohren

U-Profilstähle, TGL 0-1026

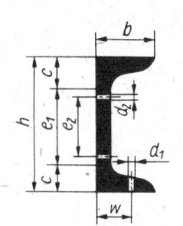

[	h	b	c	e_1	d_1[1)	w	\multicolumn{5}{l}{Größtmaß e_2[2) in mm bei d_2 mm}				
	mm	mm	mm	mm	mm	mm	13	17	21	23	25	28
50	50	38	15	20	11	20						
65	65	42	16	33		25						
80	80	45	17	46	13							
100	100	50	18	64		30						
120	120	55	19	82	17							
140	140	60	21	98		35	55					
160	160	65	22,5	115	21		70	60				
180	180	70	23,5	133		40	90	80	65			
200	200	75	24,5	151	25		110	100	85	80		
220	220	80	26,5	167		45	–	110	95	90	80	
240	240	85	28	184			–	130	115	110	100	90
260	260	90	30	200		50	–	150	135	130	120	110
300	300	100	34	232		55	–	–	165	160	150	140

[1) Für Niete und Schrauben mit kleinerem als dem hier angegebenen Durchmesser dürfen die gleichen Anreißmaße und Lochabstände verwendet werden.
[2) Darf bei Anschluß am Profilrücken vergrößert werden.

IPE-Profilstähle

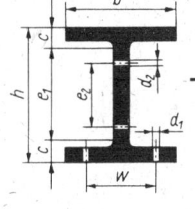

IPE	h	b	c	e_1	d_1[1)	w	\multicolumn{5}{l}{Größtmaß e_2 in mm bei d_2 mm}				
	mm	mm	mm	mm	mm	mm	13	17	21	23	25	28
120	120	64	13,5	93	8,4	36	50	–				
140	140	73	14	112	11	40	70	60	–			
160	160	82	16,5	127	13	44	80	70	–			
180	180	91	17	146		50	100	90	75	–		
200	200	100	20,5	159		56	110	100	85	80	–	
220	220	110	21,5	177	17	60	130	120	105	100	90	–
240	240	120	25	190		68	150	140	125	120	110	100
270	270	135	25,5	219	21	72	170	160	145	140	130	120
300	300	150	26	248	25	80	–	190	175	170	160	150
330	330	160	29,5	271		86	–	220	205	200	190	180
360	360	170	31	298		90	–	–	225	220	210	200

[1) Für Niete und Schrauben mit kleinerem als dem hier angegebenen Durchmesser dürfen die gleichen Anreißmaße und Lochabstände verwendet werden.

Gleichschenklige Winkelstähle; TGL 0-1028,

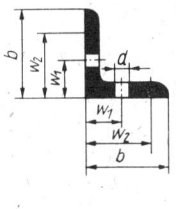

L	b	d[1)	w_1	Zweireihig w_2
	mm	mm	mm	mm
30	30	8,4	17	–
40	40	11	22	–
50	50	13	30	–
60	60	17	35	–
80	80	23	45	–
100	100	25	55	–
120	120	25	50	80
160	160	28	60	115
200	200	28	60	150

Ungleichschenklige Winkelstähle; TGL 0-1029,

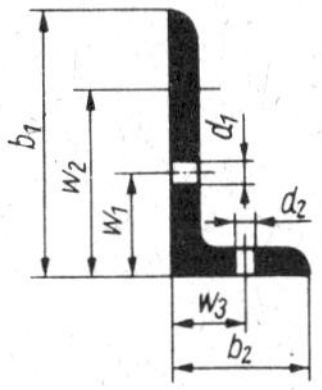

L	b_1	b_2	d_1[1)	d_2[1)	w_1	w_2	w_3
	mm	mm	mm	mm	mm	mm	mm
60 x 40	60	40	17	11	35	–	22
80 x 40	80	40	21	11	45	–	22
100 x 50	100	50	25	13	55	–	30
100 x 65	100	65	25	21	55	–	35
130 x 65	130	65	25	21	50	90	35

[1) Für Niete und Schrauben mit kleinerem als dem hier angegebenen Durchmesser dürfen die gleichen Anreißmaße und Lochabstände verwendet werden.

5.3. Trennen

Zentrierbohrung, TGL 0-332

Zentrierbohrungen ohne Gewinde

Form A
ohne Schutzsenkung

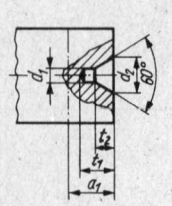

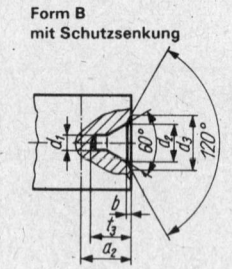

Form B
mit Schutzsenkung

Form R
ohne Schutzsenkung
mit gewölbten Laufflächen

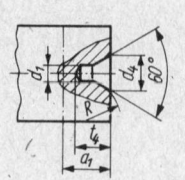

d_1	d_2	d_3	d_4	a_1[1]	a_2[1]	Größtmaße					b
						t_1	t_2	t_3	t_4	R	
mm	mm	mm	mm	mm	mm	mm	mm	mm	mm	mm	mm
1,0	2,12	3,15	2,12	3	3,5	2,9	0,97	3,2	2,5	3,15	0,3
1,6	3,35	5	3,35	5	5,5	4,3	1,52	4,8	3,8	5,0	0,5
2,0	4,25	6,3	4,25	6	6,6	5,3	1,95	5,8	4,9	6,3	0,6
2,5	5,30	8	5,30	7	8,3	6,5	2,42	7,3	6,1	8,0	0,8
3,15	6,70	10	6,70	9	10,0	8,0	3,07	8,9	7,7	10,0	1,0
4,0	8,50	12,5	8,50	11	12,7	10,1	3,90	11,3	9,7	12,5	1,2
6,3	13,20	18	13,20	18	20,0	15,2	5,98	16,6	15,1	20,0	1,4
10,0	21,20	28	21,20	28	31,0	23,9	9,70	25,9	24,2	31,5	2,0

[1] Abstechmaß bei Werkstücken, an denen die Zentrierbohrung nicht stehenbleiben darf.
Soll die Zentrierbohrung am Fertigteil stehenbleiben, sind vorzugsweise die Formen B oder R zu verwenden.

Zentrierbohrungen mit Gewinde

Form D
ohne Schutzsenkung

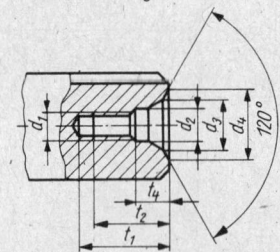

Form E
mit Schutzsenkung

d_1	d_2	d_3	d_4	t_1	t_2	t_3	t_4
mm	mm	mm	mm	mm	mm	mm	mm
M3	3,2	5	6,5	11	8	2,8	3,2
M4	4,3	6,5	7,5	14	10	3,5	4
M5	5,3	8	10	16	12	4,5	5,5
M6	6,4	10	12,5	21	16	5,5	6,5
M8	8,4	12,5	16	25	20	7	8
M10	10,5	16	20	32	25	9	10
M12	13	18	22	38	32	10	11
M16	17	22	28	48	40	11	12,5
M20	21	28	34	53	45	12,5	14
M24	25	36	42	60	50	14	16
M30	31	45	52	68	56	18	20
M36	37	53	60	80	68	20	22
M42	43	60	68	95	80	22	25

5.3.6. Senken

Senkungen für Schrauben, TGL RGW 213-75

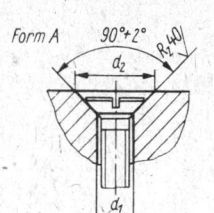

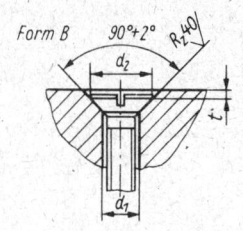

Form A   Form B

Maße für Senkschrauben

	Gewindenenndurchmesser d in mm											
	1	1,2	1,6	2	2,5	3	4	5	6	8	10	12	16
d_1 H13	1,3	1,5	2	2,6	3,1	3,6	4,8	5,8	7	9	11	14	18
d_2 H13	2,4	2,8	3,7	4,6	5,7	6,6	8,6	10,4	12,4	16,4	20,4	24,4	32,4
d_1 H12	1,1	1,3	1,7	2,2	2,7	3,2	4,3	5,3	6,4	8,4	10,5	13	17
d_2 H12	2	2,5	3,3	4,3	5	6	8	10	11,5	15	19	22,5	30
t	0,2	0,2	0,2	0,3	0,3	0,3	0,3	0,3	0,4	0,8	1	1	1,2

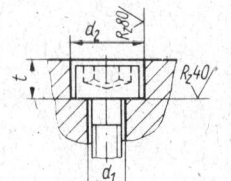

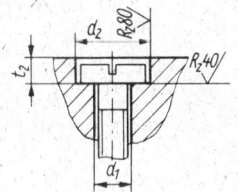

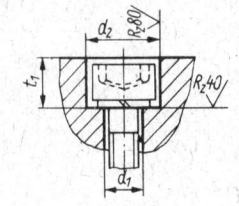

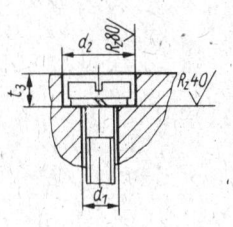

Maße für Zylinderschrauben

	Gewindenenndurchmesser d in mm											
	1	1,2	1,6	2	2,5	3	4	5	6	8	10	12	16
d_1 H13	1,3	1,5	2	2,6	3,1	3,6	4,8	5,8	7	9	11	14	18
d_2 H14	2,2	2,5	3,3	4,3	5	6	8	10	11	15	18	20	26
t	–	–	–	–	–	3,4	4,6	5,7	6,8	8	11	13	17,5
zul. Abw.						– 0,2			+ 0,4				
t_1	–	–	–	–	–	4	5,5	7	8	11	13	16	21
zul. Abw.								– 0,4					
t_2	0,8	0,9	1,2	1,6	2	2,4	3,2	4	4,7	6	7	8	10,5
zul. Abw.	– 0,1			– 0,2					– 0,4				
t_3	–	–	–	2	2,5	3	4	5	6	7,5	9	11	13
zul. Abw.				– 0,2					+ 0,4				

Die Abmessungen t_1 und t_3 gelten für Schrauben, die mit normalen und leichten Federscheiben verwendet werden.

5.3. Trennen

Schnittgeschwindigkeit und Vorschub

Werkstoff des Werkstücks	Senkerart	Schnittgeschwindigkeit m/min für Werkzeug aus		Senkerart	Vorschub je Umdrehung in mm für Bohrungsdurchmesser mm							
					10...15		16...25		26...40		41...60	
		WS	SS		WS	SS	WS	SS	WS	SS	WS	SS
Rotguß	Z	12...15	25...30	Z	0,2	0,2	0,2	0,2	0,2	0,2	0,2	0,2
Messing	S	16...18	35...40	Z	0,2	0,2	0,2	0,2	0,2	0,2	0,2	0,2
Aluminium	Z	6...8	8...12	S	0,2	0,25	0,25	0,3	0,3	0,4	0,4	0,5
Gußeisen	S	6...10	12...18	S	0,2	0,25	0,25	0,3	0,3	0,4	0,4	0,5
Stahl	Z	6...8	8...12	Z	0,1	0,1	0,1	0,15	0,15	0,2	0,15	0,2
Stahlguß Temperguß Hartbronze	S	8...10	10...20	S	0,1 bis 0,15	0,15 bis 0,25	0,15 bis 0,25	0,25 bis 0,35	0,25 bis 0,35	0,35 bis 0,4	0,35 bis 0,45	0,45 bis 0,5

S Spiralsenker; Z Zapfensenker; SS Schnellarbeitsstahl; WS Werkzeugstahl

5.3.7. Reiben

Drehzahlen und Vorschübe für Reibahlen aus Werkzeugstahl

Durchmesserbereich		Baustahl und Stahlguß mit Festigkeitsangaben							Gußeisen mit Härte		Messing, Kupfer, Rotguß, Bronze	Al-Legierung, Mg-Legierung	Gußeisen Ne-Metalle
		<500 MPa	500...600 MPa	>600...700 MPa	>700...800 MPa	>800...900 MPa	>900...1100 MPa	<700 MPa	700...1100 MPa	<200 HB	>200 HB			
von mm	bis mm	n 1/min	n 1/min	n 1/min	n 1/min	n 1/min	n 1/min	s mm	s mm	n 1/min	n 1/min	n 1/min	n 1/min	s mm
2	3,15	425	375	300	212	180	132	0,22	0,16	375	265	530	1320	0,38
4	5	280	236	200	140	112	85	0,27	0,18	236	180	335	850	0,43
6,3	8	170	150	113	85	70	53	0,32	0,21	150	106	200	530	0,56
10	12,5	106	90	75	53	48	32	0,38	0,25	90	67	125	315	0,71
16	20	63	50	45	34	30	20	0,45	0,30	50	40	80	200	0,90
25	31,5	40	34	28	21	19	12	0,56	0,38	34	25	48	125	1,12
40	50	25	21	17	13	10	8	0,71	0,48	21	16	30	75	1,40
63	80	17	15	10	7	6	4	0,95	0,63	13	10	18	43	2,00

n Drehzahl, s Vorschub je Umdrehung

Schnittgeschwindigkeiten und Vorschübe beim Reiben

Werkstoff des Werkstücks	Werkstoff der Reibahle			
	Werkzeugstahl		Schnellarbeitsstahl	
	v m/min	s mm	v m/min	s mm
Bronze, weich	6...8	0,8...1,5	10...12	0,8...1,5
Bronze, hart	5...6	0,6...1	8...10	0,6...1
Gußmessing	20...25	0,8...2	25...30	1...2,5
Druckmessing	8...12	0,4...1,2	12...17	1...2,5
Stahl bis 500 MPa	4...5	0,3...0,8	5...6	0,3...0,8
Stahl 500...750 MPa	3...4	0,3...0,8	4...5	0,3...0,8
Gußeisen 120...180 MPa	4...5	0,5...3	6	0,5...3
Gußeisen 180...300 MPa	3...4	0,5...3	5...6	0,5...3
Temperguß, weich	4...5	0,5...3	6	0,5...3
Temperguß, hart	3...4	0,5...1	5...6	0,5...3
Stahlguß, weich	3...4	0,5...1	5...6	0,5...1
Stahlguß, hart	3	0,5...0,8	5	0,5...0,8

5.3.8. Gewindeschneiden mit Gewindebohrer

Schnittgeschwindigkeiten

Werkstoff des Werkstücks	Schnittgeschwindigkeiten für	
	Werkzeugstahl m/min	Schnellarbeitsstahl m/min
Unlegierter Stahl bis 700 MPa	3 ... 7	9 ... 15
Unlegierter Stahl über 700 MPa	2 ... 3	5 ... 8
Stahlguß	2 ... 3	5 ... 7
Temperguß	2	5 ... 6
Gußeisen, hart	3 ... 5	8 ... 12
Gußeisen, weich	6 ... 8	12 ... 16
Legierter Stahl 700 ... 900 MPa	1 ... 2	5 ... 7
Legierter Stahl über 900 MPa	–	1 ... 4
X10CrNi18,9	–	2 ... 3
Al-Legierungen	12 ... 20	20 ... 30
Bronze	6 ... 12	13 ... 25
Mg-Legierungen	15 ... 20	25 ... 35
Ms, spröde	12 ... 18	20 ... 30
Ms, zäh	8 ... 12	14 ... 20

Gewindeschneiden mit Maschinengewindebohrern

Werkstoff des Werkstücks	Kenngröße	Gewinde						
		M10	M12	M14	M16	M20	M24	M30
X10CrNiTi18.9	$v_{L\,2000}$ max.	4m/min						
X10CrNiMoTi8.10	$v_{L\,5000}$ max.	3m/min						
	M_d in N·m	11	16	25	34	60	90	160
X15CrNiSi25.20	$v_{L\,2000}$ max.	–	3,5 m/min					
	$v_{L\,5000}$ max.	2,6m/min						
	M_d in N·m	15	24	34	48	85	130	200

$v_{L\,2000}$ Schnittgeschwindigkeit bei 2000 mm Standlänge, M_d Drehmoment

Bohrerdurchmesser für Gewindekerndurchmesser, TGL 7907

Gewinde	Bohrerdurchmesser mm	Gewinde	Bohrerdurchmesser mm
M1	0,75	M8	6,75
M1,2	0,95	M10	8,5
M1,6	1,25	M12	10,25
M2	1,6	M16	14
M2,5	2,05	M20	17,5
M3	2,5	M24	21
M4	3,3	M30	26,5
M5	4,2	M36	32
M6	5		

5.3. Trennen

5.3.9. Drehen

Werkzeugwinkel für das Drehen mit Schnellarbeitsstahl

Werkstoff des Werkstücks	Freiwinkel α	Spanwinkel γ	Werkstoff des Werkstücks	Freiwinkel α	Spanwinkel γ
Aluminiumlegierung (Guß- und Knetlegierung)	12°	14°	Magnesiumlegierung	8°	6°
Aluminiumlegierung mit hohem Si-Gehalt	12°	18°	Messing, Rotguß, Bronze	8°	0°
Gußeisen	8°	0°	Reinaluminium	12°	30°
Hartgewebe	12°	14°	St 34 bis 70	8°	14°
Hartgummi, Hartpapier	12°	10°	St 85	8°	10°
Hartguß	8°	0°	Stahlguß		
Kupfer	8°	18°	$\sigma_B = 500$ MPa	8°	10°
Legierter Stahl			$\sigma_B = 500 \ldots 700$ MPa	8°	10°
$\sigma_B = 700 \ldots 850$ MPa	8°	14°	$\sigma_B = 700$ MPa	8°	6°
$\sigma_B = 850 \ldots 1000$ MPa	8°	10°	Temperguß	8°	10°
$\sigma_B = 1000 \ldots 1800$ MPa	8°	6°	Werkzeugstahl	8°	6°
			Zinklegierung	12°	10°

Arbeitswerte für das Drehen mit Schnellarbeitsstahl

Werkstoff des Werkstücks	Vorschub je Umdrehung mm	Schnittgeschwindigkeit m/min	Standzeit min	Werkstoff des Werkstücks	Vorschub je Umdrehung mm	Schnittgeschwindigkeit m/min	Standzeit min	Werkstoff des Werkstücks	Vorschub je Umdrehung mm	Schnittgeschwindigkeit m/min	Standzeit min
C 15	0,16	66	60	C 35	0,63	17	480	GS-38	0,25	27	480
C 22	0,16	48	240	St 50	1,0	24	60		0,4	38	60
St 42	0,16	40	480		1,0	17	240		0,4	27	240
	0,25	55	60		1,0	14	480		0,4	22	480
	0,25	40	240	C 45	0,16	43	60		0,63	31	60
	0,25	33	480	St 60	0,16	31	240		0,63	22	240
	0,4	45	60		0,16	26	480		0,63	18	480
	0,4	32	240		0,25	36	60		1,0	26	60
	0,4	27	480		0,25	26	240		1,0	18	240
	0,63	37	60		0,25	22	480		1,0	15	480
	0,63	27	240		0,4	30	60	GG-18	0,16	37	60
	0,63	22	480		0,4	21	240		0,16	25	240
	1,0	31	60		0,4	18	480		0,16	22	480
	1,0	22	240		0,63	25	60		0,25	28	60
	1,0	18	480		0,63	18	240		0,25	20	240
C 35	0,16	52	60		0,63	15	480		0,25	17	480
St 50	0,16	37	240		1,0	21	60		0,4	20	60
	0,16	31	480		1,0	15	240		0,4	15	240
	0,25	43	60		1,0	12	480		0,4	12	480
	0,25	31	240		1,6	17	60		0,63	16	60
	0,25	26	480		1,6	12	240		0,63	12	240
	0,4	36	60	GS-38	0,16	56	60		0,63	10	480
	0,4	25	240		0,16	40	240		1,0	13	60
	0,4	21	480		0,16	33	480		1,0	9	240
	0,63	29	60		0,25	46	60		1,0	7	480
	0,63	21	240		0,25	33	240				

5.3.9. Drehen

Werkzeugwinkel für das Drehen mit Hartmetall

Werkstoff des Werkstücks	Festigkeit in MPa bzw. Härte	Schruppen				Schlichten			
		HM-Sorte	α_o	γ_o	λ_o	HM-Sorte	α_o	γ_o	λ_o
Baustahl	≦ 500	HS20 ... HS40	6	10	−5 ... −6	HS01 ... HS10	6	12	−4
Bau- und Vergütungsstahl	500 ... 700	HS20 ... HS50	6	8 ... 10	−5 ... −6	HS01 ... HS10	6	10	−4
	700 ... 1000	HS20 ... HS50	6	6 ... 8	−5 ... −6	HS01 ... HS10	6	8	−4
Gußeisen	≦ 200 HB	HG 20	6	0 ... 6	−6	HG20	6	6	−4
	> 200 HB	HG10	6	0 ... 4	−6	HG01 ... HG10	6	4	−4
Hartguß	−	HG10	6	0	−6	HG10	6	0	−4
Kupfer, Rotguß	−	HG20	8	10 ... 12	−4	HG20	8	15	−4
Mn-, Cr-, CrMn- und	700 ... 850	HS20 ... HS40	6	6 ... 8	−5 ... −6	HS01 ... HS10	6	8	−4
andere legierte Stähle	850 ... 1000	HS20 ... HS40	6	6	−6 ... −8	HS01 ... HS10	6	6	−4
	1000 ... 1400	HS20 ... HS30	6	0 ... 4	−8	HS01 ... HS10	6	4	−4
Nichtrostende Stähle	600 ... 700	HS20 ... HS30	6	4	−6	HS01 ... HS10	6	6	−4
Reinaluminium	−	HG20	8	20	−4	HG20	8	25	−4
Stahlguß	500 ... 700	HS20 ... HS40	6	2 ... 4	−6	HS01 ... HS10	6	6	−4
	> 700	HS20 ... HS30	6	−5 ... 0	−6	HS01 ... HS10	6	0 ... 2	−4
Temperguß	≦ 220 HB	HG20	6	2 ... 4	−6	HG10 ... HG20	6	4	−4
Werkzeugstahl	1500 ... 1800	HS20	6	0	−6	HS01 ... HS10	6	2	−4
	≦ 500	HS20 ... HS40	6	4 ... 6	−6	HS01 ... HS10	6	8	−4
Zinklegierung	−	HG20	6	10	−4	HG20	6	10	−4

Arbeitswerte für das Drehen mit Hartmetall

Werkstoff des Werkstücks	Schnittwerte			HARTHÜ-Sorte
	a mm	s mm	v m/min	
Unlegierter Stahl σ_B ≦ 500 MPa	≦ 5	< 0,2	400 ... 300	HS 02, HS 021
		< 0,6	300 ... 200	HS 10, HS 021, HS 410
	> 5	< 0,8	140 ... 100	HS 20, HS 123, HS 140
		< 1,6	100 ... 80	HS 30, HS 123, HS 420
		> 2,0	80 ... 50	HS 40, HS 345, HS 420
Unlegierter Stahl σ_B = 700 ... 1000 MPa	≦ 5	< 0,2	320 ... 280	HS 02, HS 021
		< 0,6	200 ... 160	HS 10, HS 021, HS 410
	> 5	< 0,8	70 ... 50	HS 20, HS 123, HS 410
		< 1,6	60 ... 40	HS 30, HS 345, HS 420
		> 2,0	50 ... 25	HS 40, HS 345, HS 420
		> 3,0	35 ... 20	HS 50, HS 345
Legierter Stahl σ_B = 1000 ... 1500 MPa	≦ 5	< 0,2	160 ... 130	HS 02, HS 021
		< 0,6	120 ... 75	HS 10, HS 021, HS 410
	> 5	< 0,3	45 ... 30	HS 20, HS 123, HS 410
		< 0,4	35 ... 25	HS 30, HS 123, HS 420
		< 0,8	30 ... 20	HS 40, HS 345, HS 420
Gußeisen (GGL) ≧ 200 HB	≦ 5	< 0,15	90 ... 75	HG 01, HG 012
		< 0,4	80 ... 65	HG 10, HG 410, HG 420
	> 5	> 0,4	70 ... 50	HG 110, HG 420

5.3. Trennen

Freistiche, TGL 0-509

Form	Anwendung	Außenfreistich	Innenfreistich
A	für eine Bearbeitungsfläche		
B	für zwei rechtwinklig zueinanderstehende Bearbeitungsflächen		
C	für eine Bearbeitungsfläche		
D	für zwei rechtwinklig zueinanderstehende Bearbeitungsflächen		

z Bearbeitungszugabe, d_1 Fertigmaß

Abmessungen für A und B

f_1	t	zul. Abweichung	f_2	g ≈	R_1
mm	mm	mm	mm	mm	mm
1	0,2	+ 0,05	0,55	1	0,4
2	0,3	+ 0,1	1,3	1,63	0,8
4	0,4		3		
6			5	2,3	1,2
8			7		
10			9		

Abmessungen für C und D

R_2	t	zul. Abweichung	f_3	f_4
mm	mm	mm	mm	mm
1	0,2	+ 0,1	1,6	1,4
1,6	0,3		2,5	2,2
2,5			3,7	3,4
4			5,5	5,2
6			7,8	7,5
10	0,4		12,7	12,3
16			19,4	19,0
25	0,5		30,0	25,5

Senkung für Gegenstück

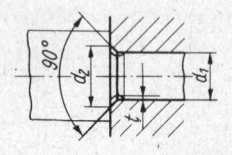

t	d_2 mm Kleinstmaß für Form		
mm	A	C	D
0,2	0,5 + d_1	bei R_2 = 1	
		2 + d_1	0,5 + d_1
0,3	1 + d_1	bei R_2 = 1,6	
		3 + d_1	1 + d_1
		bei R_2 = 2,5	
		5 + d_1	3 + d_1
		bei R_2 = 4	
		8 + d_1	6 + d_1
		bei R_2 = 6	
		12 + d_1	10 + d_1
0,4	1,6 + d_1	bei R_2 = 10	
		20 + d_1	16 + d_1
		bei R_2 = 16	
		32 + d_1	28 + d_1
0,5	–	bei R_2 = 20/25	
		50 + d_1	44 + d_1

Zuordnung der Freistiche zum Durchmesser d_1

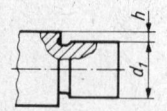

d_1 mm [1]		t für Form		R_1	R_2	h Kleinstmaß für Form	
über	bis	A, B mm	C, D mm	mm	mm	B mm	D mm
–	3	0,2	–	0,4	–	1,6	–
3	10	0,3	–	0,8	–		–
10	18		0,2		1	2,5	3
18	30		0,3		1,6		4
30	80	0,4		1,2	2,5		5,5
80	–					3,5	7

[1] Die Zuordnung zum Durchmesserbereich gilt nicht bei kurzen Ansätzen und dünnwandigen Teilen. Aus Gründen der wirtschaftlichen Fertigung dürfen an einem Werkstück mit unterschiedlichen Durchmessern mehrere Freistiche mit gleichen Maßen ausgeführt werden.

5.3.10. Fräsen

Rändel- und Kordelteilungen, TGL 28-201

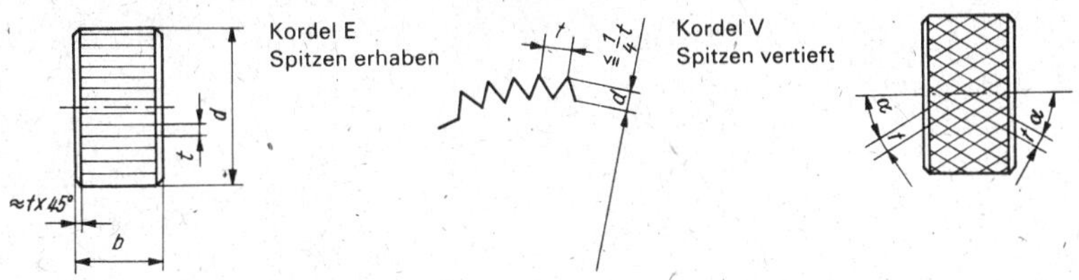

Rändel G   Kordel E   Kordel V
                Spitzen erhaben Spitzen vertieft

Teilung t in mm: 0,5; 0,6; 0,8; 1,0; 1,2; 1,6

Alle Maße in mm

Art	Rändel G					Kordel E, Kordel V						
Anwendung für	alle Werkstoffe					Leichtmetall, Messing, Fiber usw.				Stahl		
Durchmesser	Teilung t für Breite b											
d	–	über 2 bis 6	über 6 bis 16	über 16 bis 32	über 32	–	über 6 bis 16	über 16 bis 32	über 32	–	über 6 bis 16	über 16 bis 32	über 32

über	bis												
–	8	0,5	0,5	0,5	0,5	0,5	0,6	0,6	0,6	0,6	0,6	0,6	0,6
8	16	0,5	0,6	0,6	0,6	0,6	0,6	0,6	0,6	0,6	0,8	0,8	0,8
16	32	0,5	0,6	0,8	0,8	0,8	0,6	0,6	0,8	0,8	0,8	1,0	1,0
32	63	0,6	0,6	0,8	1,0	1,0	0,6	0,8	1,0	1,0	0,8	1,0	1,2
63	100	0,8	0,8	1,0	1,0	1,2	0,8	0,8	1,0	1,2	0,8	1,0	1,2	1,6
100	–	0,8	1,0	1,0	1,0	1,2	0,8	1,0	1,2	1,6	1,0	1,2	1,6	1,6

Zuordnung der Teilung t zum Durchmesser ist eine Empfehlung.
An Stelle der Fase kann ein Radius vorgesehen werden. Bei Breiten bis 6 mm ist die Fase < t zu halten.
Winkel α = 30° bis 45°, nach Wahl des Werkzeugherstellers.

5.3.10. Fräsen

Zähnezahlen an Fräsern Typ N

Fräser	Durchmesser mm																								
	16	18	20	22	25	28	32	36	40	45	50	56	63	71	80	90	100	112	125	140	160	180	200	224	250	280	315
Formfräser, standardisiert									10	12	12	14	14	16	16	18	20	20	24								
Fräskopf mit Flachmeißeln mit Vierkantmeißeln für Leichtmetalle																	10 / 4	10 / 4	10 / 4	12 / 10 / 4	14 / 10 / 4	14 / 12 / 6	14 / 14 / 6	16 / 14 / 6	18 / 16 / 6	20 / 16 / 6
Gewindefräser, walzenförmig drallgenutet geradgenutet mit Schaft	5	6	7	7	8	8	10	10	12 / 12 / 12	14 / 12 / 14	14 / 14 / 16	16 / 16 / 16	16 / 16 / 18	18 / 18 / 20	20 / 20	22										
Hochleistungsschaftfräser mit Schälschnitt	4 / 4	4 / 4	4 / 4	4 / 4	5 / 5	5 / 5	5 / 5	5 / 5	6 / 6	6 / 6	7 / 7															
Nutenfräser, hinterdreht									10	12	14															
Schaftfräser für Leichtmetalle	3	3	3	3	4	4	4	4	5	5	5															
Scheibenfräser, geradverzahnt kreuzverzahnt												9 / 12	10 / 12	12 / 14	12 / 14	14 / 14	14 / 16	14 / 16	14 / 18	16 / 20	16 / 20					
Schlitzfräser mit Bohrung								18	18	20	20															
Walzenfräser mit Schälschnitt									6	6	6	6	8	8	8	10	10	10	12							
Walzenstirnfräser									8	8	10	10	12	14	16	16	16	18								
Walzenstirnfräser für Leichtmetalle									4	4	4	5	5	5	5	6	6	6	6	8						

Für Fräser Typ H können etwa 40 % mehr, für Typ W etwa 33 % weniger Zähne angenommen werden.

5.3. Trennen

Arbeitswerte für das Fräsen

$v_{L\,15000}$ Schnittgeschwindigkeit in m/min bei 15 000 mm Standlänge, s_z Vorschub je Zahn, b Nennbreite des Scheibenfräsers, e Eingriffsgröße, d Nenndurchmesser des Schaftfräsers

Werkstoff des Werkstücks	Bearbeitungsart	Walzenfräser				Walzenstirnfräser				Scheibenfräser				Schaftfräser			
		s_z	e mm			s_z	e mm			s_z	b mm bis 10	über 10 bis 20	über 20	s_z	d mm bis 20	s_z	d mm über 20
			1	4	8		1	4	8								
			$v_{L\,15000}$				$v_{L\,15000}$				$v_{L\,15000}$				$v_{L\,15000}$		$v_{L\,15000}$
		mm	m/min			mm	m/min			mm	m/min			mm	m/min	mm	m/min
St 50, C 35	Schlichten	0,1	36	29	26	0,1	34	29	27	0,06	23	20	19	0,02	30	0,05	23
	Schruppen	0,22	28	22	20	0,2	26	22	21	0,12	18	15	14	0,05	25	0,08	19
St 70, C 60	Schlichten	0,08	29	22	20	0,07	26	22	21	0,05	18	16	15	0,01	24	0,03	18
	Schruppen	0,16	22	17	15	0,14	20	19	16	0,1	14	12	11	0,03	20	0,05	15
16MnCr5	Schlichten	0,1	36	29	26	0,09	34	29	27	0,06	23	20	19	0,02	30	0,05	23
	Schruppen	0,2	28	22	20	0,18	26	22	21	0,12	18	15	14	0,05	25	0,08	19
25CrMo4	Schlichten	0,06	31	25	22	0,05	29	25	23	0,05	20	18	16,5	0,01	26	0,03	20
	Schruppen	0,12	24	19	17	0,1	22	19	18	0,1	16	14	13	0,03	22	0,05	17
GS-45	Schlichten	0,1	29	22	20	0,08	29	25	23	0,06	20	18	16,5	0,03	26	0,06	20
	Schruppen	0,2	22	17	15	0,16	22	19	18	0,12	16	14	13	0,06	22	0,09	17
GG-18	Schlichten	0,1	29	22	20	0,09	29	25	23	0,08	20	18	16,5	0,03	26	0,06	20
	Schruppen	0,2	22	17	15	0,18	22	19	18	0,14	16	14	13	0,06	22	0,09	17
GTW, GTS	Schlichten	0,1	31	25	22	0,09	31	21	25	0,06	22	19	18	0,03	29	0,06	22
	Schruppen	0,2	24	19	17	0,18	24	21	19	0,12	17	15	14	0,06	24	0,09	18
Kupfer	Schlichten	0,12	78	62	55	0,11	72	62	58	0,07	50	44	41	0,02	66	0,05	50
	Schruppen	0,25	60	48	42	0,22	55	47	44	0,12	38	34	32	0,05	55	0,08	41
Messing	Schlichten	0,11	78	62	55	0,1	78	67	62	0,06	55	48	45	0,02	72	0,05	55
	Schruppen	0,22	60	48	42	0,2	60	52	48	0,12	42	37	35	0,05	60	0,08	45
Rotguß	Schlichten	0,11	78	62	55	0,1	78	67	62	0,06	55	48	45	0,03	72	0,06	55
	Schruppen	0,22	60	48	42	0,2	60	52	48	0,12	42	37	35	0,06	60	0,09	45
Bronze	Schlichten	0,09	72	57	50	0,08	72	62	58	0,05	50	44	41	0,02	66	0,04	50
	Schruppen	0,18	55	44	38	0,16	55	47	44	0,1	38	34	32	0,04	55	0,06	41
			$v_{L\,30000}$				$v_{L\,30000}$				$v_{L\,30000}$				$v_{L\,30000}$		
Rein-Al	Schlichten	0,09	520	420	360	0,09	520	450	420	0,06	360	315	295	0,02	480	0,05	360
	Schruppen	0,18	400	320	280	0,18	400	340	320	0,12	280	245	225	0,05	400	0,08	300
Al-Knet-Leg., weich $\sigma_B \leq$ 250 MPa	Schlichten	0,06	390	310	270	0,06	390	335	310	0,05	270	240	220	0,01	360	0,03	270
	Schruppen	0,12	300	240	210	0,12	300	260	240	0,1	210	185	170	0,03	300	0,05	220
Al-Guß-Leg.	Schlichten	0,07	285	330	200	0,07	285	245	230	0,05	200	180	165	0,01	260	0,03	200
	Schruppen	0,14	220	175	155	0,14	220	190	175	0,1	160	140	130	0,03	220	0,05	165
Magnesium-Leg.	Schlichten	0,07	580	470	410	0,07	580	500	460	0,05	410	360	340	0,02	540	0,04	410
	Schruppen	0,14	450	360	315	0,14	450	390	360	0,1	315	280	260	0,04	450	0,06	335
Preßstoffe[1]	Schlichten	0,09	78	62	55	0,09	78	67	62	0,05	55	48	45	0,02	72	0,05	55
	Schruppen	0,18	60	48	42	0,18	60	52	52	0,1	42	37	35	0,05	60	0,08	45

[1] Phenoplastpreßstoffe mit anorganischen Füllstoffen, Hartpapier.

Faktoren für besondere Arbeitsbedingungen

Bedingung	Faktor
Gleichlauffräsen	1,5
Schneidwerkstoff TGL 7571 EV 4 Co (HSS)	1,2
DMo5 (HSS)	1,1
Spitzgezahnte Hochleistungs-Walzen-Stirnfräser und Hochleistungs-Schaftfräser	1,2
Walzenstirnfräser mit angefasten Schneidenecken	1,2
Walzhaut, Schmiedekruste, Gußhaut	0,7

5.3.10. Fräsen

Orientierungswerte für das Fräsen mit wendeplattenbestückten (HARTHÜ-Wendeplatten) Planfräsköpfen Typ FPX

Werkstoff des Werkstücks		Schruppen			Schlichten		
		HM	v m/min	s_z mm	HM	v m/min	s_z mm
Bau-, Einsatz-, Vergütungsstähle	$\sigma_B \leq 500$ MPa	HS 345	100 ... 180	0,2 ... 0,8	HS 345	150 ... 200	0,1 ... 0,3
	$\sigma_B = 500 ... 850$ MPa		70 ... 150	0,2 ... 0,7		100 ... 150	0,1 ... 0,3
Cr-Ni-Mo- und Mn-Ni- legierte Stähle	$\sigma_B = 700 ... 850$ MPa	HS 345	70 ... 110	0,2 ... 0,7	HS 345	110 ... 130	0,1 ... 0,3
Werkzeug- und Vergütungsstähle	$\sigma_B = 800 ... 1000$ MPa	HS 345	60 ... 90	0,2 ... 0,6	HS 345	90 ... 110	0,1 ... 0,3
	$\sigma_B = 1000 ... 1500$ MPa		40 ... 70	0,2 ... 0,5		50 ... 90	0,1 ... 0,2
Stahlguß	$\sigma_B = 500 ... 700$ MPa	HS 345	50 ... 150	0,2 ... 0,8	HS 345	80 ... 160	0,1 ... 0,3
Gußeisen	HB $\leq$ 200	HG 110	50 ... 90	0,3 ... 1,2	HG 110	70 ... 120	0,1 ... 0,3
	HB 200 ... 250	HG 110		0,2 ... 1,0		50 ... 100	0,1 ... 0,3
Legiertes Gußeisen	HB 250 ... 450	HG 110	30 ... 50	0,2 ... 0,8	HG 110	30 ... 90	0,1 ... 0,3
Weißer Temperguß	HB 150 ... 180	HG 110	50 ... 70	0,2 ... 0,8	HG 110	70 ... 100	0,1 ... 0,3

Anschnittwerte für Walzenfräser d = 40 ... 160

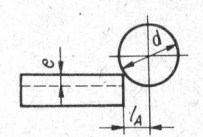

d Fräserdurchmesser, Schleifraddurchmesser
e Eingriffsgröße
l_A Anschnittwert

$$l_A = \sqrt{d \cdot e - e^2}$$

Beispiel:
d = 80 mm
e = 7 mm
l_A = 22,6 mm

Fräser- durchmesser mm	Eingriffsgröße mm													
	1	1,5	2	2,5	3	4	5	6	7	8	9	10	12	14	16	18	20
	Anschnittwerte mm																
40	6,3	7,6	8,7	9,7	10,5	12,0	13,2	14,3	15,2	16,0	16,7	17,3	18,3	19,1	19,6	19,9	20,0
50	7,0	8,5	9,8	10,9	11,3	13,6	15,0	16,3	17,4	18,3	19,2	20,0	21,4	22,4	23,3	24,0	24,5
63	7,9	9,6	11,0	12,3	13,4	15,4	17,0	18,5	19,8	21,0	22,1	23,0	24,7	26,4	27,4	28,5	29,3
80	8,9	10,9	12,5	13,9	15,2	17,4	19,4	21,0	22,6	24,0	25,3	26,5	28,6	30,4	32,0	33,4	34,6
100	10,0	12,2	14,0	15,6	17,1	19,6	21,8	23,7	25,5	27,1	28,6	30,0	32,5	34,7	36,7	38,5	40,0
125	11,1	13,6	15,7	17,4	19,1	22,0	24,5	26,7	28,7	30,6	32,3	33,9	36,8	39,4	41,8	43,9	45,8
160	12,6	15,4	17,8	19,9	21,7	25,0	27,8	30,4	32,7	34,9	36,9	38,7	42,1	45,2	48,0	50,6	52,9

Anschnittwerte für Stirnfräser und Stirnschleifräder d = 40 ... 160

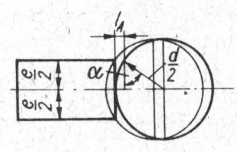

d Fräserdurchmesser, Schleifraddurchmesser
e Werkstückbreite
l_A Anschnittwert

$$l_A = \frac{1}{2} \cdot (d - \sqrt{d^2 - e^2}) \text{ oder } l_A = \frac{d}{2}(1 - \sin\alpha)$$

$$\cos\alpha = \frac{e}{d}$$

Beispiel:
d = 125 mm
e = 70 mm
l_A = 10,8 mm

5.3. Trennen

Anschnittwerte zum Stirnfräsen

Fräser-durchmesser mm	Werkstückbreite mm													
	20	25	30	35	40	45	50	60	70	75	80	90	100	110	125	150	160
	Anschnittwerte mm																
40	2,7	4,4	6,8	10,3	20												
50	2,6	3,4	5,0	7,2	10	14,1	25										
63	1,6	2,6	3,8	5,3	7,2	9,5	12,4	21,9									
80	1,2	2,0	2,9	4,0	5,2	7,0	8,8	13,5	20,6	23,1	40						
100	1,0	1,6	2,3	3,2	4,2	5,4	6,7	10	14,3	16,9	20	28,2	50				
125	0,9	1,3	1,9	2,5	3,4	4,2	5,3	7,8	10,8	12,5	15,5	20,0	25	32,8	62,5		
160	0,6	1,0	1,4	1,9	2,5	3,3	4,0	5,8	8,1	9,3	10,7	23,8	17,0	21,9	30,0	52,6	80

5.3.11. Hobeln, Stoßen

v_{60} Schnittgeschwindigkeit bei 60 min. Standzeit. F_S auf die Schnittiefe bezogene Schnittkraft, a Schnittiefe, s Vorschub je Doppelhub. Schnittgeschwindigkeiten beziehen sich auf das Hobeln; Hobeln mit v_{60} entspricht dem Stoßen mit v_{30}, Hobeln mit v_{120} dem Stoßen mit v_{60}.
Die Tafel enthält nur Richtwerte. Werte beziehen sich auf Schneidstoff SS, Werte der letzten 3 Zeilen auf HG 10.

Werkstoff des Werkstücks	Kenngrößen		Vorschub je Doppelhub mm										
			0,16	0,2	0,25	0,32	0,4	0,5	0,63	0,8	1	1,25	1,6	2	2,5
St 38, St 42, C 15, C 22	v_{60}	m/min	42	39	36	34	32	30	27	25	24	22	21	19	18
	v_{120}	m/min	33	31	29	27	25	23	22	20	19	17,5	16,5	15,5	14,5
	F_S[1]	N/mm	460	560	660	800	1000	1200	1450	1800	2150	2600	3200	3800	4600
St 50, C 35	v_{60}	m/min	32	30	27	26	24	22	21	19	18	17	16	15	14
	v_{120}	m/min	25	23	21,5	20	18,5	17,5	16	15	14	13	12	11,5	10,5
	F_S[1]	N/mm	620	740	860	1020	1230	1450	1700	2050	2450	2800	3400	4000	4700
St 60, C 45	v_{60}	m/min	24	23	21	20	18,5	17	16	15	14	13	12	11,5	10,5
	v_{120}	m/min	20	18,5	17,5	16	15	14	13	12,5	11,5	10,5	10	9,5	8,5
	F_S[1]	N/mm	550	660	800	950	1200	1400	1700	2100	2550	3000	3750	4500	5400
St 70, C 60	v_{60}	m/min	21	19	18	17	15,5	14,5	13,5	12,5	12	11	10,5	9,5	0
	v_{120}	m/min	16	15	14	13	12,5	11,5	10,5	10	9	8,5	8	7,5	7
	F_S[1]	N/mm	770	900	1050	1220	1450	1700	2000	2400	2750	3300	3900	4500	5400
GS-38	v_{60}	m/min	33	31	28	26	24	23	21	19	18	16,5	15,5	14,5	13
	v_{120}	m/min	27	25	23	21	19,5	18	16,5	15,5	14,5	13,5	12,5	11,5	10,5
	F_S[1]	N/mm	420	500	580	700	820	970	1150	1380	1620	1900	2300	2700	3200
GS-45	v_{60}	m/min	26	24	22	21	19	18	16,5	15	14	13	12	11	10,5
	v_{120}	m/min	21	19,5	18	16,5	15	14	13	12	11,5	10,5	9,5	9	8,5
	F_S[1]	N/mm	420	500	580	700	820	970	1150	1380	1620	1900	2300	2700	3200
GS-52	v_{60}	m/min	20	19	17,5	16	15	14	13	12	11	10	9,5	8,5	8
	v_{120}	m/min	16,5	15	14	13	12	11	10,5	9,5	9	8	7,5	7	6,5
	F_S[1]	N/mm	460	560	670	800	1000	1200	1450	1800	2150	2600	3200	3800	4600
GG-12 GG-14	v_{60}	m/min	44	40	36	32	28	25	22	20	18	16	14,5	13	11,5
	v_{120}	m/min	36	32	29	26	23	21	18	16	15	13	11,5	10,5	9,5
	F_S[1]	N/mm	260	310	360	440	520	620	720	880	1020	1250	1500	1700	2100
GG-18 GG-22 GG-26	v_{60}	m/min	30	27	24	22	20	17,5	15,5	14	12,5	11	10	9	8
	v_{120}	m/min	25	23	20	18	16	14,5	13	11,5	10,5	9,5	8,5	7,5	6,5
	F_S[1]	N/mm	310	360	440	520	610	720	850	1020	1200	1450	1700	2000	2400
GG-18 GG-22, GG-26 (mit HG 10)	v_{60}	m/min	50	46	43	40	37	34	32	30	28	26	24	23	21
	v_{120}	m/min	38	36	34	32	29	27	25	24	22	21	19,5	18	17
	F_S[1]	N/mm	310	360	440	520	610	720	850	1020	1200	1450	1700	2000	2400

[1] F_S stets für a = 1mm

5.3.13. Schaben

Faktoren für besondere Arbeitsbedingungen

Bedingung	Faktor
Werkstück ohne Walz- oder Schmiedehaut	1,15
Spanungstiefe a ≥ 12 mm	0,85
Hobeln mit mehr als fünf Schnittunterbrechungen je 2 m Schnittweg	0,85

5.3.12. Räumen

Werkzeugwinkel für das Räumen mit Schnellarbeitsstahl

Werkstoff des Werkstücks	Spanwinkel γ		Freiwinkel α	
	Schruppen	Schlichten	Schruppen	Schlichten
Al-Legierungen	10 ... 20°	10 ... 20°	4 ... 7°	2 ... 4°
Gußbronze	8°	8°	0,5°	0,5°
Gußeisen	4 ... 6°	10°	2 ... 3°	1°
Hartguß	2 ... 3°	3°	2 ... 3°	1 ... 2°
Messing	6 ... 8°	8 ... 10°	2 ... 3°	1°
Preßstoffe	5 ... 10°	15°	2°	1°
Stahl, mittel	14 ... 16°	18°	2 ... 3°	1°
zähhart	10 ... 12°	15°	2 ... 3°	1°
Stahlguß	10°	12°	2 ... 3°	1°
Temperguß	7°	10°	2 ... 4°	1°

Arbeitswerte für das Räumen mit Schnellarbeitsstahl

Werkstoff des Werkstücks	Vorschub je Zahn[1]		Schnittgeschwindigkeit	
	Schruppen	Schlichten	Innenräumen	Außenräumen
	mm	mm	m/min	m/min
Al-Legierungen	0,1 ... 0,2	0,02	10 ... 14	10 ... 16
Gußbronze	0,1 ... 0,6	0,02	8 ... 10	8 ... 12
Gußeisen	0,1 ... 0,25	0,02	8 ... 8	8 ... 10
Hartguß	0,02 ... 0,05	0,01	1	1
Messing	0,1 ... 0,3	0,02	8 ... 10	8 ... 12
Preßstoffe	0,05 ... 0,2	0,02	3 ... 6	–
Stahl, mittel	0,03 ... 0,08	0,01	4 ... 8	6 ... 10
zähhart	0,02 ... 0,05	0,01	2 ... 4	4 ... 6
Stahlguß	0,05 ... 0,1	0,01	3 ... 6	6 ... 8
Temperguß	0,05 ... 0,1	0,01	4 ... 8	8 ... 10

[1] gilt bei Tiefenstaffelung der Schneiden.
Bei Seitenstaffelung (Schruppen) können Werte um 50 % erhöht werden.

5.3.13. Schaben

Verfahren	Anzahl der tragenden Punkte je cm²	Tragende Fläche %	Spantiefe je Arbeitsgang mm	Anzahl der Arbeitsgänge –	Bearbeitungszugabe mm
Abrichten	0 ... 1	30	0,02 ... 0,03	bis 4	bis 0,05
Vorschaben	≈ 1	40	bis 0,01	5 ... 7	0,04 ... 0,06
Punkt- und Lagerschaben	1	50	0,01 ... 0,005	8 ... 10	0,05 ... 0,08
	> 1	60	0,01 ... 0,005	10 ... 12	0,06 ... 0,09
	2	65	0,01 ... 0,005	12 ... 14	0,07 ... 0,1
	2 ... 3	70	0,01 ... 0,005	15 ... 20	0,08 ... 0,12
	3 ... 4	80	0,01 ... 0,005	18 ... 25	0,09 ... 0,13
Öldichtschaben	3	75	0,01 ... 0,005	20 ... 28	0,09 ... 0,15

10 Arbeitstafeln Metall

5.3. Trennen

5.3.14. Schleifen

Schleifmittel, TGL 29-804

Schleifmittel	Kurzzeichen
Borkarbid	BK
Diamant	besonders standardisiert
Edelkorund	EK
Halbedelkorund	HK
Normalkorund	NK
Schmirgel	SL
Schwarzer Korund	KS
Siliziumkarbid,	
grün	SKG
schwarz	SKS

Bindemittel, TGL 29-807

Anorganische		Organische	
Keramik	Ker	Gummi	Gum
Magnesit	Mag	Kunstharz	Khz
Silikat	Sil	Naturharz	Nhz

Gefüge, TGL 29-806

Gefüge	Bezeichnung	Porenanteil %
Dicht	1 2 3	bis 30
Offen	4 5	bis 40
Kleinporig	6	bis 45
Mittelporig	7	bis 50
Großporig	8	bis 60

Härtegrade von Schleifkörpern TGL 29-805

Härtegrad	Bezeichnung
Weich	G H i Jot K
Mittel	L M N O
Hart	P Qu R S
Sehr hart	T U

Körnungen für Schleifmittel, TGL 29-804

Gesiebte Körnungen			Staubfeine Körnungen		
Kurz-zeichen	Korngröße unter µm	bis µm	Kurz-zeichen	Korngröße unter µm	bis µm
315	3150	2500	F 40	40	28
250	2500	2000	F 28	28	20
200	2000	1600	F 20	20	14
			F 14	14	10
160	1600	1250			
125	1250	1000	F 10	10	7
100	1000	800	F 7	7	5
			F 5	5	3,5
80	800	630			
63	630	500			
50	500	400			
40	400	315			
32	315	250			
25	250	200			
20	200	160			
16	160	125			
12	125	100			
10	100	80			
8	80	63			
6	63	50			
5	50	40			

Umfangsgeschwindigkeiten für verschiedene Schleifverfahren

Werkstoff des Werkstücks	Höchstumfangsgeschwindigkeit m/s Schleifart					
	Außen-schleifen	Innen-schleifen	Flach-schleifen	Werkzeug-schleifen	Trenn-schleifen	Abgraten
Grauguß	25	25	20	–	45 ... 80	30
Hartmetall	8	8	8	22 (Hand) 12 (Masch.)	–	–
Nichteisenmetalle	35	20	25	–	45 ... 80	–
Stahl	30	25	25	25	45 ... 80	30, 45
Zinklegierungen und Leichtmetall	35	20	25	–	–	–

5.3.14. Schleifen

Umfangsgeschwindigkeiten für künstlich gebundene Schleifkörper

Bindung	Schleifart	Höchstumfangsgeschwindigkeit m/s			
		gerade und wenig ausgesparte Scheiben, keglige Scheiben		Schleifkörper anderer Art	
		Scheibendurchmesser mm		Scheibendurchmesser mm	
		bis 150	über 150	bis 150	über 150
Kunstharz, Gummi	Maschinenschleifen	35	30	30	25
Mineralisch	Handschleifen	15	15	15	12
	Maschinenschleifen	25	20	20	15
Silikat, keramisch	Handschleifen	30	25	25	20

Umfangsgeschwindigkeiten verschiedener Schleifkörper

Schleifkörperart	Bindungsart	Umfangsgeschwindigkeit m/s
Kleinstschleifkörper	Kunstharz, keramisch	45
Normale Schleifkörper	Kunstharz, Gummi	
Schleiftöpfe	Kunstharz	60
Trennschleifscheiben mit Stahlkern	Kunstharz	
Trennschleifscheiben	Kunstharz	80

Arbeitswerte für das Rundschleifen

Werkstoff des Werkstücks	Seitlicher Vorschub	Spantiefe	
		Schruppen mm	Schlichten mm
Stahl	2/3 ... 3/4 B	0,02 ... 0,05	0,008 ... 0,01
Gußeisen	3/4 ... 4/5 B	0,08 ... 0,15	0,02 ... 0,05
Feinschliff	1/4 ... 1/3 B		0,002 ... 0,008

B Schleifscheibenbreite

Richtwerte zum Schleifen von Werkzeugen

Werkzeug	Schleifarbeit		Schleifmittel	Körnung	Härte	Bindemittel
Spiralbohrer						
groß	Schärfen	von Hand	NK	40	N	Ker
		maschinell	EK	40	K	Ker
klein		von Hand	NK	32	M	Ker
		maschinell	EK	32	Jot	Ker
	Anspitzen	von Hand	NK	32	M	Ker
		maschinell	EK	40	K	Ker
mit Hartmetall	Planschliff		SK	20	i	Ker
	Scharfschliff		SK	32 ... 10	i	Ker
Dreh- und Hobelmeißel aus WS, SS, HSS						
groß	Schärfen	von Hand	NK	50, 40	M, N	Ker
klein		von Hand	NK	40, 32	M	Ker
		maschinell	NK	40	L, M	Ker
mit Hartmetall	Vorschliff	von Hand	SK	40	K	Ker
	Fertigschliff	von Hand	SK	20	Jot	Ker
	Spanleitstufen	von Hand	SK	10	L	Ker
	Schaftmaterial	von Hand	NK	63, 80	N	Ker
		maschinell	NK	63, 80	K	Ker
Fräser aus WS, SS, HSS			EK	32	K	Ker
			EK	32	Jot	Ker
mit Hartmetall	Vorschliff		SK	32	i	Ker
	Fertigschliff		SK	20	i	Ker
für Holz			EK	40, 32	Jot	Ker
Bandsägeblätter	–		EK	32	M	Ker
Metallkreissägeblätter	–		EK	40, 32	Jot, K	Ker
Reibahlen	Hinterschliff		EK	40, 32	K	Ker
	Nutenschleifen		EK	40, 32	L	Ker
Reibahlen und Sägeblätter						
mit Hartmetall	Vorschliff		SK	32	i	Ker
	Fertigschliff		SK	20	i	Ker
Lehren und Vorrichtungen	–		EK	32, 20	Jot, K	Ker

5.3. Trennen

5.3.15. Läppen, Ziehschleifen
Läppkornauswahl

Läppmittel	Korngruppe	Anwendung bei	Erzielbare Rauhtiefe R_t µm	Läppmittel	Korngruppe	Anwendung bei	Erzielbare Rauhtiefe R_t µm
Borkarbid	5 F 40 F 28 F 14 F 10	Hartmetall	0,1 ... 1	Siliziumkarbid	12 10 8 5	Hartmetall Stahl Messing Kunstharz	0,3 ... 0,6 1 ... 4 1,5 ... 6 2 ... 8
Diamantstaub	2 ... 4 µm 0,8 ... 1,2 µm 0,5 ... 1 µm	Hartmetall Stahl (hart)	0,1 und weniger		F 40 F 28 F 20 F 14	Hartmetall Stahl Messing Kunstharz	0,15 ... 0,3 0,8 ... 1,6 0,2 ... 0,5 0,2 ... 0,8
Edelkorund	F 28 F 20	Stahl (hart) Messing Kunstharz	0,25 ... 0,6 0,2 ... 0,5 0,2 ... 0,8	Chromgrün	1 ... 3 µm	Stahl, Messing	0,1 und weniger
	F 14 F 10 F 7	Stahl (hart) Messing Kunstharz	0,1 ... 0,25 0,1 ... 0,3 0,2 ... 0,5	Polierrot	1 ... 2 µm	Stahl	0,1 und weniger

Bearbeitungszugaben

Vorbearbeitungsverfahren	Bearbeitungszugabe Flachläppen (je Fläche) µm	Bearbeitungszugabe Rundläppen (auf Dmr.) µm
Außendrehen	30 ... 60	60 ... 90
Außenrundschleifen	–	20 ... 50
Flachschleifen	20 ... 50	–
Fräsen	50 ... 80	–

Läppgeschwindigkeiten

Läppverfahren	Läpparbeit	Läppgeschwindigkeit Vorläppen m/min	Läppgeschwindigkeit Fertigläppen m/min
Läppen	ebene Flächen Außenzylinder	150 ... 250 –	20 ... 80 40 ... 100
Rundläppen	Außenzylinder Bohrungen	50 ... 100 50 ... 100	10 ... 50 5 ... 40

Geschwindigkeiten beim Ziehschleifen (Honen)

Werkstoff des Werkstücks		Schnittgeschwindigkeit m/min	Umfangsgeschwindigkeit m/min	Axialgeschwindigkeit m/min	Werkstoff des Werkstücks		Schnittgeschwindigkeit m/min	Umfangsgeschwindigkeit m/min	Axialgeschwindigkeit m/min
Stahl ungehärtet unlegiert	V F	20 ... 25 bis 28	18 ... 22 bis 25	9 ... 11 bis 12	Kupfer	V F	25 ... 30 bis 40	21 ... 26 bis 38	12 ... 15 bis 16
gehärtet	V F	15 ... 22 bis 30	14 ... 21 bis 28	5 ... 8 bis 10	Plast	V F	25 ... 30 bis 40	23 ... 28 bis 37	10 ... 12 bis 11
legiert	V F	25 ... 30 bis 33	23 ... 28 bis 31	10 ... 12 bis 12	Hartchrom	F	15 ... 22	14 ... 21	4 ... 6
Gußeisen	V F	25 ... 30 bis 35	23 ... 28 bis 32	10 ... 12 bis 13					
Aluminium	V F	25 ... 30 bis 35	21 ... 26 bis 30	12 ... 15 bis 17					
Bronze	V F	25 ... 30 bis 35	21 ... 26 bis 30	12 ... 16 bis 17					
Messing	V F	18 ... 30 bis 50	15 ... 26 bis 48	9 ... 15 bis 13					

V Vorziehschleifen
F Fertigschleifen

Werte gelten für keramisch- oder kunststoffgebundene Edelkorund-Ziehschleifsteine (EK) und Siziliumkarbid-Ziehschleifsteine.
Für Diamant-Ziehschleifsteine gilt: elektrolytisch gebunden v bis 100 m/min, gesintert v = 100 ... 150 m/min.
Bearbeitungszugaben nach TGL 8962   0,02 ... 0,04 mm.

5.4. Fügen

5.4.1. Kegelverbindungen

Metrische Kegel und Morsekegel, TGL 0-228

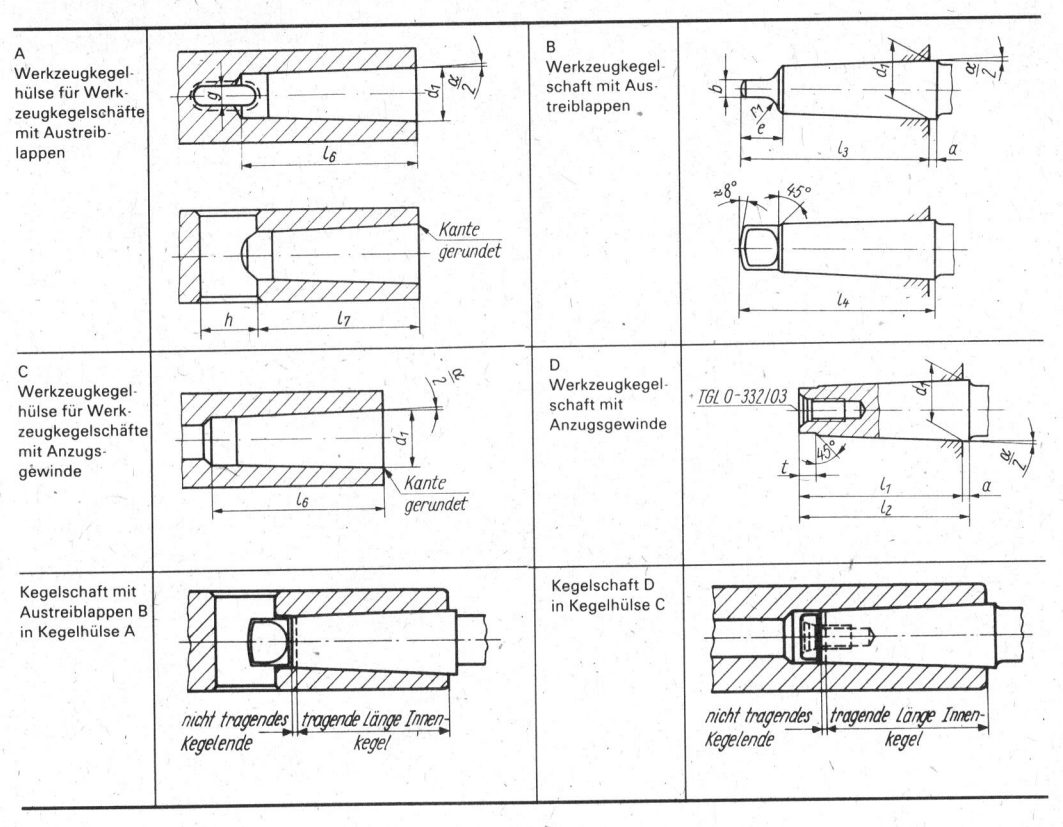

		A Werkzeugkegelhülse für Werkzeugkegelschäfte mit Austreiblappen	B Werkzeugkegelschaft mit Austreiblappen
		C Werkzeugkegelhülse für Werkzeugkegelschäfte mit Anzugsgewinde	D Werkzeugkegelschaft mit Anzugsgewinde
		Kegelschaft mit Austreiblappen B in Kegelhülse A	Kegelschaft D in Kegelhülse C

Schaft und Hülse	d_1	4	6	80	100	120	160	200
		\multicolumn{7}{c}{Abmessungen für metrische Kegel 1:20, $\alpha/2 = 1°25'56''$ mm}
Werkzeugkegelschaft	a	2	3	8	10	12	16	20
	l_1	23	32	196	232	268	340	412
	l_2	25	35	204	242	280	356	432
	l_3	–	–	220	260	300	380	460
	l_4	–	–	228	270	312	396	480
	b	–	–	26	32	38	50	62
	e	–	–	48	58	68	88	108
	r_1	–	–	24	30	36	48	60
	t	2	3	24	30	36	48	60
Werkzeugkegelhülse	l_6	25	34	202	240	276	350	424
	l_7	21	29	186	220	254	321	388
	g	2,2	3,2	26	32	38	50	62
	h	8	12	52	60	70	90	110

5.4. Fügen

Kegel 1:x	Genauwert	Kegelwinkel Genauwert	Einstellwinkel α/2	Anwendungsbeispiele
1:0,289;	1:0,288 675 1	120°	60°	Spitzsenker, Zentrierbohrer
1:0,5;	1:0,500 000 0	90°	45°	Ventilkegel, Körnerspitzen, Senk- und Linsensenkschrauben, Verschlußmuttern für Rohrleitungen, Spitzsenker
1:0,866;	1:0,866 025 4	60°	30°	Dichtkegel für leichte Rohrverschraubungen, Zentrierbohrungen, Senkschrauben und -niete, Spitzsenker, Zentrierbohrer
1:1,207;	1:1,207 106 8	45°	22°30′	Senkniete
1:1,866;	1:1,866 025 4	30°	15°	Senkschrauben
1:5		11°25′16″ / 11,421 186 28°	5°42′38″	leicht abnehmbare Maschinenteile bei Beanspruchung quer zur Achse auf Verdrehung, Reibungskupplungen, Schleifscheibenaufnahmen
1:10		5°43′30″ / 5,724 810 45°	2°51′45″	Maschinenteile bei Beanspruchung quer zur Achse auf Verdrehung und längs der Achse; keglige Wellenenden, Gesenkfräser, Nietlochreibahlen
1:12		4°46′20″ / 4,772 222 22°	2°23′10″	Wälzlager
1:20		2°51′52″ / 2,864 192 37°	1°25′56″	Werkzeugkegel, Werkzeugschäfte, Aufnahmekegel von Werkzeugspindeln, Körnerspitzen, Kegelreibahlen
1:30	Winkelwerte auf Sekunden gerundet	1°54′34″ / 1,909 682 51°	57′17″	Bohrungen der Aufsteck-Grundreibahlen und Aufstecksenker
1:50		1°8′46″ / 1,145 877 40°	34′23″	Kegelstifte, Stiftlochbohrer, Kegelreibahlen

Morsekegel			Alle Längenmaße in mm						
			0	1	2	3	4	5	6
Schaft und Hülse	Kegel α/2 d_1		1:19,212 1°29′27″ 9,045	1:20,047 1°25′43″ 12,065	1:20,020 1°25′50″ 17,780	1:19,922 1°26′16″ 23,825	1:19,254 1°29′15″ 31,267	1:19,002 1°30′26″ 44,399	1:19,180 1°29′36″ 63,348
Werkzeugkegelschaft	a		3	3,5	5	5	6,5	6,5	8
	l_1		50	53,5	64	81	102,5	129,5	182
	l_2		53	57	69	86	109	136	190
	l_3		56,5	62	75	94	117,5	149,5	210
	l_4		59,5	65,5	80	99	124	156	218
	b		3,9	5,2	6,3	7,9	11,9	15,9	19
	e		10,5	13,5	16	20	24	29	40
	r_1		4	5	6	7	8	10	13
	t		4	5	5	7	9	10	16
Werkzeugkegelhülse	l_6		52	56	67	84	107	135	188
	l_7		49	52	62	78	98	125	177
	g		3,9	5,2	6,3	7,9	11,9	15,9	19
	h		15	19	22	27	32	38	47

Steilkegel 3,5 : 12, TGL 30-729

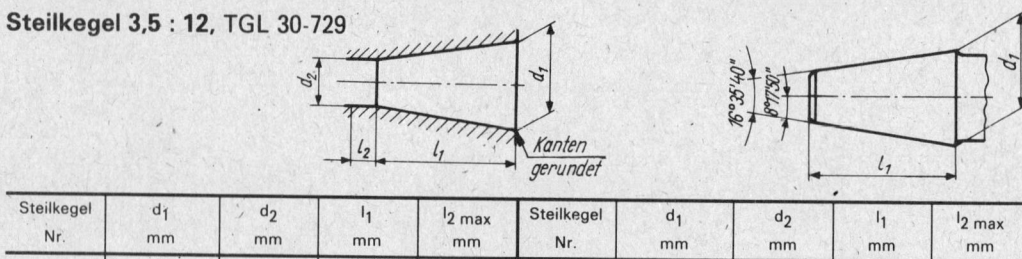

Steilkegel Nr.	d_1 mm	d_2 mm	l_1 mm	l_2 max mm	Steilkegel Nr.	d_1 mm	d_2 mm	l_1 mm	l_2 max mm
10	15,875	9,4	22,2	4	55	88,900	50,5	131,8	16
20	22,225	12,5	33,3	6,3	60	107,950	60,7	161,9	16
30	31,750	17,9	47,6	10	65	133,350	75,0	200,0	25
40	44,450	24,5	68,3	10	70	165,100	92,9	247,6	25
45	57,150	32,6	84,1	16	75	203,200	114,3	304,8	25
50	69,850	40,2	101,6	16	80	254,000	142,9	381,0	25

5.4.2. Gewindeverbindungen

Gewindearten und Kurzzeichen

Art des Gewindes	Kurzzeichen	Maßangabe[1]	Beispiel	Standard
Metrisches Gewinde	M	Gewinde-Nenndurchmesser in mm	M12	TGL RGW 182-75 TGL RGW 640
		Gewinde-Nenndurchmesser in mm mal Steigung in mm	M80 x 6	
Rohrgewinde, zylindrisch, keglig	R, G, Rc, Rp	Gewindegröße = Nennweite des Rohres	R 3/4	ST RGW 1157-78 ST RGW 1159-78
Trapezgewinde	Tr	Gewinde-Nenndurchmesser in mm mal Steigung in mm	Tr48 x 8	TGL RGW 146 TGL RGW 639 TGL RGW 838
Rundgewinde	Rd	Gewinde-Nenndurchmesser in mm mal Steigung in Zoll	Rd 40 x 1/6"	TGL 0-405
Sägengewinde	S	Gewinde-Nenndurchmesser in mm mal Steigung in mm	S 70 x 10	TGL 39626
Elektrogewinde	E	Gewinde-Nenndurchmesser in mm	E 27	TGL 7508
Stahlpanzerrohr-Gewinde	Pg	Gewindegröße = Nenngröße des Stahlpanzerrohres	Pg 21	TGL 0-40430

[1] Bei Bedarf Angabe mit Kurzzeichen für Toleranz

Gewindeausläufe und Gewinderillen für metrisches Gewinde, TGL RGW 214-75

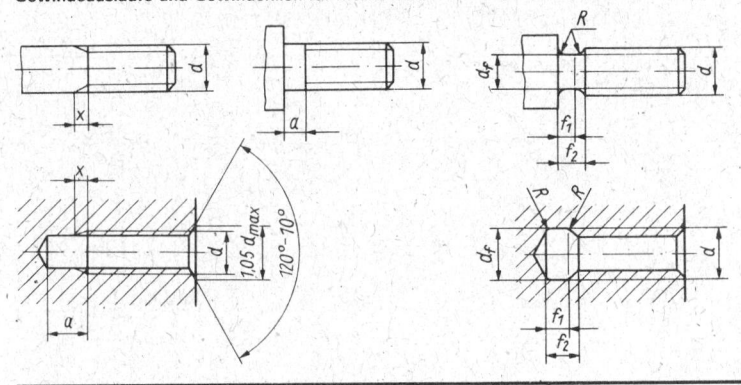

Gewinde-bezeichnung	Steigung P	Außengewinde						Innengewinde						
		$x_{max.}$	$a_{max.}$	f_1 mind.	f_2 mind.	d_f	R	$x_{max.}$		$a_{mind.}$		f_1 mind.	f_2 max.	d_f	R
		≈ 2,5 P	≈ 3 P				≈ 0,5 P	normal	lang	normal	lang			H13	≈ 0,5 P
	mm	mm	mm	mm	mm	mm	mm	mm	mm	mm	mm	mm	mm	mm	mm
M5	0,8	2	2,4	1,7	2,8	d − 1,3	0,4	1,6	3,2	4	8	3,2	4,2	d + 0,3	0,4
M6	1	2,5	3	2,1	3,5	d − 1,6	0,5	2	4	6	10	4	5,2	d + 0,5	0,5
M8	1,25	3,2	4	2,7	4,4	d − 2	0,6	2,5	5	8	12	5	6,7	d + 0,5	0,6
M10	1,5	3,8	4,5	3,2	5,2	d − 2,3	0,75	3	6	9	13	6	7,8	d + 0,5	0,75
M12	1,75	4,3	5,3	3,9	6,1	d − 2,6	0,9	3,5	7	11	16	7	9,1	d + 0,5	0,9
M14, 16	2	5	6	4,5	7	d − 3	1	4	8	11	16	8	10,3	d + 0,5	1
M18, 20	2,5	6,3	7,5	5,6	8,7	d − 3,6	1,25	5	10	12	16	10	13	d + 0,5	1,25
M24	3	7,5	9	6,7	10,5	d − 4,4	1,5	6	12	15	22	12	15,2	d + 0,5	1,5
M30	3,5	9	10,5	7,7	12	d − 5	1,75	7	14	17	25	14	17,7	d + 0,5	1,75
M36	4	10	12	9	14	d − 5,7	2	8	16	19	28	16	20	d + 0,5	2
M42	4,5	11	13,5	10,5	16	d − 6,4	2,25	9	18	23	33	18	23	d + 0,5	2,25
M48	5	12,5	15	11,5	17,5	d − 7	2,5	10	20	26	37	20	26	d + 0,5	2,5
M56	5,5	14	16,5	12,5	19	d − 7,7	2,95	11	11	28	40	22	28	d + 0,5	2,75
M64	6	15	18	14	21	d − 8,3	3	12	24	28	42	24	30	d + 0,5	3

5.4. Fügen

Metrisches Gewinde; TGL RGW 182-75, TGL RGW 640

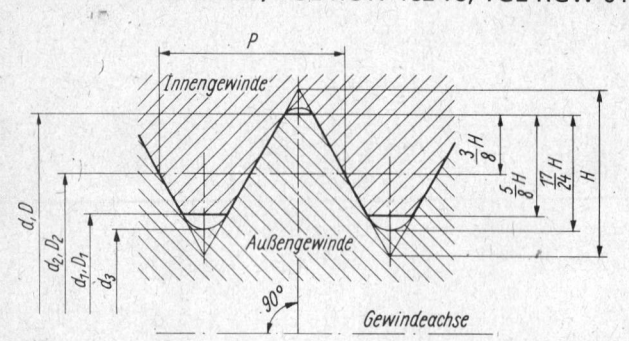

$d, D^{1)}$ Außendurchmesser
d_2, D_2 Flankendurchmesser
d_1, D_1 Innendurchmesser
d_3 Innendurchmesser im Gewindegrund
P Teilung (Steigung)
H Höhe des Ausgangsdreiecks

Beim Außengewinde entsprechen die angegebenen Durchmesserwerte den Größtmaßen, beim Innengewinde den Kleinstmaßen für die Grundabmaße h und H aller Genauigkeitsgrade. Für d gelten die Genauigkeitsgrade 4, 6, und 8 mit den Grundabmaßen d, e, f, g und h. Für D_1 gelten 4, 5, 6, 7 und 8 mit E, F, G und H.

Der Kernquerschnitt errechnet sich aus $A_q = \frac{\pi}{4} \cdot d_3^2$, der Spannungsquerschnitt aus $A_s = \frac{\pi}{4} \cdot \left(\frac{d_2 + d_3}{2}\right)^2$ und der erforderliche Bohrerdurchmesser $d_B = d - P$.

Die größte Teilung (Steigung) der Gewindenenndurchmesser bis 64 mm entspricht dem bisherigen Grobgewinde und wird ohne Teilung (Steigung) geschrieben.

Alle Maße in mm

Gewinde-Nenndurchmesser $d = D$	Teilung (Steigung) P	Gewindedurchmesser $d_2 = D_2$	$d_1 = D_1$	d_3
1	0,25	0,838	0,729	0,693
	0,2	0,870	0,783	0,755
1,6	0,35	1,373	1,221	1,171
	0,2	1,470	1,383	1,355
2	0,4	1,740	1,567	1,509
	0,25	1,838	1,729	1,693
2,5	0,45	2,208	2,013	1,948
	0,35	2,273	2,121	2,071
3	0,5	2,675	2,459	2,387
	0,35	2,773	2,621	2,571
3,5	0,6	3,110	2,850	2,764
	0,35	3,273	3,121	3,071
4	0,7	3,545	3,242	3,141
	0,5	3,675	3,459	3,387
5	0,8	4,480	4,134	4,019
	0,5	4,675	4,459	4,387
6	1	5,350	4,917	4,773
	0,75	5,513	5,188	5,080
	0,5	5,675	5,459	5,387
7	1	6,350	5,917	5,773
	0,75	6,513	6,188	6,080
	0,5	6,675	6,459	6,387
8	1,25	7,188	6,647	6,466
	1	7,350	6,917	6,773
	0,5	7,675	7,459	7,387
10	1,5	9,026	8,376	8,160
	1	9,350	8,917	8,773
	0,5	9,675	9,459	9,387
12	1,75	10,863	10,106	9,853
	1,5	11,026	10,376	10,160
	1	11,350	10,917	10,773
	0,5	11,675	11,459	11,387
14	2	12,701	11,835	11,546
	1,5	13,026	12,376	12,160
	1	13,350	12,917	12,773
	0,5	13,675	13,459	13,387

Alle Maße in mm

Gewinde-Nenndurchmesser $d = D$	Teilung (Steigung) P	Gewindedurchmesser $d_2 = D_2$	$d_1 = D_1$	d_3
16	2	14,701	13,835	13,546
	1,5	15,026	14,376	14,160
	1	15,350	14,917	14,773
	0,5	15,675	15,459	15,387
18	2,5	16,376	15,294	14,933
	2	16,701	15,835	15,546
	1	17,350	16,917	16,773
	0,5	17,675	17,459	17,387
20	2,5	18,376	17,294	16,933
	2	18,701	17,835	17,546
	1	19,350	18,917	18,773
	0,5	19,675	19,459	19,387
22	2,5	20,376	19,294	18,933
	2	20,701	19,835	19,546
	1	21,350	20,917	20,773
	0,5	21,675	21,459	21,387
24	3	22,051	20,752	20,319
	2	22,701	21,835	21,546
	1	23,350	22,917	22,773
	0,75	23,513	23,188	23,080
27	3	25,051	23,752	23,319
	2	25,701	24,835	24,546
	1	26,350	25,917	25,773
	0,75	26,513	26,188	26,080
30	3,5	27,727	26,211	25,706
	3	28,051	26,752	26,319
	2	28,701	27,835	27,546
	1	29,350	28,917	28,773
33	3,5	30,727	29,211	28,706
	3	31,051	29,752	29,319
	2	31,701	30,835	30,546
	1	32,350	31,917	31,773
36	4	33,402	31,670	31,093
	3	34,051	32,752	32,319
	2	34,701	33,835	33,546
	1	34,350	34,917	23,773

5.4.2. Gewindeverbindungen

Alle Maße in mm

Gewinde-Nenndurchmesser $d = D$	Teilung (Steigung) P	Gewindedurchmesser $d_2 = D_2$	$d_1 = D_1$	d_3
39	4	36,402	34,670	34,093
	3	37,051	35,752	35,319
	2	37,701	36,835	36,546
	1	38,350	37,917	37,773
42	4,5	39,077	37,129	36,479
	4	39,402	37,670	37,093
	2	40,701	39,835	39,546
	1	41,350	40,917	40,773
45	4,5	42,077	40,129	39,479
	4	42,402	40,670	40,093
	2	43,701	42,835	42,546
	1	44,350	43,917	43,773
48	5	44,752	42,587	41,866
	4	45,402	43,670	43,093
	2	46,701	45,835	45,546
	1	47,350	46,917	46,773
52	5	48,752	46,587	45,866
	4	49,402	47,670	47,093
	2	50,701	49,835	49,546
	1	51,350	50,917	50,773
56	5,5	52,428	50,046	49,252
	4	53,402	51,670	51,093
	2	54,701	53,835	53,546
	1	55,350	54,917	54,773
60	5,5	56,428	54,046	53,252
	4	57,402	55,670	55,093
	2	58,701	57,835	57,546
	1	59,350	58,917	58,773
64	6	60,103	57,505	56,639
	4	61,402	59,670	59,093
	2	62,701	61,835	61,546
	1	63,350	62,917	62,773
68	6	64,103	61,505	60,639
	4	65,402	63,670	63,093
	2	66,701	65,835	65,546
	1	67,350	66,917	66,773
72	6	68,103	65,505	64,639
	4	69,402	67,670	67,093
	2	70,701	69,835	69,546
	1	71,350	70,917	70,773
76	6	72,103	69,505	68,639
	4	73,402	71,670	71,093
	2	74,701	73,835	73,546
	1	75,350	74,917	74,773
80	6	76,103	73,505	72,639
	4	77,402	75,670	75,093
	2	78,701	77,835	77,546
	1	79,350	78,917	78,773
85	6	81,103	78,505	77,639
	4	82,402	80,670	80,093
	2	83,701	82,835	82,546
	1,5	84,026	83,376	83,160
90	6	86,103	83,505	82,639
	4	87,402	85,670	85,093
	2	88,701	87,835	87,546
	1,5	89,026	88,376	88,160
95	6	91,103	88,505	87,639
	4	92,402	90,670	90,093
	2	93,701	92,835	92,546
	1,5	94,026	93,376	93,160
100	6	96,103	93,505	92,639
	4	97,402	95,670	95,093
	2	98,701	97,835	97,546
	1,5	99,026	98,376	98,160

Man wählt mit dem gegebenen Durchmesser die für den beabsichtigten Zweck anwendbare größ.e Steigung (Teilung).
1) Kleinbuchstaben beziehen sich auf Außen-, Großbuchstaben auf Innenmaße.

5.4. Fügen

Metrisches Kegelgewinde, TGL RGW 304

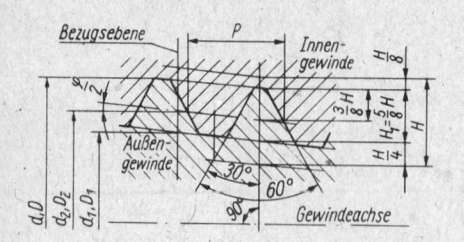

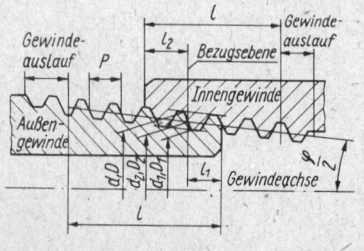

Kegelverjüngung $2 \cdot \tan\frac{\alpha}{2} = 1 : 16$; $\frac{\alpha}{2} = 1°47'24''$

- d, D[1)] Außendurchmesser
- d_2, D_2 Flankendurchmesser
- d_1, D_1 Innendurchmesser
- φ/2 Neigungswinkel
- P Teilung (Steigung)
- H Höhe des Ausgangsdreiecks
- l nutzbare Gewindelänge
- l_1 Abstand der Bezugsebene von der Stirnfläche des Außengewindes
- l_2 Abstand der Bezugsebene von der Stirnfläche des Innengewindes

Alle Maße in mm

Gewindenenndurchmesser d		Teilung	Gewindenenndurchmesser in der Bezugsebene			Gewindelänge		
Reihe 1	Reihe 2	P	d = D	$d_2 = D_2$	$d_1 = D_1$	l	l_1	l_2
6	–	1	6,0	5,350	4,917	8	2,5	3
8	–		8,0	7,350	6,917			
10	–		10,0	9,350	8,917			
12	–	1,5	12,0	11,026	10,376	11	3,5	4
–	14		14,0	13,026	12,376			
16	–		16,0	15,026	14,376			
–	18		18,0	17,026	16,376			
20	–		20,0	19,026	18,376			
–	22		22,0	21,026	20,376			
24	–		24,0	23,026	22,376			
–	27	2	27,0	25,701	24,835	16	5	6
30	–		30,0	28,701	27,835			
–	33		33,0	31,701	30,835			
36	–		36,0	34,701	33,835			
–	39		39,0	37,701	36,835			
42	–		42,0	40,701	39,835			
–	45		45,0	43,701	42,835			
48	–		48,0	46,701	45,835			
–	52		52,0	50,701	49,835			
56	–		56,0	54,701	53,835			
–	60		60,0	58,701	57,835			

[1)] Kleinbuchstaben beziehen sich auf Außen-, Großbuchstaben auf Innenmaße.

5.4.2. Gewindeverbindungen

Zylindrisches Rohrgewinde, ST RGW 1157-78

Dieser Standard gilt für zylindrisches Rohrgewinde, das für zylindrische Gewindeverbindungen sowie für Verbindungen von zylindrischem Innengewinde mit kegligem Außengewinde nach ST RGW 1159-78 angewendet wird.

Bezeichnungsbeispiele:

G 1 1/2 – A   G zylindrisches Rohrgewinde; **1 1/2** Bezeichnung der Gewindegröße; **A** Genauigkeitsklasse

G 1 1/2 LH – B   G zylindrisches Rohrgewinde; **1 1/2** Bezeichnung der Gewindegröße; **LH** Linksgewinde; **B** Genauigkeitsklasse

G 1 1/2 – A/B   G zylindrisches Rohrgewinde; **1 1/2** Bezeichnung der Gewindegröße; **A/B** erster Buchstabe Genauigkeitsklasse des Innengewindes, zweiter Buchstabe Genauigkeitsklasse des Außengewindes

G/R 1 1/2   **G/R** Paarung zylindrischen Innengewindes mit kegligem Außengewinde, **1 1/2** Bezeichnung der Gewindegröße

d, D[1]   Außendurchmesser des Gewindes
d_1, D_1 Innendurchmesser des Gewindes
d_2, D_2 Flankendurchmesser des Gewindes
P Teilung (Steigung)
H Höhe des Ausgangsdreiecks, $H = 0{,}960491\,P$
H_1 Profilüberdeckung, $H_1 = 0{,}640327\,P$
R Radius der Rundung an der Gewindespitze und am Gewindegrund, $R = 0{,}137329\,P$
z Anzahl der Teilungen auf einer Länge von 25,4 mm

Bezeichnung der Gewindegröße		P	z	d = D	$d_2 = D_2$	$d_1 = D_1$
Reihe 1	Reihe 2			1)	1)	1)
		mm		mm	mm	mm
1/16		0,907	28	7,723	7,142	6,561
1/8				9,728	9,147	8,566
1/4		1,337	19	13,157	12,301	11,445
3/8				16,662	15,806	14,950
1/2		1,814	14	20,955	19,793	18,631
	5/8			22,911	21,749	20,587
3/4				26,441	25,279	24,117
	7/8			30,201	29,039	27,877
1		2,309	11	33,249	31,770	30,291
	1 1/8			37,897	36,418	34,939
1 1/4				41,910	40,431	38,952
	1 3/8			44,323	42,844	41,365
1 1/2				47,803	46,324	44,845
	1 3/4			53,746	52,267	50,788
2				59,614	58,135	56,656
	2 1/4			65,710	64,231	62,752
2 1/2				75,184	73,705	72,226
	2 3/4			81,534	80,055	78,576
3				87,884	86,405	84,926
	3 1/4			93,980	92,501	91,022
3 1/2				100,330	98,851	97,372
	3 3/4			106,680	105,201	103,722
4				113,030	111,551	110,072
	4 1/2			125,730	124,251	122,772
5				138,430	136,951	135,472
	5 1/2			151,130	149,651	148,172
6				163,830	162,351	160,872

[1] Kleinbuchstaben beziehen sich auf Außen-, Großbuchstaben auf Innenmaße

5.4. Fügen

Kegliges Rohrgewinde, ST RGW 1159-78

Dieser Standard gilt für kegliges Rohrgewinde mit einem Kegelverhältnis 1 : 16, das für keglige Gewindeverbindungen sowie für Verbindungen von kegligem Außengewinde mit zylindrischem Innengewinde mit Profil nach ST RGW 1157-78 angewendet wird. Es legt das Profil, die Hauptmaße und die Toleranzen des kegligen Gewindes fest sowie die Toleranzen des zylindrischen Innengewindes, das mit kegligem Außengewinde verbunden wird.

Bezeichnungsbeispiele:

- R 1 1/2 R kegliges Außengewinde; **1 1/2** Bezeichnung der Gewindegröße
- Rc 1 1/2 **Rc** kegliges Innengewinde; **1 1/2** Bezeichnung der Gewindegröße
- Rp 1 1/2 **Rp** zylindrisches Innengewinde mit Toleranzen nach ST RGW 1159-78; **1 1/2** Bezeichnung der Gewindegröße
- R 1 1/2 LH **R** kegliges Außengewinde; **1 1/2** Bezeichnung der Gewindegröße; **LH** Linksgewinde
- $\frac{Rc}{R}$ 1 1/2 $\frac{Rc}{R}$ (auch für $\frac{Rp}{R}$ und $\frac{G}{R}$) Gewindeverbindungen der Innen- und Außengewinde; **1 1/2** Bezeichnung der Gewindegröße

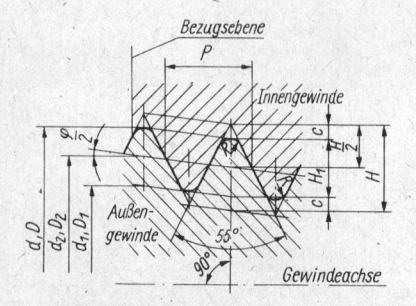

d, D	Außendurchmesser des Gewindes
d_1, D_1	Innendurchmesser des Gewindes
d_2, D_2	Flankendurchmesser des Gewindes
P	Teilung (Steigung)
φ	Kegelwinkel, φ = 3°34'48"
H	Höhe des Ausgangsdreiecks, H = 0,960237 P
H_1	Profilüberdeckung, H_1 = 0,640327 P
c	Abflachung der Gewindespitze und des Gewindegrundes, c = 0,159955 P
R	Radius der Rundung an der Gewindespitze und im Gewindegrund, R = 0,137278 P
l_1	Nutzbare Gewindelänge (Länge minus Gewindeauslauf)
l_2	Gewindeüberdeckung des Innen- und Außengewindes
z	Anzahl der Teilungen auf einer Länge von 25,4 mm

Bezeichnung der Gewindegröße	P mm	z —	Gewindedurchmesser[1]) in der Bezugsebene			Gewindelänge	
			d = D mm	$d_2 = D_2$ mm	$d_1 = D_1$ mm	l_1 mm	l_2 mm
1/16	0,907	28	7,723	7,142	6,561	6,5	4,0
1/8			9,728	9,147	8,566	6,5	4,0
1/4	1,337	19	13,157	12,301	11,445	9,7	6,0
3/8			16,662	15,806	14,950	10,1	6,4
1/2	1,814	14	20,955	19,793	18,631	13,2	8,2
3/4			26,441	25,279	24,117	14,5	9,5
1	2,309	11	33,249	31,770	30,291	16,8	10,4
1 1/4			41,910	40,431	38,952	19,1	12,7
1 1/2			47,803	46,324	44,845	19,1	12,7
2			59,614	58,135	56,656	23,4	15,9
2 1/2			75,184	73,705	72,226	26,7	17,5
3			87,884	86,405	84,926	29,8	20,6
3 1/2			100,330	98,851	97,372	31,4	22,2
4			113,030	111,551	110,072	35,8	25,4
5			138,430	136,951	135,472	40,1	28,6
6			163,830	162,351	160,872	40,1	28,6

[1]) Kleinbuchstaben beziehen sich auf Außen-, Großbuchstaben auf Innenmaße

Sägengewinde, TGL 39626

Anzuwendende Gewindenenndurchmesser in mm

Reihe 1	10	12	16	20	24	28	32	36	40	44	48	52	60	70	80	90	100	120
Reihe 2	14	18	22	26	30	34	38	42	46	50	55	65	75	85	95	110	130	150
Reihe 1	140	160	180	200	220	240	260	280	300	340	380	420	460	500	540	580	620	
Reihe 2	170	190	210	230	250	270	290	320	360	400	440	480	520	560	600	640	—	

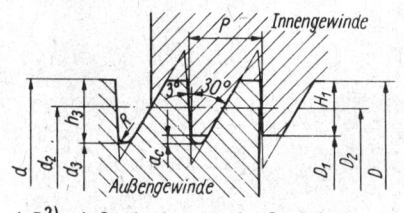

5.4.2. Gewindeverbindungen

d, $D^{2)}$ Außendurchmesser des Gewindes
d_2, D_2 Flankendurchmesser des Gewindes
d_3, D_1 Innendurchmesser des Gewindes
P Teilung (Steigung)
H_1 Profilüberdeckung
a_c Spiel an der Gewindespitze
R Radius im Gewindegrund des Außengewindes

Gleichungen:
$H_1 = 0{,}75\,P$
$h_3 = H_1 + a_c$
$R = 0{,}124271\,P$
$d_2 = D_2 = d - 0{,}75\,P$
$d_3 = d - 2\,h_3$
$D_1 = d - 2\,H_1$
$A_q = \dfrac{d_3^2 \cdot \pi}{4}$

Gewindenenndurchmesserbereiche d [1] mm		P mm	a_c mm
10 ... –	12 ... 20	2	0,236
12 ... 14	22 ... 60	3	0,353
16 ... 20	65 ... 100	4	0,471
22 ... 28	–	5	0,589
30 ... 36	120 ... 170	6	0,707
38 ... 44	–	7	0,824
46 ... 52	180 ... 240	8	0,942
55 ... 60	–	9	1,060
65 ... 80	30 ... 42	10	1,178
85 ... 110	44 ... 52	12	1,413
–	250 ... 400	12	1,413
120 ... 140	55 ... 60	14	1,649
150 ... 170	65 ... 80	16	1,884
180 ... 200	85 ... 95	18	2,120
–	420 ... 500	18	2,120
210 ... 230	95 ... 110	20	2,355
240 ... 260	120 ... 130	22	2,591
270 ... 300	150 ... –	24	2,826
–	520 ... 640	24	2,826
–	160 ... 180	28	3,297
–	190 ... 200	32	3,769
–	210 ... 240	36	4,240
–	250 ... 280	40	4,711
–	290 ... 340	40	5,182

Eingängiges Trapezgewinde, TGL RGW 146, TGL RGW 639, TGL RGW 838

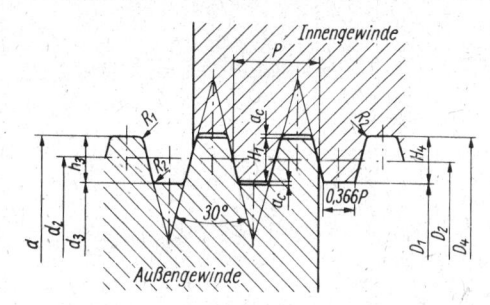

d, $D_4^{2)}$ Außendurchmesser des Gewindes
d_2, D_2 Flankendurchmesser des Gewindes
d_3, D_1 Innendurchmesser des Gewindes
P Teilung (Steigung)
H_1 Profilüberdeckung
h_3 Profilhöhe des Außengewindes
H_4 Profilhöhe des Innengewindes
a_c Spiel an der Gewindespitze
R_1 Radius am Außengewinde
R_2 Radius am Innengewinde

Gleichungen:
$H_1 = 0{,}5\,P$ $d_3 = d - 2\,h_3$
$h_3 = H_4 = H_1 + a_c$ $R_{1\,max} = 0{,}5\,a_c$
$D_1 = d - P$ $R_{2\,max} = a_c$

Gewindenenndurchmesserbereiche d [1] mm		P mm	a_c mm
8 ... –	–	1,5	0,15
9 ... 11	12 ... 20	2	0,25
12 ... 14	22 ... 60	3	
16 ... 20	65 ... 110	4	
22 ... 28	–	5	
30 ... 36	120 ... 170	6	0,5
38 ... 44	–	7	
46 ... 52	180 ... 240	8	
55 ... 60	–	9	
65 ... 80	30 ... 40	10	
85 ... 110	44 ... 52	12	
85 ... 110	250 ... 400	12	
120 ... 140	55 ... 60	14	1
150 ... 170	65 ... 80	16	
150 ... 170	420 ... 500	16	
180 ... 200	85 ... 95	18	
210 ... 230	100 ... 110	20	
210 ... 230	520 ... 580	20	
240 ... 260	120 ... 130	22	
270 ... 300	140 ... 150	24	
270 ... 300	600 ... 640	24	
–	160 ... 180	28	
–	190 ... 200	32	
–	210 ... 240	36	
–	250 ... 280	40	
–	290 ... 300	44	
–	320 ... 400	48	

[1] Für Neu- und Weiterentwicklungen zu bevorzugen
[2] siehe Seite 156 1)

5.4. Fügen

Für Trapezgewinde anzuwendende Gewindenenndurchmesser in mm

Reihe 1	8	10	12	16	20	24	28	32	36	40	44	48	52	60	70	80	90	100	120
Reihe 2	9	11	14	18	22	26	30	34	38	42	46	50	55	65	75	85	95	110	130

Reihe 1	140	160	180	200	220	240	260	280	300	320	360	400	440	500	560	620	–	–
Reihe 2	150	170	190	210	230	250	270	290	340	380	420	460	480	520	540	580	600	640

Rundgewinde, TGL 0-405

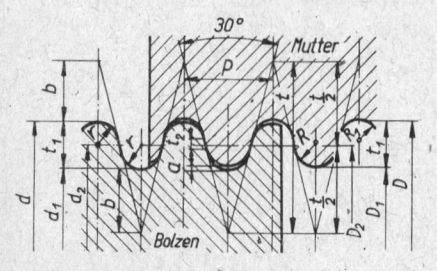

$d, D^{1)}$ Außendurchmesser des Gewindes
d_1, D_1 Innendurchmesser des Gewindes
d_2, D_2 Flankendurchmesser des Gewindes
t_1 Gewindetiefe
b Scheitelabstand des Flankenwinkels bis zur Gewinderundung des Bolzens
r Gewinderadien, Bolzen
a Spiel zwischen den Gewinderundungen
t_2 Tragtiefe
P Teilung (Steigung)
$\frac{t}{2}$ Scheitelabstand des Flankenwinkels bis zum Rundungsmittelpunkt der Mutter
R Außengewinderadius, Mutter
R_1 Innengewinderadius, Mutter
z Gangzahl je Zoll

Gleichungen:

$P = \dfrac{25{,}40095}{z}$ $\quad t_1 = 0{,}5\,P$
$t = 1{,}86603\,P$ $\quad t_2 = 0{,}08350\,P$
$r = 0{,}23851\,P$ $\quad b = 0{,}68301\,P$
$R = 0{,}25597\,P$ $\quad a = 0{,}05\,P$
$R_1 = 0{,}22105\,P$

d mm	z	P mm	t_1 mm	t_2 mm	r mm	R mm	R_1 mm
8 ... 12	10	2,540	1,270	0,212	0,606	0,650	0,561
14 ... 38	8	3,175	1,588	0,265	0,757	0,813	0,702
40 ... 100	6	4,233	2,117	0,353	1,010	1,084	0,936
105 ... 200	4	6,350	3,175	0,530	1,515	1,625	1,404

	Bolzen			Mutter	
d mm	d_1 mm	A mm^2	d_2 mm	D mm	D_1 mm
8	5,460	23,4	6,730	8,254	5,714
9	6,460	32,8	7,730	9,254	6,714
10	7,460	43,7	8,730	10,254	7,714
11	8,460	56,2	9,730	11,254	8,714
12	9,460	70,3	10,730	12,254	9,714
14	10,825	92	12,412	14,318	11,142
16	12,825	129,2	14,412	16,318	13,142
32	28,825	652,6	30,412	32,318	29,142
36	32,825	846,3	34,412	36,318	33,142
40	35,767	1005	37,883	40,423	36,190
44	39,767	1242	41,883	44,423	40,190
48	43,767	1505	45,883	48,423	44,190
52	47,767	1792	49,883	52,423	48,190
55	50,767	2024	52,883	55,423	51,190
60	55,767	2443	57,883	60,423	56,190
95	90,767	6471	92,883	95,423	91,190
100	95,767	7203	97,883	100,423	96,190
110	103,650	8438	106,825	110,635	104,285
120	113,650	10145	116,825	120,635	114,285
200	193,650	29450	196,825	200,635	194,285

[1] Kleinbuchstaben beziehen sich auf Außen-, Großbuchstaben auf Innenmaße

5.4.3. Schweißverbindungen

Schmelzschweißen; TGL 14905, TGL 14906

Schweiß-nahtart	Schweiß-verfahren Werkstoff TGL	Verschweißbare Werkstoffdicken in mm bei den Verfahren					
		G Stahl –	E Stahl 14905/02	WIG NE-Metall 14906/05	MIG NE-Metall 14906/04	MAG Stahl 14905/03	UP Stahl 14905/05
I-Naht, einseitig		> 0,5	1 ... 3	< 6	< 6	< 6	3 ... 12
I-Naht, beidseitig		–	2 ... 8	6 ... 10	–	3 ... 12	3 ... 25
V-Naht		3 ... 8	3 ... 20	4 ... 20	4 ... 20	3 ... 60	8 ... 24
V-Naht mit Kapplage		–	–	–	–	3 ... 60	14 ... 30
Steilflankennaht		–	> 6	> 10	> 10	6 ... 100	–
X-Naht		–	12 ... 60	–	> 15	6 ... 120	24 ... 60
Y-Naht		–	3 ... 20	4 ... 20	4 ... 20	10 ... 24	14 ... 24
Y-Naht mit Kapplage		–	–	4 ... 20	–	10 ... 24	–
Doppel-Y-Naht		–	–	–	–	24 ... 60	20 ... 60
U-Naht		–	10 ... 60	15 ... 20	15 ... 30	24 ... 100	–
U-Naht mit Kapplage		–	> 15	15 ... 20	–	–	24 ... 160
Doppel-U-Naht		–	> 30	> 25	> 30	26 ... 120	50 ... 160
K-Naht		–	8 ... 60	16 ... 30	10 ... 40	8 ... 100	20 ... 42
HV-Naht		–	3 ... 20	6 ... 30	6 ... 15	3 ... 60	8 ... 20
HV-Naht, beidseitig		–	–	–	–	–	14 ... 20
J-Naht		–	> 15	20 ... 40	20 ... 40	18 ... 100	16 ... 50
Doppel-J-Naht		–	> 30	> 30	> 30	30 ... 120	30 ... 60
Kehlnaht		> 1	> 1	> 2	> 3	> 2	> 3
Doppel-Kehlnaht		> 2	> 1	> 4	> 4	> 2	> 3
Bördelnaht		< 2	< 4	< 2	–	≤ 4	–
Stirnflachnaht		< 4	> 1	–	–	≤ 10	–
Stirnfugennaht		> 3	> 4	> 4	> 6	> 3	–
Ecknaht		> 1	> 1	> 1	> 5	> 2	–

Schweißverfahren	Anwendungsbereich	Positionen	Vorzugsweise geschweißte Blech- oder Wanddicken
G-Schweißen	Stahl und NE-Metalle	alle	geringe Dicken
E-Schweißen	vorzugsweise Stahl	alle	größere Dicken
WIG-Schweißen	Al und Legierungen, hochlegierter Stahl	alle	geringe Dicken und Wurzellagen
MIG-Schweißen		alle	Dicken über 4 mm
MAG-Schweißen	unlegierter und niedrig-Mn-legierter Stahl	alle	alle Dicken
US-Schweißen	Stahl	waagerecht	geringe Dicken
UP-Schweißen	vorzugsweise Stahl	waagerecht	meist große Dicken
ES-Schweißen	Stahl	steigend	Dicken über 12 mm

Verfahren	Effektive Abschmelzleistung kg/h	Verfahren	Effektive Abschmelzleistung kg/h
G-Schweißen	0,15 ... 0,3	MIG-Schweißen	0,8 ... 1,8
E-Schweißen	0,5 ... 0,8	UP-Schweißen mit 1 Draht	2,0 ... 3,5
WIG-Schweißen	0,3 ... 0,8	UP-Schweißen mit 2 Drähten	2,5 ... 6
MAG-Schweißen	0,8 ... 1,8	ES-Schweißen	6 ... 10

5.4. Fügen

Augenschutzfiltergläser für Schweißer, TGL 25212

Schutzstufen-kennzeichnung	Empfohlene Anwendung beim Gasschweißen	beim Lichtbogenschweißen
4	für Hartlöten, Brennschneiden, Stahl- und Grauguß-, Leichtmetall-, Thermitschweißen	–
5	für alle Schweißerarbeiten mit geringer Intensität und für Thermitschweißen	–
6	für alle Schweißerarbeiten	für Dünnblechschweißen
7	für Schweißen von Werkstücken mit großen Wanddicken und für Warmschweißen	für Dünnblechschweißen
8	für Warmschweißen	mit Schweißelektroden mit Durchmesser bis 2,5 mm
9	–	mit Schweißelektroden mit Durchmesser von 3,25 bis 5 mm, für Schutzgas-Lichtbogen-Schweißen mit Stromstärken bis 75 A
10	–	mit Schweißelektroden mit Durchmesser über 5 mm, für Schutzgas-Lichtbogen-Schweißen mit Stromstärken bis 100 A
11	–	mit Schweißelektroden mit Durchmesser über 5 mm und für Kohleelektroden, für Schutzgas-Lichtbogen-Schweißen mit Stromstärken bis 150 A, für Plasma-Dünnblech-Schweißen mit geringer Lichtwirkung
12	–	mit Elektroden mit besonders starker Lichtwirkung für Schutzgas-Lichtbogen-Schweißen bei Stromstärken bis 250 A, für Plasma-Schweißen und -Schneiden mit Stromstärken bis 300 A
13	–	für Warmschweißarbeiten an Stücken mit großen Wanddicken, für Schutzgas-Lichtbogen-Schweißen mit Stromstärken über 250 A, für Plasma-Schweißen und -Schneiden mit Stromstärken bis 500 A
14	–	für Schutzgas-Lichtbogen-Schweißen mit Stromstärken ab 350 A und besonders starker Strahlungswirkung
15	–	Stromstärken über 500 A
16	–	für Plasma-Schweißen und -Schneiden bei höchsten Stromstärken und besonders starker Strahlungswirkung

Elektroden für Schweißarbeiten an un- und niedriglegierten Stählen
(nach Schweißweiser VEB Mansfeldkombinat Wilhelm Pieck)

Bezeichnung nach TGL 15793 neu	alt	Werkbezeichnung	Kennfarbe	Bezeichnung nach TGL 15793 neu	alt	Werkbezeichnung	Kennfarbe
E 43 OA 15	Es II d	Tempo	ohne	E 43 4B 110 20 (H)	Kb X s	Garant	blau
E 43 OB 20	Kb V s	Exponent	silber	E 51 5B 110 20 (H)	Kb X s	Garant K	blau-blau
E 43 2R 12	Ti VII m	Anker	weiß	E 43 4B 110 26 (H)	Kb X s	Empor	braun
E 43 2R 12	Ti VII m	Lloyd	grün	E 43 4B 160 46 (H)	Fe Kb X	Rasant	hellblau
E 43 4RR (B) 22	Ti VIII s	Titan	rot	E 43 4B 16 (H)	Kb X s	Perfekt	weiß
E 43 3A 42	Ti VIII s	Trumpf	grün	E 51 4B 20 (H)	Kb XII s	Exakt	violett
E 43 2RR 150 42	Fe Ti VIII	Kontakt	rot	E 51 5B 110 26 (H)	Kb XIII s	Impuls	gelb
E 51 4RR (B) 22	Ti XI s	Komplex	grau	E 51 4B 110 10 (H)	Korrex	Korrex	blau-weiß
				EB/CrMo 1		Cromo 1Kb	Cromo 1Kb	violett-gelb

5.4.3. Schweißverbindungen

[Table: Elektroden, Anwendung — Schweißverbindungen. Rotated compatibility chart mapping electrode types (E 43 2R 12, E 43 3RR(B) 22, E 510 B 140 46, E 512 RR 160 42, E RR(B)/Mo, E 43 4B 110 20 (H), E 51 5B 110 20 (H), E 43 4B 110 26 (H), E 43 4B 160 46 (H), E 43 4B 16 (H), E 51 4B 20 (H), E 51 5B 110 10 (H), E 51 4B 110 10 (H)) against steel types grouped by: Allgemeine Baustähle nach TGL 7960 (St 34, St 38, St 42, St 50, St 60, St 70); Korrosionsträge Baustähle nach TGL 28192 (KT 45-2, KT 50-2, KT 52-3); Höherfeste schweißbare Baustähle nach TGL 22426 (H 45-2, H 52-3, H 55-3, H 60-3); Schiffbaustähle nach DSRK Teil XIII — normalfest (A, B, D, E), höherfest (A 32, D 32, E 32, A 36, D 36, E 36), Kesselstähle (1, 2, 3, 5); Kesselblech nach TGL 14507 (Mb 13, Mb 16, Mb 19, 17 Mn 4, 19 Mn 5, 15 Mo 3, 13 CrMo 4.4); Rohrstähle nach TGL 14183 und TGL 9413/01 (St 35, St 45, St 55, KT 45-2, KT 52-3, H 52-3, H 60-3); Einsatzstähle TGL 6546 / Vergütungsstähle TGL 6547 (C 10, C 15, C 20, C 25, C 35, C 45, C 60); Betonstähle nach TGL 12530 (St A-I, St A-III, St T-III, St T-IV); Stahlguß nach TGL 14315 (GS-40, GS-45, GS-50, GS-60).

Legend: ■ geeignet, □ nicht geeignet]

11 Arbeitstafeln Metall

5.4. Fügen

Schweißdrähte; TGL 7253, TGL 39671

(Tabelle zu komplex zur vollständigen Wiedergabe – Eignungsmatrix zwischen Schweißdrähten/-werkstoffen und Grundwerkstoffen)

■ geeignet, □ nicht geeignet

Spalten (Grundwerkstoffe):
- Allgemeine Baustähle nach TGL 7960: St 34, St 38, St 42, St 50, St 60, St 70
- Korrosionsträge Baustähle nach TGL 28192: KT 45-2, KT 50-2, KT 52-3
- Höherfeste schweißbare Baustähle nach TGL 22426: H 45-2, H 52-3, HS 52-3, H 55-3, H 60-3
- Kesselbleche nach TGL 14507: Mb 13, Mb 16, Mb 19, 17 Mn 4, 19 Mn 5, 15 Mo 3, 13 CrMo 4.4, 10 CrMo 9.10
- Rohrstähle nach TGL 14183, TGL 9413/01: St 35, St 45, St 55, KT 45-2, KT 52-3, H 52-3, H 60-3
- Einsatzstähle nach TGL 6546 / Vergütungsstähle nach TGL 6547: C 10, C 15, C 20, C 25, C 35, C 45
- Betonstähle nach TGL 12530: St A-I, St A-III, St T-III, St T-IV
- Stahlguß nach TGL 14315: GS-40, GS-45, GS-50, GS-60

Zeilen (Schweißdrähte und -werkstoffe):

Gasschweißdrähte:
- Mb K 10
- 9 MnNi 4
- 17 MnNi 4
- 9 MnMo 4.5
- 9 CrMo 4.5
- 7 CrMo 12.10
- 6 MnSiCuNi 5

MAG-Schweißdrähte:
- 10 MnSi 6
- 10 MnSi 8
- 12 MnSiTi 8
- 6 MnSiCuNi 5
- 9 MnMoSi 4.5

UP-Schweißdraht / UP-Schweißpulver:
- Mu K 9
- 9 ay 467 oder 9,5 az 486
- 10 Mn 4
- 9 ay 467
- 10 Mn 6
- 11 saz 476
- 9 MnNi 4.4
- 8,5 b 455
- 6 MnCuNi 5
- 9 ay 467 oder 8,5 b 455
- 10 NiMoV 5.4
- 9 ay 467

5.4.3. Schweißverbindungen

Gasschweißdrähte

Bezeichnung nach TGL 7253/02	Schweißdrahtklasse TGL 7253/08	Alte Bezeichnung	Kerbzeichen
MbK 10	I	GI	– I –
9MnNi4	II	GII	– I I –
17MnNi4	III	GIII	– I I I –
9MnMo4.5	IV	GIV	I – I
9CrMo4.5	V	GV	I – – I
7CrMo12.10	VI	GVI	I – – – I

UP-Schweißpulver

Bezeichnung nach TGL 7437/02	Werkbezeichnungen VEB Farbenglaswerk Weißwasser	VEB Stickstoffwerk Piesteritz
9 ay 467 (S 432 m R 3)	ASP 111 (SPC Mn 35/100)	Pie 18 UP
11 saz 476 (S 332 m R 2)	ASP 210; 211 (SPC Mn 40/360)	Pie 28 ES
9,5 az 486 (S 332 mR 1)	– (SPC Mn 75/200)	Pie 40 UP

neue Bezeichnung, (alte Bezeichnung)

Widerstandsschweißen

Widerstandspunktschweißen unlegierter Stähle

Einzelblechdicke	Elektrodendurchmesser min.	Elektrodenspitzendurchmesser max.	Punktdurchmesser min.	Elektrodenkraft	Schweißzeit	Schweißstrom	Überlappung	Kleinster Punktabstand mit Rücksicht auf Nebenschluß	Kleinster Punktabstand mit Rücksicht auf Festigkeit	Punktscherfestigkeit
mm	mm	mm	mm	kN	Per.	kA	mm	mm	mm	N je Punkt
0,4	8	4	3,2	1,0	4	5	8	9	6	1000
0,6	10	5	3,8	1,5	6	7	10	12	8	2000
0,8	10	6	4,4	2,0	7	8	11	15	9	3000
1,0	13	6	5,0	2,5	8	9	13	18	10	4000
1,2	13	8	5,5	3,0	10	10	14	20	11	5250
1,4	13	8	6,0	3,5	11	11	15	23	12	6500
1,6	13	8	6,4	4,0	12	12	16	26	13	8000
1,8	16	8	6,7	4,5	14	13	17	28	13	9700
2,0	16	8	7,0	5,0	15	14	18	30	14	11500
2,2	16	10	7,4	5,5	16	15	18	32	15	13000
2,4	16	10	7,7	6,0	17	16	19	34	15	15000
2,6	16	10	8,0	6,5	18	17	20	36	16	17000
2,8	20	10	8,3	7,0	20	18	21	38	17	19000
3,0	20	10	8,6	7,5	21	19	22	40	17	21000
3,2	20	10	8,9	8,0	22	20	22	42	18	23000

Rollennahtschweißen unlegierter Stähle

Einzelblechdicke	Elektrodenrollen Rollenbreite	Elektrodenrollen Kontaktbreite	Elektrodenkraft	Stromzeit	Strompause	Rollengeschwindigkeit	Schweißstrom	Mindestüberlappung
mm	mm	mm	kN	Per.	Per.	m/min	kA	mm
0,4	10	5	2,20	2	1	2,10	10	10
0,6	10	5	2,70	2	2	1,90	12	11
0,8	12	6	3,30	3	2	1,80	13,5	12
1,0	12	6	3,85	3	2	1,75	15	13
1,2	12	8	4,50	3	2	1,70	16	14
1,4	12	8	5,00	3	3	1,60	17	15
1,6	16	8	5,60	4	3	1,55	17,5	16
1,8	16	9	6,10	4	4	1,50	18	17
2,0	16	10	6,70	5	4	1,45	19	18
2,2	16	10	7,20	5	4	1,40	20	18
2,4	16	11	7,80	6	5	1,30	20,5	19
2,6	20	12	8,40	7	5	1,25	21	20
2,8	20	13	9,00	8	5	1,20	21,5	21
3,0	20	13	9,50	8	6	1,20	22	22
3,2	20	13	10,00	9	6	1,15	22,5	22

5.4. Fügen

5.4.4. Nietverbindungen

Klemmdicken und Schließköpfe, TGL 16999

Abmessungen für Niete, TGL 0-660, TGL 0-661

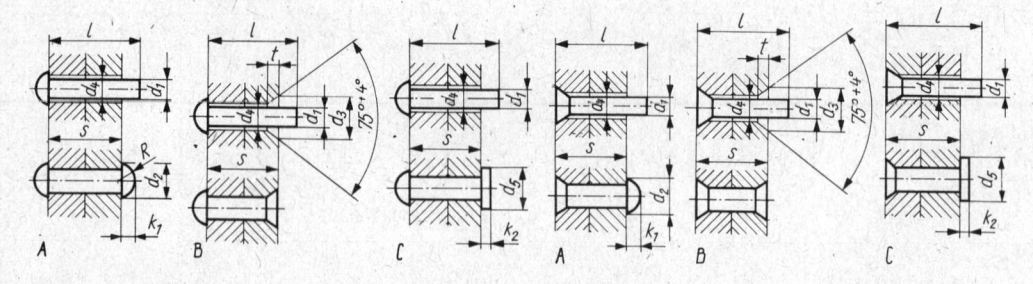

Alle Abmessungen in mm

d_1	1	1,6	2	2,5	3	4	5	6	8
d_2	1,8	2,9	3,5	4,4	5,3	7,1	8,8	11	14
d_3	1,8	3	3,5	4,5	5,2	7	8,8	10,3	14
d_4 H11	1,1	1,8	2,2	2,8	3,2	4,3	5,3	6,4	8,4
d_5	1,6	2,4	2,9	4,1	4,5	5,8	7	8,5	12
zul. Abw.	+ 0,4	+ 0,5	+ 0,7	+ 0,8	+ 0,9	+ 1	+ 1,2	+ 1,2	+ 1,6
k_1	0,6	1	1,2	1,5	1,8	2,4	3	3,6	4,8
k_2	0,4	0,6	0,8	1	1,2	1,8	2,2	2,7	3,6
zul. Abw.	+ 0,1	+ 0,2	+ 0,4	+ 0,5	+ 0,6	+ 0,8	+ 0,8	+ 1	+ 1,2
R	1	1,6	1,9	2,4	2,9	3,8	4,7	6	7,5
t	0,5	0,9	1	1,3	1,5	2	2,5	3	4

Zul. Abweichungen für nichttolerierte Schließkopfmaße s. Setzkopfmaße nach TGL 11218/01

Abmessungen für Niete, TGL 0-124/01, TGL 0-302/01

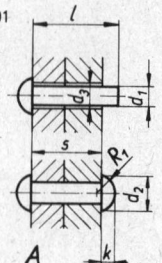

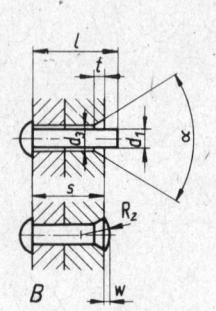

Alle Abmessungen in mm

Form	TGL	d_1	10	12	16	20	(22)	24	(27)	30
A	0-124/01	d_2	16	19	25	30	35	37	40	45
		$d_3 \pm 0,2$	11	13	17	21	23	25	28	31
		k	6	7,2	9,5	12	13	16	18	20
		R_1	8,3	10	13	15,4	18	19	20	23
	0-302/01	d_2	16	19	25	32	36	40	43	48
		$d_3 \pm 0,2$	11	13	17	21	23	25	28	31
		k	6,5	7,5	10	13	14	16	17	19
		R_1	8	9,5	13	16,5	18,5	20,5	22	24,5
B	0-124/01	$\alpha + 5°$	75°	75°	75°	60°	60°	60°	60°	45°
	0-302/01	t	2,3	3,3	5,9	9,1	10	11,3	12,2	13,9
		R_2	27	41	85	124,5	75,5	91	111	114
		w	1	1	1	1	2	2	2	2

5.4.4. Nietverbindungen

Art	Form	A						B					
	d_1 in mm	10	12	16	20	24	30	10	12	16	20	24	30
	l in mm	Größtmaß der Klemmdicke für Niete nach TGL 0-302/01 (Auswahl)											
Kessel-bau	20							14					
	24	6						17	16				
	32	13	10					22	22	20			
	40	19	17	13				28	28	28	26		
	50	26	24	20	16			36	36	36	34	32	
	60	34	32	28	24			44	44	42	42		
	80		48	46	40	36	30	60	60	60	60	60	
	100		64	60	56	52	50	76	76	76	78	78	
	120				72	70	68					92	94
	150					92	88					116	118
Stahl-bau	20	7						15					
	24	12	10					18	17				
	32	18	17	15				24	22	22			
	40	24	24	20	18			32	30	30	28		
	50	34	32	28	24	20		40	38	38	36	34	
	60		40	36	32	28			46	46	44	44	
	80		56	54	50	46	42		62	62	64	64	64
	100		74	72	70	66	62		78	78	80	82	82
	120					82	78					96	98
	150					108	104					120	122

Form	A						B					
d_1 in mm	10	12	16	20	24	30	10	12	16	20	24	30
l in mm	Größtmaß der Klemmdicke für Niete nach TGL 0-124/01 (Auswahl)											
16							10					
20	6						14					
24	9	8					17	16	15			
32	17	15	13				22	22	20			
40	22	22	18	16			28	28	28	26		
50	32	30	26	22			36	36	34			
60	40	38	34	30	26			44	42	42		
80		58	52	48	44	38		60	60	60	60	
100		72	68	66	62	58					78	
120		90	86	86	82	78					98	
160				116	112	108						
200						132						

d_1	1		2			2,5			3			4			5			6			8		
	Größtmaß der Klemmdicke für Niete nach TGL 0-660 (Auswahl)																						
l in mm	A	B	A	B	C	A	B	C	A	B	C	A	B	C	A	B	C	A	B	C	A	B	C
2	0,5	1																					
3	1,2	1,5	–	1,5	–																		
4	2,1	2,5	1,5	2,5	1,5	1	2	1	1	2	1												
5			2	3	2	2	3	2	1,5	2,5	1,5												
6			2,5	3,5	3	2,5	3,5	2,5	2,5	3,5	2,5	1,5	3,5	1,5									
8			4	5	5	4	5	4	4	5	4	3	5	3	2,5	4,5	2,5						
10			6	7	7	6	7	6	6	7	6	5	7	5	4	6	4	3	5	3			
12			8	9	9	8	9	8	8	9	8	7	9	7	6	8	6	5	7	5	4	7	3
15			12	13	13	12	13	12	12	13	12	11	13	11	10	12	10	9	11	9	8	11	7
20						15	16	16	15	16	15	14	16	14	13	15	13	12	14	12	11	14	11
25									18	19	19	17	19	18	16	18	16	15	17	15	14	17	14
32									24	26	27	23	25	26	22	24	25	22	24	24	21	24	22
40									31	32	35	30	32	35	29	31	33	29	31	32	28	31	30
50												38	40	45	37	39	42	37	39	42	36	39	40
60		Alle Abmessungen in mm										46	48	50	46	48	50	46	48	50	45	48	50

5.4. Fügen

5.4.5. Lötverbindungen

Weichlote ohne Flußmittelfüllung für Schwermetalle, TGL 14908/02

Weichlotmarke	Schmelzbereich T_S °C	Schmelzbereich T_L °C	Bevorzugte Anwendung	Weichlotmarke	Schmelzbereich T_S °C	Schmelzbereich T_L °C	Bevorzugte Anwendung
Antimonhaltige Zinnlote				**Antimonfreie Zinnlote**			
L-Sn18Sb	190	280	Karosseriebau	L-Sn8	280	305	für höhere Betriebs-temperaturen, Glüh-lampen, Kühlerbau
				L-Sn12	250	295	
L-Sn25Sb	186	260	Klempner- und Installations-arbeiten, Wärmetauscher-bau, Kabelverbindungen, technische Verzinnung	L-Sn15	230	290	
L-Sn30Sb	186	250		L-Sn18	190	280	
				L-Sn25	183	280	
				L-Sn30	183	250	Rundfunk-, Fernseh-, Fernmeldetechnik
				L-Sn33	183	240	
L-Sn40Sb	186	225	E-Technik, Chemie, Kupfer-halbzeug, technische Ver-zinnung	L-Sn40	183	225	
L-Sn50Sb	186	205					
L-Sn60Sb	186	190		L-Sn50	183	215	Feinlötungen und gedruckte Schaltungen in der E-Technik und Elektronik
				L-Sn55	183	200	
				L-Sn60	183	190	
				L-Sn90	183	219	Kontakt mit Lebens-mitteln zugelassen
Antimonarme Zinnlote							
L-Sn18(Sb)	190	280	Besteck-, Motoren-, Glüh-lampenfertigung	L-Sn63	183	183	Schwallöten von Leiter-platten
L-Sn30(Sb)	183	255	Wärmetauscherbau, Zink-blechlötung	**Niedrigschmelzende Lote**			
L-Sn33(Sb)	183	242	Kabelverbindungen	L-PbBi23Sn13SbAs	120	190	Kabelschmierlot
L-Sn40(Sb)	183	253	Klempner- und Installations-arbeiten	L-SnCd32	176	176	Speziallot für Gleich-richter
L-Sn50(Sb)	183	215	E-Technik, Chemie, Kupfer-halbzeuge, verzinkte Fein-bleche, technische Ver-zinnung	L-SnPb32Cd18	145	145	Elektrotechnik, Elek-tronik, Lötungen an temperaturempfind-lichen Bauteilen, Zweit- und Drittlötungen
L-Sn60(Sb)	183	190		L-SnBi58	138	138	
				L-PbBi56	124	124	
				L-BiSn26Cd21	103	103	
				L-PbBi52Sn16	96	96	
				L-PbBi52Cd8	92	92	
Sonderweichlote				L-PbBi50Sn12,5Cd12,5	70	70	
L-Sn60Ag3,5	178	180	Löten von versilberten Ober-flächen				
L Sn63Ag1,4	178	178	Tauchlöten von Leiterplatten				
L-Sn50Cu1,5	183	215	Lötspitzenschutzlot				
L-Sn60Cu1,5	183	190					
L-Sn60Cu0,4	183	190	Tauchlöten				
L-CdZn25Ag5	276	325	Kupfer und Kupfer-Zink-Knetlegierungen				
L-CdZn10Ag10	283	416	Stahl				
L-PbCd17,5	248	248					
L-PbAg3	305	315	Lote für höhere Betriebs-temperaturen, Kollektoren, Kältetechnik				
L-PbSn10Ag1,5	277	287					
L-PbSn2,5Ag1,5	304	310					

Lieferformen	Abmessungen	Lieferformen	Abmessungen
Runddrähte	Durchmesser 0,1 ... 3 mm, Mindestlänge 1000 mm	Streifen	Dicke 0,3 ... 3 mm, Breite 3 ... 80 mm, Länge 250 ... 500 mm
Rundstangen	Durchmesser 3; 3,5; 4; 4,5; 5 mm, Länge 500 ... 1000 mm	Bänder	Dicke 0,1 ... 0,5 mm, Breite 3 ... 100 mm, Mindestlänge 1000 mm
Bleche	Dicke 0,3 ... 3 mm, Breite 100 ... 350 mm, Länge 200 ... 500 mm	Pulver	Korngrößenklasse < 0,25 und < 0,40 mm

5.4.5. Lötverbindungen

Weichlote mit Flußmittelfüllung für Schwermetalle, TGL 14908/08

Weichlotmarke	Lieferform	Flußmittel
L-Sn12 L-Sn15 L-Sn18 L-Sn25 L-Sn40	Einseelenlotdraht (DrEs) mit Durchmesser 1, 1,5, 2 mm	SW14
L-Sn8 L-Sn12 L-Sn15 L-Sn18 L-Sn25 L-Sn30 L-Sn33 L-Sn40 L-Sn50 L-Sn55 L-Sn60 L-Sn50Cu1,5 L-Sn60Cu1,5	Einseelenlotdraht (DrEs) mit Durchmesser 0,8, 1, 1,2, 1,5, 2, 2,5, 3, 3,5, 5, 8 mm	SW23 oder SW32
L-Sn50	Mehrseelenlotdraht (DrMs) mit Durchmesser 1, 1,2, 1,5, 2, 2,5, 3 mm	SW31

Hartlote auf Kupferbasis, TGL 14908/03

Hartlot-marke	Schmelzbereich		Arbeits-temperatur etwa °C	Anwendung
	Solidus etwa °C	Liquidus etwa °C		
L-CuZn40	890	900	900	Stahl, Temperguß, Kupfer, Kupferlegierungen (Solidustemperatur über 950°C), Nickel, Nickellegierungen unlegierter Stahl
L-Cu	1083	1083	1100	
L-CuP8	710	730	710	Kupfer, Messing
L-CuZn29-Ni5Mn2	900	960	950	hartmetallbestückte Bergbauwerkzeuge

Lieferformen	Abmessungen
Hartlot-Stäbe und Hartlot-Drähte	Nenndurchmesser 1,4; 1,6; 2; 3; 4; 5; 6; 8; 10 mm
Kornlote L-CuP8 L-CuZn40	Körnung bis 3,15 mm bis 0,3; bis 0,5; bis 1,5

Weichlote auf Zinn-Kadmium-Zink-Basis, TGL 14908/06

Kurzzeichen	Schmelzbereich		Arbeits-temperatur etwa °C	Anwendung
	Solidus etwa °C	Liquidus etwa °C		
L-SnZn37Cd25	165	300	230	Reiblöten mit Kolben von Aluminium und Aluminiumlegierungen
L-SnZn40	200	335	260	
L-CdZn20	265	275	280	
L-CdZn30	265	300	310	

Lieferformen	Abmessungen
Halbrundstäbe	Breite 8 ... 14 mm Länge 420 ... 480 mm Höhe 6 ... 12 mm
Gießfäden	Breite 3 ... 9 mm Länge 420 ... 480 mm Höhe 2 ... 5 mm

5.4. Fügen

Silberlote, TGL 14908/04

Lotmarke	Schmelzbereich T_S °C	T_L °C	Vorzugsweise Verwendung	Lotmarke	Schmelzbereich T_S °C	T_L °C	Vorzugsweise Verwendung
L-Ag12	800	855	Stahl, Temperguß, Kupfer, Kupferlegierungen (mind. 56% Cu), Nickel, Nickellegierungen; geeignet bei dicken Teilen	L-Ag49Mn2	670	680	Stahl, Hartmetalle, Wolfram- und Molybdänwerkstoffe
L-Ag12Cd7	620	825					
				L-Ag49Mn7	640	700	chemisch beständiger Stahl, Edelstahl, Hartmetalle, Wolfram- und Molybdänwerkstoffe
L-Ag15P	640	800	Kupfer (ohne Flußmittel), Kupferlegierungen				
				L-Ag50Cd10	635	660	Kupferlegierungen, Edelmetalle
L-Ag20Cd15	605	800	Stahl, Temperguß, Kupfer, Kupferlegierungen, Nickel, Nickellegierungen	L-Ag54	675	725	
L-Ag25	680	795					
L-Ag25Cd14	625	790		L-Ag60Sn10	595	715	Stahl, Kupfer
L-Ag27	680	840	Hartmetalle, Stahl, Wolfram- und Molybdänwerkstoffe	L-Ag65Cu29	670	740	Edelmetalle
				L-Ag65Cu26	670	720	
				L-Ag65Cu23	670	700	
L-Ag30Cd12	620	715	Stahl, Temperguß, Kupfer, Kupferlegierungen, Nickel, Nickellegierungen, Edelmetalle	L-Ag65Cu20	670	690	
L-Ag30Cd22	600	690					
L-Ag34Cd20	600	665		L-Ag72	780	780	Stahl, Kupfer, Kupferlegierungen, Nickellegierungen
L-Ag44	680	740					
L-Ag40Cd20	670	680					

Flußmittel zum Löten und Schweißen metallischer Werkstoffe, TGL 14907

Typ	Bestandteile	Lösungsmittel	Lieferform	Anwendung	Rückstände
		Anorganische Flußmittel zum Weichlöten von Schwermetallen			
SW11	Zinkchlorid, Ammoniumchlorid, freie Mineralsäuren	Wasser	flüssig	rostfreier Stahl, verchromte Teile, Zink, verzinktes Stahlblech	Rückstände verursachen Korrosion. Waschen und Spülen mit 2%iger Salzsäure; Nachspülen mit warmem Wasser
SW12	Zinkchlorid, Ammoniumchlorid			alle Weichlötungen, Kühlerbau, Tauchverzinnung	
		Wasser, Glyzerin		Webeblätter und Webgeschirre	
		Wasser, Äthanol		Feinblechpackungen	
		–	Pulver	Abdecken von Löt- und Zinnbädern	
		Lot-Flußmittel-Gemisch	Paste	Wischverzinnen	
		–	Stücke	Abdecken von Löt- und Zinnbädern, Wischverzinnen	
SW13	Zinkchlorid, Ammoniumchlorid	Vaseline	Paste	Kühlerbau, Klempnerarbeiten, Elektroindustrie	
SW14	Ammoniumchlorid, als Lötdrahtfüllung in Glyzerin gelöst	Vaseline, Lot-Flußmittel-Gemisch		Feinlötungen, Elektroindustrie, Metallwaren	

5.4.5. Lötverbindungen

Typ	Bestandteile	Lösungsmittel	Lieferform	Anwendung	Rückstände
	**Organische Flußmittel zum Weichlöten von Schwermetallen**				
SW21	Hydrochloride von Aminen	Vaseline	Paste	Elektrobau, Elektrotechnik	Rückstände wenig korrodierend
SW22	Hydrozinverbindungen	Äthanol	flüssig	nur in Sonderfällen	
SW23	Organische Halogenverbindungen	Äthanol/Kolophonium		Feinlötungen in der Elektro- und Hochfrequenztechnik	
SW31	Organische Säuren	Äthanol/Kolophonium oder Äthanol		Feinlötungen in der Elektro- und Hochfrequenztechnik, gedruckte Schaltungen	Korrosion durch Rückstände nicht bekannt
SW32	Kolophonium ohne Aktivierungsmittel; als Lötdrahtfüllung Kolophonium	Äthanol		Feinlötungen in der Elektro- und Hochfrequenztechnik	
LW1	Organische Halogenverbindungen	höhere Aminverbindungen		alle Weichlötungen mit Reinaluminium	
	**Flußmittel zum Hartlöten und Gasschweißen von Schwermetallen**				
SHG1	Einfache und komplexe Fluoride	–	Pulver	für Wirktemperaturen von 550 … 750 °C bei Silberloten	Rückstände sind mit 10%iger Salpetersäure und heißem Wasser zu entfernen
		auf wäßriger Basis	Paste		
SHG2	Borverbindungen	–	Pulver	für Wirktemperaturen von 750 … 1000 °C bei Silber- und Messingloten	Rückstände sind mit 5%iger Phosphorsäure und heißem Wasser zu entfernen
		wäßrige Lösung	flüssig		
		auf Fettbasis	Paste		
		auf wäßriger Basis			
SHG3	Borverbindungen, Phosphate, Silikate und ähnliche	–	Pulver	für Wirktemperaturen über 1000 °C	
		auf wäßriger Basis	Paste		
	**Flußmittel zum Hartlöten und Gasschweißen von Leichtmetallen**				
LH1	Chloride und Fluoride, vor allem Lithiumchlorid	–	Pulver	für Rein- und Reinstaluminium	Rückstände sind mit 10%iger Salpetersäure und heißem Wasser zu entfernen
LH2	Fluorverbindungen	–			Rückstände können auf der Lötstelle verbleiben
LG1	Oxide und Fluoride sowie Lithiumchlorid	–		für Rein- und Reinstaluminium bis 2% Mg über 10 mm	Rückstände sind hygroskopisch und verursachen Korrosion; mit 10%iger Salpetersäure und heißem Wasser entfernen
LG2				bis 10 mm	
LG3				für Aluminium und Aluminiumlegierungen mit mehr als 2% Mg	
LG4	Fluorverbindungen	–		Rein- und Reinstaluminium, begrenzt für Aluminiumlegierungen	Rückstände können auf der Schweißstelle verbleiben

5.4. Fügen

5.4.6 Klebverbindungen

Klebstoff	Handelsname	Konsistenz	Geeignet zum Kleben von	Besonderheiten
Epoxidharz	Epilox EG 1	fest	Stahl, Aluminium, Duroplast, Holz, Keramik, Glas, Beton	
	Epilox EK 10			Klebstoff enthält Harz und Härter
	Epilox EKL 18	niedrigviskos		–
	Epilox EGK 19	mittelviskos		–
	Epilox EG 34	hochviskos		–
	Epasol EP 1 Epasol EP 2 Epasol EP 4 Epasol EP 5 Epasol EP 6 Epasol EP 9 Epasol EP 11	hochviskos thixotrop mittelviskos hochviskos thixotrop hochviskos niedrigviskos mittelviskos		modifiziert, füllstoffhaltig
	Epasol EP 30	hochviskos		füllstoffhaltig Teer-modifiziert
Polyesterharz ungesättigt	Mökodur L 5001 Polyester G Polyester GM Polyester GS	hochviskos	Stahl, Aluminium, Kupfer, Messing, Duroplast, Holz	Zweikomponenten-Klebstoff
	Polyester M 75			flexible Einstellung Zweikomponenten-Klebstoff
Polyurethane	Mökoflex L 3550	flüssig	Metall, Gummi, Duroplast, PVC, Polyamid, Leder, Holz	Die Komponenten reagieren leicht mit Wasser, Alkohol, allgemein mit Substanzen, die bewegliche H-Atome tragen. Beim Lagern sind deshalb besondere Schutzmaßnahmen erforderlich
Phenolharze	Plastaphenal N	dünnflüssig fest	Aluminium, Stahl, Holz, Duroplast	Zweikomponenten-Klebstoff
	Plastaphenal E	dünnflüssig		modifiziert mit Polyvinylformal
	Klebfolie P-B/1 Klebfolie P-B/2 Klebfolie P-B/3 Klebfolie P-B/15	fest Folie	Aluminium, Stahl, Holz, Duroplast, Wabenkernen aus imprägn. Papier oder Aluminium mit metallischen oder nichtmetallischen Deckschichten	Trägerfolie, Träger: Zellwollgewebe, modifiziert mit Polyvinylformal
Acrylsäurederivate	Fimofix X Fimofix M Fimofix H	niedrigviskos mittelviskos hochviskos	Stahl, Aluminium, Gummi, Keramik, Plast (außer PE) Glas (nach mechan. Aufrauhen oder Ätzen)	härtet durch katalytische Wirkung von OH-Ionen (z. B. Wasser) ohne Katalysatorzugabe oder Erwärmen
	Fimodyn 20 Fimodyn 60 Fimodyn 90 Fimodyn 120	niedrigviskos	Stahl, bevorzugt zur Schraubensicherung	härtet durch katalytische Wirkung von Metallionen bei gleichzeitiger Abwesenheit von Luftsauerstoff ohne Katalysatorzugabe oder Erwärmen
	Kalloplast R		organischem Glas	Zweikomponenten-Klebstoff
Synthesekautschuk	Chemisol L 1403 Chemisol L 1405	flüssig	Metallen, Duroplasten, Elasten, textilen Werkstoffen	Kontaktklebstoff
	Chemiplast K 1200		Metallen, Duroplasten, Glas, Keramik, Hartgummi	heißhärtender Klebstoff

5.4.6. Klebverbindungen

Klebstoff	Chemische Basis	Haltbarkeitsdauer	Härter	Chemische Basis	Mischungsverhältnis Harz : Härter	Gebrauchsdauer der Mischung	Abbindebedingungen Zeit	Abbindebedingungen Temperatur in °C	Druck
Epilox EG1	Dianepoxidharz	1 Jahr	102	Phthalsäureanhydrid	100 : 30	90 min bei RT	3 h	180	Kontakt
Epilox EK10	Dianepoxidharz u. Dicyanidamid	2 Jahre	Didi	Dicyanidamid	Härter im Harz vorhanden	2 Jahre	2 h	Raumtemperatur oder 90	
Epilox EKL18	Dianepoxidharz	1 Jahr	3 oder 8	Dipropylentriamin u. Propylendiamin Anilin-Formaldehyd-Salicylsäure-Kondensat	100 : 3,5 100 : 18	2...3 h bei RT 10 h bei RT	8 Tage oder 24 h oder 2 h	Raumtemperatur oder 90	
Epilox EGK19	Dianepoxidharz	1 Jahr	siehe EKL18		100 : 11 100 : 45	30 min bei RT 100 min bei RT	192 h 24 h	Raumtemperatur	
Epilox EG34	Dianepoxidharz u. Diglycidäther		105		100 : 11 100 : 60 100 : 33	30 min bei RT 45 min bei RT 3 h bei RT	24 h oder 2 h 2 h	RT oder 90 130 130	
Epasol EP1 Epasol EP2 Epasol EP4...EP6 Epasol EP11 Epasol EP9 Epasol EP30	Maleinsäure Adipinsäure	6 Monate 3 Monate	EP1 Teil B EP2 Teil B EP4 Teil B EP11 Teil B EP9 Teil B EP30 Teil B	situ-Addukt aus Polyamin u. Epoxidharz	4:1 1:1 4:1 3:1	30 min bei RT 15 min bei RT 90 min bei RT 90...120 min bei RT	24 h oder 3 h 24 h	Raumtemperatur oder 80 Raumtemperatur	
Mökodur L5001	Maleinsäure Adipinsäure	6 Monate	Mökodur H11 Mökodur H12	Quarzmehl u. Katalysator Kreide und Katalysator	1 : 1 bis 1 : 2	30... 90 min bei RT	50 h	Raumtemperatur	
Polyester G	Butylenglykol		CHP	Cyclohexanon					
Polyester GM oder GS oder M75			KN+	Kobalt-Naphthanat+	100 : 2 : 2+				
Plastaphenal N Plastaphenal E	Phenol-Formaldehydharz	1 Jahr 5 Jahre	–	–	–	1 Jahr 5 Jahre	30 min	150	0,5...1,5 MPa
Klebfolien P-B/1; P-B/2; P-B/3; P-B/15		6 Monate				6 Monate			0,8...1,5 MPa
Mökoflex L3550	–	1 Jahr bei 5°C	Desmodur R	Isocyanat	100 : 5	24 h bei RT	20 min	Raumtemperatur	3 MPa
Fimofix X	Methyl-2-Cyanoacrylat	3 Monate	–	–	–	3 Monate bei 0...5°C	1 h 1...2 h 1...3 h	Raumtemperatur	Kontakt
Fimofix M Fimofix H									
Fimodyn 20 oder 60 oder 90 oder 120	Tetraäthylenglykoldimethacrylat	6 Monate	Kalloplast R	organ. Peroxid	–	6 Monate	12...36 h oder 15 min	Raumtemperatur oder 100	
Kalloplast R	Methylmethacrylat	5 Jahre	Kalloplast R	organ. Peroxid	1 g Pulver in 2 ml Flüssigk.	20 min bei 20°C	2 h	Raumtemperatur	
Chemisol L1403 Chemisol L1405	Butadien-Acrylnitril MP	3 Monate	–	–	–	3 Monate	15 s Kurzzeit	20	2...4 MPa
Chemiplast K1200	Polybutadien	6 Monate	–	–	–	6 Monate	1 h	140	Kontakt

+ Beschleuniger

Prüfen

6.1. Einteilung und Kenndaten für Längenprüfmittel

Klasseneinteilung für anzeigende und nichtanzeigende Längenprüfgeräte, TGL 15041

Reihe	Grundwert a μm	\multicolumn{5}{c}{Fehlergrenzen Beziehung: Grundwert + längenabhängiges Glied $a + b \cdot l$}				
		A	B	C	D	E
0	0,01	$0{,}01\ \mu m + 1 \cdot 10^{-8} \cdot l$	$0{,}01\ \mu m + 2 \cdot 10^{-8} \cdot l$	$0{,}01\ \mu m + 5 \cdot 10^{-8} \cdot l$	$0{,}01\ \mu m + 1 \cdot 10^{-7} \cdot l$	$0{,}01\ \mu m + 2 \cdot 10^{-7} \cdot l$
1	0,02	$0{,}02\ \mu m + 2 \cdot 10^{-8} \cdot l$	$0{,}02\ \mu m + 5 \cdot 10^{-8} \cdot l$	$0{,}02\ \mu m + 1 \cdot 10^{-7} \cdot l$	$0{,}02\ \mu m + 2 \cdot 10^{-7} \cdot l$	$0{,}02\ \mu m + 5 \cdot 10^{-7} \cdot l$
2	0,05	$0{,}05\ \mu m + 5 \cdot 10^{-8} \cdot l$	$0{,}05\ \mu m + 1 \cdot 10^{-7} \cdot l$	$0{,}05\ \mu m + 2 \cdot 10^{-7} \cdot l$	$0{,}05\ \mu m + 5 \cdot 10^{-7} \cdot l$	$0{,}05\ \mu m + 1 \cdot 10^{-6} \cdot l$
3	0,1	$0{,}1\ \mu m + 1 \cdot 10^{-7} \cdot l$	$0{,}1\ \mu m + 2 \cdot 10^{-7} \cdot l$	$0{,}1\ \mu m + 5 \cdot 10^{-7} \cdot l$	$0{,}1\ \mu m + 1 \cdot 10^{-6} \cdot l$	$0{,}1\ \mu m + 2 \cdot 10^{-6} \cdot l$
4	0,2	$0{,}2\ \mu m + 2 \cdot 10^{-7} \cdot l$	$0{,}2\ \mu m + 5 \cdot 10^{-7} \cdot l$	$0{,}2\ \mu m + 1 \cdot 10^{-6} \cdot l$	$0{,}2\ \mu m + 2 \cdot 10^{-6} \cdot l$	$0{,}2\ \mu m + 5 \cdot 10^{-6} \cdot l$
5	0,5	$0{,}5\ \mu m + 5 \cdot 10^{-7} \cdot l$	$0{,}5\ \mu m + 1 \cdot 10^{-6} \cdot l$	$0{,}5\ \mu m + 2 \cdot 10^{-6} \cdot l$	$0{,}5\ \mu m + 5 \cdot 10^{-6} \cdot l$	$0{,}5\ \mu m + 1 \cdot 10^{-5} \cdot l$
6	1	$1\ \mu m + 1 \cdot 10^{-6} \cdot l$	$1\ \mu m + 2 \cdot 10^{-6} \cdot l$	$1\ \mu m + 5 \cdot 10^{-6} \cdot l$	$1\ \mu m + 1 \cdot 10^{-5} \cdot l$	$1\ \mu m + 2 \cdot 10^{-5} \cdot l$
7	2	$2\ \mu m + 2 \cdot 10^{-6} \cdot l$	$2\ \mu m + 5 \cdot 10^{-6} \cdot l$	$2\ \mu m + 1 \cdot 10^{-5} \cdot l$	$2\ \mu m + 2 \cdot 10^{-5} \cdot l$	$2\ \mu m + 5 \cdot 10^{-5} \cdot l$
8	5	$5\ \mu m + 5 \cdot 10^{-6} \cdot l$	$5\ \mu m + 1 \cdot 10^{-5} \cdot l$	$5\ \mu m + 2 \cdot 10^{-5} \cdot l$	$5\ \mu m + 5 \cdot 10^{-5} \cdot l$	$5\ \mu m + 1 \cdot 10^{-4} \cdot l$
9	10	$10\ \mu m + 1 \cdot 10^{-5} \cdot l$	$10\ \mu m + 2 \cdot 10^{-5} \cdot l$	$10\ \mu m + 5 \cdot 10^{-5} \cdot l$	$10\ \mu m + 1 \cdot 10^{-4} \cdot l$	$10\ \mu m + 2 \cdot 10^{-4} \cdot l$
10	20	$20\ \mu m + 2 \cdot 10^{-5} \cdot l$	$20\ \mu m + 5 \cdot 10^{-5} \cdot l$	$20\ \mu m + 1 \cdot 10^{-4} \cdot l$	$20\ \mu m + 2 \cdot 10^{-4} \cdot l$	$20\ \mu m + 5 \cdot 10^{-4} \cdot l$
11	50	$50\ \mu m + 5 \cdot 10^{-5} \cdot l$	$50\ \mu m + 1 \cdot 10^{-4} \cdot l$	$50\ \mu m + 2 \cdot 10^{-4} \cdot l$	$50\ \mu m + 5 \cdot 10^{-4} \cdot l$	$50\ \mu m + 1 \cdot 10^{-3} \cdot l$
12	100	$100\ \mu m + 1 \cdot 10^{-4} \cdot l$	$100\ \mu m + 2 \cdot 10^{-4} \cdot l$	$100\ \mu m + 5 \cdot 10^{-4} \cdot l$	$100\ \mu m + 1 \cdot 10^{-3} \cdot l$	$100\ \mu m + 2 \cdot 10^{-3} \cdot l$
13	200	$200\ \mu m + 2 \cdot 10^{-4} \cdot l$	$200\ \mu m + 5 \cdot 10^{-4} \cdot l$	$200\ \mu m + 1 \cdot 10^{-3} \cdot l$	$200\ \mu m + 2 \cdot 10^{-3} \cdot l$	$200\ \mu m + 5 \cdot 10^{-3} \cdot l$
14	500	$500\ \mu m + 5 \cdot 10^{-4} \cdot l$	$500\ \mu m + 1 \cdot 10^{-3} \cdot l$	$500\ \mu m + 2 \cdot 10^{-3} \cdot l$	$500\ \mu m + 5 \cdot 10^{-3} \cdot l$	$500\ \mu m + 1 \cdot 10^{-2} \cdot l$
15	1000	$1000\ \mu m + 1 \cdot 10^{-3} \cdot l$	$1000\ \mu m + 2 \cdot 10^{-3} \cdot l$	$1000\ \mu m + 5 \cdot 10^{-3} \cdot l$	$1000\ \mu m + 1 \cdot 10^{-2} \cdot l$	$1000\ \mu m + 2 \cdot 10^{-2} \cdot l$

Kennzeichnung einer Klasse durch Kombination von Zahl und Buchstabe, z. B. „3B", oder durch eine Zahl, z. B. „5"

Stufung von Parallelendmaßen, TGL 12015/01

Alle Maße in mm

Nennmaß	1,0005	–	–	–	–	–	–	–
Nennmaßbereich	–	0,990 ... 2,010 1,990 ... 2,010 9,990 ... 10,010	0,91 ... 1,50 9,90 ... 10,10 –	1,0 ... 2,0 – –	0,5 ... 2,5 – –	10,0 ... 100,0 – –	75,0 ... 200,0 – –	200,0 ... 300,0 – –
Stufung	–	0,001	0,01	0,1	0,5	10	25	50

Zulässige Werte für Maßabweichungen und Meßbereiche von Parallelendmaßen, TGL 12015/01

Nennmaß		\multicolumn{10}{c}{Genauigkeitsgrade}									
über mm	bis mm	00		0		1		2		3	
		\multicolumn{10}{c}{Maßabweichungen a_b und Maßbereich m in μm}									
		$a_b \pm$	m	$a_b \pm$	m	$a_b \pm$	m	$a_b \pm$	m	$a_b \pm$	m
0,5	10	0,06	0,05	0,12	0,10	0,20	0,16	0,45	0,30	0,80	0,30
10	25	0,07		0,14		0,30		0,60		1,20	
25	50	0,10	0,06	0,20		0,40	0,18	0,80		1,60	
50	75	0,12		0,25	0,12	0,50		1,00	0,35	2,00	0,40
75	100	0,14	0,07	0,30		0,60	0,20	1,20		2,50	
100	150	0,20	0,08	0,40	0,14	0,80		1,60	0,40	3,00	
150	200	0,25	0,09	0,50	0,16	1,00	0,25	2,00		4,00	
200	250	0,30	0,10	0,60		1,20		2,40	0,45	5,00	
250	300	0,35		0,70	0,18	1,40		2,80	0,50	6,00	
300	400	0,45	0,12	0,90	0,20	1,80	0,30	3,60		7,00	0,50
400	500	0,50	0,14	1,10	0,25	2,20	0,35	4,40	0,60	8,00	0,60
500	600	0,60	0,16	1,30		2,60	0,40	5,00	0,70	10,00	0,70
600	700	0,70	0,18	1,50	0,30	3,00	0,45	6,00		11,00	0,80
700	800	0,80	0,20	1,70		3,40	0,50	6,50	0,80	13,00	
800	900	0,90		1,90	0,35	3,80		7,50	0,90	14,00	0,90
900	1000	1,00	0,25	2,00	0,40	4,20	0,60	8,00	1,00	16,00	1,00

6.1. Einteilung und Kenndaten für Längenprüfmittel

Parallelendmaßsätze (PS), Übersicht; TGL 12015/02

Satz Nr.		1	2	3	4	5	6	7	8	9	10	11	12	13	14
Genauig-keits-grad	00														
	0														
	1														
	2														
	3														
Bemerkungen		1)	–		1)		–				1)			–	

1) zusätzlich zwei Schutzendmaße

Parallelendmaßsatz Nr. 1
(für Genauigkeitsgrade 00, 0, 1)

Anzahl der Blöcke	Blockgröße von mm	bis mm	Stufung mm
9	1,001	1,009	0,001
9	1,010	1,090	0,010
1	0,5		–
10	1,0	1,9	0,1
16	2,0	9,5	0,5
10	10,0	100,0	10,0

Parallelendmaßsatz Nr. 4
(für Genauigkeitsgrade 0, 1, 2, 3)

Anzahl der Blöcke	Blockgröße von mm	bis mm	Stufung mm
1	1,005		–
9	1,01	1,09	0,01
1	0,5		–
10	1,0	1,9	0,1
8	2,0	9,0	1,0
10	10,0	100,0	10,0

Meßstifte, TGL 13620/01

Bezeichnungsbeispiel: **Meßstift 6,01/0,5 TGL 13620**
Meßstift Benennung; **6,01** Nenndurchmesser 6,01 mm; **0,5** zulässige Maßabweichung vom Solldurchmesser 0,5 µm; **TGL 13620** Standard

Nenndurchmesser-bereich		Zul. Maßabweichung vom Solldurchmesser	Stufung	TKF TFZ
über mm	bis mm	µm	mm	µm
0,1	3,0	± 0,5 oder ± 1,0	0,01	0,5
3,0	5,0	± 0,5 oder ± 1,0	0,05	1,0
5,0	10,0	oder ± 2,0	0,10	2,0 entsprechend der zul. Maßabweichung
10,0	20,0	± 1,0 oder ± 2,0		

Meßdorne (Satz), TGL 13619/01

Bezeichnungsbeispiel: **Meßdorn 5/+22/0,2 TGL 13619**
Meßdorn Benennung; **5** Nenndurchmesser 5 mm; **+22** Sollabmaß +22 µm; **0,2** zulässige Maßabweichung vom Solldurchmesser ±0,2 µm; **TGL 13619** Standard

Nenndurchmesser mm	Sollabmaße ± µm				Stufung µm	Zul. Maßabweichung vom Solldurchmesser µm	TKF TFZ
5	0	–	–	–	–	1	± 0,2 oder ± 0,5	0,2 oder 0,5 entsprechend der zulässigen Maßabweichung
	1	2	3	4	5			
	6	7	8	9	10			
	11	12	13	14	15			
	16	18	20	22	24	2		
	26	28						
	30	35	40	45	50	5		
	55	60	65	70	75			
	80	85	90	95	100			

6.2. Arbeits- und Prüflehren

Wertetafel für Herstelltoleranzen und zulässige Abnutzungen, TGL 19077

Nennmaßbereich über mm	bis mm	Zeichen Werte in µm	\multicolumn{10}{c}{Qualität des Werkstücks}
			\multicolumn{2}{c}{5}	\multicolumn{2}{c}{6}	\multicolumn{2}{c}{7}	\multicolumn{2}{c}{8}	\multicolumn{2}{c}{9}	\multicolumn{2}{c}{10}
			\multicolumn{10}{c}{Lehren für}
			B	W	B	W	B	W	B	W	B	W
–	3	T	4		6		10		14		25		40	
		z u. z_1	–	1	1	1,5	1,5		2		5	0	5	0
		y u. y_1	–	1	1	1,5	1,5		3					
		H/2 u. H_1/2	–	0,6	0,6	1		1	1	1,5	1	1,5	1	1,5
		H_p/2	–	0,4	–	0,4	–	0,4	–	0,6	–	0,6	–	0,6
3	6	T	5		8		12		18		30		48	
		z u. z_1	–	1	1,5	2	2		3		6	0	6	0
		y u. y_1	–	1	1	1,5	1,5		3					
		H/2 u. H_1/2	–	0,75	0,75	1,25		1,25	1,25	2	1,25	2	1,25	2
		H_s/2	–	–	–	–	–	–	–	–	–	–	–	–
		H_p/2	–	0,5	–	0,5	–	0,5	–	0,75	–	0,75	–	0,75
6	10	T	6		9		15		22		36		58	
		z u. z_1	–	1	1,5	2	2		3		7	0	7	0
		y u. y_1	–	1	1	1,5	1,5		3					
		H/2 u. H_1/2	–	0,75	0,75	1,25		1,25	1,25	2	1,25	2	1,25	2
		H_s/2	–	–	0,75	–	0,75	–	0,75	–	0,75	–	0,75	–
		H_p/2	–	0,5	–	0,5	–	0,5	–	0,75	–	0,75	–	0,75
10	18	T	8		11		18		27		43		70	
		z u. z_1	–	1,5	2	2,5	2,5		4		8	0	8	0
		y u. y_1	–	1,5	1,5	2	2		4					
		H/2 u. H_1/2	–	1	1	1,5		1,5	1,5	2,5	1,5	2,5	1,5	2,5
		H_s/2	–	–	1	–	1	–	1	–	1	–	1	–
		H_p/2	–	0,6	–	0,6	–	0,6	–	1	–	1	–	1
18	30	T	9		13		21		33		52		84	
		z u. z_1	–	1,5	2	3	3		5		9	0	9	0
		y u. y_1	–	2	1,5	3	3		4					
		H/2 u. H_1/2	–	1,25	1,25	2		2	2	3	2	3	2	3
		H_s/2	–	–	1,25	–	1,25	–	1,25	–	1,25	–	1,25	–
		H_p/2	–	0,75	–	0,75	–	0,75	–	1,25	–	1,25	–	1,25
30	50	T	11		16		25		39		62		100	
		z u. z_1	–	2	2,5	3,5	3,5		6		11	0	11	0
		y u. y_1	–	2	2	3	3		5					
		H/2 u. H_1/2	–	1,25	1,25	2		2	2	3,5	2	3,5	2	3,5
		H_s/2	–	–	1,25	–	1,25	–	1,25	–	1,25	–	1,25	–
		H_p/2	–	0,75	–	0,75	–	0,75	–	1,25	–	1,25	–	1,25
50	80	T	13		19		30		46		74		120	
		z u. z_1	–	2	2,5	4	4		7		13	0	13	0
		y u. y_1	–	2	2	3	3		5					
		H/2 u. H_1/2	–	1,5	1,5	2,5		2,5	2,5	4	2,5	4	2,5	4
		H_s/2	–	–	1,5	–	1,5	–	1,5	–	1,5	–	1,5	–
		H_p/2	–	1	–	1	–	1	–	1,5	–	1,5	–	1,5

Zeichen	Benennung
H	Maßtoleranz für die Herstellung der Bohrungslehre, ausgeschlossen solche mit sphärischen Meßflächen
H_s	Maßtoleranz für die Herstellung der Lehre mit sphärischen Meßflächen
H_1	Maßtoleranz für die Herstellung der Wellenlehre
H_p	Maßtoleranz für die Herstellung der Prüflehre für die Rachenlehre
z, z_1	Abweichung der Mitte des Maßtoleranzfeldes für die Herstellung der Gutlehre für Bohrung und Welle, bezogen auf die Grenzmaße der Werkstücke
y, y_1	Zulässiges Maß der Abnutzung der Gutlehre für Bohrung und Welle, bezogen auf die Grenzmaße der Werkstücke
α, $α_1$	Feld für die Kompensierung der Felder der Prüfung bei Maßen für Bohrung und Welle über 180 mm
T	Maßtoleranz des Werkstücks
B	Bohrungsmaß
W	Wellenmaß

6.2. Arbeits- und Prüflehren

Nennmaß-bereich über mm	bis mm	Zeichen Werte in µm	Qualität des Werkstücks 11 Lehren für B	W	12 B	W	13 B	W	14 B	W	15 B	W	16 B	W
–	3	T	60		100		140		250		400		600	
		z u. z_1	10		10		20		20		40		40	
		y u. y_1	0		0		0		0		0		0	
		$H/2$ u. $H_1/2$	2		2		5		5		5		5	
		$H_p/2$	–	0,6	–	0,6	–	1	–	1	–	1	–	1
3	6	T	75		120		180		300		480		750	
		z u. z_1	12		12		24		24		48		48	
		y u. y_1	0		0		0		0		0		0	
		$H/2$ u. $H_1/2$	2,5		2,5		6		6		6		6	
		$H_s/2$	–		–		–		–		–		–	
		$H_p/2$	–	0,75	–	0,75	–	1,25	–	1,25	–	1,25	–	1,25
6	10	T	90		150		220		360		580		900	
		z u. z_1	14		14		28		28		56		56	
		y u. y_1	0		0		0		0		0		0	
		$H/2$ u. $H_1/2$	3		3		7,5		7,5		7,5		7,5	
		$H_s/2$	2	–	2	–	4,5	–	4,5	–	4,5	–	4,5	–
		$H_p/2$	–	0,75	–	0,75	–	1,25	–	1,25	–	1,25	–	1,25
10	18	T	110		180		270		430		700		1100	
		z u. z_1	16		16		32		32		64		64	
		y u. y_1	0		0		0		0		0		0	
		$H/2$ u. $H_1/2$	4		4		9		9		9		9	
		$H_s/2$	2,5	–	2,5	–	5,5	–	5,5	–	5,5	–	5,5	–
		$H_p/2$	–	1	–	1	–	1,5	–	1,5	–	1,5	–	1,5
18	30	T	130		210		390		520		840		1300	
		z u. z_1	19		19		36		36		72		72	
		y u. y_1	0		0		0		0		0		0	
		$H/2$ u. $H_1/2$	4,5		4,5		10,5		10,5		10,5		10,5	
		$H_s/2$	3	–	3	–	6,5	–	6,5	–	6,5	–	6,5	–
		$H_p/2$	–	1,25	–	1,25	–	2	–	2	–	2	–	2
30	50	T	160		250		350		620		1000		1600	
		z u. z_1	22		22		42		42		80		80	
		y u. y_1	0		0		0		0		0		0	
		$H/2$ u. $H_1/2$	5,5		5,5		12,5		12,5		12,5		12,5	
		$H_s/2$	3,5	–	3,5	–	8	–	8	–	8	–	8	–
		$H_p/2$	–	1,25	–	1,25	–	2	–	2	–	2	–	2
50	80	T	190		300		460		740		1200		1900	
		z u. z_1	25		25		48		48		90		90	
		y u. y_1	0		0		0		0		0		0	
		$H/2$ u. $H_1/2$	6,5		6,5		15		15		15		15	
		$H_s/2$	4	–	4	–	9,5	–	9,5	–	9,5	–	9,5	2
		$H_p/2$	–	1,5	–	1,5	–	2,5	–	2,5	–	2,5	–	2,5

Werte für Nennmaße bis 500 mm siehe TGL 19077
Zuordnung der Werte für $H/2$, $H_s/2$, $H_p/2$ und $H_1/2$ siehe Wissensspeicher Längenprüftechnik

6.3. Werte für zulässige Form- und Lageabweichungen

Zulässige Formabweichungen von der Geraden und von der Ebene, TGL 19081

Nennmaß-bereiche		Formabweichungen µm										
		Klasse										
über mm	bis mm	1	2	3	4	5	6	7	8	9	10	11	12
	10	0,25	0,4	0,6	1,0	1,6	2,5	4	6	10	16	25	40
10	25	0,4	0,6	1,0	1,6	2,5	4	6	10	16	25	40	60
25	60	0,6	1,0	1,6	2,5	4	6	10	16	25	40	60	100
60	160	1,0	1,6	2,5	4	6	10	16	25	40	60	100	160
160	400	1,6	2,5	4	6	10	16	25	40	60	100	160	250
400	1000	2,5	4	6	10	16	25	40	60	100	160	250	400

F_G ▬
F_E ▱

Zulässige Formabweichungen vom Kreis und Zylinder, TGL 19082

Nennmaß-bereiche		Formabweichungen µm										
		Klasse										
über mm	bis mm	1	2	3	4	5	6	7	8	9	10	11	12
	6	0,3	0,5	0,8	1,2	2	3	5	8	12	20	30	50
6	18	0,5	0,8	1,2	2,0	3	5	8	12	20	30	50	80
18	50	0,6	1,0	1,6	2,5	4	6	10	16	25	40	60	100
50	120	0,8	1,2	2,0	3	5	8	12	20	30	50	80	120
120	250	1,0	1,6	2,5	4	6	10	16	25	40	60	100	160

F_K ○
F_Z ◇

Zulässige Lageabweichungen von der Parallelität und Rechtwinkligkeit und zulässige Stirnlaufabweichungen, TGL 19083

Nennmaß-bereiche		Lageabweichungen, Stirnlaufabweichungen µm										
		Klasse										
über mm	bis mm	1	2	3	4	5	6	7	8	9	10	11	12
	10	0,4	0,6	1,0	1,6	2,5	4	6	10	16	25	40	60
10	25	0,6	1,0	1,6	2,5	4	6	10	16	25	40	60	100
25	60	1,0	1,6	2,5	4	6	10	16	25	40	60	100	160
60	160	1,6	2,5	4	6	10	16	25	40	60	100	160	250
160	400	2,5	4	6	10	16	25	40	60	100	160	250	400
400	1000	4	6	10	16	25	40	60	100	160	250	400	600

L_P ∥
L_R ⊥
SA ↗

Zulässige Rundlaufabweichungen, TGL 19084

Nennmaß-bereiche		Rundlaufabweichungen µm										
		Klasse										
über mm	bis mm	1	2	3	4	5	6	7	8	9	10	11	12
	6	—	—	3	5	8	12	20	30	50	80	120	200
6	18	1,6	2,5	4	6	10	16	25	40	60	100	160	250
18	50	2,0	3	5	8	12	20	30	50	80	120	200	300
50	120	2,5	4	6	10	16	25	40	60	100	160	250	400
120	250	3	5	8	12	20	30	50	80	120	200	300	500

RA ↗

6.4. Stufung und Darstellung der Maße für die Rauheit von Oberflächen

Stufung der Rauheitsmaße TGL RGW 638

R_a	R_m, R_z
μm	
0,012	0,025
0,025	0,05
0,05	0,1
0,1	0,2
0,2	0,4
0,4	0,8
0,8	1,6
1,6	3,2
3,2	6,3
6,3	12,5
12,5	25
25	50
50	100
100	200
—	400

Darstellung der Rauheitsmaße, TGL RGW 1156 (vereinfacht)

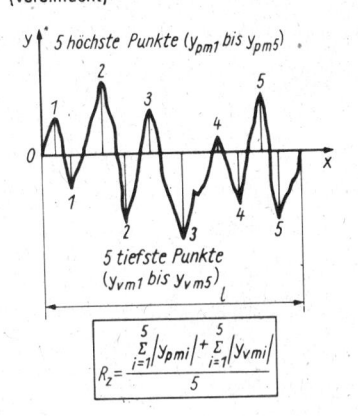

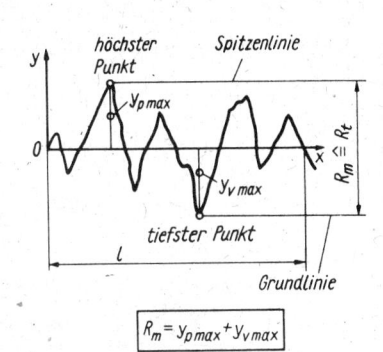

$$R_z = \frac{\sum_{i=1}^{5}|y_{pmi}| + \sum_{i=1}^{5}|y_{vmi}|}{5}$$

$$R_a = \frac{1}{l}\int_0^l |y(x)|\,dx$$

$$R_m = y_{p\,max} + y_{v\,max}$$

Hinweis: Hauptparameter R_a
- nur mathematisch darstellbar!
- zu gewinnen durch Planimetrie oder durch Rechner.

6.5. Statistische Qualitätskontrolle (Attributprüfung), TGL 14450

6.5.1. Grundlagen

Zeichenerläuterungen

Zeichen	Bedeutung
p_α/AQL	Gutlage/annehmbare Qualitätslage
D_{max}/AOQL	maximaler Durchschlupf
N	Umfang des Postens
n	Umfang der Stichprobe
c/A_c	Annahmezahl
r/R_e	Rückweiszahl
↓	Plan unterhalb des Pfeiles anwenden
↑	Plan oberhalb des Pfeiles anwenden

Maximaler Durchschlupf in Abhängigkeit von der Gutlage

p_α/AQL	D_{max}/AOQL	p_α/AQL	D_{max}/AOQL
0,015	0,12	0,65	1,5
0,035	0,16	1,0	2,5
0,065	0,25	1,5	3,7
0,10	0,35	2,5	5,3
0,15	0,50	4,0	7,4
0,25	0,75	6,5	12,3
0,40	1,05	10,0	18,5

Schlüsselbuchstaben

Umfang des Postens		Prüfstufe			Umfang des Postens		Prüfstufe		
von	bis	I	II	III	von	bis	I	II	III
2	8	A	A	C	501	800	H	J	L
9	15	A	B	D	801	1300	I	K	L
16	25	B	C	E	1301	3200	J	L	M
26	40	B	D	F	3201	8000	L	M	N
41	65	C	E	G	8001	22000	M	N	O
66	110	C	F	H	22001	110000	N	O	P
111	180	D	F	I	110001	550000	O	P	Q
181	300	E	G	J	550001	darüber	P	Q	Q
301	500	F	H	K					

6.5. Statistische Qualitätskontrolle

6.5.2. Einfach-Stichprobenpläne

Reduzierte Prüfung

Schlüssel-buchstabe	Stichproben-umfang	\multicolumn{13}{c}{p_α/AQL}
		0,015	0,035	0,065	0,10	0,15	0,25	0,40	0,65	1,0	1,5	2,5	4,0	6,5	10,0
		c	c	c	c	c	c	c	c	c	c	c	c	c	c
A, B, C, D	2	–	–	–	–	–	–	–	–	–	–	–	–	–	–
E	2	–	–	–	–	–	–	–	–	0 ↓	↓	↓	1	1	1
F	3	–	–	–	–	–	–	–	0 ↓	↑	0 ↓	1	1	1	2
G	5	–	–	–	–	–	–	0 ↓	↑	0 ↓	1	1	2	2	3
H	7	–	–	–	–	–	0 ↓	↑	0 ↓	1	1	2	2	3	3
I	10	–	–	–	–	0 ↓	↑	0 ↓	1	1	2	2	3	3	4
J	15	–	–	–	0 ↓	↑	0 ↓	1	1	2	2	3	4	4	6
K	22	–	–	0 ↓	↑	0 ↓	1	1	2	2	3	3	4	5	8
L	30	–	0 ↓	↑	0 ↓	1	1	2	2	3	3	4	5	7	11
M	45	0 ↓	↑	0 ↓	1	1	2	2	3	3	4	5	6	10	13
N	60	↑	0 ↓	1	1	2	2	3	4	4	5	6	9	12	15
O	90	–	↓	1	1	2	3	3	4	5	6	9	11	14	18
P	150	–	1	1	2	3	3	4	5	7	9	11	14	18	23
Q	300	–	1	2	3	4	5	6	8	11	13	16	21	28	37

Normal- und verschärfte Prüfung

Schlüssel-buch-stabe	Stich-proben-umfang	\multicolumn{12}{c}{p_α/AQL für Normalprüfung}	Schlüssel-buch-stabe
		0,015	0,035	0,065	0,10	0,15	0,25	0,40	0,65	1,0	1,5	2,5	4,0	6,5	10,0	
		c	c	c	c	c	c	c	c	c	c	c	c	c	c	
A	2															A
B	3													0 ↓	↓	B
C	5											0 ↓	↓	↑	1	C
D	7										0 ↓	↑	0 ↓	1	2	D
E	10									0 ↓	↑	0 ↓	1	2	3	E
F	15								0 ↓	↑	0 ↓	1	2	3	5	F
G	25							0 ↓	↑	0 ↓	1	2	3	5	7	G
H	35						0 ↓	↑	0 ↓	1	2	3	5	7	10	H
I	50					0 ↓	↑	0 ↓	1	2	3	4	6	9	14	I
J	75				0 ↓	↑	0 ↓	1	2	3	4	6	8	12	18	J
K	110			0 ↓	↑	0 ↓	1	2	3	4	6	8	11	17	24	K
L	150		0 ↓	↑	0 ↓	1	2	3	4	5	8	11	17	24	34	L
M	225	0 ↓	↑	0 ↓	1	2	3	4	5	7	10	14	20	32	44	M
N	300	↑	0 ↓	1	2	3	4	5	7	10	14	20	29	43	62	N
O	450	↓	1	2	3	4	5	7	10	14	20	31	45	68	98	O
P	750	1	2	3	4	5	7	10	14	20	31	45	68	98	–	P
Q	1500	1	2	3	5	7	9	13	18	25	35	56	81	124	184	Q
–		0,035	0,065	0,10	0,15	0,25	0,40	0,65	1,0	1,5	2,5	4,0	6,5	10,0	–	

p_α/AQL für verschärfte Prüfung

6.5.4. Vertrauensgrenzen, Vertrauensbereich

6.5.3. Kontrollgrenzen für Prozeßdurchschnitt

Obere Kontroll-Grenzen K_o

Anzahl der geprüften Einheiten $\sum n_{li}$ von	bis	\multicolumn{13}{c	}{p_α/AQL}
		0,015	0,035	0,065	0,10	0,15	0,25	0,40	0,65	1,0	1,5	2,5	4,0	6,5	10,0
100	124	–	–	–	0,996	1,25	1,67	2,19	2,94	3,83	4,97	6,98	9,67	13,7	19,0
125	149	–	–	–	0,911	1,14	1,53	2,02	2,72	3,56	4,64	6,55	9,13	13,0	18,1
150	199	–	–	0,644	0,816	1,03	1,39	1,84	2,48	3,27	4,28	6,09	8,54	12,3	17,2
200	249	–	0,410	0,575	0,733	0,926	1,25	1,67	2,26	3,00	3,95	5,67	8,00	11,6	16,3
250	299	–	0,374	0,527	0,673	0,851	1,16	1,54	2,11	2,81	3,72	5,36	7,62	11,1	15,7
300	349	0,219	0,347	0,490	0,627	0,795	1,08	1,45	1,99	2,67	3,54	5,13	7,33	10,8	15,3
350	399	0,205	0,325	0,460	0,590	0,750	1,02	1,38	1,90	2,55	3,40	4,95	7,10	10,4	14,9
400	449	0,193	0,307	0,436	0,561	0,714	0,978	1,32	1,82	2,46	3,28	4,80	6,91	10,2	14,6
450	549	0,179	0,286	0,407	0,525	0,670	0,921	1,25	1,73	2,34	3,14	4,62	6,68	9,92	14,2
550	649	0,165	0,264	0,377	0,488	0,625	0,863	1,18	1,64	2,23	3,00	4,44	6,45	9,62	13,9
650	749	0,151	0,247	0,354	0,459	0,598	0,817	1,12	1,56	2,13	2,89	4,29	6,27	9,39	13,6
900	1099	0,131	0,213	0,307	0,400	0,518	0,724	1,00	1,42	1,95	2,65	4,00	5,90	8,92	13,0

Untere Kontroll-Grenzen K_u

Anzahl der geprüften Einheiten $\sum n_{li}$ von	bis	\multicolumn{6}{c	}{p_α/AQL}
		1,0	1,5	2,5	4,0	6,5	10,0
100	124	–	–	–	–	–	1,04
125	149	–	–	–	–	–	1,89
150	199	–	–	–	–	0,71	2,82
200	249	–	–	–	–	1,40	3,67
250	299	–	–	–	0,38	1,88	4,27
300	349	–	–	–	0,67	2,25	4,73
350	390	–	–	0,05	0,90	2,55	5,10
400	449	–	–	0,20	1,09	2,79	5,40
450	549	–	–	0,38	1,32	3,08	5,76
550	649	–	–	0,56	1,55	3,38	6,13
650	749	–	0,11	0,71	1,73	3,61	6,41
900	1099	0,05	0,34	1,00	2,10	4,08	7,00

6.5.4. Vertrauensgrenzen, Vertrauensbereich

Werte für t und $\frac{t}{\sqrt{n}}$

n	s = 95 %		s = 99 %	
	t	$\frac{t}{\sqrt{n}}$	t	$\frac{t}{\sqrt{n}}$
3	4,3	2,5	9,9	5,7
4	3,2	1,6	5,8	2,9
5	2,8	1,2	4,6	2,1
6	2,6	1,1	4,0	1,7
7	2,5	0,93	3,7	1,4
8	2,4	0,84	3,5	1,2
9	2,3	0,77	3,4	1,1
10	2,3	0,72	3,3	1,0
11	2,3	0,67	3,2	0,96
12	2,2	0,65	3,1	0,90
13	2,2	0,60	3,1	0,85
14	2,2	0,58	3,0	0,81
15	2,2	0,56	3,0	0,77
16	2,1	0,53	3,0	0,74

s statistische Sicherheit
n Anzahl der Einzelwerte
t Faktor, abhängig von n und s

Toleranzen und Passungen

7.1. Zulässige Abweichungen und Toleranzen für allgemeine Fertigungsmaße

7.1.1. Zulässige Abweichungen für Maße ohne Toleranzangabe, TGL 2897

Abweichungen für Längenmaße in mm

Klasse	Nennmaßbereiche in mm über ... bis						
	0,5–6	6–30	30–120	120–315	315–1000	1000–2000	2000–4000
Fein	± 0,05	± 0,1	± 0,15	± 0,2	± 0,3	± 0,5	—
Mittel	± 0,1	± 0,2	± 0,3	± 0,5	± 0,8	± 1,2	± 2
Grob	± 0,2	± 0,5	± 0,8	± 1,2	± 2	± 3	± 4
Sehr grob	± 0,5	± 1	± 1,5	± 2	± 3	± 5	± 8

(letzte Spalte: Mittel ± 3; Grob ± 5; Sehr grob ± 10)

Abweichungen für Rundungshalbmesser in mm

Klasse	Nennmaßbereiche in mm über ... bis						
	0,5–1	1–3	3–10	10–30	30–120	120–315	315–1000
Fein	± 0,1	± 0,2	± 0,3	± 0,5	± 1	± 2	± 4
Mittel	± 0,1	± 0,2	± 0,3	± 0,5	± 1	± 2	± 4
Grob	± 0,1	± 0,2	± 0,3	± 0,5	± 1	± 2	± 4
Sehr grob	—	± 0,3	± 0,5	± 1	± 2	± 4	± 8

Abweichungen für Winkel

Klasse	Nennmaßbereiche in mm (Länge des kurzen Schenkels) über ... bis			
	bis 10	10–50	50–100	über 100
Fein, mittel, grob	± 1°	± 30′	± 20′	± 10′
Sehr grob	± 3°	± 2°	± 1°	± 30′

7.1.2. Winkeltoleranzen für Kegel und prismatische Teile, TGL RGW 178-75

Bezeichnungen der Toleranzen

- AT — Winkeltoleranz (Differenz zwischen dem größten und dem kleinsten Grenzwinkel)
- AT_α — Winkeltoleranz, ausgedrückt in Winkeleinheiten
- AT'_α — gerundete Größe der Winkeltoleranz in Grad, Minuten, Sekunden (für Zeichnungsangaben empfohlen)
- AT_h — Winkeltoleranz, ausgedrückt durch den Abschnitt senkrecht zur Winkelseite, der dem Winkel AT_α im Abstand L_1 vom Scheitel dieses Winkels gegenüberliegt (Anwendung bei Konizität > 1:3)
- AT_D — Toleranz des Kegelwinkels, ausgedrückt durch die Toleranz für die Differenz der Durchmesser in der vorgegebenen Entfernung L senkrecht zur Kegelachse (Anwendung bei Konizität ≤ 1:3).

$\alpha + AT$ $\alpha - AT$ $\alpha \pm \dfrac{AT}{2}$ $\alpha + AT$ $\alpha - AT$ $\alpha \pm \dfrac{AT}{2}$

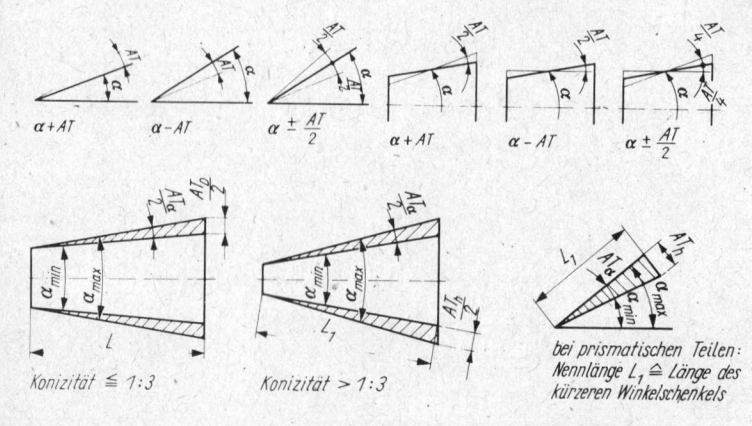

Konizität ≤ 1:3   Konizität > 1:3

bei prismatischen Teilen:
Nennlänge $L_1 \triangleq$ Länge des kürzeren Winkelschenkels

7.1.2. Winkeltoleranzen

Winkeltoleranzen

Längenbereich $L; L_1$		Genauigkeitsgrade								
		1			**2**			**3**		
über mm	bis mm	AT_α µrad	AT'_α "	$AT_h; AT_D$ " µm	AT_α µrad	AT'_α "	$AT_h; AT_D$ " µm	AT_α µrad	AT'_α "	$AT_h; AT_D$ " µm
–	10	50	10	10	... 0,5	80	16	16	... 0,8	125	26	26	... 1,3
10	16	40	8	8	0,4 ... 0,6	63	13	12	0,6 ... 1,0	100	21	20	1,0 ... 1,6
16	25	31,5	6	6	0,5 ... 0,8	50	10	10	0,8 ... 1,3	80	16	16	1,3 ... 2,0
25	40	25	5	5	0,6 ... 1,0	40	8	8	1,0 ... 1,6	63	13	12	1,6 ... 2,5
40	63	20	4	4	0,8 ... 1,3	31,5	6	6	1,3 ... 2,0	50	10	10	2,0 ... 3,2
63	100	16	3	3	1,0 ... 1,6	25	5	5	1,6 ... 2,5	40	8	8	2,5 ... 4,0
100	160	12,5	2,5	2,5	1,3 ... 2,0	20	4	4	2,0 ... 3,2	31,5	6	6	3,2 ... 5,0
160	250	10	2	2	1,6 ... 2,5	16	3	3	2,5 ... 4,0	25	5	5	4,0 ... 6,3

Längenbereich		Genauigkeitsgrade								
		4			**5**			**6**		
über mm	bis mm	µrad	"	"	µm	µrad	' "	' "	µm	µrad	' "	' "	µm
–	10	200	41	40	... 2	315	1 05	1	... 3,2	500	1 43	1 40	... 5
10	16	160	33	32	1,6 ... 2,5	250	52	50	2,5 ... 4	400	1 22	1 20	4 ... 6,3
16	25	125	26	26	2 ... 3,2	200	41	40	3,2 ... 5	315	1 05	1	5 ... 8
25	40	100	21	20	2,5 ... 4	160	33	32	4 ... 6,3	250	52	50	6,3 ... 10
40	63	80	16	16	3,2 ... 5	125	26	26	5 ... 8	200	41	40	8 ... 12,5
63	100	63	13	12	4 ... 6,3	100	21	20	6,3 ... 10	160	33	32	10 ... 16
100	160	50	10	10	5 ... 8	80	16	16	8 ... 12,5	125	26	26	12,5 ... 20
160	250	40	8	8	6,3 ... 10	63	13	12	10 ... 16	100	21	20	16 ... 25

Längenbereich		Genauigkeitsgrade								
		7			**8**			**9**		
über mm	bis mm	µrad	' "	' "	µm	µrad	' "	' "	µm	µrad	' "	' "	µm
–	10	800	2 45	2 30	... 8	1250	4 18	4	... 12,5	2000	6 52	6	... 20
10	16	630	2 10	2	6,3 ... 10	1000	3 26	3	10 ... 16	1600	5 30	5	16 ... 25
16	25	500	1 43	1 40	8 ... 12,5	800	2 45	2 30	12,5 ... 20	1250	4 18	4	20 ... 32
25	40	400	1 22	1 20	10 ... 16	630	2 10	2	16 ... 25	1000	3 26	3	25 ... 40
40	63	315	1 05	1	12,5 ... 20	500	1 43	1 40	20 ... 32	800	2 45	2 30	32 ... 50
63	100	250	52	50	16 ... 25	400	1 22	1 20	25 ... 40	630	2 10	2	40 ... 68
100	160	200	41	40	20 ... 32	315	1 05	1	32 ... 50	500	1 43	1 40	50 ... 80
160	250	160	33	32	25 ... 40	250	52	50	40 ... 63	400	1 22	1 20	63 ... 100

Längenbereich		Genauigkeitsgrade								
		10			**11**			**12**		
über mm	bis mm	µrad	' "	' "	µm	µrad	' "	' "	µm	µrad	' "	"	µm
–	10	3150	10 49	10	... 32	5000	17 10	16	... 50	8000	27 28	26	... 80
10	16	2500	8 35	8	25 ... 40	4000	13 44	12	40 ... 63	6300	21 38	20	63 ... 100
16	25	2000	6 52	6	32 ... 50	3150	10 49	10	50 ... 80	5000	17 10	16	80 ... 125
25	40	1600	5 30	5	40 ... 63	2500	8 35	8	63 ... 100	4000	13 44	12	100 ... 160
40	63	1250	4 18	4	50 ... 80	2000	6 52	6	80 ... 125	3150	10 49	10	125 ... 200
63	100	1000	3 26	3	63 ... 100	1600	5 30	5	100 ... 160	2500	8 35	8	160 ... 250
100	160	800	2 45	2 30	80 ... 125	1250	4 18	4	125 ... 200	2000	6 52	6	200 ... 320
160	250	630	2 10	2	100 ... 160	1000	3 26	3	160 ... 250	1600	5 30	5	250 ... 400

Längenbereich		Genauigkeitsgrade								
		13			**14**			**15**		
über mm	bis mm	µrad	' "	"	µm	µrad	° ' "	° '	µm	µrad	° ' "	° '	µm
–	10	12500	42 58	40	... 125	20000	1 08 45	1	... 200	31500	1 48 17	1 40	... 320
10	16	10000	34 23	32	100 ... 160	16000	55	50	160 ... 250	25000	1 25 57	1 20	250 ... 400
16	25	8000	27 28	26	125 ... 200	12500	42 58	40	200 ... 320	20000	1 08 45	1	320 ... 500
25	40	6300	21 38	20	160 ... 250	10000	34 23	32	250 ... 400	16000	55	50	400 ... 630
40	63	5000	17 10	16	200 ... 320	8000	27 28	26	320 ... 500	12500	42 58	40	500 ... 800
63	100	4000	13 44	12	250 ... 400	6300	21 38	20	400 ... 630	10000	34 23	32	630 ... 1000
100	160	3150	10 49	10	320 ... 500	5000	17 10	16	500 ... 800	8000	27 28	26	800 ... 1250
160	250	2500	8 35	8	400 ... 630	4000	13 44	12	630 ... 1000	6300	21 38	20	1000 ... 1600

7.2. Toleranzen und Passungen

7.2.1. Beziehungen zwischen Grundtoleranz, Qualität und Toleranzgröße

Nennmaßbereich		Bezeichnung der Grundtoleranzen																
		IT01	IT0	IT1	IT2	IT3	IT4	IT5	IT6	IT7	IT8	IT9	IT10	IT11	IT12	IT13	IT14	IT15	IT16	IT17
		Größe der Toleranzen in Toleranzeinheiten i; Werte in µm																
		–	–	–	–	–	–	7i	10i	16i	25i	40i	64i	100i	160i	250i	400i	640i	1000i	1600i
über mm	bis mm	Qualitäten																
		01	0	1	2	3	4	5	6	7	8	9	10	11	12	13	14	15	16	17
–	3	0,3	0,5	0,8	1,2	2	3	4	6	10	14	25	40	60	100	140	250	400	600	1000
3	6	0,4	0,6	1	1,5	2,5	4	5	8	12	18	30	48	75	120	180	300	480	750	1200
6	10	0,4	0,6	1	1,5	2,5	4	6	9	15	22	36	58	90	150	220	360	580	900	1500
10	18	0,5	0,8	1,2	2	3	5	8	11	18	27	43	70	110	180	270	430	700	1100	1800
18	30	0,6	1	1,5	2,5	4	6	9	13	21	33	52	84	130	210	330	520	840	1300	2100
30	50	0,6	1	1,5	2,5	4	7	11	16	25	39	62	100	160	250	390	620	1000	1600	2500
50	80	0,8	1,2	2	3	5	8	13	19	30	46	74	120	190	300	460	740	1200	1900	3000
80	120	1	1,5	2,5	4	6	10	15	22	35	54	87	140	220	350	540	870	1400	2200	3500
120	180	1,2	2	3,5	5	8	12	18	25	40	63	100	160	250	400	630	1000	1600	2500	4000
180	250	2	3	4,5	7	10	14	20	29	46	72	115	185	290	460	720	1150	1850	2900	4600
250	315	2,5	4	6	8	12	16	23	32	52	81	130	210	320	520	810	1300	2100	3200	5200
315	400	3	5	7	9	13	18	25	36	57	89	140	230	360	570	890	1400	2300	3600	5700
400	500	4	6	8	10	15	20	27	40	63	97	155	250	400	630	970	1550	2500	4000	6300

Qualitäten 5 bis 17 $i = 0,45\sqrt[3]{D} + 0,001\,D$
Qualität 01 $i = 0,3 + 0,008\,D$
Qualität 0 $i = 0,5 + 0,012\,D$
Qualität 1 $i = 0,8 + 0,020\,D$

D ist der geometrische Mittelwert des jeweiligen Nennmaßbereiches; für den Bereich bis 3 mm wird $D = \sqrt{3}$ verwendet. Für Abmessungen bis 1 mm die Qualitäten 14 bis 17 nicht verwenden.

Werte der Toleranzen der Qualitäten 2, 3 und 4 sind angenähert Glieder der geometrischen Stufung, deren erstes und letztes Glied die Werte der Toleranzen der Qualitäten 1 und 5 sind.

7.2.2. Begrenzende Auswahl für Toleranzfelder, Nennmaße von 1 mm bis 500 mm; TGL RGW 144-75

Tafel um Toleranzfelder J_s9 und P9 erweitert
Vorzugstoleranzfelder → dick gedruckt und grau unterlegt

Qualität	Toleranzfelder der Bohrungen (Innenmaße)												
	A	B	C	D	E	F	G	H	J_s	K	M	N	P	R	S	T	U
5							G5	H5	J_s5	K5	M5	N5					
6							G6	H6	J_s6	K6	M6	N6	P6				
7					F7	G7	H7	J_s7	K7	M7	N7	P7	R7	S7	T7	
8				D8	E8	F8		H8	J_s8	K8	M8	N8					U8
9				D9	E9	F9		H9	J_s9				P9				
10				D10				H10									
11	A11	B11	C11	D11				H11									
12		B12						H12									

Qualität	Toleranzfelder der Wellen (Außenmaße)															
	a	b	c	d	e	f	g	h	j_s	k	m	n	p	r	s	t	u	v	x	y	z
4							g4	h4	j_s4	k4	m4	n4									
5							g5	h5	j_s5	k5	m5	n5	p5	r5	s5						
6						f6	g6	h6	j_s6	k6	m6	n6	p6	r6	s6						
7					e7	f7		h7	j_s7	k7	m7	n7			s7	t6	u7				
8			c8	d8	e8	f8		h8	j_s8		m7	n7					u8		x8		z8
9				d9	e9	f9		h9	j_s9												
10				d10				h10													
11	a11	b11	c11	d11				h11	j_s11												
12		b12						h12	j_s12												

7.2.2. Begrenzende Auswahl für Toleranzfelder

Nennabmaße der Toleranzfelder für Bohrungen (Innenmaße)

Nennmaßbereich		Qualitäten														
		5						6							7	
							Toleranzfelder									
über	bis	G5	H5	J$_s$5	K5	M5	N5	G6	H6	J$_s$6	K6	M6	N6	P6	F7	G7	H7	J$_s$7
mm	mm									Nennabmaße in µm								
1	3	+ 6 / + 2	+ 4 / 0	+ 2,0 / − 2,0	0 / − 4	− 2 / − 6	− 4 / − 8	+ 8 / + 2	+ 6 / 0	+ 3,0 / − 3,0	0 / − 6	− 2 / − 8	− 4 / − 10	− 6 / − 12	+ 16 / + 6	+ 12 / + 2	+ 10 / 0	+ 5 / − 5
3	6	+ 9 / + 4	+ 5 / 0	+ 2,5 / − 2,5	0 / − 5	− 3 / − 8	− 7 / − 12	+ 12 / + 4	+ 8 / 0	+ 4,0 / − 4,0	+ 2 / − 6	− 1 / − 9	− 5 / − 13	− 9 / − 17	+ 22 / + 10	+ 16 / + 4	+ 12 / 0	+ 6 / − 6
6	10	+ 11 / + 5	+ 6 / 0	+ 3,0 / − 3,0	+ 1 / − 5	− 4 / − 10	− 8 / − 14	+ 14 / + 5	+ 9 / 0	+ 4,5 / − 4,5	+ 2 / − 7	− 3 / − 12	− 7 / − 16	− 12 / − 21	+ 28 / + 13	+ 20 / + 5	+ 15 / 0	+ 7 / − 7
10	14	+ 14 / − 6	+ 8 / 0	+ 4,0 / − 4,0	+ 2 / − 6	− 4 / − 12	− 9 / − 17	+ 17 / + 6	+ 11 / 0	+ 5,5 / − 5,5	+ 2 / − 9	− 4 / − 15	− 9 / − 20	− 15 / − 25	+ 34 / + 16	+ 24 / + 6	+ 18 / 0	+ 9 / − 9
14	18																	
18	24	+ 16 / + 7	+ 9 / 0	+ 4,5 / − 4,5	+ 1 / − 8	− 5 / − 14	− 12 / − 21	+ 20 / + 7	+ 13 / 0	+ 6,5 / − 6,5	+ 2 / − 11	− 4 / − 17	− 11 / − 24	− 18 / − 31	+ 41 / + 20	+ 28 / + 7	+ 21 / 0	+ 10 / − 10
24	30																	
30	40	+ 20 / + 9	+ 11 / 0	+ 5,5 / − 5,5	+ 2 / − 9	− 5 / − 16	− 13 / − 24	+ 25 / + 9	+ 16 / 0	+ 8,0 / − 8,0	+ 3 / − 13	− 4 / − 20	− 12 / − 28	− 21 / − 37	+ 50 / + 25	+ 34 / + 9	+ 25 / 0	+ 12 / − 12
40	50																	
50	65	+ 23 / + 10	+ 13 / 0	+ 6,5 / − 6,5	+ 3 / − 10	− 6 / − 19	− 15 / − 28	+ 29 / + 10	+ 19 / 0	+ 9,5 / − 9,5	+ 4 / − 15	− 5 / − 24	− 14 / − 33	− 26 / − 45	+ 60 / + 30	+ 40 / + 10	+ 30 / 0	+ 15 / − 15
65	80																	
80	100	+ 27 / + 12	+ 15 / 0	+ 7,5 / − 7,5	+ 2 / − 13	− 8 / − 23	− 18 / − 33	+ 34 / + 12	+ 22 / 0	+ 11,0 / − 11,0	+ 4 / − 18	− 6 / − 28	− 16 / − 38	− 30 / − 52	+ 71 / + 36	+ 47 / + 12	+ 35 / 0	+ 17 / − 17
100	120																	
120	140	+ 32 / + 14	+ 18 / 0	+ 9,0 / − 9,0	+ 3 / − 15	− 9 / − 27	− 21 / − 39	+ 39 / + 14	+ 25 / 0	+ 12,5 / − 12,5	+ 4 / − 21	− 8 / − 33	− 20 / − 45	− 36 / − 61	+ 83 / + 43	+ 54 / + 14	+ 40 / 0	+ 20 / − 20
140	160																	
160	180																	
180	200	+ 35 / + 15	+ 20 / 0	+ 10,0 / − 10,0	+ 2 / − 18	− 11 / − 31	− 25 / − 45	+ 44 / + 15	+ 29 / 0	+ 14,5 / − 14,5	+ 5 / − 24	− 8 / − 37	− 22 / − 51	− 41 / − 70	+ 96 / + 50	+ 61 / + 15	+ 46 / 0	+ 23 / − 23
200	225																	
225	250																	
250	280	+ 40 / + 17	+ 23 / 0	+ 11,5 / − 11,5	+ 3 / − 20	− 13 / − 36	− 27 / − 50	+ 49 / + 17	+ 32 / 0	+ 16,0 / − 16,0	+ 5 / − 27	− 9 / − 41	− 25 / − 57	− 47 / − 79	+ 108 / + 56	+ 69 / + 17	+ 52 / 0	+ 26 / − 26
280	315																	
315	355	+ 43 / + 18	+ 25 / 0	+ 12,5 / − 12,5	+ 3 / − 22	− 14 / − 39	− 30 / − 55	+ 54 / + 18	+ 36 / 0	+ 18,0 / − 18,0	+ 7 / − 29	− 10 / − 46	− 26 / − 52	− 51 / − 87	+ 119 / + 62	+ 75 / + 18	+ 57 / 0	+ 28 / − 28
355	400																	
400	450	+ 47 / + 20	+ 27 / 0	+ 13,5 / − 13,5	+ 2 / − 25	− 16 / − 43	− 33 / − 60	+ 60 / + 20	+ 40 / 0	+ 20,0 / − 20,0	+ 8 / − 32	− 10 / − 50	− 27 / − 57	− 55 / − 95	+ 131 / + 68	+ 83 / + 20	+ 63 / 0	+ 31 / − 31
450	500																	

7.2. Toleranzen und Passungen

Nennabmaße der Toleranzfelder für Bohrungen (Innenmaße)

Nennmaßbereich		Qualitäten												
		7						8						
		Toleranzfelder												
über mm	bis mm	K7	M7	N7	P7	R7	S7	T7	D8	E8	F8	H8	J$_s$8	K8	M8	N8	U8
		Nennabmaße in μm															
1	3	0 / −10	−2 / −12	−4 / −14	−6 / −16	−10 / −20	−14 / −24	—	+34 / +20	+28 / +14	+20 / +6	+14 / 0	+7 / −7	0 / −14	—	−4 / −18	−18 / −32
3	6	+3 / −9	0 / −12	−4 / −16	−8 / −20	−11 / −23	−15 / −27	—	+48 / +30	+38 / +20	+28 / +10	+18 / 0	+9 / −9	+5 / −13	+2 / −16	−2 / −20	−23 / −41
6	10	+5 / −10	0 / −15	−4 / −19	−9 / −24	−13 / −28	−17 / −32	—	+62 / +40	+47 / +25	+35 / +13	+22 / 0	+11 / −11	+6 / −16	+1 / −21	−3 / −25	−28 / −50
10	14	+6 / −12	0 / −18	−5 / −23	−11 / −29	−16 / −34	−21 / −39	—	+77 / +50	+59 / +32	+43 / +16	+27 / 0	+13 / −13	+8 / −19	+2 / −25	−3 / −30	−33 / −60
14	18																
18	24	+6 / −15	0 / −21	−7 / −28	−14 / −35	−20 / −41	−27 / −48	—	+98 / +65	+73 / +40	+53 / +20	+33 / 0	+16 / −16	+10 / −23	+4 / −29	−3 / −36	−41 / −74
24	30																−33 / −54	−48 / −81
30	40	+7 / −18	0 / −25	−8 / −33	−17 / −42	−25 / −50	−34 / −59	−39 / −64	+119 / +80	+89 / +50	+64 / +25	+39 / 0	+19 / −19	+12 / −27	+5 / −34	−3 / −42	−60 / −99
40	50								−45 / −70									−70 / −109
50	65	+9 / −21	0 / −30	−9 / −39	−21 / −51	−30 / −60	−42 / −72	−55 / −85	+146 / +100	+106 / +60	+76 / +30	+46 / 0	+23 / −23	+14 / −32	+5 / −41	−4 / −50	−87 / −133
65	80						−32 / −62	−48 / −78	−64 / −94									−102 / −148
80	100	+10 / −25	0 / −35	−10 / −45	−24 / −59	−38 / −73	−58 / −93	−78 / −113	+174 / +120	+126 / +72	+90 / +36	+54 / 0	+27 / −27	+16 / −38	+6 / −48	−4 / −58	−124 / −178
100	120					−41 / −76	−66 / −101	−91 / −126										−144 / −198
120	140	+12 / −28	0 / −40	−12 / −52	−28 / −68	−48 / −83	−77 / −117	−107 / −147	+208 / +145	+148 / +85	+106 / +43	+63 / 0	+31 / −31	+20 / −43	+8 / −55	−4 / −67	−170 / −233
140	160					−50 / −90	−85 / −125	−119 / −159										−190 / −253
160	180					−53 / −93	−93 / −133	−131 / −171										−210 / −273
180	200	+13 / −33	0 / −45	−14 / −60	−33 / −79	−60 / −106	−105 / −151	−149 / −195	+242 / +170	+172 / +100	+122 / +50	+72 / 0	+36 / −36	+22 / −50	+9 / −63	−5 / −77	−236 / −308
200	225					−63 / −109	−113 / −159	−163 / −209										−258 / −330
225	250					−67 / −113	−123 / −169	−179 / −225										−284 / −356
250	280	+16 / −36	0 / −52	−14 / −66	−36 / −88	−74 / −126	−138 / −190	−198 / −250	+271 / +190	+191 / +110	+137 / +56	+81 / 0	+40 / −40	+25 / −56	+9 / −72	−5 / −86	−315 / −396
280	315					−78 / −130	−150 / −202	−220 / −272										−350 / −431
315	355	+17 / −40	0 / −57	−16 / −73	−41 / −98	−87 / −144	−169 / −226	−247 / −304	+299 / +210	+214 / +125	+151 / +62	+89 / 0	+44 / −44	+28 / −61	+11 / −78	−5 / −94	−390 / −479
355	400					−93 / −150	−187 / −244	−273 / −330										−435 / −524
400	450	+18 / −45	0 / −63	−17 / −80	−45 / −108	−103 / −166	−209 / −272	−307 / −370	+327 / +230	+232 / +135	+165 / +68	+97 / 0	+48 / −48	+29 / −68	+11 / −86	−6 / −103	−490 / −587
450	500					−109 / −172	−229 / −292	−337 / −400										−540 / −637

7.2.2. Begrenzende Auswahl für Toleranzfelder

Nennmaß-bereich		Qualitäten												
		9						10		11				12
		Toleranzfelder												
über mm	bis mm	D9	E9	F9	H9	J_s9	P9	D10	H10	A11	B11	C11	D11	H11	B12	H12
		Nennabmaße in µm														
1	3	+ 45 +20	+ 39 + 14	+ 31 + 6	+ 25 0	+12,5 −12,5	− 6 − 31	+ 60 + 20	+ 40 0	+ 330 + 270	+ 200 + 140	+120 + 60	+ 80 + 20	+ 60 0	+ 240 + 140	+100 0
3	6	+ 60 + 30	+ 50 + 20	+ 40 + 10	+ 30 0	+15 −15	− 12 − 42	+ 78 + 30	+ 48 0	+ 345 + 270	+ 215 + 140	+145 + 70	+105 + 30	+ 75 0	+ 260 + 140	+120 0
6	10	+ 76 + 40	+ 61 + 25	+ 49 + 13	+ 36 0	+18 −18	− 15 − 51	+ 98 + 40	+ 58 0	+ 370 + 280	+ 240 + 150	+170 + 80	+130 + 40	+ 90 0	+ 300 + 150	+150 0
10	14	+ 93 + 50	+ 75 + 32	+ 59 + 16	+ 43 0	+21,5 −21,5	− 18 − 61	+120 + 50	+ 70 0	+ 400 + 290	+ 260 + 150	+205 + 95	+160 + 50	+110 0	+ 330 + 150	+180 0
14	18															
18	24	+117 + 65	+ 92 + 40	+ 72 + 20	+ 52 0	+26 −26	− 22 − 74	+149 + 65	+ 84 0	+ 430 + 300	+ 290 + 160	+240 +110	+195 + 65	+130 0	+ 370 + 160	+210 0
24	30															
30	40	+142 + 80	+112 + 50	+ 87 + 25	+ 62 0	+31 −31	− 26 − 88	+180 + 80	+100 0	+ 470 + 310	+ 330 + 170	+280 +120	+240 + 80	+160 0	+ 420 + 170	+250 0
40	50									+ 480 + 320	+ 340 + 180	+290 +130			+ 430 + 180	
50	65	+174 +100	+134 + 60	+104 + 30	+ 74 0	+37 −37	− 32 −106	+220 +100	+120 0	+ 530 + 340	+ 380 + 190	+330 +140	+290 +100	+190 0	+ 490 + 190	+300 0
65	80									+ 550 + 360	+ 390 + 200	+340 +150			+ 500 + 200	
80	100	+207 +120	+159 + 72	+123 + 36	+ 87 0	+43,5 −43,5	− 37 −124	+260 +120	+140 0	+ 600 + 380	+ 440 + 220	+390 +170	+340 +120	+220 0	+ 570 + 220	+350 0
100	120									+ 630 + 410	+ 460 + 240	+400 +180			+ 590 + 240	
120	140	+245 +145	+185 + 85	+143 + 43	+100 0	+50 −50	− 43 −143	+305 +145	+160 0	+ 710 + 460	+ 510 + 260	+450 +200	+395 +145	+250 0	+ 660 + 260	+400 0
140	160									+ 770 + 520	+ 530 + 280	+460 +210			+ 680 + 280	
160	180									+ 830 + 580	+ 560 + 310	+480 +230			+ 710 + 310	
180	200	+285 +170	+215 +100	+165 + 50	+115 0	+57,5 −57,5	− 50 −165	+355 +170	+185 0	+ 950 + 660	+ 630 + 340	+530 +240	+460 +170	+290 0	+ 800 + 340	+460 0
200	225									+1030 + 740	+ 670 + 380	+550 +260			+ 840 + 380	
225	250									+1110 + 820	+ 710 + 420	+570 +280			+ 880 + 420	
250	280	+320 +190	+240 +110	+186 + 56	+130 0	+65 −65	− 56 −186	+400 +190	+210 0	+1240 + 920	+ 800 + 480	+620 +300	+510 +190	+320 0	+1000 + 480	+520 0
280	315									+1370 +1050	+ 860 + 540	+650 +330			+1060 + 540	
315	355	+350 +210	+265 +125	+202 + 62	+140 0	+70 −70	− 62 −202	+440 +210	+230 0	+1560 +1200	+ 960 + 600	+720 +360	+570 +210	+360 0	+1170 + 600	+570 0
355	400									+1710 +1350	+1040 + 680	+760 +400			+1250 + 680	
400	450	+385 +230	+290 +135	+223 + 68	+155 0	+77,5 −77,5	− 68 −223	+480 +230	+250 0	+1900 +1500	+1160 + 760	+840 +440	+630 +230	+400 0	+1390 + 760	+630 0
450	500									+2050 +1650	+1240 + 840	+880 +480			+1470 + 840	

7.2. Toleranzen und Passungen

Nennabmaße der Toleranzfelder für Wellen (Außenmaße)

Nennmaßbereich		1)									Qualitäten								
		5									6								
											Toleranzfelder								
über	bis	g5	h5	j_s5	k5	m5	n5	p5	r5	s5	f6	g6	h6	j_s6	k6	m6	n6	p6	r6	s6	t6
mm	mm										Nennabmaße in μm										
1	3	−2 / −6	0 / −4	+2,0 / −2,0	+4 / 0	+6 / +2	+8 / +4	+10 / +6	+14 / +10	+18 / +14	−6 / −12	−2 / −8	0 / −6	+3,0 / −3,0	+6 / 0	+8 / +2	+10 / +4	+12 / +6	+16 / +10	+20 / +14	−
3	6	−4 / −9	0 / −5	+2,5 / −2,5	+6 / +1	+9 / +4	+13 / +8	+17 / +12	+20 / +15	+24 / +19	−10 / −18	−4 / −12	0 / −8	+4,0 / −4,0	+9 / +1	+12 / +4	+16 / +8	+20 / +12	+23 / +15	+27 / +19	−
6	10	−5 / −11	0 / −6	+3,0 / −3,0	+7 / +1	+12 / +6	+16 / +10	+21 / +15	+25 / +19	+29 / +23	−13 / −22	−5 / −14	0 / −9	+4,5 / −4,5	+10 / +1	+15 / +6	+19 / +10	+24 / +15	+28 / +19	+32 / +23	−
10	14	−6 / −14	0 / −8	+4,0 / −4,0	+9 / +1	+15 / +7	+20 / +12	+26 / +18	+31 / +23	+36 / +28	−16 / −27	−6 / −17	0 / −11	+5,5 / −5,5	+12 / +1	+18 / +7	+23 / +12	+29 / +18	+34 / +23	+39 / +28	−
14	18																				
18	24	−7 / −16	0 / −9	+4,5 / −4,5	+11 / +2	+17 / +8	+24 / +15	+31 / +22	+37 / +28	+44 / +35	−20 / −33	−7 / −20	0 / −13	+6,5 / −6,5	+15 / +2	+21 / +8	+28 / +15	+35 / +22	+41 / +28	+48 / +35	−
24	30																				+54 / +41
30	40	−9 / −20	0 / −11	+5,5 / −5,5	+13 / +2	+20 / +9	+28 / +17	+37 / +26	+45 / +34	+54 / +43	−25 / −41	−9 / −25	0 / −16	+8,0 / −8,0	+18 / +2	+25 / +9	+33 / +17	+42 / +26	+50 / +34	+59 / +43	+64 / +48
40	50																				+70 / +54
50	65	−10 / −23	0 / −13	+6,5 / −6,5	+15 / +2	+24 / +11	+33 / +20	+45 / +32	+54 / +41	+66 / +53	−30 / −49	−10 / −29	0 / −19	+9,5 / −9,5	+21 / +2	+30 / +11	+39 / +20	+51 / +32	+60 / +41	+72 / +53	+85 / +66
65	80									+56 / +43	+72 / +59										+62 / +43	+78 / +59	+94 / +75
80	100	−12 / −27	0 / −15	+7,5 / −7,5	+18 / +3	+28 / +13	+38 / +23	+52 / +37	+66 / +51	+86 / +71	−36 / −58	−12 / −34	0 / −22	+11,0 / −11,0	+25 / +3	+35 / +13	+45 / +23	+59 / +37	+73 / +51	+93 / +71	+113 / +91
100	120								+69 / +54	+94 / +79										+76 / +54	+101 / +79	+126 / +104
120	140	−14 / −32	0 / −18	+9,5 / −9,0	+21 / +3	+33 / +15	+45 / +27	+61 / +43	+81 / +63	+110 / +92	−43 / −68	−14 / −39	0 / −25	+12,5 / −12,5	+28 / +3	+40 / +15	+52 / +27	+68 / +43	+88 / +63	+117 / +92	+147 / +122
140	160								+83 / +65	+118 / +100										+90 / +65	+125 / +100	+159 / +134
160	180								+86 / +68	+126 / +108										+93 / +68	+133 / +108	+171 / +145
180	200	−15 / −35	0 / −20	+10,0 / −10,0	+24 / +4	+37 / +17	+51 / +31	+70 / +50	+97 / +77	+142 / +122	−50 / −79	−15 / −44	0 / −29	+14,5 / −14,5	+33 / +4	+46 / +17	+60 / +31	+79 / +50	+106 / +77	+151 / +122	+195 / +166
200	225								+100 / +80	+150 / +130										+109 / +80	+159 / +130	+209 / +180
225	250								+104 / +84	+160 / +140										+113 / +84	+169 / +140	+225 / +196
250	280	−17 / −40	0 / −23	+11,5 / −11,5	+27 / +4	+43 / +20	+57 / +34	+79 / +56	+117 / +94	+181 / +158	−56 / −88	−17 / −49	0 / −32	+16,0 / −16,0	+36 / +4	+52 / +20	+66 / +34	+88 / +56	+126 / +94	+190 / +158	+218
280	315								+121 / +98	+193 / +170										+130 / +98	+202 / +170	+272 / +240
315	355	−18 / −43	0 / −25	+12,5 / −12,5	+29 / +4	+46 / +21	+62 / +37	+87 / +62	+133 / +108	+215 / +190	−62 / −98	−18 / −54	0 / −36	+18,0 / −18,0	+40 / +4	+57 / +21	+73 / +37	+98 / +62	+144 / +108	+226 / +190	+304 / +268
355	400								+139 / +114	+233 / +208										+150 / +114	+244 / +208	+330 / +294
400	450	−20 / −47	0 / −27	+13,5 / −13,5	+32 / +5	+50 / +23	+67 / +40	+95 / +68	+153 / +126	+259 / +232	−68 / −108	−20 / −60	0 / −40	+20,0 / −20,0	+45 / +5	+63 / +23	+80 / +40	+108 / +68	+166 / +126	+272 / +232	+370 / +330
450	500								+159 / +132	+279 / +252										+172 / +132	+292 / +252	+400 / +360

1) Die Nennabmaße für die 4. Qualität sind aus Platzgründen nicht aufgeführt.

7.2.2. Begrenzende Auswahl für Toleranzfelder

Nennmaß-bereich		Qualitäten												
		7							8					
		Toleranzfelder												
über	bis	e7	f7	h7	js7	k7	m7	n7	s7	u7	c8	d8	e8	f8	h8	u8	x8	z8
mm	mm	Nennabmaße in μm																
1	3	−14 / −24	−6 / −16	0 / −10	+5 / −5	+10 / 0	— / +4	+14 / +14	+24 / +18	+28 / —	−60 / −74	−20 / −34	−14 / −28	−6 / −20	0 / −14	+32 / +18	+34 / +20	+40 / +26
3	6	−20 / −32	−10 / −22	0 / −12	+6 / −6	+13 / +1	+16 / +4	+20 / +8	+31 / +19	+35 / +23	−70 / −88	−30 / −48	−20 / −38	−10 / −28	0 / −18	+41 / +23	+46 / +28	+53 / +35
6	10	−25 / −40	−13 / −28	0 / −15	+7 / −7	+16 / +1	+21 / +6	+25 / +10	+38 / +23	+43 / +28	−80 / −102	−40 / −62	−25 / −47	−13 / −35	0 / −22	+50 / +28	+56 / +34	+64 / +42
10	14	−32 / −50	−16 / −34	0 / −18	+9 / −9	+19 / +1	+25 / +7	+30 / +12	+46 / +28	+51 / +33	−95 / −122	−50 / −77	−32 / −59	−16 / −43	0 / −27	+60 / +33	+67 / +40 / +72 / +45	+77 / +50 / +87 / +60
14	18																	
18	24	−40 / −61	−20 / −41	0 / −21	+10 / −10	+23 / +2	+29 / +8	+36 / +15	+56 / +35	+62 / +41 / +69 / +48	−110 / −143	−65 / −98	−40 / −73	−20 / −53	0 / −33	+74 / +41 / +81 / +48	+87 / +54 / +97 / +64	+106 / +73 / +121 / +88
24	30																	
30	40	−50 / −75	−25 / −50	0 / −25	+12 / −12	+27 / +2	+34 / +9	+42 / +17	+68 / +43	+85 / +60 / +95 / +70	−120 / −159 / −130 / −169	−80 / −119	−50 / −89	25 / 64	0 / −39	+99 / +60 / +109 / +70	+119 / +80 / +136 / +97	+151 / +112 / +175 / +136
40	50																	
50	65	−60 / −90	−30 / −60	0 / −30	+15 / −15	+32 / +2	+41 / +11	+50 / +20	+53 / +87 / +59 / +102									

7.2. Toleranzen und Passungen

Nennabmaße der Toleranzfelder für Wellen (Außenmaße)

Nennmaßbereich		Qualitäten											
		9			10		11					12	
							Toleranzfelder						
über mm	bis mm	d9	e9	f9	h9	d10	h10	a11	b11	c11	d11	h11	b12	h12
		Nennabmaße in µm												
1	3	−20 −45	−14 −39	−6 −31	0 −25	−20 −60	0 −40	−270 −330	−140 −200	−60 −120	−20 −80	0 −60	−140 −240	0 −100
3	6	−30 −60	−20 −50	−10 −40	0 −30	−30 −78	0 −48	−270 −345	−140 −215	−70 −145	−30 −105	0 −75	−140 −260	0 −120
6	10	−40 −76	−25 −61	−13 −49	0 −36	−40 −98	0 −58	−280 −370	−150 −240	−80 −170	−40 −130	0 −90	−150 −300	0 −150
10	14	−50 −93	−32 −75	−16 −59	0 −43	−50 −120	0 −70	−290 −400	−150 −260	−95 −205	−50 −160	0 −110	−150 −330	0 −180
14	18													
18	24	−65 −117	−40 −92	−20 −72	0 −52	−65 −149	0 −84	−300 −430	−160 −290	−110 −240	−65 −195	0 −130	−160 −370	0 −210
24	30													
30	40	−80 −142	−50 −112	−25 −87	0 −62	−80 −180	0 −100	−310 −470	−170 −330	−120 −280	−80 −240	0 −160	−170 −420	0 −250
40	50												−180 −430	
50	65	−100 −174	−60 −134	−30 −104	0 −74	−100 −220	0 −120	−340 −530	−190 −380	−140 −330	−100 −290	0 −190	−190 −490	0 −300
65	80							−360 −550	−200 −390	−150 −340			−200 −500	
80	100	−120 −207	−72 −159	−36 −123	0 −87	−120 −260	0 −140	−380 −600	−220 −440	−170 −390	−120 −340	0 −220	−220 −570	0 −350
100	120							−410 −630	−240 −460	−180 −400			−240 −590	
120	140	−145 −245	−85 −185	−43 −143	0 −100	−145 −305	0 −160	−460 −710	−260 −510	−200 −450	−145 −395	0 −250	−260 −660	0 −400
140	160							−520 −770	−280 −530	−210 −460			−280 −680	
160	180							−580 −830	−310 −560	−230 −480			−310 −710	
180	200	−170 −285	−100 −215	−50 −165	0 −115	−170 −355	0 −185	−660 −950	−340 −630	−240 −530	−170 −460	0 −290	−340 −800	0 −460
200	225							−740 −1030	−380 −670	−260 −550			−380 −840	
225	250							−820 −1110	−420 −710	−280 −570			−420 −880	
250	280	−190 −320	−110 −240	−56 −186	0 −130	−190 −400	0 −210	−920 −1240	−480 −800	−300 −620	−190 −510	0 −320	−480 −1000	0 −520
280	315							−1050 −1370	−540 −860	−330 −650			−540 −1060	
315	355	−210 −350	−125 −265	−62 −202	0 −140	−210 −440	0 −230	−1200 −1560	−600 −960	−360 −720	−210 −570	0 −360	−600 −1170	0 −570
355	400							−1350 −1710	−680 −1040	−400 −760			−680 −1250	
400	450	−230 −385	−135 −290	−68 −223	0 −155	−230 −480	0 −250	−1500 −1900	−760 −1160	−440 −840	−230 −630	0 −400	−760 −1390	0 −630
450	500							−1650 −2050	−840 −1240	−480 −880			−840 −1470	

7.2.3. Empfohlene Passungen

7.2.3. Empfohlene Passungen, Nennmaße von 1 mm bis 500 mm, TGL RGW 144-75

Vorzugspassungen → dick gedruckt und grau unterlegt

Einheits-bohrung	\multicolumn{22}{c}{Grundabmaße der Wellen}
	a	b	c	d	e	f	g	h	j_s	k	m	n	p	r	s	t	u	v	x	z
	\multicolumn{20}{c}{Passungen}
H5						$\frac{H5}{g4}$	$\frac{H5}{h4}$	$\frac{H5}{j_s 4}$	$\frac{H5}{k4}$	$\frac{H5}{m4}$	$\frac{H5}{n4}$									
H6					$\frac{H6}{f6}$	$\frac{H6}{g5}$	$\frac{H6}{h5}$	$\frac{H6}{j_s 5}$	$\frac{H6}{k5}$	$\frac{H6}{m5}$	$\frac{Hn}{n5}$	$\frac{H6}{p5}$	$\frac{H6}{r5}$	$\frac{H6}{s5}$						
H7			$\frac{H7}{c8}$	$\frac{H7}{d8}$	$\frac{H7}{e7},\frac{H7}{e8}$	**$\frac{H7}{f7}$**	$\frac{H7}{g6}$	**$\frac{H7}{h6}$**	**$\frac{H7}{j_s 6}$**	**$\frac{H7}{k6}$**	$\frac{H7}{m6}$	**$\frac{H7}{n6}$**	**$\frac{H7}{p6}$**	**$\frac{H7}{r6}$**	**$\frac{H7}{s6}$**, $\frac{H7}{s7}$	$\frac{H7}{t6}$	$\frac{H7}{u7}$			
H8			$\frac{H8}{c8}$	$\frac{H8}{d8}$	**$\frac{H8}{e8}$**	$\frac{H8}{f7},\frac{H8}{f8}$		**$\frac{H8}{h7}$**, **$\frac{H8}{h8}$**	$\frac{H8}{j_s 7}$	$\frac{H8}{k7}$	$\frac{H8}{m7}$	$\frac{H8}{n7}$			$\frac{H8}{s7}$		$\frac{H8}{u8}$		$\frac{H8}{x8}$	$\frac{H8}{z8}$
				$\frac{H8}{d9}$	$\frac{H8}{e9}$	$\frac{H8}{f9}$		$\frac{H8}{h9}$												
H9				**$\frac{H9}{d9}$**	$\frac{H9}{e8},\frac{H9}{e9}$	$\frac{H9}{f8},\frac{H9}{f9}$		$\frac{H9}{h8},\frac{H9}{h9}$												
H10				$\frac{H10}{d10}$				$\frac{H10}{h9},\frac{H10}{h10}$												
H11	$\frac{H11}{a11}$	$\frac{H11}{b11}$	$\frac{H11}{c11}$	**$\frac{H11}{d11}$**				**$\frac{H11}{h11}$**												
H12		$\frac{H12}{b12}$						$\frac{H12}{h12}$												

Einheitswelle	\multicolumn{13}{c}{Grundabmaße der Bohrungen}
	A	B	C	D	E	F	G	H	J_s	K	M	N	P	R	S	T	U
	\multicolumn{16}{c}{Passungen}
h4							$\frac{G5}{h4}$	$\frac{H5}{h4}$	$\frac{J_s 5}{h4}$	$\frac{K5}{h4}$	$\frac{M5}{h4}$	$\frac{N5}{h4}$					
h5						$\frac{F7}{h5}$	$\frac{G6}{h5}$	$\frac{H6}{h5}$	$\frac{J_s 6}{h5}$	$\frac{K6}{h5}$	$\frac{M6}{h5}$	$\frac{N6}{h5}$	$\frac{P6}{h5}$				
h6				$\frac{D8}{h6}$	$\frac{E8}{h6}$	$\frac{F7}{h6}$, **$\frac{F8}{h6}$**	$\frac{G7}{h6}$	**$\frac{H7}{h6}$**	**$\frac{J_s 7}{h6}$**	**$\frac{K7}{h6}$**	$\frac{M7}{h6}$	**$\frac{N7}{h6}$**	**$\frac{P7}{h6}$**	$\frac{R7}{h6}$	$\frac{S7}{h6}$	$\frac{T7}{h6}$	
h7				$\frac{D8}{h7}$	$\frac{E8}{h7}$	$\frac{F8}{h7}$		**$\frac{H8}{h7}$**	$\frac{J_s 8}{h7}$	$\frac{K8}{h7}$	$\frac{M8}{h7}$	$\frac{N8}{h7}$					$\frac{U8}{h7}$
h8				$\frac{D8}{h8},\frac{D9}{h8}$	$\frac{E8}{h8}$, **$\frac{E9}{h8}$**	$\frac{F8}{h8},\frac{F9}{h8}$		**$\frac{H8}{h8}$**, $\frac{H9}{h8}$									
h9				$\frac{D9}{h9},\frac{D10}{h9}$	$\frac{E9}{h9}$	$\frac{F9}{h9}$		$\frac{H8}{h9},\frac{H9}{h9},\frac{H10}{h9}$									
h10				$\frac{D10}{h10}$				$\frac{H10}{h10}$									
h11	$\frac{A11}{h11}$	$\frac{B11}{h11}$	$\frac{C11}{h11}$	$\frac{D11}{h11}$				**$\frac{H11}{h11}$**									
h12		$\frac{B12}{h12}$						$\frac{H12}{h12}$									

7.2. Toleranzen und Passungen

7.2.4. Spiele und Übermaße für Vorzugspassungen, TGL RGW 144-75

System Einheitsbohrung

Nennmaßbereich		Spiele und Übermaße in μm													
		H7									H8				H9	H11	
über mm	bis mm	e8	f7	g6	h6	j$_s$6	k6	n6	p6	r6	s6	d9	e8	h8	h7	d9	d11	h11
1	3	+ 38 + 14	+ 26 + 6	+ 18 + 2	+ 16 0	+ 13 − 3	+ 10 − 6	+ 6 − 10	+ 4 − 12	0 − 16	− 4 − 20	+ 59 + 20	+ 42 + 14	+ 28 0	+ 24 0	+ 70 + 20	+ 140 + 20	+ 120 0
3	6	+ 50 + 20	+ 34 + 10	+ 24 + 4	+ 20 0	+ 16 − 4	+ 11 − 9	+ 4 − 16	0 − 20	− 3 − 23	− 7 − 27	+ 78 + 30	+ 56 + 20	+ 36 0	+ 30 0	+ 90 + 30	+ 180 + 30	+ 150 0
6	10	+ 62 + 25	+ 43 + 13	+ 29 + 5	+ 24 0	+ 19,5 − 4,5	+ 14 − 10	+ 5 − 19	0 − 24	− 4 − 28	− 8 − 32	+ 98 + 40	+ 69 + 25	+ 44 0	+ 37 0	+ 112 + 40	+ 220 + 40	+ 180 0
10	18	+ 77 + 32	+ 52 + 16	+ 35 + 6	+ 29 0	+ 23,5 − 5,5	+ 17 − 12	+ 6 − 23	0 − 29	− 5 − 34	− 10 − 39	+ 120 + 50	+ 86 + 32	+ 54 0	+ 45 0	+ 136 + 50	+ 270 + 50	+ 220 0
18	30	+ 94 + 40	+ 62 + 20	+ 41 + 7	+ 34 0	+ 27,5 − 6,5	+ 19 − 15	+ 6 − 28	− 1 − 35	− 7 − 41	− 14 − 48	+ 150 + 65	+ 106 + 40	+ 66 0	+ 54 0	+ 167 + 65	+ 325 + 65	+ 260 0
30	50	+ 114 + 50	+ 75 + 25	+ 50 + 9	+ 41 0	+ 33 − 8	+ 23 − 18	+ 8 − 33	− 1 − 42	− 9 − 50	− 18 − 59	+ 181 + 80	+ 128 + 50	+ 78 0	+ 64 0	+ 204 + 80	+ 400 + 80	+ 320 0
50	65	+ 136 + 60	+ 90 + 30	+ 59 + 10	+ 49 0	+ 39,5 − 9,5	+ 28 − 21	+ 10 − 39	− 2 − 51	− 11 − 60	− 23 − 72	+ 220 + 100	+ 152 + 60	+ 92 0	+ 76 0	+ 248 + 100	+ 480 + 100	+ 380 0
65	80									− 13 − 62	− 29 − 78							
80	100	+ 161 + 72	+ 106 + 36	+ 69 + 12	+ 57 0	+ 46 − 11	+ 32 − 25	+ 12 − 45	− 2 − 59	− 16 − 73 − 19 − 76	− 36 − 93 − 44 − 101	+ 261 + 120	+ 180 + 72	+ 108 0	+ 89 0	+ 294 + 120	+ 560 + 120	+ 440 0
100	120																	
120	140	+ 188 + 85	+ 123 + 43	+ 79 + 14	+ 65 0	+ 52,5 − 12,5	+ 37 − 28	+ 13 − 52	− 3 − 68	− 23 − 88 − 25 − 90	− 52 − 117 − 60 − 125	+ 308 + 145	+ 211 + 85	+ 126 0	+ 103 0	+ 345 + 145	+ 645 + 145	+ 500 0
140	160																	
160	180									− 28 − 93	− 68 − 133							
180	200	+ 218 + 100	+ 142 + 50	+ 90 + 15	+ 75 0	+ 60,5 − 14,5	+ 42 − 33	+ 15 − 60	− 4 − 79	− 31 − 106 − 34 − 109	− 76 − 151 − 84 − 159	+ 357 + 170	+ 244 + 100	+ 144 0	+ 118 0	+ 400 + 170	+ 750 + 170	+ 580 0
200	225																	
225	250									− 38 − 113	− 94 − 169							
250	280	+ 243 + 110	+ 160 + 56	+ 101 + 17	+ 84 0	+ 68 − 16	+ 48 − 36	+ 18 − 66	− 4 − 88	− 42 − 126 − 46 − 130	− 106 − 190 − 118 − 202	+ 401 + 190	+ 272 + 110	+ 162 0	+ 133 0	+ 450 + 190	+ 830 + 190	+ 640 0
280	315																	
315	355	+ 271 + 125	+ 176 + 62	+ 111 + 18	+ 93 0	+ 75 − 18	+ 53 − 40	+ 20 − 73	− 5 − 98	− 51 − 144 − 57 − 150	− 133 − 226 − 151 − 244	+ 439 + 210	+ 303 + 125	+ 178 0	+ 146 0	+ 490 + 210	+ 930 + 210	+ 720 0
355	400																	
400	450	+ 390 + 320	+ 194 + 68	+ 123 + 20	+ 103 0	+ 83 − 20	+ 58 − 45	+ 23 − 80	− 5 − 108	− 63 − 166 − 69 − 172	− 169 − 272 − 189 − 292	+ 482 + 230	+ 329 + 135	+ 194 0	+ 160 0	+ 540 + 230	+ 1030 + 230	+ 800 0
450	500																	

7.2.4. Spiele und Übermaße für Vorzugspassungen

System Einheitswelle

Nennmaß-bereich über mm	bis mm	F8	H7	J$_s$7	K7	N7	P7	H8	E9	H8	H11
		\multicolumn{6}{c}{h6}	h7	\multicolumn{2}{c}{h8}	h11
1	3	+ 26 / + 6	+ 16 / 0	+ 11 / − 5	+ 6 / − 10	+ 2 / − 14	0 / − 16	+ 24 / 0	+ 53 / + 14	+ 28 / 0	+ 120 / 0
3	6	+ 36 / + 10	+ 20 / 0	+ 14 / − 6	+ 11 / − 9	+ 4 / − 16	0 / − 20	+ 30 / 0	+ 68 / + 20	+ 36 / 0	+ 150 / 0
6	10	+ 44 / + 13	+ 24 / 0	+ 16 / − 7	+ 14 / − 10	+ 5 / − 19	0 / − 24	+ 37 / 0	+ 83 / + 25	+ 44 / 0	+ 180 / 0
10	18	+ 54 / + 16	+ 29 / 0	+ 20 / − 9	+ 17 / − 12	+ 6 / − 23	0 / − 29	+ 45 / 0	+ 102 / + 32	+ 54 / 0	+ 220 / 0
18	30	+ 66 / + 20	+ 34 / 0	+ 23 / − 10	+ 19 / − 15	+ 6 / − 28	− 1 / − 35	+ 54 / 0	+ 125 / + 40	+ 66 / 0	+ 260 / 0
30	50	+ 80 / + 25	+ 41 / 0	+ 28 / − 12	+ 23 / − 18	+ 8 / − 33	− 1 / − 42	+ 64 / 0	+ 151 / + 50	+ 78 / 0	+ 320 / 0
50	80	+ 95 / + 30	+ 49 / 0	+ 34 / − 15	+ 28 / − 21	+ 10 / − 39	− 2 / − 51	+ 76 / 0	+ 180 / + 60	+ 92 / 0	+ 380 / 0
80	120	+ 112 / + 36	+ 57 / 0	+ 39 / − 17	+ 32 / − 25	+ 12 / − 45	− 2 / − 59	+ 89 / 0	+ 213 / + 72	+ 108 / 0	+ 440 / 0
120	180	+ 131 / + 43	+ 65 / 0	+ 45 / − 20	+ 37 / − 28	+ 13 / − 52	− 3 / − 68	+ 103 / 0	+ 248 / + 85	+ 126 / 0	+ 500 / 0
180	250	+ 151 / + 50	+ 75 / 0	+ 52 / − 23	+ 42 / − 33	+ 15 / − 60	− 4 / − 79	+ 118 / 0	+ 287 / + 100	+ 144 / 0	+ 580 / 0
250	315	+ 169 / + 56	+ 84 / 0	+ 58 / − 26	+ 48 / − 36	+ 18 / − 66	− 4 / − 88	+ 133 / 0	+ 321 / + 110	+ 162 / 0	+ 640 / 0
315	400	+ 187 / + 62	+ 93 / 0	+ 64 / − 28	+ 53 / − 40	+ 20 / − 73	− 5 / − 98	+ 146 / 0	+ 354 / + 125	+ 178 / 0	+ 720 / 0
400	500	+ 205 / + 68	+ 103 / 0	+ 71 / − 31	+ 58 / − 45	+ 23 / − 80	− 5 / − 108	+ 160 / 0	+ 387 / + 135	+ 194 / 0	+ 800 / 0

Anhang

8.1. Allgemeine Tafeln

8.1.1. Ebene Flächen

A	Fläche	D	Diagonale, Durchmesser, Eckenmaß	S	Schwerpunkt
α	Winkel	d	Durchmesser	SW	Schlüsselweite
a, b, c,		h	Höhe	u	Umfang
d, g, l_s	Seitenlängen	M	Mittelpunkt	x_s, y_s	Schwerpunktabstände
b	Bogenmaß	p, q	Hypotenusenabschnitte		
		R, r	Radien		

Fläche	Bild	Gleichungen	Fläche	Bild	Gleichungen
Quadrat		$A = a^2$ $u = 4a$ $D = a\sqrt{2}$ $D = 1{,}414a$ $y_s = \dfrac{a}{2}$; $x_s = \dfrac{a}{2}$	Rechtwinkliges Dreieck		$y_s = \dfrac{h_c}{3}$ Lehrsatz des Pythagoras: $a^2 + b^2 = c^2$ Höhensatz: $h_c^2 = p \cdot q$
Rechteck		$A = a \cdot b$ $u = 2a + 2b$ $D = \sqrt{a^2 + b^2}$ $y_s = \dfrac{b}{2}$; $x_s = \dfrac{a}{2}$	Parallelogramm		$A = g \cdot h$ $u = 2g + 2a$ $y_s = \dfrac{h}{2}$
Gleichseitiges Dreieck		$A = \dfrac{a^2}{4}\sqrt{3}$ $A = 0{,}433 a^2$ $A = \dfrac{1}{3} h^2 \sqrt{3}$ $A = 0{,}577 h^2$ $u = 3a$ $h = \dfrac{a}{2}\sqrt{3}$ $h = 0{,}866 a$ $y_s = \dfrac{a}{6}\sqrt{3}$ $y_s = 0{,}289 a$; $x_s = \dfrac{a}{2}$	Trapez		$A = \dfrac{a+c}{2} h$ $u = a + b + c + d$ $y_s = \dfrac{h(a+2c)}{3(a+c)}$
Dreieck (allgemein)		$A = \dfrac{c \cdot h_c}{2}$ $A = \sqrt{s(s-a)(s-b)(s-c)}$, wenn $s = \dfrac{a+b+c}{2}$ $u = a+b+c$; $y_s = \dfrac{h_c}{3}$	Gleichseitiges Fünfeck		$A = \dfrac{5r^2}{8}\sqrt{10 + 2\sqrt{5}}$ $A = 2{,}378 r^2$ $A = 1{,}720 l_s^2$ $u = 5 l_s$ $u = \dfrac{5r}{2}\sqrt{10 - 2\sqrt{5}}$ $u = 5{,}878 r$ $l_s = \dfrac{r}{2}\sqrt{10 - 2\sqrt{5}}$ $l_s = 1{,}176 r$ $r = 0{,}8506 l_s$ $y_s = 0{,}809 r$

8.1.1. Ebene Flächen

Fläche	Bild	Gleichungen	Fläche	Bild	Gleichungen
Gleichseitiges Sechseck		$r = \dfrac{D}{2}$ $A = \dfrac{3r^2}{2}\sqrt{3}$ $A = 2{,}598\,r^2$ $A = 2{,}598\,l_s^2$ $u = 6\,l_s$ $u = 6r$ $l_s = r$ $D = 1{,}155\,SW$ $y_s = r$ $x_s = 0{,}433\,D$	Kreisausschnitt		$A = \dfrac{\pi \cdot r^2 \cdot \alpha}{360°}$ $A = 0{,}008727 \cdot r^2 \cdot \alpha$ $A = \dfrac{b \cdot r}{2}$ $u = b + 2r$ $b = \dfrac{\pi \cdot r \cdot \alpha}{180°}$ $b = 0{,}01745\,r \cdot \alpha$ $y_s = \dfrac{2r \cdot l_s}{3b}$; $x_s = \dfrac{l_s}{2}$
Gleichseitiges Achteck		$r = \dfrac{D}{2}$ $A = 2r^2\sqrt{2}$ $A = 2{,}828\,r^2$ $A = 4{,}832\,l_s^2$ $u = 8\,l_s$ $u = 8r\sqrt{2-\sqrt{2}}$ $u = 6{,}123\,r$ $l_s = r\sqrt{2-\sqrt{2}}$ $l_s = 0{,}7654\,r$ $r = 1{,}307\,l_s$ $D = 1{,}082\,SW$ $y_s = r$ $x_s = 0{,}462\,D$	Kreisabschnitt		$A = \dfrac{1}{2}[r(b-s) + l_s \cdot h]$ $A = \dfrac{r^2}{2}\left(\dfrac{\pi \cdot \alpha}{180°} - \sin\alpha\right)$ $u = b + l_s$ $b = \dfrac{\pi \cdot r \cdot \alpha}{180°}$ $l_s = 2r \cdot \sin\dfrac{\alpha}{2}$ $y_s = \dfrac{l_s^3}{12A}$; $x_s = \dfrac{l_s}{2}$
Kreis		$A = \pi \cdot r^2 = \dfrac{\pi \cdot d^2}{4}$ $u = \pi \cdot d$ $y_s = r$	Ellipse		$A = \dfrac{\pi}{4} D \cdot d$ $u \approx \dfrac{\pi(D+d)}{2}$ $x_s = \dfrac{D}{2}$; $y_s = \dfrac{d}{2}$
Kreisring		$A = \pi(R^2 - r^2)$ $A = \dfrac{\pi(D^2 - d^2)}{4}$ $u = \pi(D + d)$ $y_s = R$	Zusammengesetzte Fläche	Beispiel	$A = A_1 + A_2 + A_3$ $u = a_1 + a_2 + a_3 + a_4 + a_5 + a_6$ $x_s = \dfrac{A_1 x_1 + A_2 x_2 + A_3 x_3}{A_1 + A_2 + A_3}$ $y_s = \dfrac{A_1 y_1 + A_2 y_2 + A_3 y_3}{A_1 + A_2 + A_3}$

13 Arbeitstafeln Metall

8.1. Allgemeine Tafeln

8.1.2. Körper

A	Fläche	a, b, c	Seitenlängen	S	Schwerpunkt
A_O	Oberfläche	d, D	Durchmesser	h, h_1, h_2	Höhen
A_M	Mantelfläche	r, R	Radien	M	Mittelpunkt
A_G	Grundfläche	V	Volumen		
A_g	Deckfläche	x_S, y_S, z_S	Schwerpunktabstände		

Körper	Bild	Gleichungen	Körper	Bild	Gleichungen
Würfel		$V = a^3$ $A_0 = 6a^2$ $x_S = y_S = z_S = \dfrac{a}{2}$	Pyramidenstumpf		$V = \dfrac{h}{3}(A_G + \sqrt{A_G \cdot A_g} + A_g)$ $V \approx \dfrac{h}{2}(A_G + A_g)$ $z_S = \dfrac{h}{4} \cdot \dfrac{A_G + 2\sqrt{A_G \cdot A_g} + 3A_g}{A_G + \sqrt{A_G \cdot A_g} + A_g}$
Quader		$V = a \cdot b \cdot c$ $A_0 = 2a \cdot c + 2a \cdot b + 2b \cdot c$ $x_S = \dfrac{c}{2}$ $y_S = \dfrac{b}{2}$ $z_S = \dfrac{a}{2}$	Zylinder		$V = \dfrac{\pi \cdot d^2}{4} \cdot h$ $V = \pi \cdot r^2 \cdot h$ $A_M = \pi \cdot d \cdot h$ $A_0 = \pi \cdot d \cdot h + \pi \dfrac{d^2}{2}$ $x_S = y_S = \dfrac{d}{2} = r$ $z_S = \dfrac{h}{2}$
Schrägabgeschnittenes Prisma		$V = \dfrac{h_1 + h_2}{2} a \cdot b$ $x_S = \dfrac{a}{6} \cdot \dfrac{h_2 - h_1}{h_1 + h_2}$ $z_S = \dfrac{1}{3} \cdot \dfrac{h_1^2 + h_1 \cdot h_2 + h_2^2}{h_1 + h_2}$	Hohlzylinder		$V = \dfrac{\pi \cdot h}{4}(D^2 - d^2)$ $A_M = \pi \cdot D \cdot h + \pi \cdot d \cdot h$ $A_0 = \pi \cdot h (D + d)$ $\quad + \dfrac{\pi}{2}(D^2 - d^2)$ $x_S = \dfrac{D}{2}$ $y_S = \dfrac{D}{2}$ $z_S = \dfrac{h}{2}$
Keil		$V = \dfrac{h \cdot b}{6}(2a + c)$ $z_S = \dfrac{h}{2} \cdot \dfrac{a + c}{2a + c}$	Schrägabgeschnittener Zylinder		$V = \pi \cdot r^2 \dfrac{h_1 + h_2}{2}$ $A_M = \pi \cdot r(h_1 + h_2)$ $z_S = \dfrac{h_1 + h_2}{4} + \dfrac{(h_2 - h_1)^2}{16(h_2 + h_1)}$ $x_S = \dfrac{r}{4} \cdot \dfrac{h_2 - h_1}{h_2 + h_1}$
Gerade und schräge Pyramide		$V = \dfrac{A_G \cdot h}{3}$ $z_S = \dfrac{h}{4}$			

8.1.2. Körper

Körper	Bild	Gleichungen	Körper	Bild	Gleichungen
Gerader und schräger Kreiskegel		$V = \frac{1}{3}\pi \cdot r^2 \cdot h$ Gerader Kreiskegel: $A_0 = \pi \cdot r(r + s)$ $s = \sqrt{h^2 + r^2}$ $A_M = \pi \cdot r \cdot s$ $z_s = \frac{h}{4}$	Kugel-ausschnitt		$V = \frac{2}{3}\pi \cdot r_1^2 \cdot h$ $V = 2{,}094 r_1^2 \cdot h$ $A_0 = \pi \cdot r_1 (2h + r_2)$ $r_2 = \sqrt{h(2r_1 - h)}$ $r_1 = \frac{r_2^2 + h^2}{2h}$ $z_s = \frac{3}{8}(2r_1 - h)$ Halbkugel mit $h = r_1$ $z_s = \frac{3}{8} r_1$
Kegel-stumpf		$V = \frac{\pi \cdot h}{3}(R^2 + Rr + r^2)$ Gerader Kegelstumpf: $A_0 = \pi \cdot R^2 + \pi \cdot r^2 + \pi \cdot s(R + r)$ $A_M = \pi \cdot s(R + r)$ $s = \sqrt{h^2 + (R - r)^2}$ $z_s = \frac{h}{4} \cdot \frac{R^2 + 2R \cdot r + 3r^2}{R^2 + R \cdot r + r^2}$	Kugel-abschnitt		$V = \frac{\pi \cdot h}{6}(3r_2^2 + h^2)$ $V = 0{,}5236 h (3r_2^2 + h^2)$ $V = \frac{\pi}{3} h^2 (3r_1 - h)$ $V = 1{,}047 h^2 (3r_1 - h)$ $A_0 = \pi \cdot h (4r_1 - h)$ $A_0 = \pi (2r_2^2 + h^2)$ $r_2 = \sqrt{h(2r_1 - h)}$ $r_1 = \frac{r_2^2 + h^2}{2h}$ $z_s = \frac{3}{4} \cdot \frac{(2r_1 - h)^2}{3r_1 - h}$ Halbkugel mit $h = r_1$ $z_s = \frac{3}{8} r_1$ Kugelkappe: $A_M = 2\pi \cdot r_1 \cdot h$
Kugel		$V = \frac{\pi \cdot d^3}{6}$ $V = \frac{4}{3}\pi \cdot r^3$ $V = 4{,}189 r^3$ $r = \frac{d}{2}$ $A_0 = \pi \cdot d^2$ $A_0 = 4\pi \cdot r^2$			

8.1. Allgemeine Tafeln

8.1.3. Bogenlänge, Bogenhöhe, Sehnenlänge und Flächeninhalt des Kreisabschnittes am Einheitskreis

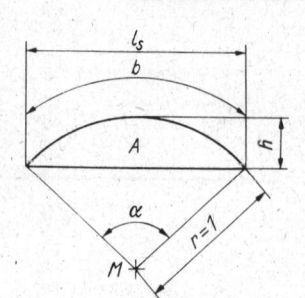

r   Radius, r = 1
α   Zentriwinkel (Grad)
b   Bogenlänge

h   Bogenhöhe
l_s Sehnenlänge
A   Fläche des Kreisabschnitts

$$b = \frac{\pi \cdot r \cdot \alpha}{180°}$$

$$l_s = 2r \cdot \sin\frac{\alpha}{2}$$

$$h = r\left(1 - \cos\frac{\alpha}{2}\right) = 2r \cdot \sin^2\frac{\alpha}{4}$$

$$A = \frac{1}{2}r^2\left(\frac{\pi \cdot \alpha}{180°} - \sin\alpha\right)$$

Die Werte der folgenden Tafel gelten für den Einheitskreis.
Für Abschnitte von Kreisen mit r ≠ 1 müssen die Werte von b, h und l_s mit dem jeweiligen Radius r und die Werte von A mit r^2 multipliziert werden.
Beispiel: r = 1,5 m; α = 12°
  b = 0,2094 · 1,5 m; h = 0,0055 · 1,5 m; l_s = 0,2091 · 1,5 m
  A = 0,0008 · $1,5^2$ m^2

α	b	h	l_s	A	α	α	b	h	l_s	A	α
1°	0,0175	0,0000	0,0175	0,0000	1°	41°	0,7156	0,0633	0,7004	0,0298	41°
2°	0,0349	0,0002	0,0349	0,0000	2°	42°	0,7330	0,0664	0,7167	0,0320	42°
3°	0,0524	0,0003	0,0524	0,0000	3°	43°	0,7505	0,0696	0,7330	0,0343	43°
4°	0,0698	0,0006	0,0698	0,0000	4°	44°	0,7679	0,0728	0,7492	0,0366	44°
5°	0,0873	0,0010	0,0872	0,0001	5°	45°	0,7854	0,0761	0,7654	0,0391	45°
6°	0,1047	0,0014	0,1047	0,0001	6°	46°	0,8029	0,0795	0,7815	0,0418	46°
7°	0,1222	0,0019	0,1221	0,0001	7°	47°	0,8203	0,0829	0,7975	0,0445	47°
8°	0,1396	0,0024	0,1395	0,0002	8°	48°	0,8378	0,0865	0,8135	0,0473	48°
9°	0,1571	0,0031	0,1569	0,0003	9°	49°	0,8552	0,0900	0,8294	0,0502	49°
10°	0,1745	0,0038	0,1743	0,0004	10°	50°	0,8727	0,0937	0,8452	0,0533	50°
11°	0,1920	0,0046	0,1917	0,0006	11°	51°	0,8901	0,0974	0,8610	0,0565	51°
12°	0,2094	0,0055	0,2091	0,0008	12°	52°	0,9076	0,1012	0,8767	0,0598	52°
13°	0,2269	0,0064	0,2264	0,0010	13°	53°	0,9250	0,1051	0,8924	0,0632	53°
14°	0,2443	0,0075	0,2437	0,0012	14°	54°	0,9425	0,1090	0,9080	0,0667	54°
15°	0,2618	0,0086	0,2611	0,0015	15°	55°	0,9599	0,1130	0,9235	0,0704	55°
16°	0,2793	0,0097	0,2783	0,0018	16°	56°	0,9774	0,1171	0,9389	0,0742	56°
17°	0,2967	0,0110	0,2956	0,0022	17°	57°	0,9948	0,1212	0,9543	0,0781	57°
18°	0,3142	0,0123	0,3129	0,0026	18°	58°	1,0123	0,1254	0,9696	0,0821	58°
19°	0,3316	0,0137	0,3301	0,0030	19°	59°	1,0297	0,1296	0,9848	0,0863	59°
20°	0,3491	0,0152	0,3473	0,0035	20°	60°	1,0472	0,1340	1,0000	0,0906	60°
21°	0,3665	0,0167	0,3645	0,0041	21°	61°	1,0647	0,1384	1,0151	0,0950	61°
22°	0,3840	0,0184	0,3816	0,0047	22°	62°	1,0821	0,1428	1,0301	0,0996	62°
23°	0,4014	0,0201	0,3987	0,0053	23°	63°	1,0996	0,1474	1,0450	0,1043	63°
24°	0,4189	0,0219	0,4158	0,0061	24°	64°	1,1170	0,1520	1,0598	0,1091	64°
25°	0,4363	0,0237	0,4329	0,0069	25°	65°	1,1345	0,1566	1,0746	0,1141	65°
26°	0,4538	0,0256	0,4499	0,0077	26°	66°	1,1519	0,1613	1,0893	0,1192	66°
27°	0,4712	0,0276	0,4669	0,0086	27°	67°	1,1694	0,1661	1,1039	0,1244	67°
28°	0,4887	0,0297	0,4838	0,0096	28°	68°	1,1868	0,1710	1,1184	0,1298	68°
29°	0,5061	0,0319	0,5008	0,0107	29°	69°	1,2043	0,1759	1,1328	0,1353	69°
30°	0,5236	0,0341	0,5176	0,0118	30°	70°	1,2217	0,1808	1,1472	0,1410	70°
31°	0,5411	0,0364	0,5345	0,0130	31°	71°	1,2392	0,1859	1,1614	0,1468	71°
32°	0,5585	0,0387	0,5513	0,0143	32°	72°	1,2566	0,1910	1,1756	0,1528	72°
33°	0,5760	0,0412	0,5680	0,0157	33°	73°	1,2741	0,1961	1,1896	0,1589	73°
34°	0,5934	0,0437	0,5847	0,0171	34°	74°	1,2915	0,2014	1,2036	0,1651	74°
35°	0,6109	0,0463	0,6014	0,0186	35°	75°	1,3090	0,2066	1,2175	0,1715	75°
36°	0,6283	0,0489	0,6180	0,0203	36°	76°	1,3265	0,2120	1,2313	0,1781	76°
37°	0,6458	0,0517	0,6346	0,0220	37°	77°	1,3439	0,2174	1,2450	0,1848	77°
38°	0,6632	0,0545	0,6511	0,0238	38°	78°	1,3614	0,2229	1,2586	0,1916	78°
39°	0,6807	0,0574	0,6676	0,0257	39°	79°	1,3788	0,2284	1,2722	0,1986	79°
40°	0,6981	0,0603	0,6840	0,0277	40°	80°	1,3963	0,2340	1,2856	0,2057	80°
α	b	h	l_s	A	α	α	b	h	l_s	A	α

8.1.4. Vorzugszahlen

α	b	h	l_s	A	α	α	b	h	l_s	A	α
81°	1,4137	0,2396	1,2989	0,2130	81°	131°	2,2864	0,5853	1,8199	0,7658	131°
82°	1,4312	0,2453	1,3121	0,2205	82°	132°	2,3038	0,5933	1,8271	0,7803	132°
83°	1,4486	0,2510	1,3252	0,2280	83°	133°	2,3213	0,6013	1,8341	0,7950	133°
84°	1,4661	0,2569	1,3383	0,2358	84°	134°	2,3387	0,6093	1,8410	0,8097	134°
85°	1,4835	0,2627	1,3512	0,2437	85°	135°	2,3562	0,6173	1,8478	0,8245	135°
86°	1,5010	0,2686	1,3640	0,2517	86°	136°	2,3736	0,6254	1,8544	0,8395	136°
87°	1,5184	0,2746	1,3767	0,2599	87°	137°	2,3911	0,6335	1,8608	0,8546	137°
88°	1,5359	0,2807	1,3893	0,2683	88°	138°	2,4086	0,6416	1,8672	0,8697	138°
89°	1,5533	0,2867	1,4018	0,2767	89°	139°	2,4260	0,6498	1,8733	0,8850	139°
90°	1,5708	0,2929	1,4142	0,2854	90°	140°	2,4435	0,6580	1,8794	0,9003	140°
91°	1,5882	0,2991	1,4265	0,2942	91°	141°	2,4609	0,6662	1,8853	0,9158	141°
92°	1,6057	0,3053	1,4387	0,3032	92°	142°	2,4784	0,6744	1,8910	0,9314	142°
93°	1,6232	0,3116	1,4507	0,3123	93°	143°	2,4958	0,6827	1,8966	0,9470	143°
94°	1,6406	0,3180	1,4627	0,3215	94°	144°	2,5133	0,6910	1,9021	0,9627	144°
95°	1,6581	0,3244	1,4746	0,3309	95°	145°	2,5307	0,6993	1,9074	0,9786	145°
96°	1,6755	0,3309	1,4863	0,3405	96°	146°	2,5482	0,7076	1,9126	0,9945	146°
97°	1,6930	0,3374	1,4979	0,3502	97°	147°	2,5656	0,7160	1,9176	1,0105	147°
98°	1,7104	0,3439	1,5094	0,3601	98°	148°	2,5831	0,7244	1,9225	1,0266	148°
99°	1,7279	0,3506	1,5208	0,3701	99°	149°	2,6005	0,7328	1,9273	1,0427	149°
100°	1,7453	0,3572	1,5321	0,3803	100°	150°	2,6180	0,7412	1,9319	1,0590	150°
101°	1,7628	0,3639	1,5432	0,3906	101°	151°	2,6354	0,7496	1,9363	1,0753	151°
102°	1,7802	0,3707	1,5543	0,4010	102°	152°	2,6529	0,7581	1,9406	1,0917	152°
103°	1,7977	0,3775	1,5652	0,4117	103°	153°	2,6704	0,7666	1,9447	1,1082	153°
104°	1,8151	0,3843	1,5760	0,4224	104°	154°	2,6878	0,7750	1,9487	1,1247	154°
105°	1,8326	0,3912	1,5867	0,4333	105°	155°	2,7053	0,7836	1,9526	1,1413	155°
106°	1,8500	0,3982	1,5973	0,4444	106°	156°	2,7227	0,7921	1,9563	1,1580	156°
107°	1,8675	0,4052	1,6077	0,4556	107°	157°	2,7402	0,8006	1,9598	1,1747	157°
108°	1,8850	0,4122	1,6180	0,4670	108°	158°	2,7576	0,8092	1,9633	1,1915	158°
109°	1,9024	0,4193	1,6282	0,4784	109°	159°	2,7751	0,8178	1,9665	1,2083	159°
110°	1,9199	0,4264	1,6383	0,4901	110°	160°	2,7925	0,8264	1,9696	1,2253	160°
111°	1,9373	0,4336	1,6483	0,5019	111°	161°	2,8100	0,8350	1,9726	1,2422	161°
112°	1,9548	0,4408	1,6581	0,5138	112°	162°	2,8274	0,8436	1,9754	1,2592	162°
113°	1,9722	0,4481	1,6678	0,5259	113°	163°	2,8449	0,8522	1,9780	1,2763	163°
114°	1,9897	0,4554	1,6773	0,5381	114°	164°	2,8623	0,8608	1,9805	1,2934	164°
115°	2,0071	0,4627	1,6868	0,5504	115°	165°	2,8798	0,8695	1,9829	1,3105	165°
116°	2,0246	0,4701	1,6961	0,5629	116°	166°	2,8972	0,8781	1,9851	1,3277	166°
117°	2,0420	0,4775	1,7053	0,5755	117°	167°	2,9147	0,8868	1,9871	1,3449	167°
118°	2,0595	0,4850	1,7143	0,5883	118°	168°	2,9322	0,8955	1,9890	1,3621	168°
119°	2,0769	0,4925	1,7233	0,6012	119°	169°	2,9496	0,9042	1,9908	1,3794	169°
120°	2,0944	0,5000	1,7321	0,6142	120°	170°	2,9671	0,9128	1,9924	1,3967	170°
121°	2,1118	0,5076	1,7407	0,6273	121°	171°	2,9845	0,9215	1,9938	1,4140	171°
122°	2,1293	0,5152	1,7492	0,6406	122°	172°	3,0020	0,9302	1,9951	1,4314	172°
123°	2,1468	0,5228	1,7576	0,6540	123°	173°	3,0194	0,9390	1,9963	1,4488	173°
124°	2,1642	0,5305	1,7659	0,6676	124°	174°	3,0369	0,9477	1,9973	1,4662	174°
125°	2,1817	0,5383	1,7740	0,6813	125°	175°	3,0543	0,9564	1,9981	1,4836	175°
126°	2,1991	0,5460	1,7820	0,6950	126°	176°	3,0718	0,9651	1,9988	1,5010	176°
127°	2,2166	0,5538	1,7899	0,7090	127°	177°	3,0892	0,9738	1,9993	1,5184	177°
128°	2,2340	0,5616	1,7976	0,7230	128°	178°	3,1067	0,9825	1,9997	1,5359	178°
129°	2,2515	0,5695	1,8052	0,7372	129°	179°	3,1241	0,9913	1,9999	1,5533	179°
130°	2,2689	0,5774	1,8126	0,7514	130°	180°	3,1416	1,0000	2,0000	1,5708	180°
α	b	h	l_s	A	α	α	b	h	l_s	A	α

8.1.4. Vorzugszahlen

Stufensprünge der Vorzugszahlenreihen
TGL 27786

Reihe	Theoretischer Wert	Genauwert	Gerundeter Wert (Hauptwert)	Anzahl der Glieder je Zehnerbereich
R 5	$\sqrt[5]{10}$	1,5849	1,6	5
R10	$\sqrt[10]{10}$	1,2589	1,25	10
R20	$\sqrt[20]{10}$	1,1220	1,12	20
R40	$\sqrt[40]{10}$	1,0593	1,06	40
R80	$\sqrt[80]{10}$	1,0292	1,03	80

8.1. Allgemeine Tafeln

	Grundreihen (Hauptwerte)			Genauwerte	Ordnungs-nummern	Mantissen
R5	R10	R20	R40	R40		
1,00	1,00	1,00	1,00	1,0000	0	000
			1,06	1,0593	1	025
		1,12	1,12	1,1220	2	050
			1,18	1,1885	3	075
	1,25	1,25	1,25	1,2589	4	100
			1,32	1,3335	5	125
		1,40	1,40	1,4125	6	150
			1,50	1,4962	7	175
1,60	1,60	1,60	1,60	1,5849	8	200
			1,70	1,6788	9	225
		1,80	1,80	1,7783	10	250
			1,90	1,8836	11	275
	2,00	2,00	2,00	1,9953	12	300
			2,12	2,1135	13	325
		2,24	2,24	2,2387	14	350
			2,36	2,3714	15	375
2,50	2,50	2,50	2,50	2,5119	16	400
			2,65	2,6607	17	425
		2,80	2,80	2,8184	18	450
			3,00	2,9854	19	475
	3,15	3,15	3,15	3,1623	20	500
			3,35	3,3497	21	525
		3,55	3,55	3,5481	22	550
			3,75	3,7584	23	575
4,00	4,00	4,00	4,00	3,9811	24	600
			4,25	4,2170	25	625
		4,50	4,50	4,4668	26	650
			4,75	4,7315	27	675
	5,00	5,00	5,00	5,0119	28	700
			5,30	5,3088	29	725
		5,60	5,60	5,6234	30	750
			6,00	5,9566	31	775
6,30	6,30	6,30	6,30	6,3096	32	800
			6,70	6,6834	33	825
		7,10	7,10	7,0795	34	850
			7,50	7,4989	35	875
	8,00	8,00	8,00	7,9433	36	900
			8,50	8,4140	37	925
		9,00	9,00	8,9125	38	950
			9,50	9,4406	39	975
10,00	10,00	10,00	10,00	10,0000	40	000

8.1.5. Kraftumformung

Benennung	Bild	Gleichung
Parallelogramm der Kräfte		F hat die gleiche Wirkung wie F_1 und F_2 gemeinsam haben
Momentensatz (Hebelgesetz)	Hebel, starrer Körper	Am starren Körper herrscht Gleichgewicht, wenn die Summe der links drehenden Momente gleich der Summe der rechts drehenden Momente ist $F_1 \cdot l_1 = F_2 \cdot l_2$

8.1.5. Kraftumformung

Benennung	Bild	Gleichung
Geneigte Ebene		$F_H = \sin\alpha \cdot F_G$ $F_N = \cos\alpha \cdot F_G$ $F_H = \frac{h}{l} F_G$ $F_N = \frac{g}{l} F_G$ F_H Hangabtriebskraft F_N Normalkraft F_G Gewichtskraft
Einseitiger Keil		$F_{Ba} = \dfrac{F_E}{\tan\alpha}$; $F_{Rü} = \dfrac{F_E}{\sin\alpha}$ $F_{Ba} = \dfrac{F_E \cdot l}{h-a}$; $F_{Rü} = \dfrac{F_E \cdot s}{h-a}$ F_E Eintreibende Kraft $F_{Rü}$ Rückenkraft F_{Ba} Bauchkraft (In den Gleichungen wurde die Reibung nicht berücksichtigt)
Feste Rolle		$F_1 = F_2$; $s_1 = s_2$ $F_1; F_2$ Kräfte am Seil $s_1; s_2$ Wege
Lose Rolle		$F_1 = \dfrac{F_2}{2}$; $s_1 = 2 \cdot s_2$ $F_1; F_2$ Kräfte $s_1; s_2$ Wege
Faktoren-Flaschenzug		$F_1 = \dfrac{F_2}{n}$ $s_1 = n \cdot s_2$ $F_1; F_2$ Kräfte $s_1; s_2$ Wege n Anzahl der Seilquerschnitte im Schnitt I–I $\eta = 0{,}75$

8.1. Allgemeine Tafeln

Benennung	Bild	Gleichung
Wellrad		$F_1 = \dfrac{F_2 \cdot r}{R}$ $s_1 = \dfrac{R \cdot s_2}{r}$ $R; r$ Radien $F_1; F_2$ Kräfte am Wellrad $s_1; s_2$ Wege
Differential- flaschenzug		$F_1 = \dfrac{F_2 (R - r)}{2R}$ $s_1 = \dfrac{2 \cdot R}{R - r} s_2$ $F_1; F_2$ Kräfte $s_1; s_2$ Wege $\eta = 0{,}3$
Flaschenzug mit Schneckenradübersetzung		$F_1 = F_2 \dfrac{1}{2} \cdot \dfrac{r}{R} \cdot \dfrac{z_1}{z_2}$ R, r Radien der Kettenräder z_1 Gangzahl der Schnecke z_2 Zähnezahl des Schneckenrades F_2 Last F_1 Kraft zum Heben $\eta = 0{,}5 \ldots 0{,}6$
Riemengetriebe		$F_{u1} = F_{u2}; \quad v_{u1} = v_{u2}$ $\dfrac{M_2}{M_1} = \dfrac{d_2}{d_1}; \quad \dfrac{n_1}{n_2} = \dfrac{d_2}{d_1}$ $F_{u1}; F_{u2}$ Umfangskräfte $v_{u1}; v_{u2}$ Umfangsgeschwindigkeiten $n_1; n_2$ Drehzahlen $M_1; M_2$ Momente $\eta = 0{,}96 \ldots 0{,}98$
Hydraulikkolben		$p = \dfrac{F_1}{A_1} = \dfrac{F_2}{A_2}; \quad F_2 = \dfrac{F_1}{A_1} A_2$ p Druck im Hydraulikmedium $A_1; A_2$ Kolbenflächen $F_1; F_2$ Kräfte am Kolben

8.1.6. Verschiebung und Drehung

a	Beschleunigung	M	Moment	v, v_u, v_o	Geschwindigkeit
a_n	Normalbeschleunigung	m	Masse	W	Arbeit
a_t	Tangentialbeschleunigung	n	Drehzahl	E	Energie
F	Kraft	P	Leistung	α	Winkelbeschleunigung
F_s	Kraft in Wegrichtung	r	Radius	φ	Drehwinkel
g	Erdbeschleunigung	s	Weg	ω, ω_o	Winkelgeschwindigkeit
h	Fallhöhe	t	Zeitdauer	J	Massenträgheitsmoment

Benennung	Verschiebung (Translation)	Drehung (Rotation)
Lageänderung		
Gleichförmige Bewegung	Geschwindigkeit v = konst. $v = \dfrac{s}{t}$	Winkelgeschwindigkeit ω = konst., n = konst. $\omega = \dfrac{\varphi}{t}$ $\omega = 2 \cdot \pi \cdot n$ $\omega = 0{,}105\, n$, wenn ω in 1/s und n in 1/min
		Umfangsgeschwindigkeit $v_u = \omega \cdot r$ $v_u = 2 \cdot \pi \cdot r \cdot n$
Gleichförmig beschleunigte Bewegung	Beschleunigung, Geschwindigkeit a = konst. ; $a = \dfrac{v_1 - v_0}{t}$ $v = v_0 + a \cdot t$	Winkelbeschleunigung, Winkelgeschwindigkeit α = konst. ; $\alpha = \dfrac{\omega_1 - \omega_0}{t}$ $\omega = \omega_0 + \alpha \cdot t$
	Weg $s = v_0 t + \dfrac{a}{2} t^2$	Winkel $\varphi = \omega_0 t + \dfrac{\alpha}{2} t^2$
	Freier Fall $g = 9{,}80665\ m/s^2$ $h = \dfrac{g}{2} t^2$	Tangentialbeschleunigung $a_t = \alpha \cdot r$
		Normalbeschleunigung $a_n = \omega^2 \cdot r = \dfrac{v_u^2}{r}$
		Gesamtbeschleunigung $a = \sqrt{a_t^2 + a_n^2} = r\sqrt{\alpha^2 + \omega^4}$
	Kraft $F = m \cdot a$	Drehmoment $M = F \cdot r;\ M = J \cdot \alpha$

8.1. Allgemeine Tafeln

Benennung	Verschiebung (Translation)	Drehung (Rotation)
Arbeit	$W = F_s \cdot s$	$W = M \cdot \varphi$
Leistung	$P = \dfrac{F \cdot s}{t} = F \cdot v$	$P = \dfrac{M \cdot \varphi}{t} = M \cdot \omega$
		$P = \dfrac{M \cdot n}{9549}$, wenn P in kW, M in N·m, n in 1/min
Kinetische Energie	$E_{kin} = \dfrac{m \cdot v^2}{2}$	$E_{kin} = \dfrac{J \cdot \omega^2}{2}$

8.1.7. Reibungszahlen

Haft- und Gleitreibung

Werkstoffpaarung	Haftreibungszahl μ_0		Gleitreibungszahl μ	
	trocken	geschmiert	trocken	geschmiert
Stahl auf Stahl	0,15	0,1	0,10	0,05
Stahl auf Bronze	–	–	0,18	0,07
Stahl auf Grauguß	0,2	0,1	0,16	0,05
Stahl auf Eis	0,027	–	0,014	–
Holz auf Eis	–	–	0,035	–
Holz auf Stein	0,7	0,4	0,3	–
Holz auf Holz	0,4 ... 0,6	0,16	0,2 ... 0,4	0,08
Lederriemen auf Gußeisen	0,55	0,22	0,28	0,12
Lederdichtung auf Metall	0,6	0,2	0,2	0,12
Metall auf Holz	0,55	0,1	0,35	0,05
Bremsbelag auf Stahl	–	–	0,55	0,4
Reibung in gleitfesten Schraubenverbindungen nach TGL 13502: Stahl auf Stahl	0,3 ... 0,5	–	–	–

Rollreibung

Werkstoffpaarung	Hebelarm der Rollreibung f, cm
Stahlräder auf Schiene	0,05
Gehärtete Stahlkugel auf Laufring	0,0005 ... 0,001

Reibung auf ebener Unterlage

Widerstandskräft bei Haftreibung	$F_W \leq F_G \cdot \mu_0$	
Gleitreibung	$F_W = F_G \cdot \mu$	
Rollreibung	$F_W \approx \dfrac{F_G \cdot f}{R}$	

F_W Widerstandskraft
F_Z Zugkraft
F_G Gewichtskraft
f Hebelarm der Rollreibung
R Radius des rollenden Körpers
μ; μ_0 Reibungszahlen

8.1.9. Biegebeanspruchungen

8.1.8. Massenträgheitsmomente ausgewählter technischer Körper

Körper	Bild	Gleichung
Zylinder		$J_I = \frac{1}{2} m \cdot r^2$
Hohlzylinder mit beliebiger Wanddicke		$J_I = \frac{1}{2} m \left(r_a^2 + r_i^2\right)$
Hohlzylinder mit kleiner Wanddicke		$J_I = m \cdot r_m^2$
Stab (gestreckter Quader, $a \approx b$; $a \ll l$)		Rotation um Mittelachse $J_I = \frac{1}{12} m \cdot l^2$ Rotation um Endpunkt $J_{II} = \frac{1}{3} m \cdot l^2$

I — - — - — Drehachse

8.1.9. Biegebeanspruchungen

Beanspruchung				
Stützkräfte	$F_A = F_B = \frac{F}{2}$	$F_A = \frac{F \cdot l_2}{l_1 + l_2}$; $F_B = \frac{F \cdot l_1}{l_1 + l_2}$	$F_A = F_B = \frac{q \cdot l}{2}$	$F_A = F$; $M_{Aufl} = F \cdot l$
Momentenfläche				
Maximalmoment	$M_{max} = \frac{F \cdot l}{4}$	$M_{max} = \frac{F \cdot l_1 \cdot l_2}{l_1 + l_2}$	$M_{max} = \frac{q \cdot l^2}{8}$	$M_{max} = -F \cdot l$
Durchbiegung	$f_{max} = 0{,}02083 \frac{F \cdot l^3}{I \cdot E}$	$f = 0{,}33333 \frac{F \cdot l_1^2 \cdot l_2^2}{l \cdot I \cdot E}$	$f_{max} = 0{,}01302 \frac{q \cdot l^4}{I \cdot E}$	$f_{max} = 0{,}33333 \frac{F \cdot l^3}{I \cdot E}$

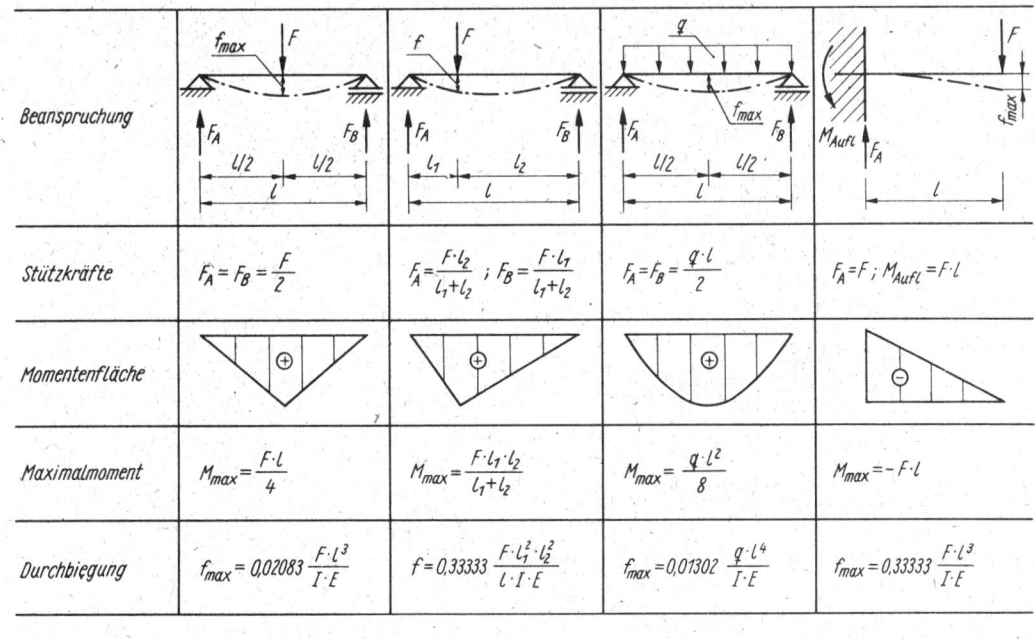

8.1. Allgemeine Tafeln

8.1.10. Spannungen, Formänderung

Spannung = Kraftanteil je Flächeneinheit

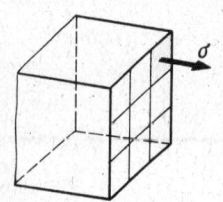

Normalspannung
Kraft steht senkrecht
auf der Schnittfläche

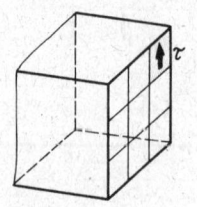

Tangentialspannung
Kraft liegt in der
Schnittfläche

Spannungsfälle	Bild	Gleichung	Benennungen
Formänderung bei Zugbeanspruchung		Hookesches Gesetz: $\sigma \sim \varepsilon$ $\sigma = E \cdot \varepsilon$ $\varepsilon = \dfrac{\Delta l}{l_1}$ $\Delta l = l_2 - l_1$	σ Spannung ε Dehnung E Elastizitätsmodul l_1 Länge vor der Belastung l_2 Länge nach der Belastung Δl Längenänderung
Zugspannung σ_z		$\sigma_z = \dfrac{F}{A_Q}$	A_Q Querschnittsfläche
Druckspannung σ_d in gedrungenen Körpern		$\sigma_d = \dfrac{F}{A_Q}$	
Flächenpressung σ_d (auch p)		$\sigma_d = \dfrac{F}{A_G}$	A_G Grundfläche, Berührungsfläche

8.1.10. Spannungen, Formänderung

Spannungsfälle	Bild	Gleichung	Benennungen
Lochleibungsdruck σ_l (Näherung)		$\sigma_l = \dfrac{F}{A_p}$ $A_p = d \cdot l$	A_p projizierte Fläche l Länge der projizierten Fläche d Breite der projizierten Fläche
Biegespannung σ_b		$\sigma_b = \dfrac{M_b}{I_x} y$ $\sigma_{b\,max} = \dfrac{M_b}{W_x}$	M_b Biegemoment I_x axiales Flächenträgheitsmoment y Abstand von neutraler Schicht W_x axiales Widerstandsmoment Zur Berechnung des I_x und W_x siehe Seite 206
Torsionsspannung τ_t in runden Körpern		$\tau_t = \dfrac{M_t}{I_p} \rho$ $\tau_{t\,max} = \dfrac{M_t}{W_p}$	M_t Torsionsmoment I_p polares Flächenträgheitsmoment ρ Abstand vom Mittelpunkt der Querschnittsfläche W_p polares Widerstandsmoment Zur Berechnung I_p und W_p siehe Seite 207
Scherspannung τ_s (τ_a) (Näherung)		$\tau_s = \dfrac{F}{d \cdot l}$	d Breite der Scherfläche l Länge der Scherfläche

8.1. Allgemeine Tafeln

8.1.11. Flächenträgheitsmomente, Widerstandsmomente

Bild	Axiales Flächenträgsheitsmoment	Axiales Widerstandsmoment
Rechteck	$I_x = \dfrac{b \cdot h^3}{12}$ $I_y = \dfrac{h \cdot b^3}{12}$	$W_x = \dfrac{b \cdot h^2}{6}$ $W_y = \dfrac{h \cdot b^2}{6}$
Hohlrechteck	$I_x = \dfrac{1}{12}(b_1 \cdot h_1^3 - b_2 \cdot h_2^3)$ $I_y = \dfrac{1}{12}[h_1 \cdot b_1^3 - h_2 \cdot b_2^3]$	$W_x = \dfrac{1}{6 \cdot h_1}(b_1 \cdot h_1^3 - b_2 \cdot h_2^3)$ $W_y = \dfrac{1}{6 \cdot b_1}(h_1 \cdot b_1^3 - h_2 \cdot b_2^3)$
I-Profil	$I_x = \dfrac{1}{12}[b_1 \cdot h_1^3 - (b_1 - b_2) h_2^3]$ $I_y = \dfrac{(h_1 - h_2) \cdot b_2^3}{12} + \dfrac{h_2 \cdot b_1^3}{12}$	$W_x = \dfrac{1}{6 \cdot h_1}(b_1 \cdot h_1^3 - (b_1 - b_2) h_2^3)$ $W_y = \dfrac{(h_1 - h_2) \cdot b_2^2}{6} + \dfrac{h_2 \cdot b_1^3}{6 \, b_1}$
Kreis	$I_x = \dfrac{\pi \cdot d^4}{64}$; $I_x \approx \dfrac{d^4}{20}$ $I_x = I_y$	$W_x = \dfrac{\pi \cdot d^3}{32}$; $W_x \approx \dfrac{d^3}{10}$ $W_x = W_y$
Kreisring	$I_x = \dfrac{\pi}{64}(d_1^4 - d_2^4)$; $I_x \approx \dfrac{d_1^4 - d_2^4}{20}$ $I_x = I_y$	$W_x = \dfrac{\pi}{32 \, d_1}(d_1^4 - d_2^4)$; $W_x \approx \dfrac{d_1^4 - d_2^4}{10 \, d_1}$ $W_x = W_y$

S Schwerpunkt

8.1.13. Zulässige Spannungen

Bild	Polares Flächenträgheitsmoment	Polares Widerstandsmoment
(Kreis, Durchmesser d, Schwerpunkt S)	$I_p = \dfrac{\pi d^4}{32}$; $\quad I_p \approx \dfrac{d^4}{10}$	$W_p = \dfrac{\pi d^3}{16}$; $\quad W_p \approx \dfrac{d^3}{5}$
(Kreisring, d_1, d_2)	$I_p = \dfrac{\pi}{32}(d_1^4 - d_2^4)$ $\quad I_p \approx \dfrac{d_1^4 - d_2^4}{10}$	$W_p = \dfrac{\pi}{16 d_1}(d_1^4 - d_2^4)$ $\quad W_p \approx \dfrac{d_1^4 - d_2^4}{5 d_1}$

8.1.12. Elastizitätsmoduln ausgewählter Stoffe

Werkstoff	N/mm²	Werkstoff	N/mm²
Al-Legierungen	65000 ... 75000	Stahlguß	210000
Blei	15000 ... 18000	Wolfram	350000 ... 400000
Grauguß	75000 ... 105000	Zink	110000 ... 130000
Kupfer	125000	Zinn	40000 ... 50000
Messing	80000 ... 100000	Nadelholz	
Nickel	200000 ... 220000	parallel zur Faserrichtung	10000
Rotguß	90000	senkrecht zur Faser-	
Silber	70000 ... 80000	richtung	300
Stahl	200000 ... 220000	Beton	20000 ... 43500

8.1.13. Zulässige Spannungen

Die zulässige Spannung ist abhängig vom zeitlichen Verlauf der Beanspruchung.

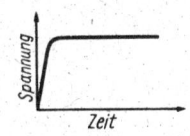

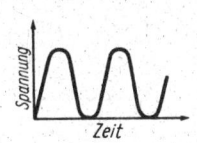

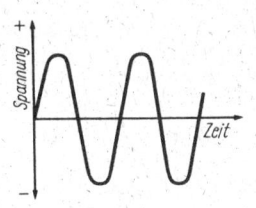

Ruhende Beanspruchung   **Schwellende Beanspruchung**   **Wechselnde Beanspruchung**

Zulässige Spannungen im allgemeinen Stahlbau, TGL 13500

Im allgemeinen Stahlbau ist die zulässige Spannung weiterhin abhängig von der Art der Beanspruchung (Last).

Lastfall	Lastart	Erläuterung
H	Hauptlast	ständige Lasten in ungünstiger Kombination plus Verkehrslasten plus freien Massenkräften von Maschinen
HZ	Haupt- und Zusatzlasten	Lasten aus Lastfall H plus Lasten aus Wind, Wärmeeinwirkungen und Bremskräften
S	Sonderlasten	Lasten, die nicht im normalen Betrieb auftreten, wie Probebelastungen, Anprall von Fahrzeugen

8.1. Allgemeine Tafeln

Zulässige Spannungen bei ruhender Belastung von genieteten und geschraubten Bauteilen sowie des Grundwerkstoffs von Schweißkonstruktionen

Beanspruchung		Zulässige Spannung in MPa = N/mm² bei Stahlklasse							
		S 38/24[1]			S 52/36			S 60/45		
		H	HZ	S	H	HZ	S	H	HZ	S
Zug, Druck, Biegung	σ	160	180	200	240	270	300	300	338	376
Schub	τ	92	104	116	139	156	173	173	195	217

Zulässige Spannungen für Niete und Schrauben

Bauelement	Zulässige Spannung in MPa = N/mm² bei Beanspruchung auf								
	Abscheren			Lochleibungsdruck[2]			Zug		
	H	HZ	S	H	HZ	S	H	HZ	S
Niete Mb 15	168	189	210	280	315	350	75[3]	75[3]	75[3]
Niete M St 44	210	236	262	280	315	350	75[3]	75[3]	75[3]
Paßschrauben 4.6	168	189	210	280	315	350	130	145	160
Paßschrauben 5.6	210	236	262	280	315	350	160	180	200
Nicht eingepaßte Schrauben 4.6	140	158	176	240	270	300	130	145	160
Ankerschrauben 4.6	–	–	–	–	–	–	130	145	160
Ankerschrauben 5.6	–	–	–	–	–	–	160	180	200

[1] Beispielsweise für die Stahlmarke St 38   [2] Die verbundenen Teile bestehen aus S 38/24   [3] Nur in Sonderfällen zulässig

Zulässige Spannungen im Maschinenbau, TGL 19340

σ_B — Zugfestigkeit
σ_S — Streckgrenze
σ_{bF} — Biegefließgrenze
τ_F — Torsionsfließgrenze
σ_{-1}^b; σ_{bW} — Wechselfestigkeit bei Biegung
σ_{-1}^{zd}; σ_{zdW} — Wechselfestigkeit bei Zugdruck
τ_{-1}; τ_{tW} — Wechselfestigkeit bei Torsion
σ_K; τ_K — Spannung im Bauteil

Wegen des Einflusses der Kerbwirkung, der Form und Größe des Bauteils können die im Werkstoffprüfversuch ermittelten Festigkeiten nur zu einem Teil ausgenutzt werden.
Näherungsweise gilt   zulässige Spannung = 1/3 ... 1/2 Tabellenwert.
Zum Beispiel: zulässig σ_{bWK} = 1/3 ... 1/2 σ_{bW}

Im Versuch ermittelte Festigkeiten der Werkstoffproben (Mindestwerte)

Stahlsorte	Stahlmarke	Spannung in MPa = N/mm²						
		σ_B	σ_{bF}	σ_S	τ_F	σ_{-1}^b	σ_{-1}^{zd}	τ_{-1}
Allgemeine Baustähle nach TGL 7960	St 34	330	260	215	130	160	130	90
	St 38	370	290	235	140	180	140	100
	St 42	410	320	255	160	200	150	120
	St 50	490	370	295	190	240	180	140
	St 60	590	440	335	220	280	220	160
	St 70	690	500	365	250	330	250	190
Höherfeste schweißbare Baustähle nach TGL 22426	H 45-2; H 45-3	440	370	290	180	230	180	140
	H 52-3; HS 52-3	510	430	350	220	270	220	160
	H 55-3	540	470	390	230	280	220	170
	HB 60-3	560	500	440	250	290	230	170
	H 60-3; HS 60-3	590	520	440	260	310	250	190
Vergütungsstähle nach TGL 6547 (Auswahl)	C 25	540	450	360	230	270	220	160
	C 45; Cf 45	740	610	470	310	370	300	220
	C 60	830	700	560	350	410	330	250
	58CrV4	1230	1130	1030	570	590	470	350
	30CrMoV9	1275	1180	1080	590	600	480	360

8.2. Einheiten des Internationalen Einheitensystems (SI-Einheiten)

8.2.1. Basiseinheiten (Grundeinheiten) und ergänzende Einheiten, TGL 31548

Die Mitgliedsstaaten der Meterkonvention beschlossen auf der 10. und 11. Generalkonferenz für Maß und Gewicht ein internationales Einheitensystem (System International d'Unités) einzuführen. Die Einheiten dieses Systems werden kurz als SI-Einheiten bezeichnet. Die SI-Einheiten bauen auf 7 Basiseinheiten und 2 ergänzenden Einheiten auf. Alle anderen Einheiten werden von diesen Einheiten abgeleitet.

Basiseinheiten

Größe	Einheit	
	Benennung	Einheitenzeichen
Länge	Meter	m
Masse	Kilogramm	kg
Zeit	Sekunde	s
Elektrische Stromstärke	Ampere	A
Temperatur[1]	Kelvin	K
Stoffmenge	Mol	mol
Lichtstärke	Candela	cd

Ergänzende Einheiten

Größe	Einheit	
	Benennung	Einheitenzeichen
Ebener Winkel	Radiant	rad
Raumwinkel	Steradiant	sr

[1] Für die Angabe von Temperaturen bleibt °C zulässig. **Temperaturdifferenzen sind stets in K anzugeben.**

8.2.2. Abgeleitete SI-Einheiten

Weitere SI-Einheiten werden aus den 7 Basiseinheiten und den 2 ergänzenden Einheiten durch Potenzbildung abgeleitet. Abgeleitete Einheiten haben teilweise eigene Benennungen, z. B. Newton, Pascal.

Größe	Einheit		Beziehung zu den Basiseinheiten
	Benennung	Einheitenzeichen	
Fläche	Quadratmeter	m^2	$1\,m^2 = 1\,m \cdot 1\,m$
Volumen	Kubikmeter	m^3	$1\,m^3 = 1\,m \cdot 1\,m \cdot 1\,m$
Geschwindigkeit	Meter je Sekunde	m/s	$1\,m/s = 1\,m/1\,s$
Beschleunigung	Meter je Quadratsekunde	m/s^2	$1\,m/s^2 = 1\,m/1\,s \cdot 1\,s$
Winkelgeschwindigkeit	Radiant je Sekunde	rad/s	$1\,rad/s = 1\,rad/1\,s$
Winkelbeschleunigung	Radiant je Quadratsekunde	rad/s^2	$1\,rad/s^2 = 1\,rad/1\,s \cdot 1\,s$
Dichte	Kilogramm je Kubikmeter	kg/m^3	$1\,kg/m^3 = 1\,kg/1\,m \cdot 1\,m \cdot 1\,m$
Kraft	Newton	N	$1\,N = 1\,m \cdot 1\,kg/1\,s \cdot 1\,s$
Moment einer Kraft	Newtonmeter	N · m	$1\,N \cdot m = 1\,m \cdot 1\,m \cdot 1\,kg/1\,s \cdot 1\,s$
Druck, Spannung	Pascal	Pa	$1\,Pa = 1\,kg/1\,m \cdot 1\,s \cdot 1\,s$ $1\,Pa = 1\,N/1\,m \cdot 1\,m$
Arbeit, Energie	Joule	J	$1\,J = 1\,m \cdot 1\,m \cdot 1\,kg/1\,s \cdot 1\,s$ $1\,J = 1\,N \cdot 1\,m$
Leistung	Watt	W	$1\,W = 1\,m \cdot 1\,m \cdot 1\,kg/1\,s \cdot 1\,s \cdot 1\,s$ $1\,W = 1\,J/1\,s$
Wärmemenge	Joule	J	$1\,J = 1\,m \cdot 1\,m \cdot 1\,kg/1\,s \cdot 1\,s$ $1\,J = 1\,N \cdot 1\,m$

8.2. Einheiten des Internationalen Einheitensystems

8.2.3. Vorsätze (Auswahl)

Zur Vereinfachung der Schreibweise werden Vielfache und Teile von SI-Basiseinheiten oder von abgeleiteten SI-Einheiten mit Vorsätzen versehen.

Vorsatz	Zeichen	Bedeutung	Vorsatz	Zeichen	Bedeutung
Tera	T	10^{12} Einheiten	Dezi[1]	d	10^{-1} Einheiten
Giga	G	10^{9} Einheiten	Zenti[1]	c	10^{-2} Einheiten
Mega	M	10^{6} Einheiten	Milli	m	10^{-3} Einheiten
Kilo	k	10^{3} Einheiten	Mikro	µ	10^{-6} Einheiten
Hekto	h	10^{2} Einheiten	Nano	n	10^{-9} Einheiten

[1]) Nur im Zusammenhang mit m, t und l zu verwenden.
Es darf jeweils nur ein Vorsatz mit der Einheit verknüpft werden: km, aber nicht ckm.

8.2.4. SI-fremde Einheiten (Auswahl)

Neben den SI-Einheiten können folgende Einheiten ohne Einschränkung verwendet werden:

Größe	Einheit		Umrechnung in SI-Einheiten
	Benennung	Einheitenzeichen	
Zeit	Minute	min	1 min = 60 s
	Stunde	h	1 h = 60 min = 3600 s
	Tag	d	1 d = 24 h = 1440 min = 86400 s
Ebener Winkel	Grad	°	$1° = (\pi/180)$ rad
	Minute	'	$1' = (1/60)° = (\pi/10800)$ rad
	Sekunde	"	$1'' = (1/60)' = (\pi/648000)$ rad
Volumen	Liter	l	1 l = 1 dm^3
Masse	Tonne	t	1 t = 10^3 kg

Die Anwendung folgender Einheiten ist aufzugeben (Auswahl):

Größe	Einheit		Umrechnung in SI-Einheiten
	Benennung	Einheitenzeichen	
Kraft	Kilopond	kp	1 kp = 9,80665 N
Druck, Spannung	Kilopond je Quadratmillimeter	kp/mm^2	1 kp/mm^2 = 9,80665 MPa
Moment einer Kraft	Kilopondmeter	kp · m	1 kp · m = 9,80665 N · m
Arbeit, Energie	Kilopondmeter	kp · m	1 kp · m = 9,80665 J
Leistung	Kilopondmeter je Sekunde	kp · m/s	1 kp · m/s = 9,80665 W
	Pferdestärke	PS	1 PS = 735,49875 W
Wärmemenge	Kalorie	cal	1 cal = 4,1868 J
Heizwert	Kalorie je Kubikmeter	cal/m^3	1 cal/m^3 = 4,1868 J/m^3
Temperaturdifferenz	Grad	grd	1 grd = 1 K

8.2.5. Umrechnung

In vielen Standards sind zur Zeit noch Angaben in ungültigen SI-fremden Einheiten enthalten, z. B. Zugfestigkeit in kp/mm^2. Für die Umrechnung in SI-Einheiten gelten folgende Hinweise:

Näherungsweise Umrechnung
Bei Rechnungen, für die eine Ungenauigkeit von 2 % zulässig ist, kann folgende Näherung gewählt werden:

1 kp $\approx$ 10 N (Kraft)
1 kp/mm^2 $\approx$ 10 MPa (Druck, Spannung)
1 kp/mm^2 $\approx$ 10 N/mm^2 (Druck, Spannung)
1 kp $\cdot$ m $\approx$ 10 N $\cdot$ m (Moment)
1 kp $\cdot$ m $\approx$ 10 J (Arbeit, Energie)

Genaue Umrechnung
Bei genauen Umrechnungen ist von den Beziehungen
1 kp = 9,80665 N und 1 kp/mm^2 = 9,80665 MPa

auszugehen.
Zur Umrechnung der Einheiten mit dem Faktor 9,80665 s. Abschn. 8.3.1.

Rundungsregeln
TGL 33996 enthält Tafeln zur Umrechnung in SI-Einheiten für Kenngrößen metallischer Werkstoffe, z. B. für Spannungen, Kerbschlagzähigkeit, Bruchzähigkeit.
Die in den Tafeln angegebenen Werte basieren auf folgenden *Rundungsregeln*:
1. Wenn ganzzahlige Ausgangswerte vorliegen, ist das Ergebnis der Umrechnung auf eine Zahl mit der Endziffer Null zu runden,
   z. B. Zugfestigkeit 34 kp/mm^2:
   34 kp/mm^2 = 34 $\cdot$ 9,80665 N/mm^2 = 333,42609 N/mm^2;
   auf Null gerundeter Wert 330 MPa.
2. Ergeben sich beim Runden benachbarter Ausgangswerte gleiche Zahlenwerte, so ist auf die Endziffer 5 zu runden,
   z. B. 129 kp/mm^2 und 130 kp/mm^2:
   129 kp/mm^2 = 129 $\cdot$ 9,80665 N/mm^2 = 1265,05783 MPa;
   entsprechend der 1. Rundungsregel gilt:
   129 kp/mm^2 = 1270 MPa.
   130 kp/mm^2 = 130 $\cdot$ 9,80665 N/mm^2 = 1274,86450 MPa;
   entsprechend der 1. Rundungsregel gilt:
   130 kp/mm^2 = 1270 MPa.
   Für die beiden unterschiedlichen Ausgangswerte ergeben sich also gleiche Rundungswerte.
   Nach der 2. Rundungsregel ist in diesem Fall auf die Endziffer 5 zu runden:
   129 kp/mm^2 = 1265 MPa
   130 kp/mm^2 = 1275 MPa.
3. Bei Ausgangswerten mit einer Kommastelle ist das Ergebnis zu einer ganzen Zahl zu runden,
   z. B. Elastizitätsmodul 21,5 $\cdot$ 10^3 kp/mm^2:
   21,5 $\cdot$ 10^3 kp/mm^2 = 210,842975 $\cdot$ 10^3 N/mm^2 = 210,842975 $\cdot$ 10^3 MPa;
   auf eine ganze Zahl gerundeter Wert 211 GPa.
4. Wenn der Ausgangswert zwei Kommastellen aufweist, ist das Ergebnis zu einer Zahl mit einer Kommastelle zu runden,
   z. B. Biegewechselfestigkeit 764 kp/cm^2 = 7,64 kp/mm^2:
   7,64 kp/mm^2 = 7,64 $\cdot$ 9,80665 N/mm^2 = 74,922806 MPa;
   auf eine Zahl mit einer Kommastelle gerundeter Wert 74,9 MPa.

8.3. Zahlentafeln

8.3.1. Umrechnungstafel mit dem Faktor 9,80665

n	0	1	2	3	4	5	6	7	8	9
0	0,00000	9,80665	19,61330	29,41995	39,22660	49,03325	58,83990	68,64655	78,45320	88,25985
10	98,06650	107,87315	117,67980	127,48645	137,28310	147,09975	156,90640	166,71305	176,51970	186,32635
20	196,13300	205,93965	215,74630	225,55295	235,35960	245,16625	254,97290	264,77955	274,58620	284,39285
30	294,19950	304,00615	313,81280	323,61945	333,42610	343,23275	353,03940	362,84605	372,65269	382,45935
40	392,26600	402,07265	411,87930	421,68594	431,49260	441,29925	451,10590	460,91254	470,71920	480,52585
50	490,33250	500,13914	509,94579	519,75244	529,55910	539,36575	549,17239	558,97905	568,78569	578,59235
60	588,39900	598,20564	608,01230	617,81894	627,62560	637,43225	647,23889	657,04555	666,85219	676,65884
70	686,46550	696,27214	706,07880	715,88544	725,69209	735,49875	745,30539	755,11205	764,91870	774,72534
80	784,53200	794,33864	804,14529	813,95195	823,75859	833,56525	843,37189	853,17854	862,98520	872,79184
90	882,59850	892,40514	902,21179	912,01845	921,82509	931,63174	941,43840	951,24504	961,05170	970,85834
100	980,66499	990,47165	1000,27829	1010,08495	1019,89159	1029,69824	1039,50488	1049,31155	1059,11819	1068,92484
110	1078,73151	1088,53815	1098,34479	1108,15143	1117,95810	1127,76474	1137,57138	1147,37805	1157,18469	1166,99133
120	1176,79800	1186,60464	1196,41129	1206,21793	1216,02460	1225,83124	1235,63788	1245,44455	1255,25119	1265,05783
130	1274,86450	1284,67114	1294,47778	1304,28445	1314,09109	1323,89774	1333,70438	1343,51105	1353,31769	1363,12433
140	1372,93100	1382,73764	1392,54428	1402,35095	1412,15759	1421,96423	1431,77087	1441,57755	1451,38419	1461,19083
150	1470,99750	1480,80414	1490,61078	1500,41745	1510,22409	1520,03073	1529,83740	1539,64404	1549,55068	1559,25732
160	1569,06400	1578,87064	1588,67728	1598,48395	1608,29059	1618,09723	1627,90390	1637,71054	1647,51718	1657,32382
170	1667,13049	1676,93713	1686,74377	1696,55040	1706,35709	1716,16373	1725,97040	1735,77704	1745,58368	1755,39035
180	1765,19699	1775,00363	1784,81027	1794,61694	1804,42358	1814,23022	1824,03690	1833,84354	1843,65018	1853,45685
190	1863,26349	1873,07013	1882,87680	1892,68344	1902,49008	1912,29672	1922,10339	1931,91003	1941,71667	1951,52335
200	1961,32999	1971,13663	1980,94330	1990,74994	2000,55658	2010,36322	2020,16989	2029,97653	2039,78317	2049,58984
210	2059,39648	2069,20312	2079,00977	2088,81641	2098,62311	2108,42975	2118,23639	2128,04303	2137,84967	2147,65631
220	2157,46301	2167,26965	2177,07629	2186,88293	2196,68958	2206,49622	2216,30286	2226,10956	2235,91620	2245,72284
230	2255,52948	2265,33612	2275,14276	2284,94940	2294,75610	2304,56274	2314,36938	2324,17603	2333,98267	2343,78931
240	2353,59601	2363,40265	2373,20929	2383,01593	2392,82257	2402,62921	2412,43585	2422,24255	2432,04919	2441,85583
250	2451,66248	2461,46912	2471,27576	2481,08246	2490,88910	2500,69574	2510,50238	2520,30902	2530,11566	2539,92230
260	2549,72900	2559,53564	2569,34229	2579,14893	2588,95557	2598,76221	2608,56891	2618,37555	2628,18219	2637,98883
270	2647,79547	2657,60211	2667,40875	2677,21545	2687,02209	2696,82874	2706,63538	2716,44202	2726,24866	2736,05536
280	2745,86200	2755,66864	2765,47528	2775,28192	2785,08856	2794,89520	2804,70190	2814,50854	2824,31519	2834,12183
290	2843,92847	2853,73511	2863,54175	2873,34845	2883,15509	2892,96173	2902,76937	2912,57501	2922,38165	2932,18835
300	2941,99500	2951,80164	2961,60828	2971,41492	2981,22156	2991,02820	3000,83490	3010,64154	3020,44818	3030,25482
310	3040,06146	3049,86810	3059,67480	3069,48145	3079,28809	3089,09473	3098,90137	3108,70801	3118,51465	3128,32135
320	3138,12799	3147,93463	3157,74127	3167,54791	3177,35455	3187,16125	3196,96790	3206,77454	3216,58118	3226,38782
330	3236,19446	3246,00110	3255,80780	3265,61444	3275,42108	3285,22772	3295,03436	3304,83100	3314,64764	3324,45435
340	3334,26099	3344,06763	3353,87427	3363,68091	3373,48755	3383,29425	3393,10089	3402,90753	3412,71417	3422,52081
350	3432,32745	3442,13409	3451,94080	3461,74744	3471,55408	3481,36072	3491,16736	3500,97400	3510,78070	3520,58734
360	3530,39398	3540,20062	3550,00726	3559,81390	3569,62054	3579,42725	3589,23389	3599,04053	3608,84717	3618,65381
370	3628,46045	3638,26715	3648,07379	3657,88043	3667,68707	3677,49371	3687,30035	3697,10699	3706,91370	3716,72034
380	3726,52698	3736,33362	3746,14026	3755,94690	3765,75360	3775,56024	3785,36688	3795,17352	3804,98016	3814,78680
390	3824,59344	3834,40015	3844,20679	3854,01343	3863,82007	3873,62671	3883,43335	3893,23999	3903,04669	3912,85333
400	3922,65997	3932,46661	3942,27325	3952,07990	3961,88660	3971,69324	3981,49988	3991,30652	4001,11316	4010,91980
410	4020,72644	4030,53314	4040,33978	4050,14642	4059,95306	4069,75970	4079,56635	4089,37305	4099,17969	4108,98633
420	4118,79297	4128,59961	4138,40625	4148,21289	4158,01953	4167,82617	4177,63281	4187,43958	4197,24622	4207,05286
430	4216,85950	4226,66614	4236,47278	4246,27942	4256,08606	4265,89270	4275,69934	4285,50598	4295,31262	4305,11926
440	4314,92603	4324,73267	4334,53931	4344,34595	4354,15259	4363,95923	4373,76587	4383,57251	4393,37915	4403,18579
450	4412,99243	4422,79907	4432,60571	4442,41248	4452,21912	4462,02576	4471,83240	4481,63904	4491,44568	4501,25232
460	4511,05896	4520,86560	4530,67224	4540,47888	4550,28552	4560,09216	4569,89880	4579,70557	4589,51221	4599,31885
470	4609,12549	4618,93213	4628,73877	4638,54541	4648,35205	4658,15869	4667,96533	4677,77197	4687,57861	4697,38525
480	4707,19202	4716,99866	4726,80530	4736,61194	4746,41858	4756,22522	4766,03186	4775,83850	4785,64514	4795,45178
490	4805,25842	4815,06506	4824,87170	4834,67847	4844,48511	4854,29175	4864,09839	4873,90503	4883,71167	4893,51831
500	4903,32495	4913,13159	4922,93823	4932,74487	4942,55151	4952,35815	4962,16492	4971,97156	4981,77820	4991,58484
510	5001,39148	5011,19812	5021,00476	5030,81140	5040,61804	5050,42468	5060,23132	5070,03796	5079,84460	5089,65137
520	5099,45801	5109,26465	5119,07129	5128,87793	5138,68457	5148,49121	5158,29785	5168,10449	5177,91113	5187,71777
530	5197,52441	5207,33105	5217,13782	5226,94446	5236,75110	5246,55774	5256,36438	5266,17102	5275,97766	5285,78430
540	5295,59094	5305,39758	5315,20422	5325,01086	5334,81750	5344,62427	5354,43091	5364,23755	5374,04419	5383,85083
550	5393,65747	5403,46411	5413,27075	5423,07739	5432,88403	5442,69067	5452,49731	5462,30396	5472,11072	5481,91736
560	5491,72400	5501,53064	5511,33728	5521,14392	5530,95056	5540,75720	5550,56384	5560,37048	5570,17712	5579,98376

8.3.1. Umrechnungstafel mit dem Faktor 9,806 65

n	0	1	2	3	4	5	6	7	8	9
570	5589,79041	5599,59705	5609,40381	5619,21045	5629,01709	5638,82373	5648,63037	5658,43701	5668,24365	5678,05029
580	5687,85693	5697,66357	5707,47021	5717,27686	5727,08350	5736,89026	5746,69690	5756,50354	5766,31018	5776,11682
590	5785,92346	5795,73010	5805,53674	5815,34338	5825,15002	5834,95667	5844,76331	5854,56995	5864,37671	5874,18335
600	5883,98999	5893,79663	5903,60327	5913,40991	5923,21655	5933,02319	5942,82983	5952,63647	5962,44312	5972,24976
610	5982,05640	5991,86316	6001,66980	6011,47644	6021,28308	6031,08972	6040,89636	6050,70300	6060,50964	6070,31628
620	6080,12292	6089,92957	6099,73621	6109,54285	6119,34961	6129,15625	6138,96289	6148,76953	6158,57617	6168,38281
630	6178,18945	6187,99609	6197,80273	6207,60937	6217,41602	6227,22266	6237,02930	6246,83606	6256,64270	6266,44934
640	6276,25598	6286,06262	6295,86926	6305,67590	6315,48254	6325,28918	6335,09583	6344,90247	6354,70911	6364,51575
650	6374,32251	6384,12915	6393,93579	6403,74243	6413,54907	6423,35571	6433,16235	6442,96899	6452,77563	6462,58228
660	6472,38892	6482,19556	6492,00220	6501,80896	6511,61560	6521,42224	6531,22888	6541,03552	6550,84216	6560,64880
670	6570,45544	6580,26208	6590,06873	6599,87537	6609,68201	6619,48865	6629,29529	6639,10205	6648,90869	6658,71533
680	6668,52197	6678,32861	6688,13525	6697,94189	6707,74854	6717,55518	6727,36182	6737,16846	6746,97510	6756,78174
690	6766,58850	6776,39514	6786,20178	6796,00842	6805,81506	6815,62170	6825,42834	6835,23499	6845,04163	6854,84827
700	6864,65491	6874,46155	6884,26819	6894,07495	6903,88159	6913,68823	6923,49487	6933,30151	6943,10815	6952,91479
710	6962,72144	6972,52808	6982,33472	6992,14136	7001,94800	7011,75464	7021,56140	7031,36804	7041,17468	7050,98132
720	7060,78796	7070,59460	7080,40125	7090,20789	7100,01453	7109,82117	7119,62781	7129,43445	7139,24109	7149,04785
730	7158,85449	7168,66113	7178,46777	7188,27441	7198,08105	7207,88770	7217,69434	7227,50098	7237,30762	7247,11426
740	7256,92090	7266,72754	7276,53430	7286,34094	7296,14758	7305,95422	7315,76086	7325,37415	7335,37415	7345,18079
750	7354,98743	7364,79407	7374,60071	7384,40735	7394,23199	7404,02075	7413,82739	7423,63403	7433,44067	7443,24731
760	7453,05396	7462,86060	7472,66724	7482,47388	7492,28052	7502,08716	7511,89380	7521,70044	7531,50720	7541,31384
770	7551,12048	7560,92712	7570,73376	7580,54041	7590,34705	7600,15369	7609,96033	7619,76697	7629,57361	7639,38025
780	7649,18689	7658,99353	7668,80029	7678,60693	7688,41357	7698,22021	7708,02686	7717,83350	7727,64014	7737,44678
790	7747,25342	7757,06006	7766,86670	7776,67334	7786,47998	7796,28674	7806,09338	7815,90002	7825,70667	7835,51331
800	7845,31995	7855,12659	7864,93323	7874,73987	7884,54651	7894,35315	7904,15979	7913,96643	7923,77319	7933,57983
810	7943,38647	7953,19312	7962,99976	7972,80640	7982,61304	7992,41968	8002,22632	8012,03296	8021,83960	8031,64624
820	8041,45288	8051,25964	8061,06628	8070,87292	8080,67957	8090,48621	8100,29285	8110,09949	8119,90613	8129,71277
830	8139,51941	8149,32605	8159,13269	8168,93933	8178,74609	8188,55273	8198,35937	8208,16602	8217,97266	8227,77930
840	8237,58594	8247,39258	8257,19922	8267,00586	8276,81250	8286,61914	8296,42578	8306,23242	8316,03906	8325,84570
850	8335,65234	8345,45898	8355,26562	8365,07227	8374,87915	8384,68579	8394,49243	8404,29907	8414,10571	8423,91235
860	8433,71899	8443,52563	8453,33228	8463,13892	8472,94556	8482,75220	8492,55884	8502,36548	8512,17212	8521,97876
870	8531,78540	8541,59204	8551,39868	8561,20532	8571,01196	8580,81860	8590,62524	8600,43188	8610,23853	8620,04517
880	8629,85205	8639,65869	8649,46533	8659,27197	8669,07661	8678,88525	8688,69189	8698,49854	8708,30518	8718,11182
890	8727,91846	8737,72510	8747,53174	8757,33838	8767,14502	8776,95166	8786,75830	8796,56494	8806,37158	8816,17822
900	8825,98486	8835,79150	8845,59814	8855,40479	8865,21143	8875,01807	8884,82495	8894,63159	8904,43823	8914,24487
910	8924,05151	8933,85815	8943,66479	8953,47144	8963,27808	8973,08472	8982,89136	8992,69800	9002,50464	9012,31128
920	9022,11792	9031,92456	9041,73120	9051,53784	9061,34448	9071,15112	9080,95776	9090,76440	9100,57104	9110,37769
930	9120,18433	9129,99097	9139,79761	9149,60449	9159,41113	9169,21777	9179,02441	9188,83105	9198,63770	9208,44434
940	9218,25098	9228,05762	9237,86426	9247,67090	9257,47754	9267,28418	9277,09082	9286,89746	9296,70410	9306,51074
950	9316,31738	9326,12402	9335,93066	9345,73730	9355,54395	9365,35059	9375,15723	9384,96387	9394,77051	9404,57739
960	9414,38403	9424,19067	9433,99731	9443,80396	9453,61060	9463,41724	9473,22388	9483,03052	9492,83716	9502,64380
970	9512,45044	9522,26708	9532,06372	9541,87036	9551,67700	9561,48364	9571,29028	9581,09692	9590,90356	9600,71021
980	9610,51685	9620,32349	9630,13013	9639,93677	9649,74341	9659,55029	9669,35693	9679,16357	9688,97021	9698,77686
990	9708,58350	9718,39014	9728,19678	9738,00342	9747,81006	9757,61670	9767,42334	9777,22998	9787,03662	9796,84326

Arbeitsschritte beim Ablesen

Für eine umzurechnende Zahl n (z. B. 244)
– in der Spalte n die Zehner- und Hunderterstelle aufsuchen (z. B. 240),
– in der Zeile n die Einerstellen aufsuchen (z. B. 4),
– an der Kreuzungsstelle der zugehörigen Zeile und Spalte die umgerechnete Zahl ablesen (z. B. 2392,822 57).

Weitere Beispiele:

n	n · 9,806 65	n		n · 9,806 65
1	9,806 65	2,5		nicht unmittelbar ablesbar
5	49,033 25	2,5 · 10 = 25		245,166 25
38	372,652 69	25 : 10 = 2,5		24,516 625
60	588,399 00	1,07		nicht unmittelbar ablesbar
800	7845,319 95	1,07 · 100 = 107		1049,311 55
905	8875,018 07	107 : 100 = 1,07		10,493 115 5

8.3. Zahlentafeln

8.3.2. Quadratzahlen, Kubikzahlen, Quadratwurzeln, Kreisinhalte, Kreisumfänge, Reziprokwerte (Zahlenbereich 1 ... 100)

n	n^2	n^3	$\sqrt{n}$	$\dfrac{1}{n}$	n	$\dfrac{\pi \cdot n^2}{4}$	$\pi \cdot n$	$\dfrac{1000}{\pi \cdot n}$	n
1	1	1	1,0000	1,0000000	1	0,7854	3,142	318,3099	1
2	4	8	1,4142	0,5000000	2	3,1416	6,283	159,1549	2
3	9	27	1,7321	0,3333333	3	7,0686	9,425	106,1033	3
4	16	64	2,0000	0,2500000	4	12,5664	12,566	79,5775	4
5	25	125	2,2361	0,2000000	5	19,6350	15,708	63,6620	5
6	36	216	2,4495	0,1666667	6	28,2743	18,850	53,0516	6
7	49	343	2,6458	0,1428571	7	38,4845	21,991	45,4728	7
8	64	512	2,8284	0,1250000	8	50,2655	25,133	39,7887	8
9	81	729	3,0000	0,1111111	9	63,6173	28,274	35,3678	9
10	100	1000	3,1623	0,1000000	10	78,5398	31,416	31,8310	10
11	121	1331	3,3166	0,0909091	11	95,0332	34,558	28,9373	11
12	144	1728	3,4641	0,0833333	12	113,097	37,699	26,5258	12
13	169	2197	3,6056	0,0769231	13	132,732	40,841	24,4854	13
14	196	2744	3,7417	0,0714286	14	153,938	43,982	22,7364	14
15	225	3375	3,8730	0,0666667	15	176,715	47,124	21,2207	15
16	256	4096	4,0000	0,0625000	16	201,062	50,265	19,8944	16
17	289	4913	4,1231	0,0588235	17	226,980	53,407	18,7241	17
18	324	5832	4,2426	0,0555556	18	254,469	56,549	17,6839	18
19	361	6859	4,3589	0,0526316	19	283,529	59,690	16,7532	19
20	400	8000	4,4721	0,0500000	20	314,159	62,832	15,9155	20
21	441	9261	4,5826	0,0476190	21	346,361	65,973	15,1576	21
22	484	10648	4,6904	0,0454545	22	380,133	69,115	14,4686	22
23	529	12167	4,7958	0,0434783	23	415,476	72,257	13,8396	23
24	576	13824	4,8990	0,0416667	24	452,389	75,398	13,2629	24
25	625	15625	5,0000	0,0400000	25	490,874	78,540	12,7324	25
26	676	17576	5,0990	0,0384615	26	530,929	81,681	12,2427	26
27	729	19683	5,1962	0,0370370	27	572,555	84,823	11,7893	27
28	784	21952	5,2915	0,0357143	28	615,752	87,965	11,3682	28
29	841	24389	5,3852	0,0344828	29	660,520	91,106	10,9762	29
30	900	27000	5,4772	0,0333333	30	706,858	94,248	10,6103	30
31	961	29791	5,5678	0,0322581	31	754,768	97,389	10,2681	31
32	1024	32768	5,6569	0,0312500	32	804,248	100,531	9,94718	32
33	1089	35937	5,7446	0,0303030	33	855,299	103,673	9,64575	33
34	1156	39304	5,8310	0,0294118	34	907,920	106,814	9,36206	34
35	1225	42875	5,9161	0,0285714	35	962,113	109,956	9,09457	35
36	1296	46656	6,0000	0,0277778	36	1017,88	113,097	8,84194	36
37	1369	50653	6,0828	0,0270270	37	1075,21	116,239	8,60297	37
38	1444	54872	6,1644	0,0263158	38	1134,11	119,381	8,37658	38
39	1521	59319	6,2450	0,0256410	39	1194,59	122,522	8,16179	39
40	1600	64000	6,3246	0,0250000	40	1256,64	125,66	7,95775	40
41	1681	68921	6,4031	0,0243902	41	1320,25	128,81	7,76366	41
42	1764	74088	6,4807	0,0238095	42	1385,44	131,95	7,57881	42
43	1849	79507	6,5574	0,0232558	43	1452,20	135,09	7,40256	43
44	1936	85184	6,6332	0,0227273	44	1520,53	138,23	7,23432	44
45	2025	91125	6,7082	0,0222222	45	1590,43	141,37	7,07355	45
46	2116	97336	6,7823	0,0217391	46	1661,90	144,51	6,91978	46
47	2209	103823	6,8557	0,0212766	47	1734,94	147,65	6,77255	47
48	2304	110592	6,9282	0,0208333	48	1809,56	150,80	6,63146	48
49	2401	117649	7,0000	0,0204082	49	1885,74	153,94	6,49612	49
50	2500	125000	7,0711	0,0200000	50	1963,50	157,08	6,36620	50
n	n^2	n^3	$\sqrt{n}$	$\dfrac{1}{n}$	n	$\dfrac{\pi \cdot n^2}{4}$	$\pi \cdot n$	$\dfrac{1000}{\pi \cdot n}$	n

Hinweis
$21^2 = 441$
$210^2 = 21^2 \cdot 10^2 = 44100$
$2,1^2 = 21^2 \cdot 10^{-2} = 4,41$
$0,21^2 = 21^2 \cdot 10^{-4} = 0,0441$

$21^3 = 9261$
$210^3 = 21^3 \cdot 10^3 = 9261000$
$2,1^3 = 21^3 \cdot 10^{-3} = 9,261$
$0,21^3 = 21^3 \cdot 10^{-6} = 0,009261$

$\sqrt{60} = 7,7460$
$\sqrt{6} = 2,4495$
$\sqrt{0,6} = \sqrt{60} \cdot \sqrt{10^{-2}} = 7,7460 \cdot 10^{-1} = 0,7746$
$\sqrt{600} = \sqrt{6} \cdot \sqrt{10^2} = 2,4495 \cdot 10^1 = 24,495$

8.3.2. Quadratzahlen, Kubikzahlen, Kreisinhalte ...

n	n^2	n^3	$\sqrt{n}$	$\dfrac{1}{n}$	n	$\dfrac{\pi \cdot n^2}{4}$	$\pi \cdot n$	$\dfrac{1000}{\pi \cdot n}$	n
51	2601	132651	7,1414	0,0196078	51	2042,82	160,22	6,24137	51
52	2704	140608	7,2111	0,0192308	52	2123,72	163,36	6,12134	52
53	2809	148877	7,2801	0,0188679	53	2206,18	166,50	6,00585	53
54	2916	157464	7,3485	0,0185185	54	2290,22	169,65	5,89463	54
55	3025	166375	7,4162	0,0181818	55	2375,83	172,79	5,78745	55
56	3136	175616	7,4833	0,0178571	56	2463,01	175,93	5,68411	56
57	3249	185193	7,5498	0,0175439	57	2551,76	179,07	5,58438	57
58	3364	195112	7,6158	0,0172414	58	2642,08	182,21	5,48810	58
59	3481	205379	7,6811	0,0169492	59	2733,97	185,35	5,39508	59
60	3600	216000	7,7460	0,0166667	60	2827,43	188,50	5,30516	60
61	3721	226981	7,8102	0,0163934	61	2922,47	191,64	5,21819	61
62	3844	238328	7,8740	0,0161290	62	3019,07	194,78	5,13403	62
63	3969	250047	7,9373	0,0158730	63	3117,25	197,92	5,05254	63
64	4096	262144	8,0000	0,0156250	64	3216,99	201,06	4,97359	64
65	4225	274625	8,0623	0,0153846	65	3318,31	204,20	4,89708	65
66	4356	287496	8,1240	0,0151515	66	3421,19	207,35	4,82288	66
67	4489	300763	8,1854	0,0149254	67	3525,65	210,49	4,75089	67
68	4624	314432	8,2462	0,0147059	68	3631,68	213,63	4,68103	68
69	4761	328509	8,3066	0,0144928	69	3739,28	216,77	4,61319	69
70	4900	343000	8,3666	0,0142857	70	3848,45	219,91	4,54728	70
71	5041	357911	8,4261	0,0140845	71	3959,19	223,05	4,48324	71
72	5184	373248	8,4853	0,0138889	72	4071,50	226,19	4,42097	72
73	5329	389017	8,5440	0,0136986	73	4185,39	229,34	4,36041	73
74	5476	405224	8,6023	0,0135135	74	4300,84	232,48	4,30148	74
75	5625	421875	8,6603	0,0133333	75	4417,86	235,62	4,24413	75
76	5776	438976	8,7178	0,0131579	76	4536,46	238,76	4,18829	76
77	5929	456533	8,7750	0,0129870	77	4656,63	241,90	4,13389	77
78	6084	474552	8,8318	0,0128205	78	4778,36	245,04	4,08090	78
79	6241	493039	8,8882	0,0126582	79	4901,67	248,19	4,02924	79
80	6400	512000	8,9443	0,0125000	80	5026,55	251,33	3,97887	80
81	6561	531441	9,0000	0,0123457	81	5153,00	254,47	3,92975	81
82	6724	551368	9,0554	0,0121951	82	5281,02	257,61	3,88183	82
83	6889	571787	9,1104	0,0120482	83	5410,61	260,75	3,83506	83
84	7056	592704	9,1652	0,0119048	84	5541,77	263,89	3,78940	84
85	7225	614125	9,2195	0,0117647	85	5674,50	267,04	3,74482	85
86	7396	636056	9,2736	0,0116279	86	5808,80	270,18	3,70128	86
87	7569	658503	9,3274	0,0114943	87	5944,68	273,32	3,65873	87
88	7744	681472	9,3808	0,0113636	88	6082,12	276,46	3,61716	88
89	7921	704969	9,4340	0,0112360	89	6221,14	279,60	3,57652	89
90	8100	729000	9,4868	0,0111111	90	6361,73	282,74	3,53678	90
91	8281	753571	9,5394	0,0109890	91	6503,88	285,88	3,49791	91
92	8464	778688	9,5917	0,0108696	92	6647,61	289,03	3,45989	92
93	8649	804357	9,6437	0,0107527	93	6792,91	292,17	3,42269	93
94	8836	830584	9,6954	0,0106383	94	6939,78	295,31	3,38628	94
95	9025	857375	9,7468	0,0105263	95	7088,22	298,45	3,35063	95
96	9216	884736	9,7980	0,0104167	96	7238,23	301,59	3,31573	96
97	9409	912673	9,8489	0,0103093	97	7389,81	304,73	3,28155	97
98	9604	941192	9,8995	0,0102041	98	7542,96	307,88	3,24806	98
99	9801	970299	9,9499	0,0101010	99	7697,69	311,02	3,21525	99
100	10000	1000000	10,0000	0,0100000	100	7853,98	314,16	3,18310	100
n	n^2	n^3	$\sqrt{n}$	$\dfrac{1}{n}$	n	$\dfrac{\pi \cdot n^2}{4}$	$\pi \cdot n$	$\dfrac{1000}{\pi \cdot n}$	n

Hinweis

$$\dfrac{\pi \cdot 95^2}{4} = 7088,22 \qquad \dfrac{\pi \cdot 0,95^2}{4} = 0,7088 \qquad \pi \cdot 95 = 298,45$$

$$\dfrac{\pi \cdot 9,5^2}{4} = 70,8822 \qquad \dfrac{\pi \cdot 950^2}{4} = 708822 \qquad \pi \cdot 9,5 = 29,845$$

$$\pi \cdot 0,95 = 2,9845$$

$$\pi \cdot 950 = 2984,5$$

8.3. Zahlentafeln

8.3.3. Kubikwurzeln (Zahlenbereich 1 ... 999), $\sqrt[3]{n}$

n	0	1	2	3	4	5	6	7	8	9	n
0	0	1,0000	1,2599	1,4422	1,5874	1,7100	1,8171	1,9129	2,0000	2,0801	0
10	2,1544	2,2240	2,2894	2,3513	2,4101	2,4662	2,5198	2,5713	2,6207	2,6684	10
20	2,7144	2,7589	2,8020	2,8439	2,8845	2,9240	2,9625	3,0000	3,0366	3,0723	20
30	3,1072	3,1414	3,1748	3,2075	3,2396	3,2711	3,3019	3,3322	3,3620	3,3912	30
40	3,4200	3,4482	3,4760	3,5034	3,5303	3,5569	3,5830	3,6088	3,6342	3,6593	40
50	3,6840	3,7084	3,7325	3,7563	3,7798	3,8030	3,8259	3,8485	3,8709	3,8930	50
60	3,9149	3,9365	3,9579	3,9791	4,0000	4,0207	4,0412	4,0615	4,0817	4,1016	60
70	4,1213	4,1408	4,1602	4,1793	4,1983	4,2172	4,2358	4,2543	4,2727	4,2908	70
80	4,3089	4,3267	4,3445	4,3621	4,3795	4,3968	4,4140	4,4310	4,4480	4,4647	80
90	4,4814	4,4979	4,5144	4,5307	4,5468	4,5629	4,5789	4,5947	4,6104	4,6261	90
100	4,6416	4,6570	4,6723	4,6875	4,7027	4,7177	4,7326	4,7475	4,7622	4,7769	100
110	4,7914	4,8059	4,8203	4,8346	4,8488	4,8629	4,8770	4,8910	4,9049	4,9187	110
120	4,9324	4,9461	4,9597	4,9732	4,9866	5,0000	5,0133	5,0265	5,0397	5,0528	120
130	5,0658	5,0788	5,0916	5,1045	5,1172	5,1299	5,1426	5,1551	5,1676	5,1801	130
140	5,1925	5,2048	5,2171	5,2293	5,2415	5,2536	5,2656	5,2776	5,2896	5,3015	140
150	5,3133	5,3251	5,3368	5,3485	5,3601	5,3717	5,3832	5,3947	5,4061	5,4175	150
160	5,4288	5,4401	5,4514	5,4626	5,4737	5,4848	5,4959	5,5069	5,5178	5,5288	160
170	5,5397	5,5505	5,5613	5,5721	5,5828	5,5934	5,6041	5,6147	5,6252	5,6357	170
180	5,6462	5,6567	5,6671	5,6774	5,6877	5,6980	5,7083	5,7185	5,7287	5,7388	180
190	5,7489	5,7590	5,7690	5,7790	5,7890	5,7989	5,8088	5,8186	5,8285	5,8383	190
200	5,8480	5,8578	5,8675	5,8771	5,8868	5,8964	5,9059	5,9155	5,9250	5,9345	200
210	5,9439	5,9533	5,9627	5,9721	5,9814	5,9907	6,0000	6,0092	6,0185	6,0277	210
220	6,0368	6,0459	6,0550	6,0641	6,0732	6,0822	6,0912	6,1002	6,1091	6,1180	220
230	6,1269	6,1358	6,1446	6,1534	6,1622	6,1710	6,1797	6,1885	6,1972	6,2058	230
240	6,2145	6,2231	6,2317	6,2403	6,2488	6,2573	6,2658	6,2743	6,2828	6,2912	240
250	6,2996	6,3080	6,3164	6,3247	6,3330	6,3413	6,3496	6,3579	6,3661	6,3743	250
260	6,3825	6,3907	6,3988	6,4070	6,4151	6,4232	6,4312	6,4393	6,4473	6,4553	260
270	6,4633	6,4713	6,4792	6,4872	6,4951	6,5030	6,5108	6,5187	6,5265	6,5343	270
280	6,5421	6,5499	6,5577	6,5654	6,5731	6,5808	6,5885	6,5962	6,6039	6,6115	280
290	6,6191	6,6267	6,6343	6,6419	6,6494	6,6569	6,6644	6,6719	6,6794	6,6869	290
300	6,6943	6,7018	6,7092	6,7166	6,7240	6,7313	6,7387	6,7460	6,7533	6,7606	300
310	6,7679	6,7752	6,7824	6,7897	6,7969	6,8041	6,8113	6,8185	6,8256	6,8328	310
320	6,8399	6,8470	6,8541	6,8612	6,8683	6,8753	6,8824	6,8894	6,8964	6,9034	320
330	6,9104	6,9174	6,9244	6,9313	6,9382	6,9451	6,9521	6,9589	6,9658	6,9727	330
340	6,9795	6,9864	6,9932	7,0000	7,0068	7,0136	7,0203	7,0271	7,0338	7,0406	340
350	7,0473	7,0540	7,0607	7,0674	7,0740	7,0807	7,0873	7,0940	7,1006	7,1072	350
360	7,1138	7,1204	7,1269	7,1335	7,1400	7,1466	7,1531	7,1596	7,1661	7,1726	360
370	7,1791	7,1855	7,1920	7,1984	7,2048	7,2112	7,2177	7,2240	7,2304	7,2368	370
380	7,2432	7,2495	7,2558	7,2622	7,2685	7,2748	7,2811	7,2874	7,2936	7,2999	380
390	7,3061	7,3124	7,3186	7,3248	7,3310	7,3372	7,3434	7,3496	7,3558	7,3619	390
400	7,3681	7,3742	7,3803	7,3864	7,3925	7,3986	7,4047	7,4108	7,4169	7,4229	400
410	7,4290	7,4350	7,4410	7,4470	7,4530	7,4590	7,4650	7,4710	7,4770	7,4829	410
420	7,4889	7,4948	7,5007	7,5067	7,5126	7,5185	7,5244	7,5302	7,5361	7,5420	420
430	7,5478	7,5537	7,5595	7,5654	7,5712	7,5770	7,5828	7,5886	7,5944	7,6001	430
440	7,6059	7,6117	7,6174	7,6232	7,6289	7,6346	7,6403	7,6460	7,6517	7,6574	440
450	7,6631	7,6688	7,6744	7,6801	7,6857	7,6914	7,6970	7,7026	7,7082	7,7138	450
460	7,7194	7,7250	7,7306	7,7362	7,7418	7,7473	7,7529	7,7584	7,7639	7,7695	460
470	7,7750	7,7805	7,7860	7,7915	7,7970	7,8025	7,8079	7,8134	7,8188	7,8243	470
480	7,8297	7,8352	7,8406	7,8460	7,8514	7,8568	7,8622	7,8676	7,8730	7,8784	480
490	7,8837	7,8891	7,8944	7,8998	7,9051	7,9105	7,9158	7,9211	7,9264	7,9317	490
500	7,9370	7,9423	7,9476	7,9528	7,9581	7,9634	7,9686	7,9739	7,9791	7,9843	500

8.3.3. Kubikwurzeln

n	0	1	2	3	4	5	6	7	8	9	n
510	7,9896	7,9948	8,0000	8,0052	8,0104	8,0156	8,0208	8,0260	8,0311	8,0363	510
520	8,0415	8,0466	8,0517	8,0569	8,0620	8,0671	8,0723	8,0774	8,0825	8,0876	520
530	8,0927	8,0978	8,1028	8,1079	8,1130	8,1180	8,1231	8,1281	8,1332	8,1382	530
540	8,1433	8,1483	8,1533	8,1583	8,1633	8,1683	8,1733	8,1783	8,1833	8,1882	540
550	8,1932	8,1982	8,2031	8,2081	8,2130	8,2180	8,2229	8,2278	8,2327	8,2377	550
560	8,2426	8,2475	8,2524	8,2573	8,2621	8,2670	8,2719	8,2768	8,2816	8,2865	560
570	8,2913	8,2962	8,3010	8,3059	8,3107	8,3155	8,3203	8,3251	8,3300	8,3348	570
580	8,3396	8,3443	8,3491	8,3539	8,3587	8,3634	8,3682	8,3730	8,3777	8,3825	580
590	8,3872	8,3919	8,3967	8,4014	8,4061	8,4108	8,4155	8,4202	8,4249	8,4296	590
600	8,4343	8,4390	8,4437	8,4484	8,4530	8,4577	8,4623	8,4670	8,4716	8,4763	600
610	8,4809	8,4856	8,4902	8,4948	8,4994	8,5040	8,5086	8,5132	8,5178	8,5224	610
620	8,5270	8,5316	8,5362	8,5408	8,5453	8,5499	8,5544	8,5590	8,5635	8,5681	620
630	8,5726	8,5772	8,5817	8,5862	8,5907	8,5952	8,5997	8,6043	8,6088	8,6132	630
640	8,6177	8,6222	8,6267	8,6312	8,6357	8,6401	8,6446	8,6490	8,6535	8,6579	640
650	8,6624	8,6668	8,6713	8,6757	8,6801	8,6845	8,6890	8,6934	8,6978	8,7022	650
660	8,7066	8,7110	8,7154	8,7198	8,7241	8,7285	8,7329	8,7373	8,7416	8,7460	660
670	8,7503	8,7547	8,7590	8,7634	8,7677	8,7721	8,7764	8,7807	8,7850	8,7893	670
680	8,7937	8,7980	8,8023	8,8066	8,8109	8,8152	8,8194	8,8237	8,8280	8,8323	680
690	8,8366	8,8408	8,8451	8,8493	8,8536	8,8578	8,8621	8,8663	8,8706	8,8748	690
700	8,8790	8,8833	8,8875	8,8917	8,8959	8,9001	8,9043	8,9085	8,9127	8,9169	700
710	8,9211	8,9253	8,9295	8,9337	8,9378	8,9420	8,9462	8,9503	8,9545	8,9587	710
720	8,9628	8,9670	8,9711	8,9752	8,9794	8,9835	8,9876	8,9918	8,9959	9,0000	720
730	9,0041	9,0082	9,0123	9,0164	9,0205	9,0246	9,0287	9,0328	9,0369	9,0410	730
740	9,0450	9,0491	9,0532	9,0572	9,0613	9,0654	9,0694	9,0735	9,0775	9,0816	740
750	9,0856	9,0896	9,0937	9,0977	9,1017	9,1057	9,1098	9,1138	9,1178	9,1218	750
760	9,1258	9,1298	9,1338	9,1378	9,1418	9,1458	9,1498	9,1537	9,1577	9,1617	760
770	9,1657	9,1696	9,1736	9,1775	9,1815	9,1855	9,1894	9,1933	9,1973	9,2012	770
780	9,2052	9,2091	9,2130	9,2170	9,2209	9,2248	9,2287	9,2326	9,2365	9,2404	780
790	9,2443	9,2482	9,2521	9,2560	9,2599	9,2638	9,2677	9,2716	9,2754	9,2793	790
800	9,2832	9,2870	9,2909	9,2948	9,2986	9,3025	9,3063	9,3102	9,3140	9,3179	800
810	9,3217	9,3255	9,3294	9,3332	9,3370	9,3408	9,3447	9,3485	9,3523	9,3561	810
820	9,3599	9,3637	9,3675	9,3713	9,3751	9,3789	9,3827	9,3865	9,3902	9,3940	820
830	9,3978	9,4016	9,4053	9,4091	9,4129	9,4166	9,4204	9,4241	9,4279	9,4316	830
840	9,4354	9,4391	9,4429	9,4466	9,4503	9,4541	9,4578	9,4615	9,4652	9,4690	840
850	9,4727	9,4764	9,4801	9,4838	9,4875	9,4912	9,4949	9,4986	9,5023	9,5060	850
860	9,5097	9,5134	9,5171	9,5207	9,5244	9,5281	9,5317	9,5354	9,5391	9,5427	860
870	9,5464	9,5501	9,5537	9,5574	9,5610	9,5647	9,5683	9,5719	9,5756	9,5792	870
880	9,5828	9,5865	9,5901	9,5937	9,5973	9,6010	9,6046	9,6082	9,6118	9,6154	880
890	9,6190	9,6226	9,6262	9,6298	9,6334	9,6370	9,6406	9,6442	9,6477	9,6513	890
900	9,6549	9,6585	9,6620	9,6656	9,6692	9,6727	9,6763	9,6799	9,6834	9,6870	900
910	9,6905	9,6941	9,6976	9,7012	9,7047	9,7082	9,7118	9,7153	9,7188	9,7224	910
920	9,7259	9,7294	9,7329	9,7364	9,7400	9,7435	9,7470	9,7505	9,7540	9,7575	920
930	9,7610	9,7645	9,7680	9,7715	9,7750	9,7785	9,7819	9,7854	9,7889	9,7924	930
940	9,7959	9,7993	9,8028	9,8063	9,8097	9,8132	9,8167	9,8201	9,8236	9,8270	940
950	9,8305	9,8339	9,8374	9,8408	9,8443	9,8477	9,8511	9,8546	9,8580	9,8614	950
960	9,8648	9,8683	9,8717	9,8751	9,8785	9,8819	9,8854	9,8888	9,8922	9,8956	960
970	9,8990	9,9024	9,9058	9,9092	9,9126	9,9160	9,9194	9,9227	9,9261	9,9295	970
980	9,9329	9,9363	9,9396	9,9430	9,9464	9,9497	9,9531	9,9565	9,9598	9,9632	980
990	9,9666	9,9699	9,9733	9,9766	9,9800	9,9833	9,9866	9,9900	9,9933	9,9967	990

Beachte $\quad \sqrt[3]{0{,}6} = \sqrt[3]{0{,}600} = \sqrt[3]{600} : \sqrt[3]{1000} = 8{,}4343 : 10 = 0{,}8434$

$\sqrt[3]{0{,}006} = \sqrt[3]{6} : \sqrt[3]{1000} = 1{,}8171 : 10 = 0{,}1817$

$\sqrt[3]{60000} = \sqrt[3]{60} \cdot \sqrt[3]{1000} = 3{,}9149 \cdot 10 = 39{,}149$

Standardverzeichnis

Standard	Ausgabedatum	Seite	Standard	Ausgabedatum	Seite
TGL 0-1	5.78	87	TGL 0-925	10.62	78
TGL 0-7	5.78	86	TGL 0-927	8.63	79
TGL 0-69	3.65	131	TGL 0-931	3.74	74f., 84
TGL 0-84	7.77	76, 84	TGL 0-933	3.74	74
TGL 0-85	7.77	78	TGL 0-934	8.74	81, 87
TGL 0-93	6.63	83,	TGL 0-935	9.75	83
TGL 0-94	2.78	83	TGL 0-936	3.65	81
TGL 0-124	9.80	89, 164f.	TGL 0-937	9.75	83
TGL 0-125	4.78	82, 84	TGL 0-938	12.76	80
TGL 0-137	1.65	83	TGL 0-939	12.76	80
TGL 0-186	2.67	78	TGL 0-960	6.70	74
TGL 0-228	3.79	149	TGL 0-961	6.70	74
TGL 0-261	2.67	78	TGL 0-985	8.74	81
TGL 0-302/01/02	9.80/5.82	89, 164f.	TGL 0-1025	5.79	41, 132
TGL 0-315	12.70	81	TGL 0-1026	6.84	42, 133
TGL 0-316	12.70	79	TGL 0-1028	12.71	40, 133
TGL 0-332	12.82	134	TGL 0-1029	7.80	39, 133
TGL 0-404	3.63	79	TGL 0-1433	12.76	73
TGL 0-405	2.62	151, 158	TGL 0-1438	9.63	74
TGL 0-417	10.66	80	TGL 0-1471	7.80	88
TGL 0-427	10.66	80	TGL 0-1472	12.72	88
TGL 0-431	6.63	81	TGL 0-1473	7.80	88
TGL 0-432	11.64	83	TGL 0-1474	12.72	88
TGL 0-434	6.63	82	TGL 0-1475	12.72	88
TGL 0-435	6.63	82	TGL 0-1476	12.72	88
TGL 0-438	1.65	80	TGL 0-1477	12.72	88
TGL 0-439	10.62	81	TGL 0-1587	8.74	81
TGL 0-444	4.68	79	TGL 0-1741	2.63	28
TGL 0-463	6.63	83	TGL 0-1743	2.63	33
TGL 0-464	4.63	78	TGL 0-1783	8.83	57
TGL 0-466	4.63	81	TGL 0-1784	8.83	57
TGL 0-467	4.63	81	TGL 0-1816	6.63	81
TGL 0-471	3.67	102	TGL 0-1836	11.79	129
TGL 0-472	3.67	102	TGL 0-5472	7.70	102
TGL 0-478	6.65	78	TGL 0-6306	8.63	79
TGL 0-479	9.81	78	TGL 0-6307	8.63	81
TGL 0-509	11.81	140	TGL 0-6325	7.80	85
TGL 0-529	9.62	79	TGL 0-6330	8.74	81
TGL 0-546	6.63	81	TGL 0-6331	8.74	81
TGL 0-551	10.63	80	TGL 0-6797	9.80	83
TGL 0-553	10.63	80	TGL 0-6799	12.64	102
TGL 0-555	8.74	81, 109	TGL 0-7604	6.63	78
TGL 0-561	8.79	75	TGL 0-7967	8.74	83
TGL 0-580	5.69	79	TGL 0-7971	12.64	80
TGL 0-582	5.69	81	TGL 0-7972	12.64	80
TGL 0-601	3.74	74, 109	TGL 0-7977	12.72	87
TGL 0-603	12.82	78	TGL 0-7978	5.78	88
TGL 0-604	8.77	78	TGL 0-7981	10.75	80
TGL 0-605	7.64	78	TGL 0-7982	3.65	80
TGL 0-607	8.77	78	TGL 0-7983	3.65	80
TGL 0-609	12.61	75	TGL 0-7985	8.82	78
TGL 0-610	12.82	75	TGL 0-7989	4.63	82
TGL 0-653	5.63	78	TGL 0-7990	8.65	74
TGL 0-660	9.80	89, 164f.	TGL 0-9021	1.64	82
TGL 0-661	9.80	89, 164f.	TGL 0-17671	2.83	29
TGL 0-705	9.67	102	TGL 0-40430	3.62	151
TGL 0-792	3.64	79	TGL 0-59600	9.74	57
TGL 0-797	5.63	79	TGL 0-80705	12.78	81
TGL 0-798	5.63	81	TGL 2897	3.81	180
TGL 0-835	12.76	80	TGL 2927	12.62	83
TGL 0-906	6.63	78	TGL 2981	3.78	97, 99
TGL 0-908	6.63	78	TGL 2982	3.78	97
TGL 0-910	6.63	78	TGL 2983	3.78	97
TGL 0-912	7.77	76, 84, 109	TGL 2985	3.78	97
TGL 0-913	10.63	80	TGL 2986	3.78	97
TGL 0-914	10.63	80	TGL 2987	3.78	97
TGL 0-920	2.63	78	TGL 2988	8.82	97
TGL 0-921	8.63	78	TGL 2993	3.78	97
TGL 0-922	8.63	78	TGL 2995	3.78	97
TGL 0-923	10.62	78	TGL 3889	8.82	97
TGL 0-924	10.62	78			

Standardverzeichnis

Standard	Ausgabedatum	Seite
TGL 4196	5.75	57
TGL 4391	2.80	20
TGL 4392	10.82	18
TGL 4670	7.65	103
TGL 4737	8.81	79
TGL 5683	7.77	77f.
TGL 5687	7.77	78
TGL 5738	10.63	80
TGL 5850	12.72	109
TGL 6546	8.82	11, 161f.
TGL 6547	8.81	13, 161f.
TGL 6554	12.73	103
TGL 6558	12.70	95
TGL 6560	12.70	96
TGL 6918	1.76	16
TGL 7061	3.75	16
TGL 7143	10.81	14
TGL 7253	12.72	162
TGL 7371	4.78	82
TGL 7403	12.82	83, 109
TGL 7437	8.78	163
TGL 7508	7.82	151
TGL 7571	9.74	18
TGL 7596	3.78	66
TGL 7746	5.74	19
TGL 7907/12	6.78	137
TGL 7960	6.81	8, 161f.
TGL 7961	2.74	12
TGL 7965	6.77	23
TGL 7966	12.81	46
TGL 7967	6.84	47
TGL 7969	6.84	48
TGL 7970	2.66	38
TGL 7971	2.66	37
TGL 7972	12.69	37
TGL 7973	12.66	38
TGL 7974	12.82	38
TGL 7976	6.72	38
TGL 8189	3.80	21
TGL 8328	4.78	82
TGL 8445	12.62	38
TGL 8446	4.82	38
TGL 9012	8.80	54f.
TGL 9013	8.81	54
TGL 9034	2.80	79
TGL 9413/01	8.80	10, 161f.
TGL 9414	4.82	10
TGL 9499	11.79	89
TGL 9500	12.81	90
TGL 9501	12.81	91
TGL 9502	12.81	91
TGL 9554	10.77	42
TGL 9555	12.71	43
TGL 9559	12.76	9
TGL 10063	3.81	63
TGL 10064	3.81	63
TGL 10078	4.82	62
TGL 10082	4.82	61f.
TGL 10083	4.82	62
TGL 10084	9.75	57
TGL 10085	4.82	63
TGL 10154	12.69	61
TGL 10269	8.75	81
TGL 10327	2.79	21
TGL 10369	8.81	44
TGL 10370	11.81	45
TGL 10404	2.67	82
TGL 10409	3.80	32
TGL 10412	9.79	114
TGL 10759	11.82	64
TGL 10826	5.80	85
TGL 11218	5.81	164
TGL 11689	3.79	68f.
TGL 11690	7.78	34
TGL 12015	7.75	172f.
TGL 12242	9.79	70
TGL 12243	9.79	70
TGL 12244	12.82	71
TGL 12245	9.81	71
TGL 12247	4.79	71
TGL 12249	4.79	71
TGL 12516	12.63	83
TGL 12530	12.74	161f.
TGL 12846	7.80	67
TGL 12936	12.82	108
TGL 13116	3.81	63
TGL 13374	2.83	121
TGL 13459	9.79	132
TGL 13467	9.79	132
TGL 13468	9.79	131
TGL 13500	4.82	207
TGL 13619	6.78	173
TGL 13620	6.78	173
TGL 13656	5.82	115
TGL 13657	6.81	115
TGL 13871	12.62	20
TGL 13898	3.80	112f.
TGL 14102	3.76	18
TGL 14104	12.62	40
TGL 14183	12.71	12, 161f.
TGL 14192	12.71	17
TGL 14315	6.79	161f.
TGL 14400	5.77	21
TGL 14405	11.79	113
TGL 14413	12.73	116
TGL 14450	2.81	177
TGL 14507	12.77	12, 161f.
TGL 14514	10.77	56
TGL 14703	12.74	28
TGL 14704	4.80	33
TGL 14706	5.76	33
TGL 14708	8.76	30
TGL 14712	7.80	25
TGL 14713	8.63	60
TGL 14714	8.63	59f.
TGL 14719	2.76	27
TGL 14725	5.79	27
TGL 14728	3.80	28
TGL 14745/01	8.83	26
TGL 14763	12.78	30
TGL 14770	3.80	57
TGL 14771	8.63	59
TGL 14772	8.63	58
TGL 14796	12.81	56
TGL 14797	2.82	56
TGL 14798	2.82	58
TGL 14905	11.84	159
TGL 14906	8.63	159
TGL 14907	10.68	168
TGL 14908	7.76	166ff.
TGL 15041	11.80	172
TGL 15372	6.76	35f.
TGL 15418	10.76	103
TGL 15519	12.63	102
TGL 16297	8.66	79
TGL 16299	4.63	79
TGL 16363	10.63	102
TGL 16454	12.71	103
TGL 16523	2.63	78
TGL 16524	3.63	78
TGL 16999	5.74	164

Standardverzeichnis

Standard	Ausgabedatum	Seite
TGL 17481	2.82	82
TGL 17774	2.63	82
TGL 18010	4.78	73
TGL 18394	6.77	92
TGL 18395	6.77	92
TGL 18396	6.77	92
TGL 18397	6.77	92
TGL 18800	6.80	49ff., 53
TGL 18803	6.84	52
TGL 19077	1.73	174f.
TGL 19081	2.81	176
TGL 19082	2.81	176
TGL 19083	2.81	176
TGL 19084	2.81	176
TGL 19340	3.83	208
TGL 19371	12.74	104
TGL 20149	12.63	81
TGL 20150	12.63	83
TGL 20151	12.63	83
TGL 20907	1.82	98
TGL 20908	1.82	98
TGL 21000	3.65	89, 91
TGL 21611	1.81	109
TGL 21613	11.77	111
TGL 21733	5.75	34
TGL 21811	6.73	106
TGL 22029	8.81	57
TGL 22240	3.79	117
TGL 22426	8.74	10, 161f.
TGL 23839	2.79	22
TGL 25212	8.84	160
TGL 27786	12.72	197
TGL 28192	12.73	10, 161f.
TGL 28840	9.74	112
TGL 28870	5.76	34
TGL 29761	9.79	129
TGL 29835	5.80	112
TGL 29839	5.80	112
TGL 29841	5.80	112
TGL 31548	3.79	209
TGL 31665	4.78	102
TGL 32408	9.75	79
TGL 34434	2.78	104
TGL 35512	10.77	56
TGL 35513	10.77	56
TGL 35484	12.78	31
TGL 35485	12.78	32
TGL 35486	12.78	32
TGL 35487	12.78	31
TGL 35704	12.78	30
TGL 38558	2.82	110
TGL 38778	12.80	93
TGL 39626	4.82	151, 156
TGL 39659	1.83	119
TGL 39671	12.82	162
TGL 28-201	12.62	141
TGL 28-216	9.81	123
TGL 29-804	12.72	146
TGL 29-805	8.63	146
TGL 29-806	8.63	146
TGL 29-807	8.63	146
TGL 30-729	8.63	150
TGL RGW 144-75	5.77	182ff.
TGL RGW 146	2.81	151, 157
TGL RGW 178-75	1.77	180
TGL RGW 182-75	8.78	151f.
TGL RGW 213-75	4.78	135
TGL RGW 214-75	8.75	151
TGL RGW 221-75	9.76	106
TGL RGW 267-76	6.78	106
TGL RGW 304	12.81	154
TGL RGW 514-77	2.79	100
TGL RGW 537-77	10.78	69, 100
TGL RGW 638	1.83	177
TGL RGW 639	2.81	151, 157
TGL RGW 640	10.80	151f.
TGL RGW 838	2.81	151, 157
TGL RGW 1157	2.81	151, 155
TGL RGW 1159	2.81	151, 156

Sachwörterverzeichnis

abgeleitete SI-Einheiten 209
Abnutzungen, zul. 174 f.
Abschmelzleistung 159
Abweichungen
  am Spitzenwinkel 129
  für Längenmaße 180
  für Rundungshalbmesser 180
  für Winkel 180
Achsabstand der Kettenräder 108
Achsendurchmesser 100 f.
Achteck, gleichseitig 193
allgem. Baustahl, Festigkeiten 208
Aluminium 25 ff.
Aluminium-Knetlegierungen 27
Aluminium-Legierungen 26
Aluminiumlot 167
Aminoplast-Formmassen 34
Ankermutter 81
Ankerschrauben 79
Anlaßfarbe 120
Anreißmaße 132 f.
Anschnittwerte 143
Arbeit 202, 209 f.
Arbeitslehren 174
Arbeitswerte
  Bohren 130
  Drehen 138 f.
  Fräsen 142 f.
  Räumen 145
  Rundschleifen 147
arithmetischer Mittenrauhwert 177
Attributprüfung 177
Augenschraube 79
Augenschutzfiltergläser 160
Ausgleichswerte 119
Aushebeschrägen 113
Außenfreistich 140
Außengewinde, keglig 156
Außenmaße 182
Außenräumen 145
Auswahl für Toleranzfelder 182
axiales Flächenträgheitsmoment 206
axiales Widerstandsmoment 206
Axialgeschwindigkeit 148
Axiallager 97
Azetylen 127

Band
  Al 57
  Cu 63
Bandspan 122
Bandstahl 38
Basiseinheiten 209
Bauchkraft 199
Bauelemente 72 f.
Baugruppen 106 ff.
Baustahl, allgem. 8
  höherfest, schweißbar 10
Beanspruchung 207 f.
Bearbeitungszugaben
  für Gußteile 113 ff.
  Läppen 148
Befestigungslöcher 107
Behandlungszustand 8
Berylliumbronze 30
Beschleunigung 200 f., 209

Biegebeanspruchungen 203
Biegehalbmesser 118
Biegen 118 ff.
Biegespannung 205
Biegewinkel 118 f.
Bindemittel 146
Blech
  Al 57
  Cu 63
Blechschrauben 80
Blei 27
Blei-Antimon-Legierung 28
Bleilegierung 28
Bogenhöhe 196 f.
Bogenlänge 196 f.
Bohren 129
Bohrerdurchmesser für
  Gewindekerndurchmesser 137
  Kernbohrung 84
Bohrungen, Toleranzfelder 183
Bohrungsdurchmesser an Wälzlagern 98
Bolzen 72 f.
  mit Kopf 73
  mit Gewindezapfen 74
Bolzenkupplung, elastische 110
Breitflachstahl 38
Brennersteuerung 128
Brenngase 127
Brennschneiden 127
Buchse
  mit Bund 96
  ohne Bund 95

C-Profil 51

Desoxydationsgrad 7
Dichte 209
Differential-Flaschenzug 200
Doppel-T-Einheitsstahl 44
Doppel-T-Profile, Al 58
Doppel-T-Profilstahl 41
Drahtarten 162
Drallwinkel 129
Drehen 138 f.
Drehmoment 201
Drehung 200
Dreieck 192
Druck 209 f.
Druckfedern 92
Druckgußlegierung 28
Druckspannung 204
Durchgangslöcher für Schrauben 131
Durchschlupf, max. 177
Duroplaste 34 f.
Düsenabstand 128
Düsengröße 128

eingängiges Trapezgewinde 157 f.
Eingriffsgrößen 143
Einheiten des SI-Systems 209
Einheitsbohrung 189
Einheitswelle 189
Einlegekeile 91
Einsatzstahl 11
  Festigkeiten 208
Einschraubtiefen 84

einseitiger Keil 199
Einstellwinkel 150
eintreibende Kraft 199
elastische Bolzenkupplung 110
elastische Federn 92
elastische Klauenkupplung 111
Elastizitätsmodul 207
Elektroden, Anwendung 161
Elektrodenbezeichnungen 160
Elektrogewinde 151
Elektrolytkupfer 29 f.
Ellipse 193
Endscheiben 82
Energie 209 f.
  kinetische 202
Erdbeschleunigung 200 f.
ergänzende Einheiten 209
Erschmelzungsart 8
E-Winkelstahl 43 ff.

Faktoren für besondere Arbeitsbedingungen
  Fräsen 142
  Hobeln 145
Faktoren Flaschenzug 199
Fallhöhe 200 f.
Farbkennzeichnung am Modell 72
Federbandstahl 17
Federn 89 f.
  elastische 92
federnde Zahnscheibe 83
Federringe 83
Federscheibe 83
Feinblech 38
Feinblei 27
Feingewinde 151, 153
Feinzink 33
Feinzink-Gußlegierung 33
feste Rolle 199
Festigkeit von Werkstoffen 8 ff.
Festigkeitseigenschaften 85
Filzringe 103
Filzstreifen 103
Fläche 192, 209
Flächenberechnungen 192
Flächeninhalte 196 f.
Flächenpressung 204
Flächenträgheitsmomente 206 f.
Flächen, zusammengesetzte 193
Flachrundschrauben 78
Flachstahl 38
Flachstangen
  Al 57
  Cu 63
Flankendurchmesser 152 ff.
Flaschenzug, 199 f.
  differential 200
  mit Schneckenradübersetzung 200
Flügelmutter 81
Flügelschrauben 79
Flußmittel 168 f.
Folien 66
Formabweichungen 176
Formänderung bei Zugbeanspruchung 203 f.

Fräsen 141 f.
freier Fall 201
Freimaßtoleranz 180 f.
Freistiche 140
Freiwinkel 138 f., 145
Fügen 149
Fünfeck, gleichseitig 192

Gasschweißdrähte 162 f.
Gefüge 146
Genauigkeitsgerade 172
geneigte Ebene 199
Gesamtbeschleunigung 201
Gesamtwindungszahl 92
Geschwindigkeit 209
Getriebe 106 f.
Gewichtskraft 199
Gewindearten 151
Gewindeauslauf 151
Gewindegrößen 152 ff.
Gewindegrund 152
Gewindekerndurchmesser 137
Gewindekurzzeichen 151
Gewindelänge, nutzbare 154
Gewinderille 151
gewindeschneidende Schraube 80
Gewindestifte 79 f.
Gewindetiefe 152 f.
Gewindeverbindungen 151
Gießen 112
gleichförmig beschleunigte Bewegung 201
gleichförmige Bewegung 201
Gleitlager 93
Gleitreibung 202
Grobblech 38
Grobgewinde 151 f.
Grundeinheiten 209
Grundreihen 198
Grundtoleranz 182 f.
Gußeisen 21
Gußwerkstoffe 22
Gütegruppe 7

Haftreibung 202
Halbkugel 195
Halbrundkerbnägel 88
Halbrundniete 89
  für den Kesselbau 89
  für den Stahlbau 89
Halbrundschrauben 78
Halbzeuge aus
  Aluminium 56 ff.
  Kupfer 61 ff.
  Plast 66 ff.
  Schichtpreßstoff 70 f.
  Stahl 37
Halsschrauben 79
Hammerschrauben 78
Hangabtriebskraft 199
Härtegrade, Schleifkörper 146
Hartgewebe 36
Hartgewebetafeln 70
HARTHÜ-Sorte 139
Hartlote auf Kupferbasis 167
Hartmetalldrehmeißel 139
Hartmetalle 23 f.
Hartpapier 35 f.
Hartpapiertafeln 70

Sachwörterverzeichnis

Hebelgesetz 198
Heizdüse 128
Heizwert 210
Herstelltoleranzen 174 f.
HM-Sorten 24 f., 139
Hobeln 144 f.
Höchstumfangsgeschwindigkeit 146 f.
Höhensatz 192
Hohlzylinder 194
Honen 148
Hooksches Gesetz 204
Hülse, Kegel 149
Hutmutter 81
Hutprofil 53
Hüttenblei 210
Hüttenzink 33
Hydraulikkolben 200

Innendurchmesser des Außengewindes 152 ff.
Innendurchmesser des Innengewindes 152 ff.
Innenfreistich 140
Innenlippenringe 103
Innenmaße 183 f.
Innenräume 145

Kastenhöhe 107
Kastenprofil 52
Kegel 149
Kegelgewinde 154
Kegelgriffschrauben 79
Kegelkerbstifte 88
Kegelrollenlager 97
Kegelstifte 87 f.
  mit Gewindezapfen 87
  mit Innengewinde 88
Kegelstumpf 195
Kegelverbindungen 149
Kegelverjüngung 154
Kegelwinkel 150
  Toleranzen 180
kegliges Außengewinde 156
kegliges Rohrgewinde 156
Keil 194
Keile 91
  einseitige 199
Keilnabenprofile 102
Keilriemen 102 f.
Keilriemenscheiben 104
Keilscheiben 82
Keilwellen 102
Keilwellenprofil 102
Kerbnägel 88
Kerbstifte 88
Kernbohrung, Bohrerdurchmesser 84, 137
Kerndurchmesser 152 ff.
Kernquerschnitt 84, 152 f.
Kesselbauniete 89
Kettenradgetriebe 108
kinetische Energie 202
Klasseneinteilung für Längenprüfmittel 172
Klauenkupplungen, elastische 111
Klebstoffe 170 f.
Klebverbindungen 170 f.
kleinstzulässige Biegehalbmesser 118 f.

Klemmdicken 164 f.
Knebelkerbstifte 88
Knebelmutter 81
Knebelschrauben 79
Knetlegierungen 29, 31 f.
Kohlenstoffgehalt 7
Kontrollgrenzen 179
Kopfhöhe
  Mutter 84
  Schraube 84
Kordelteilung 141
Körperberechnungen 194 f.
Kraft 209 f.
Kräfte
  am Seil 199
  am Wellrad 200
Kräfteparallelogramm 198
Kraftumformung 198
Kreisabschnitt 196 ff.
Kreisausschnitt 193
Kreisinhalte 214 f.
Kreiskegel 195
Kreisring 193
Kreisteilen 124 f.
Kreisumfänge 214 ff.
Kreuzlochmutter 81
Kreuzlochschrauben 79
Kronenmutter 83
Kubikwurzeln 216 f.
Kubikzahlen 214 ff.
Kugel 149
Kugelabschnitt 195
Kugelausschnitt 195
Kugellager 97, 99
Kupfer 29 ff.
Kupfer-Aluminium-Knetlegierungen 29
Kupfer-Nickel-Zink-Knetlegierung 29
Kupfer-Zink-Knetlegierung 29, 31
Kupfer-Zinn-Knetlegierung 29
Kupplungen 109 ff.
Kurzzeichen 8
  an Wälzlagern 98
  für Maschinen 123
  für Mutterwerkstoffe 85
  für Plaste 34
  für Schraubenwerkstoffe 85

Lageabweichungen 176
Lagermetalle 28
Lagerreihe 99
Lagerschalen 145
Lageveränderung 201
Längenmaße, Abweichungen 180
Längenprüfmittel 172 f.
Läppen 148
Läppgeschwindigkeit 148
Läppkornauswahl 148
Läppmittel 148
Lasten 207
Lastfälle 207
Legierungsbestandteile 7
Leistung 202, 209 f.
Leuchtgas 127
Lieferformen für Lote 167
Linsenblechschrauben 80
Linsenschrauben 77 f.

Linsensenkschrauben 77 f., 80
L-Stahl 39
Lochabstände 131 f.
Lochdurchmesser für Scheiben 84
Lochleibungsdruck 204
Lote 166 ff.
Lötverbindungen 166 ff.

MAG-Schweißdrähte 162
Maschinenkurzzeichen 123
Maßabweichungen 113
  für Scherteile 126
  für Wanddicken 115
  zul. Werte 172
Maßbereiche, zul. Werte 172
Masse 210
Massenträgheitsmomente 203
Massivbuchse 95
Massivschalen 94
Maßungenauigkeiten 117
Meßdorne 173
Messing 31
Meßstifte 173
metrisches Gewinde 152
  Feingewinde 153
metrisches Feingewinde 151
metrisches Grobgewinde 151
metrisches Kegelgewinde 154
metrische Kegel 149
metrische Morsekegel 149
Mindestschenkellänge 118 f.
Mittenrauhwert 177
Modelleinrichtungen 112
Modulreihe 106
Moment einer Kraft 209 f.
Momentensatz 198
Morsekegel, metr. 149 f.
Mutterhöhen 84
Muttern 81
Mutterwerkstoffe 85

Nabennut 90
Nadellager 97
Nasenkeile 91
Neigungswinkel 154
Nennabmaße für Bohrungen 183 f.
Nennmaßbereich 183 f.
Neusilber 30
Nickel 32
Niederhalterdruck 122
Niete 89, 164 f.
Nitrierstahl 20
Normalbeschleunigung 200 f.
Normalfolien 66
Normalkeilriemen
  endlich 104
  endlos 103
Normalkraft 199
Normalprüfung 178
Normalspannung 203
Nutmutter 81
nutzbare Gewindelänge 154

obere Grenze 179
Oberflächenrauhheit 177
Öffnungswinkel 118 f.

Öldichtschaben 145
Ösenschrauben 79

Parallelendmaßsätze 173
Parallelogramm 192
  der Kräfte 198
Paßfedern 90
Paßkerbstifte 88
Paßscheiben 82
Paßschrauben 75
Passungen 100 ff.
Pendelkugellager 97
Pendelrollenlager 97
Phenoplast-Formmassen 34
Planfräsköpfe, wendeplattenbestückt 143
Plast 34
Platin 33
Platten, Alu 57
polares Flächenträgheitsmoment 207
polares Widerstandsmoment 207
Polyesterharz-Formmassen 34
Polyvinylchlorid 66 ff.
Präzisionsstahlrohre 54
Prisma 194
Propan 127
Prüfen 172 ff.
Prüflehren 174 f.
Punktabstand 163
Punktschaben 145
Punktscherfestigkeit 163
Punktschweißen 163
PVC-H-Folie 66
PVC-Schläuche 69
Pyramide 194
Pythagoras 192

Quader 194
Quadrat 192
Quadratwurzeln 214 ff.
Quadratzahlen 214 ff.
Qualität 182
Qualitätskontrolle 177 ff.

Radiallager 97
Radien, Vorzugswerte 119
Raffinadekupfer 29 f.
Randbreiten 126
Rändelmutter 81
Rändelschrauben 78
Rändelteilung 141
Rauheit 177
Rauheitsmaße 177
Räumen 145
Rechteck 192
Rechteckstangen, Al 57
reduzierte Prüfung 178
Reiben 136
Reiblöten 167
Reibung
  auf ebener Unterlage 202
  in Schraubenverbindungen 202
Reibungszahlen 202
Reinaluminium 25
Reinstaluminium 25
Reziprokwerte 214 ff.
R_F-Werte 117

Sachwörterverzeichnis

Richtwerte, Werkzeugschleifen 147
Riemenscheiben 103 ff.
Riementrieb 200
Rillenkugellager 97 f.
Rillenprofil für Normalkeilriemen 104
Ringdüse 128
Ringmutter 81
Ringschrauben 79
Rohre 54
  Aluminium 61
  Hartgewebe 71
  Hartpapier 71
  Kupfer 64 f.
  PVC 68 f.
Rohrgewinde 151, 155
  kegliges 156
  zylindrisches 155
Rolle 199
Rollengeschwindigkeit 163
Rollennahtschweißen 163
Rollreibung 202
Rotation 201 f.
Rückkraft 199
Rückfederungswinkel 120
ruhende Beanspruchung 207
Rundgewinde 151, 158
Rundlaufabweichung 176
Rundstäbe, Hgw 71
Rundstahl 38
Rundstange
  Aluminium 58
  Kupfer 62
Rundung 152 f.
Rundungshalbmesser
  Abweichungen 180
Rundungsregeln 211

Sägen 127
Sägengewinde 151, 156 f.
Schaben 145
Schabloneneinrichtungen 112
Schaft, Kegel 149
Schaftfräser 142
Schalen, mit Bund 94
Schalenkupplungen 109
Scheibe, Lochdurchmesser 84
Scheiben 82 f.
Scheibenfedern 89
Scheibenfräser 142
Scheibenkupplungen 109
Scheren 126
Scherfestigkeiten 126
Scherspannung 205
Schichtpreßstoff, Kennzeichnung 35
Schlagzähtafeln 67
Schleifen 146 ff.
Schleifmittel 146 f.
Schleifscheiben, Anwendung 147
Schließkopfmaße 164
Schlitzmutter 81
Schlüsselbuchstabe 177
Schlüsselweite 84
Schmelzschweißen 159
Schmiedefarbe 120
Schmieden 120 ff.
Schmiedetemperatur 120
Schneidgeschwindigkeit 128

Schnellarbeitsstahl 18
Schnittgeschwindigkeit
  Bandsägen 127
  Bohren 130
  Drehen 138
  Gewindeschneiden 137
  Hobeln 144
  Kaltkreissägen 127
  Räumen 145
  Reiben 136
  Senken 136
  Ziehschleifen 148
Schnittkräfte, spezifische 123
Schnittwerte 139
Schrägkugellager 97
Schrauben 74 ff., 77 ff.
Schraubenbelastung, zul. 84
Schraubenbruchspan 122
Schraubensicherungen 83
Schraubenverbindungen 84
Schraubenwerkstoffe 85
Schulterkugellager 97
Schüttdichte 33
Schutzgläsergewinde 151
Schutzstufenkennzeichnung 160
Schweißdrähte 162 f.
Schweißnahtarten 159
Schweißpunktabstände 192 ff.
Schweißstrom 163
Schweißverbindungen 159 ff.
Schweißverfahren 159
Schweißzeit 163
schwellende Beanspruchung 207
Schwermetallote 166
Schwindmaße 113
Sechseck 193
Sechskantmutter 81, 84
Sechskantschraube 74 f., 84
Sechskantstahl 37
Sechskantstange
  Aluminium 56
  Kupfer 62
Sehnenlänge 196 f.
Seilkräfte 199
Seitenabschnitte 126
Senkblechschrauben 80
Senken 135
Senkkerbnägel 88
Senkniete 89
Senkschrauben 77 f.
Senkungen für Schrauben 135
Sicherungsblech 83
Sicherungsbügel 83
Sicherungsmutter 83
Sicherungsringe 102
Sicherungsscheiben 102
Sicherungsscheiben 83
Silberlote 168
Sondermessing 32
Sonderweichlot 166
Spanbruchstücke 122
Spanformen 122
Spannungen 203 ff., 209 f.
  ertragbare 208
  zul. für geschraubte Bauteile 208
  zul. für Niete und Schrauben 208

zul. im Stahlbau 207
Spannungsquerschnitt 152 f.
Spanwinkel 138 f., 145
spezifische Schnittkräfte 123
Spiele 190 f.
Spiralbruchspan 122
Spiralspanstücke 122
Spitzenwinkel, Abweichungen 129
Splinte 83
Sprengringe 102
Spritzgußlegierung 28
Stahl 7 ff.
  Baustahl 8
  Druckwasserstoffbeständig 16
  für nahtlose Rohre 10, 12
  für Präzisionsstahlrohre 10
  für Stahlblech 12
  hochlegiert 7
  hitze- und zunderbeständig 16
  kaltzäh 20
  Kennfarben 14 f.
  Kurzzeichen 7
  mit Mindestzugfestigkeitsbezeichnung 7
  niedriglegiert 7
  rost- und säurebeständig 14 f.
  unlegiert 8 f.
  verschleißfest 18
  warmfest 12
Stahlbauniete 89
Stahlleichtprofile 46 ff.
Stahlpanzerrohrgewinde 151
Stahlrohre
  für Wasser- und Gasleitungen 56
  nahtlos 54 f.
Standzeit 138
starre Scheibenkupplung 109
Steckkerbstifte 88
Stegbreiten 126
Steigung (Teilung) 84, 152, 154
Steilkegel 150
Steinschrauben 79
Stellringe 102
Steuerung des Brenners 128
Stichprobenpläne, einf. 178
Stifte 85 ff.
Stiftschrauben 80
Stirnfräser, Anschnittwerte 143 f.
Stirnradgetriebe 106 ff.
Stirnschleifräder, Anschnittwerte 143 f.
Stoßen 144 f.
Streifen
  Aluminium 57
  Kupfer 63
Strompause 163
Stromzeit 163
Stufensprünge 197 f.
Stufung von Parallelendmaßen 172
Stützelemente 93 ff.

Tafeln, Schichtpreßstoff 70
Tangentialbeschleunigung 200 f.
Tangentialspannung 203

Teilkopf 124 f.
Teilung (Steigung) 84, 106, 152, 154
Teilzahl 124 f.
Temperaturdifferenz 210
Temperguß 21
Thermoplaste 34
Tiefziehen 122
Tiefziehverhältnisse 122
T-Nutenschraube 79
Toleranz 180 ff.
  des Kegelwinkels 180
  für Gußteile 113
Toleranzeinheiten 182
Toleranzen 180 ff.
Toleranzfelder der Welle 182
Toleranzgröße 182
Torsionsspannung 205
T-Profil, Al 59 f.
Translation 201 f.
Trapez 122
Trapezgewinde, eingängig 151, 157 f.
Treibkeile 91
Trennen 122 f.
T-Stahl 40 f.

Übermaße 190 f.
Übersetzungen 106 f.
Übertragungselemente 100, 102 f.
Übertragungsleistungen 107
U-Einheitsstahl 45
Umfangsgeschwindigkeiten 146 f., 148, 200
Umfangskräfte 200
Umformen 118 ff.
Umrechnung 211
Umrechnungsfaktoren 7
Umschmelzzink 33
untere Grenze 179
U-Profil 48 f.
  Aluminium 60
U-Profilstahl 42
UP-Schweißdraht 162
UP-Schweißpulver 162 f.
Urformen 112 ff.
U-Scheiben 82

Verbindungselemente 72 ff., 84 ff.
Verbundbuchsen 95
Verbundschalen 93 f.
Vergütungszahl 13
  Festigkeiten 208
Verhältniszahlen 84
verschärfte Prüfung 178
Verschiebung 200
Verschleißfester Stahl 18
Verschlußschrauben 79
verschweißbare Werkstoffdicken 159
Vertrauensbereich 179
Vertrauensgrenze 179
Vierkantschrauben 78
Vierkantstahl 37
Vierkantstange
  Aluminium 56 f.
  Kupfer 61 f.
Volumen 209 f.
Vorsätze 210

Sachwörterverzeichnis

Vorschub
  beim Drehen 138
  beim Reiben 136
  beim Senken 136
Vorwärmtemperatur 127
Vorzugspassungen 189 f.
Vorzugstoleranzfelder 182
Vorzugswerte, Radien 119
Vorzugszahlenreihe 197 f.

Walzenfräser 142
  Anschnittwerte 143
Walzenstirnfräser 142
Wälzlager 97 ff.
Wanddicken bei Innengewinde 84
Warmarbeitsstahl 19
Wärmemenge 209 f.
Warmfestigkeitseigenschaften
  für nahtlose Rohre 12
Wasserstoff
Wechselräder 124
wechselnde Beanspruchung 207
Weichlote 166 ff.

Wellen 100 f.
Wellenbund 100
Wellendichtung 103
Wellendurchmesser 100
Wellenenden 106
  keglig 101
  zylindrisch 100
Wellennut 90
Wellensicherungen 102
Wellen, Toleranzfelder 182, 186
Wellrad 200
Wendeplattenbestückte Planfräsköpfe 143
Werkstoffarten für Scheiben und Sicherungsteile 82
Werkstoffdicken, verschweißbare 159
Werkstoffpaarung 202
Werkzeugkegelhülse 149 f.
Werkzeugkegelschaft 149 f.
Werkzeugnenngröße 129
Werkzeugstahl 18
Werkzeugtyp 129
Werkzeugwinkel 138 f.
Widerstandskraft 202
Widerstandsmomente 206 f.

Widerstandspunktschweißen 163
Windungszahl bei Federn 92
Winkel, Abweichungen 180 f.
Winkelbeschleunigung 209 f.
Winkel, ebener 210
Winkelgeschwindigkeit 209 f.
Winkelprofil 46 f.
  Aluminium 59
Winkelstahl 39 f.
Winkeltoleranzen 180 f.
Winkelwerte 150
Wirkdurchmesser 104 f.
Wirrspan 122
Würfel 194
Wurzelmaße 132 f.

Zahlentafeln 212 ff.
Zähnezahlen an Fräsern 141
Zahnradabmessungen 106
Zahnräder 106
Zahnradgetriebe 106
Zahnscheibe, federnde 83
Zapfenschrauben 79
Zeit 210
Zentrierbohrungen 134
Zentrierung 134

Zerspanungsrichtwerte 129 f.
Ziehschleifen 148
Ziehspalt 122
Zink 33
Zinn 33
Zinnbronze 32
Zinnlote 166
Z-Profile 49 ff.
Zugfedern 92
Zugspannung 204
zul. Abweichung für Maße
  Freiformschmieden 120
  Gesenkschmieden 121
  ohne Toleranzangabe 180 f.
Zylinder 194
Zylinderblechschrauben 80
Zylinderkerbstifte 88
Zylinderrollenlager 97
Zylinderschraube 76
  mit Innensechskant 84
  mit Nase 79
  mit Querschlitz 84
Zylinderstifte 85
zylindrisches Innengewinde 155
zylindrisches Rohrgewinde 154

tan 0…45°

Min.	0	6	12	18	24	30	36	42	48	54	60	
Grad	,0	,1	,2	,3	,4	,5	,6	,7	,8	,9	1,0	
0	0,0000	0,0017	0,0035	0,0052	0,0070	0,0087	0,0105	0,0122	0,0140	0,0157	0,0175	89
1	0,0175	0,0192	0,0209	0,0227	0,0244	0,0262	0,0279	0,0297	0,0314	0,0332	0,0349	88
2	0,0349	0,0367	0,0384	0,0402	0,0419	0,0437	0,0454	0,0472	0,0489	0,0507	0,0524	87
3	0,0524	0,0542	0,0559	0,0577	0,0594	0,0612	0,0629	0,0647	0,0664	0,0682	0,0699	86
4	0,0699	0,0717	0,0734	0,0752	0,0769	0,0787	0,0805	0,0822	0,0840	0,0857	0,0875	85
5	0,0875	0,0892	0,0910	0,0928	0,0945	0,0963	0,0981	0,0998	0,1016	0,1033	0,1051	84
6	0,1051	0,1069	0,1086	0,1104	0,1122	0,1139	0,1157	0,1175	0,1192	0,1210	0,1228	83
7	0,1228	0,1246	0,1263	0,1281	0,1299	0,1317	0,1334	0,1352	0,1370	0,1388	0,1405	82
8	0,1405	0,1423	0,1441	0,1459	0,1477	0,1495	0,1512	0,1530	0,1548	0,1566	0,1584	81
9	0,1584	0,1602	0,1620	0,1638	0,1655	0,1673	0,1691	0,1709	0,1727	0,1745	0,1763	80
10	0,1763	0,1781	0,1799	0,1817	0,1835	0,1853	0,1871	0,1890	0,1908	0,1926	0,1944	79
11	0,1944	0,1962	0,1980	0,1998	0,2016	0,2035	0,2053	0,2071	0,2089	0,2107	0,2126	78
12	0,2126	0,2144	0,2162	0,2180	0,2199	0,2217	0,2235	0,2254	0,2272	0,2290	0,2309	77
13	0,2309	0,2327	0,2345	0,2364	0,2382	0,2401	0,2419	0,2438	0,2456	0,2475	0,2493	76
14	0,2493	0,2512	0,2530	0,2549	0,2568	0,2586	0,2605	0,2623	0,2642	0,2661	0,2679	75
15	0,2679	0,2698	0,2717	0,2736	0,2754	0,2773	0,2792	0,2811	0,2830	0,2849	0,2867	74
16	0,2867	0,2886	0,2905	0,2924	0,2943	0,2962	0,2981	0,3000	0,3019	0,3038	0,3057	73
17	0,3057	0,3076	0,3096	0,3115	0,3134	0,3153	0,3172	0,3191	0,3211	0,3230	0,3249	72
18	0,3249	0,3269	0,3288	0,3307	0,3327	0,3346	0,3365	0,3385	0,3404	0,3424	0,3443	71
19	0,3443	0,3463	0,3482	0,3502	0,3522	0,3541	0,3561	0,3581	0,3600	0,3620	0,3640	70
20	0,3640	0,3659	0,3679	0,3699	0,3719	0,3739	0,3759	0,3779	0,3799	0,3819	0,3839	69
21	0,3839	0,3859	0,3879	0,3899	0,3919	0,3939	0,3959	0,3979	0,4000	0,4020	0,4040	68
22	0,4040	0,4061	0,4081	0,4101	0,4122	0,4142	0,4163	0,4183	0,4204	0,4224	0,4245	67
23	0,4245	0,4265	0,4286	0,4307	0,4327	0,4348	0,4369	0,4390	0,4411	0,4431	0,4452	66
24	0,4452	0,4473	0,4494	0,4515	0,4536	0,4557	0,4578	0,4599	0,4621	0,4642	0,4663	65
25	0,4663	0,4684	0,4706	0,4727	0,4748	0,4770	0,4791	0,4813	0,4834	0,4856	0,4877	64
26	0,4877	0,4899	0,4921	0,4942	0,4964	0,4986	0,5008	0,5029	0,5051	0,5073	0,5095	63
27	0,5095	0,5117	0,5139	0,5161	0,5184	0,5206	0,5228	0,5250	0,5272	0,5295	0,5317	62
28	0,5317	0,5340	0,5362	0,5384	0,5407	0,5430	0,5452	0,5475	0,5498	0,5520	0,5543	61
29	0,5543	0,5566	0,5589	0,5612	0,5635	0,5658	0,5681	0,5704	0,5727	0,5750	0,5774	60
30	0,5774	0,5797	0,5820	0,5844	0,5867	0,5890	0,5914	0,5938	0,5961	0,5985	0,6009	59
31	0,6009	0,6032	0,6056	0,6080	0,6104	0,6128	0,6152	0,6176	0,6200	0,6224	0,6249	58
32	0,6249	0,6273	0,6297	0,6322	0,6346	0,6371	0,6395	0,6420	0,6445	0,6469	0,6494	57
33	0,6494	0,6519	0,6544	0,6569	0,6594	0,6619	0,6644	0,6669	0,6694	0,6720	0,6745	56
34	0,6745	0,6771	0,6796	0,6822	0,6847	0,6873	0,6899	0,6924	0,6950	0,6976	0,7002	55
35	0,7002	0,7028	0,7054	0,7080	0,7107	0,7133	0,7159	0,7186	0,7212	0,7239	0,7265	54
36	0,7265	0,7292	0,7319	0,7346	0,7373	0,7400	0,7427	0,7454	0,7481	0,7508	0,7536	53
37	0,7536	0,7563	0,7590	0,7618	0,7646	0,7673	0,7701	0,7729	0,7757	0,7785	0,7813	52
38	0,7813	0,7841	0,7869	0,7898	0,7926	0,7954	0,7983	0,8012	0,8040	0,8069	0,8098	51
39	0,8098	0,8127	0,8156	0,8185	0,8214	0,8243	0,8273	0,8302	0,8332	0,8361	0,8391	50
40	0,8391	0,8421	0,8451	0,8481	0,8511	0,8541	0,8571	0,8601	0,8632	0,8662	0,8693	49
41	0,8693	0,8724	0,8754	0,8785	0,8816	0,8847	0,8878	0,8910	0,8941	0,8972	0,9004	48
42	0,9004	0,9036	0,9067	0,9099	0,9131	0,9163	0,9195	0,9228	0,9260	0,9293	0,9325	47
43	0,9325	0,9358	0,9391	0,9424	0,9457	0,9490	0,9523	0,9556	0,9590	0,9623	0,9657	46
44	0,9657	0,9691	0,9725	0,9759	0,9793	0,9827	0,9861	0,9896	0,9930	0,9965	1,0000	45
	1,0	,9	,8	,7	,6	,5	,4	,3	,2	,1	,0	Grad
	60	54	48	42	36	30	24	18	12	6	0	Min.

cot 45…90°